Mörbe / Morenz / Pohlmann / Werner

Praktischer Korrosionsschutz

Korrosionsschutz wasserführender Anlagen

Erweiterter Nachdruck der zweiten, bearbeiteten Auflage

Springer-Verlag Wien New York

Autoren:

Dipl.-Chem. *Klaus Mörbe*, Dresden
Dipl.-Ing. *Wolfgang Morenz*, Leipzig
Dipl.-Chem. *Hans-Werner Pohlmann*, Karl-Marx-Stadt
Dipl.-Chem. *Helmut Werner*, Dresden

Mit 145 zum Teil farbigen Abbildungen im Text und auf Tafeln

CIP-Kurztitelaufnahme der Deutschen Bibliothek

Praktischer Korrosionsschutz: Korrosionsschutz wasserführender Anlagen / Mörbe . . .
– Erw. Nachdr. d. 2., bearb. Aufl. – Wien;
New York: Springer, 1987.
ISBN-13: 978-3-7091-8895-8 e-ISBN-13: 978-3-7091-8894-1
DOI: 10.1007/978-3-7091-8894-1

NE: Mörbe, Klaus (Mitverf.)

Softcover reprint of the hardcover 2nd edition 1985
Gesamtherstellung: Fachbuchdruck Naumburg, DDR-4800 Naumburg

ISBN-13: 978-3-7091-8895-8

Vorwort

Der wachsende Umfang an wasserwirtschaftlichen und wasserführenden Anlagen sowie deren intensive Nutzung erfordern die Durchsetzung wirksamer Korrosionsschutzmaßnahmen.
Es ist bekannt, daß der Korrosionsschutz in Kühlwasserkreisläufen aller Industriezweige, in der Wasserwirtschaft speziell an Fernwasserleitungen und Versorgungsleitungen von Städten, in der Sanitär- und Heizungsinstallation, aber auch bei der Wassergewinnung, Wasseraufbereitung und Abwasserbehandlung ökonomisch noch unbefriedigend bzw. gar nicht gelöst ist.

Das vorliegende Buch soll mithelfen, das volkswirtschaftliche Problem des Korrosionsschutzes an wasserführenden Anlagen unter materialökonomischen Gesichtspunkten zu lösen. Dabei werden Hinweise für Sofortmaßnahmen sowie für langfristig zu lösende Aufgaben gegeben. Die gewählte Darstellungsform ermöglicht Projektanten, Herstellern und Betreibern wasserführender Anlagen, die Ursachen von aufgetretenen Korrosionsschäden zu erkennen, Abhilfemaßnahmen einzuleiten bzw. optimale Korrosionsschutzmaßnahmen anzuwenden. Dabei ist besonderer Wert auf die Zusammenhänge zwischen Funktion bzw. Konstruktion der Anlagen sowie deren Technologie zum einen und der Auswahl von Korrosionsschutzmaßnahmen in Abhängigkeit von der Wasserqualität, den verfügbaren Werkstoffen und den Betriebsbedingungen zum anderen gelegt worden. Ein nach korrosionschemischen und anlagentechnischen Gesichtspunkten aufgebautes Sachregister sowie eine Zusammenstellung der thematisch geordneten, gültigen Standards, vorzugsweise aus dem deutschsprachigen Raum, erleichtern dem Leser die Arbeit.

Die Probleme des Korrosionsschutzes in Meer-, Brack- und Flußwasser, in wasserführenden Anlagen der Kernkraftwerke und in speziellen Industrieabwässern werden nicht behandelt, da hierzu bereits Fachliteratur vorliegt. Es ist vielmehr beabsichtigt, für ausgewählte Anlagen detaillierte Hinweise zu geben, damit Konstrukteure, Betriebsingenieure und Meister in der Wasserwirtschaft und in der Technischen Gebäudeausrüstung die in ihrem Bereich auftretenden Korrosionsprobleme fachgerecht lösen können.

Für das Studium eignet sich die Monographie als Lehrmaterial und Literatur zur Vertiefung des entsprechenden Fachwissens.

Die Autoren danken all denen, die sie durch Mitarbeit, Hinweise und Kritik unterstützt haben. Besonderer Dank gilt den Herren Prof. Dr.-Ing. habil. *Kittner*, Dr. sc. techn. *B. Glück* und Dr. rer. nat. *H. Harzbecker*.

Dipl.-Chem. *Klaus Mörbe*

Inhaltsverzeichnis

1. Volkswirtschaftliche Aspekte zum Korrosionsschutz an wasserführenden Anlagen

In hochentwickelten Ländern entstehen jährlich Korrosionsschäden und Aufwendungen für den Korrosionsschutz, die etwa 3 bis 5% des Nationaleinkommens der Länder entsprechen [1/1].

Es muß eingeschätzt werden, daß davon ein erheblicher Teil durch die Korrosion wasserführender Anlagen beansprucht wird. In diesen Anlagen werden gegenwärtig vorwiegend metallische Werkstoffe eingesetzt, die mehr oder weniger der Zerstörung durch die mit ihnen in Berührung kommenden Wässer unterliegen. Die hierdurch entstehenden Korrosionsschäden sowie die Durchsetzung von Maßnahmen zur Verhinderung dieser Schäden sind ein volkswirtschaftliches Problem ersten Ranges.

Die Weiterentwicklung in der Industrie, intensive Methoden in der Landwirtschaft, erhöhter Ausstattungsstandard im Wohnbereich u. a. m. sind verbunden mit einem rapid angewachsenen Bedarf an Einrichtungen der Versorgung mit Trinkwasser, Warmwasser und Fernwärmewärme sowie der Abwasserableitung und stellen hohe Anforderungen an die Lebensdauer und damit an die Qualität wasserführender Anlagen. Dieser wachsende Umfang an wasserführenden Anlagen ist eine der Ursachen für die gegenwärtig durch Korrosionsschäden entsprechend hohen volkswirtschaftlichen Verluste.

Andere Ursachen hierfür sind:

- unzweckmäßiger Werkstoffeinsatz
- Werkstoffkombinationen, die zu verstärkter Korrosion führen
- keine bzw. nur ungenügende oder nicht fachgerechte Anwendung von Korrosionsschutzmaßnahmen
- ungerechtfertigt hohe Wassertemperaturen
- ungenügende Wartung durch den Anlagenbetreiber
- zunehmende Aggressivität der zur Verfügung stehenden Wässer.

Die hier genannten hauptsächlichen Ursachen der Korrosionsschäden in wasserführenden Anlagen, die sich eben durch den erhöhten Umfang dieser Anlagen verstärkt auswirken, sind abstellbar und müssen im Interesse der Volkswirtschaft auf ein Minimum reduziert werden. Falscher Werkstoffeinsatz, zu hohe Wassertemperaturen, mangelnde Wartungsbereitschaft und eine ungenügende Anwendung von Korrosionsschutzmaßnehmen sind vielfach darauf zurückzuführen, daß sich die hierfür Verantwortlichen oftmals der Langzeitauswirkungen der genannten Faktoren nicht bewußt sind bzw. daß die seit Jahrzehnten bekannten Grundprinzipien des Korrosionsschutzes nur ungenügend angewendet werden können.

Der in der Industrie, in der Landwirtschaft und im kommunalen Sektor ständig zunehmende Wasserbedarf zwingt zur Verwendung metallaggressiver Oberflächen- und uferfiltrierter Wässer, aber auch zur Wiederverwendung aufbereiteter Abwässer.

Die zunehmende Verschmutzung von Flüssen und Seen durch die Industrie, die intensive landwirtschaftliche Düngung sowie die Hilfsmittel des Straßenwinterdienstes belasten Grund- und Oberflächenwässer mit einem zunehmenden Salzgehalt, was gleichbedeutend mit einer steigenden Wasseraggressivität gegenüber metallischen Werkstoffen ist.

Zur Lösung dieser komplexen Probleme ist die enge Zusammenarbeit zwischen Wissenschaftlern, Technikern, Projektanten, Bauschaffenden, Anlagenbetreibern und Gesetzgeber notwendig. Bei der Auswahl von Korrosionsschutzmaßnahmen sind generell folgende Gesichtspunkte zu berücksichtigen:

- Im Sinne der Volkswirtschaft sollen solche Korrosionsschutzmaßnahmen angewendet werden, deren Wirksamkeit mit der Nutzungsdauer des Erzeugnisses in Übereinstimmung steht.

- Eine Aufbereitung des Wassers zur vollständigen Entfernung der aggressiven Bestandteile ist aus technischen und vor allem ökonomischen Gründen nur in sehr wenigen Fällen möglich. Daher sind Korrosionsschutzmaßnahmen, Werkstoff- und Wasserqualität unter Berücksichtigung von Konstruktion, technologischen Besonderheiten und Betriebsbedingungen aufeinander abzustimmen.

Aus den Standards, die zur **Auswahl und qualitätsgerechten Ausführung des Korrosionsschutzes von Erzeugnissen und Anlagen** dienen, lassen sich auch für wasserführende Anlagen notwendige Schlußfolgerungen ableiten:

- Die Qualität des Korrosionsschutzes ist entscheidend für die Gesamtqualität von Erzeugnissen und Anlagen.
- Die Einhaltung von Standards, Qualitätsvorschriften und Richtlinien für den Korrosionsschutz ist vorgeschrieben.
- Bei der Auswahl von Korrosionsschutzmaßnahmen ist auch die Korrosionsbeanspruchung während der Lagerung, beim Transport und bei der Montage zu berücksichtigen.
- Für den Nutzer sind spezielle Hinweise zur Pflege, Komplettierung und Instandhaltung der Korrosionsschutzanlagen zu geben.

Der Korrosionsschutz steht in engem Zusammenhang mit den Begriffen normative Nutzungsdauer und Lebensdauer bzw. Haltbarkeitsdauer im Falle von Anstrichen.
Die **Nutzungsdauer** eines Erzeugnisses umfaßt die Spanne von der Inbetriebnahme bis zu dem Zeitpunkt, da es infolge Verschleißes seine Funktionstauglichkeit verliert und nicht mehr genutzt werden kann. Die **Lebensdauer** eines Erzeugnisses reicht von der Fertigstellung bis zur Verschrottung infolge Funktionsuntüchtigkeit.

2. Korrosion der Metalle

Nach TGL 18701 versteht man unter Metallkorrosion die von der Oberfläche ausgehende unerwünschte Zerstörung von metallischen Werkstoffen durch chemische oder elektrochemische Reaktion mit ihrer Umgebung.
Die meisten Metalle kommen in der Natur nicht elementar, sondern in Form von Verbindungen vor, aus denen sie mit Hilfe eines hohen Energieaufwandes gewonnen werden. So wird z. B. Kupfer aus Kupferkies, Zink aus Zinkblende, Eisen aus oxydischen und sulfidischen Eisenerzen und Magnesium aus Magnesiumchlorid gewonnen. Diese Metalle sind bei Berührung mit Wasser, Sauerstoff, Schwefeldioxid oder anderen chemischen Stoffen bestrebt, sich wieder in die entsprechenden stabilen Verbindungen umzuwandeln. Ist diese Umwandlung nicht beabsichtigt, so wird dieser Vorgang nach der oben angeführten Definition als Korrosion bezeichnet.
Die Geschwindigkeit der Korrosion in Wässern ist von Metall zu Metall sehr unterschiedlich. So reagieren z. B. Natrium und Kalium bereits bei Zimmertemperatur heftig mit Wasser, Eisen und Zink reagieren noch merklich, aber in viel geringerem Maße; Kupfer und Blei sind praktisch beständig; Edelmetalle wie Platin und Gold werden vom Wasser überhaupt nicht angegriffen. Die Kenntnis der Ursachen dieser unterschiedlichen Verhaltensweisen metallischer Werkstoffe ist für die Einschätzung der zu erwartenden Korrosionsschäden und insbesondere für die Auswahl optimaler Korrosionsschutzmaßnahmen für die jeweiligen korrosiven Systeme unter den vorliegenden Bedingungen wichtig.

Aggressive Medien für wasserführende Anlagen sind:

- das in den Anlagen befindliche Wasser
- der Erdboden bei erdverlegten Anlagen
- die Atmosphäre.

Alle drei Medien korrodieren die metallischen Werkstoffe unter den für wasserführende Anlagen typischen Bedingungen nach dem gleichen Reaktionsmechanismus. Da der korrosive Angriff hauptsächlich durch das in den Anlagen befindliche Wasser erfolgt, werden nachfolgend in kurzer Form die theoretischen Grundlagen der Korrosion, Korrosionsmechanismen und die verschiedenen Erscheinungsformen der Korrosion speziell in Wässern beschrieben, wobei diese in den wesentlichsten Aussagen auch auf die Korrosion im Erdboden und in der Atmosphäre übertragen werden können.

2.1. Korrosionsreaktionen

In Wässern erfolgt die Leitung des elektrischen Stroms durch elektrisch geladene Teilchen, die Ionen. Diese entstehen durch die Dissoziation der im Wasser gelösten chemischen Verbindungen. Es werden Teilchen mit positiver Ladung (Kationen) und negativer Ladung (Anionen) gebildet. Medien, in denen der Stromtransport durch Ionen erfolgt, werden als **Elektrolyte** bezeichnet. Im Gegensatz dazu erfolgt in Metallen der Stromtransport durch Elektronen. Taucht ein Metall in ein wäßriges Medium, so hat man es insgesamt mit einem elektrisch leitenden System zu tun, so daß für die Auflösung, also die Korrosion der Metalle, ein elektrochemischer Mechanismus in Betracht kommt. Im Gegensatz zum chemischen Mechanismus, bei dem der Elektronenaustausch im atomaren Bereich stattfindet, kann hier der Austausch von Elektronen an verschiedenen Stellen ablaufen. Der elektrische Ladungsausgleich erfolgt über das elektrisch leitende System. Eine elektrochemische Korrosionsreaktion setzt sich aus verschiedenen Teilreaktionen zusammen, die an räumlich getrennten Reaktionsstellen ablaufen können. Bei derartigen Reaktionen ist das Metall die Anode und seine Auflösung ein **anodischer Vorgang.**

$$Me \rightarrow Me^{n+} + ne^- \qquad (2/1)$$

Es werden Elektronen (e^-) frei, d. h. das Metall wird oxydiert und verliert dadurch seinen metallischen Charakter. Würden die nach Gl. (2/1) freiwerdenden Elektronen nicht durch einen anderen Vorgang verbraucht, käme die Auflösung des Metalls rasch zum Stillstand. Deshalb muß neben dieser anodischen Reaktion stets mindestens eine elektronenverbrauchende, also **kathodische Reaktion** (Reduktion), stattfinden.
In Wässern kommen hierfür folgende Vorgänge in Betracht:

- die Entladung (Reduktion) von Wasserstoffionen

$$2\,H^+ + 2\,e^- \rightarrow H_2 \qquad (2/2)$$

- die Reduzierung des im Wasser gelösten Sauerstoffs

$$O_2 + 4\,H^+ + 4\,e^- \rightarrow 2\,H_2O \qquad (2/3a)$$

oder

$$O_2 + 2\,H_2O + 4\,e^- \rightarrow 4\,OH^- \qquad (2/3b)$$

- die Wasserzersetzung

$$2\,H_2O + 2\,e^- \rightarrow 2\,OH^- + H_2 \qquad (2/4)$$

Wasserstoffionen, Sauerstoff oder Wasser sind die oxydierend wirkenden Substanzen, die bei ihrem Vorhandensein die Korrosion der Metalle unter den noch zu behandelnden Voraussetzungen bewirken können. Bild 2/1 zeigt schematisch die Korrosion bei Gegenwart von Wasserstoffionen als Oxydationsmittel. Die Wasserstoffionen können gegen Sauerstoff

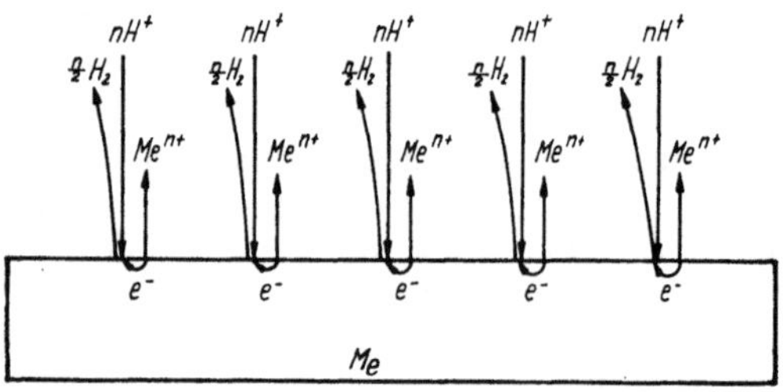

Bild 2/1
Metallkorrosion in Wässern (schematisch)

bzw. Wasser als Oxydationsmittel ausgetauscht werden. Dabei entstehen anstelle des Wasserstoffs Wasser oder Hydroxylionen und Wasserstoff [Gl. (2/3 und 2/4)].
Für elektrochemische Reaktionen ist der Transport von elektrischen Ladungen (Elektronen, Ionen) vom Metall zum Wasser und umgekehrt charakteristisch, so daß die daraus resultierenden **elektrischen Ströme** und **Potentiale** als meßbare Werte große Bedeutung bei der Untersuchung von Korrosionsproblemen besitzen. Zur Berechnung der Potentiale dient die *Nernst*sche Gleichung [Gl. (2/5)], die sich auf der Grundlage der Thermodynamik herleiten läßt.

$$\varepsilon = \varepsilon_0 + \frac{R\,T}{n\,F} \ln \frac{\pi_{aE}}{\pi_{aA}} \qquad (2/5)$$

ε Gleichgewichtspotential
ε_0 Standardpotential
R Gaskonstante
T absolute Temperatur
n elektrochemische Wertigkeit
F Faradaykonstante
π_{aE} Produkt der Aktivitäten der Endprodukte
π_{aA} Produkt der Aktivitäten der Ausgangsprodukte

Diese Gleichung gehört zu den wichtigsten Gesetzen der Elektrochemie. Sie besagt, daß sich die Potentialdifferenz Elektrode/Elektrolyt mit dem Logarithmus des Verhältnisses der Aktivitäten der Endprodukte zu den Aktivitäten der Ausgangsprodukte linear ändert. Die Aktivität ist dabei ein Maß für die wirksame Konzentration und berechnet sich als Produkt der Konzentration und des Aktivitätskoeffizienten. Näheres darüber ist in [2/1] enthalten. Mit zunehmender Verdünnung, also sinkender Konzentration, geht der Aktivitätskoeffizient gegen 1, d. h., Aktivität und Konzentration werden einander gleich. Da es sich bei den im Rahmen dieses Buches betrachteten Medien in der Regel um stark verdünnte Salzlösungen handelt, wird deshalb im folgenden die Konzentration anstelle der Aktivität verwendet.
Die Einzelelektrodenpotentiale der Metallauflösung und auch der angegebenen kathodischen Reaktionen sind nicht meßbar. Nach einem Vorschlag von *Nernst* kann man jedoch auch diese Potentiale angeben, indem man sich jeden Elektrodenvorgang mit dem der

Wasserstoffionisation

$$H_2 \rightarrow 2\,H^+ + 2\,e^- \qquad (2/6)$$

kombiniert denkt und deren Standardpotential für alle Temperaturen gleich Null setzt [2/1]. Das Standardpotential ε_0 ist ein Maß für die Reduktions- oder Oxydationskraft der betreffenden Reaktion. So beträgt z. B. für den Vorgang nach Gl. (2/2) $\varepsilon_0 = 0{,}00$ V und für den Vorgang nach Gl. (2/3b) $\varepsilon_0 = 0{,}40$ V, d. h. unter Standardbedingungen besitzt die Sauerstoffreduktion eine höhere Oxydationskraft als die Entladung von Wasserstoffionen. Andererseits betragen die Standardpotentiale der Reaktion nach Gl. (2/1) z. B. für Eisen $-0{,}44$ V und für Kupfer $+0{,}34$ V. Daraus ist ableitbar, daß Eisen auf Grund des negativeren Standardpotentials reaktiver als Kupfer ist. Werden die Reaktionen entsprechend ihren Standardpotentialen in der Reihenfolge zunehmender ε_0-Werte geordnet, erhält man die bekannte elektrochemische Spannungsreihe der Metalle. Da diese Spannungsreihe auf den praktisch schwer realisierbaren Standardzustand bezogen wird, auf die Aktivität 1 der Metallionen, ist daraus eine Vorhersage über das elektrochemische Verhalten der Metalle unter praktischen Bedingungen nur im beschränkten Maße möglich. Deshalb wurden vielfach praktische Spannungsreihen aufgestellt, bei denen die Metalle nach den in einem bestimmten Medium gemessenen Potentialen angeordnet werden. So existieren solche Spannungsreihen z. B. für Meerwasser und für Phthalatpuffer (10,2 g/l Kaliumhydrogenphthalat). Letzteres spiegelt annähernd das Potentialverhalten der Metalle im Trinkwasser wider.

Die Metallkorrosion kann nur ablaufen, wenn das Gleichgewichtspotential mindestens eines kathodischen Vorganges [Gln. (2/2) bis (2/4)] positiver als das Gleichgewichtspotential für die jeweilige Metallauflösung ist. Bei einem negativeren Gleichgewichtspotential erfolgt keine Metallauflösung, d. h. keine Korrosion. Aus diesen Potentialen ist somit ersichtlich, ob eine Korrosionsreaktion ablaufen kann oder nicht. Man erhält daraus jedoch keine Aussagen über die Geschwindigkeit der Korrosion, da hierfür außerdem die möglichen Reaktionshemmungen der ablaufenden Vorgänge eine entscheidende Rolle spielen.

Als Maß für die **Geschwindigkeit der Korrosion** dient der Strom bzw. die Stromdichte, d. h. der auf die Flächeneinheit bezogene Strom. Daraus kann mit Hilfe der *Faraday*schen Gesetze der durch Korrosion erfolgende Metallverlust berechnet werden.

$$\Delta m = \frac{M}{n\,F}\, i\, t \qquad (2/7)$$

Δm Masseverlust des Metalls
M Molekulargewicht des Metalls
n elektrochemische Wertigkeit des Metalls
F Faradaykonstante
i Stromstärke
t Zeit

Bei dem mit der *Nernst*schen Gleichung [Gl. (2/5)] berechenbaren Potential ε befindet sich die jeweilige Reaktion im thermodynamischen Gleichgewicht, d. h. z. B. bei der Reaktion nach Gl. (2/1) ist hier die Geschwindigkeit der Metallauflösung gleich der Geschwindigkeit der Metallabscheidung. Es findet bei diesem Potential kein meßbarer Stoffumsatz statt. Erfolgt durch Anlegen eines äußeren Stroms oder durch Kopplung mit anderen Reaktionen eine Verschiebung des Potentials aus dem Gleichgewichtszustand, so überwiegt entweder die Metallauflösung oder die -abscheidung. Dies kann durch **Stromdichte-Potential-Kurven** veranschaulicht werden. Die Ströme sind bei anodischen Vorgängen (Oxydation) positiv und bei kathodischen Vorgängen (Reduktion)

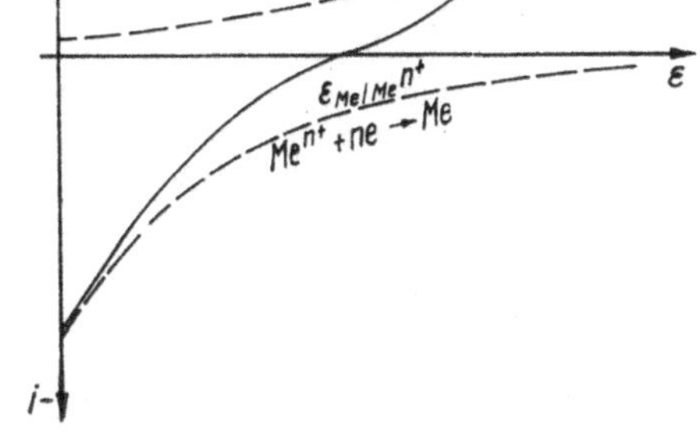

Bild 2/2
Stromdichte-Potential-Kurve der Metallauflösung

negativ. Der Gesamtstrom ergibt sich aus der Summe der Ströme aller Einzelreaktionen. Aus Bild 2/2 ist ersichtlich, daß bei gegenüber dem Gleichgewichtspotential $\varepsilon_{Me/Me^{n+}}$ positiveren Potentialen die Metallauflösung und bei negativeren die Metallabscheidung überwiegt. Für die in den Gln. (2/2 bis 2/4) angegebenen kathodischen Reaktionen lassen sich prinzipiell ähnliche Kurven angeben. Auch hier überwiegt bei Potentialen, die positiver als das Gleichgewichtspotential sind, der Oxydationsvorgang und bei umgekehrten Verhältnissen der Reduktionsvorgang.

Die anodischen und kathodischen Reaktionen können auf der Metalloberfläche an räumlich getrennten Stellen ablaufen. Die Geschwindigkeit der Elektronenerzeugung (anodische Vorgänge) muß dabei gleich der des Elektronenverbrauchs (kathodische Vorgänge) sein.

In sauerstofffreien Medien setzt sich die Korrosionsreaktion aus der Metallauflösung [Gl. (2/1)] und der Reduktion der Wasserstoffionen [Gl. (2/2)] zusammen – **Wasserstoffkorrosionstyp.**

$$Me + nH^+ \rightarrow Me^{n+} + \frac{n}{2} H_2 \qquad (2/8)$$

Der Wasserstoffkorrosionstyp spielt technisch vor allem bei der Korrosion in sauren Medien eine wichtige Rolle und ist auch der theoretisch bisher am gründlichsten untersuchte Korrosionstyp.

In sauerstoffhaltigen Medien ist die Kopplung der Metallauflösung mit der Sauerstoffreduktion [Gl. (2/3)] möglich – **Sauerstoffkorrosionstyp.** Dafür gilt in sauren Medien

$$2\,Me + \frac{n}{2} O_2 + 2\,nH^+ \rightarrow 2\,Me^{n+} + nH_2O \qquad (2/9a)$$

und in neutralen und alkalischen Medien

$$2\,Me + \frac{n}{2} O_2 + nH_2O \rightarrow 2\,Me^{n+} + 2\,nOH^- \qquad (2/9b)$$

In sauerstoffhaltigen Medien kann neben dem Sauerstoffkorrosionstyp auch noch der Wasserstoffkorrosionstyp ablaufen. Die für die Praxis wichtigen Korrosionserscheinungen in den Medien Atmosphäre, annähernd neutrale oder alkalische Wässer und Erdboden erfolgen nach dem Sauerstoffkorrosionstyp.

Die durch die Korrosion entstehenden primären Oxydationsprodukte (Me^{n+}) reagieren in den meisten Fällen durch Sekundärreaktionen weiter. So entsteht z. B. in Wässern aus den primären Oxydationsprodukten des Eisens, den zweiwertigen Eisenionen, schwerlösliches Eisenoxidhydrat annähernd nach folgenden Gleichungen:

$$Fe^{2+} + 2\,OH^- \rightarrow Fe(OH)_2 \qquad (2/10)$$

$$Fe(OH)_2 + \frac{1}{4} O_2 + \frac{1}{2} H_2O \rightarrow Fe(OH)_3 \qquad (2/11)$$

$$Fe(OH)_3 \rightarrow FeO(OH) + H_2O \qquad (2/12)$$

Der Mechanismus der Korrosionsreaktionen ist in Wirklichkeit noch viel komplizierter und meist noch nicht sicher bekannt, so daß die hier angegebenen Reaktionen nur eine allgemeine Vorstellung über diese Reaktionsabläufe vermitteln können. Zur Erläuterung des Ablaufs und der Auswirkungen der Korrosionsreaktionen dienen die **Mischpotential-** und die **Lokalelementtheorie.**

2.2. Mischpotentialtheorie

Grundlage der Mischpotentialtheorie ist die Vorstellung, daß die unabhängig voneinander ablaufenden anodischen und kathodischen Teilreaktionen an den im schnellen Wechsel statistisch auf der Metalloberfläche wandernden Anoden- und Kathodenbezirken stattfinden. Dadurch bildet sich auf der gesamten Metalloberfläche ein einheitliches Mischpotential ε_M aus, das zwischen den Gleichgewichtspotentialen der anodischen und kathodischen Reaktion liegt. Das sich einstellende Mischpotential ist unter den hier betrachteten Verhältnissen das **Korrosionspotential** ε_K, das auch vielfach als Ruhepotential ε_R bezeichnet wird. Der beim Korrosionspotential vorliegende anodische Strom, welcher dem Betrag nach dem kathodischen Strom entspricht, ist der **Korrosionsstrom** i_K der Korrosionsreaktion. Dieser Strom verhält sich nach dem *Faraday*schen Gesetz zur Metallauflösung und damit zur Korrosionsgeschwindigkeit direkt proportional.

Die unabhängige Überlagerung von anodischen und kathodischen Reaktionen und die daraus resultierende Mischpotentialbildung sind für die Korrosion in sauerstofffreien Medien im Bild 2/3 und für die Korrosion in sauerstoffhaltigen annähernd neutralen Medien im Bild 2/4 dargestellt.

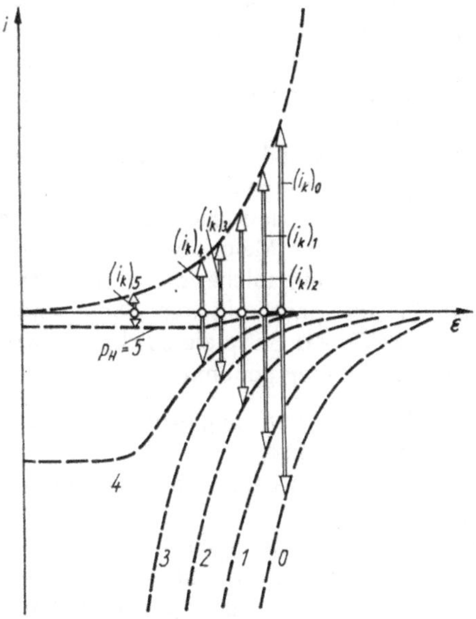

Bild 2/3
Stromdichte-Potential-Kurve für den Wasserstoffkorrosionstyp nach [2/2]

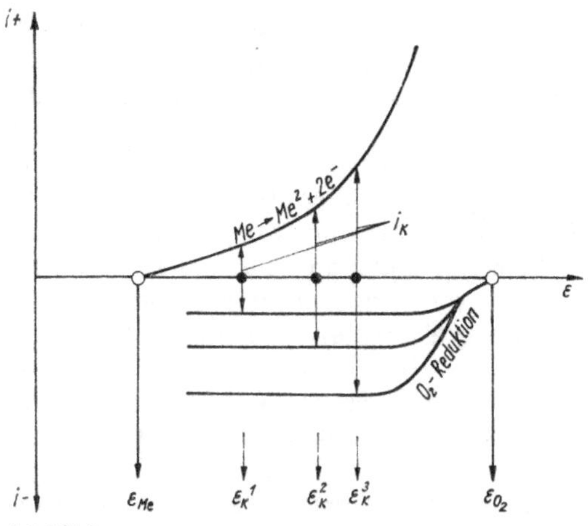

Bild 2/4
Stromdichte-Potential-Kurve für den Sauerstoffkorrosionstyp nach [2/1]

Bei der Korrosion eines Metalls in sauerstofffreien Medien läuft als kathodischer Vorgang die Entladung von Wasserstoffionen ab, während in den annähernd neutralen sauerstoffhaltigen Medien die Reduzierung des im Wasser gelösten Sauerstoffs die dominierende kathodische Reaktion ist. In beiden Bildern erhält man das Korrosionspotential aus dem Schnittpunkt der eingezeichneten Korrosionsströme (anodischer Strom = kathodischer Strom) mit der Potentialachse.

In **sauerstofffreien Medien** wird dabei das Korrosionspotential mit steigendem *p*H-Wert in negative Richtung verschoben, und die Korrosionsgeschwindigkeit nimmt ab. So beträgt z. B. nach Messungen von *Bockris* und Mitarbeitern [2/3] die Korrosionsstromdichte von Eisen bei *p*H = 2 in Sulfatlösung 120 μA/cm² und bei *p*H = 5 nur noch 6 μA/cm².

In **sauerstoffhaltigen, annähernd neutralen Medien** steigt mit negativer werdendem Potential der kathodische Strom der Sauerstoffreduktion, bis sich ein Grenzstrom ausbildet. Eine weitere Potentialnegativierung führt hier nicht zu einer Erhöhung des Stroms, da bereits der gesamte zur Metalloberfläche gelangende Sauerstoff umgesetzt wird. Erst bei bedeutend negativeren Potentialen erfolgt ein erneuter Anstieg des kathodischen Stroms, da eine neue kathodische Reaktion, die Wasserzersetzung, einsetzt. Der **Sauerstoffgrenzstrom** ist der Sauerstoffkonzentration in der Lösung proportional, so daß sich bei einer Erhöhung der Sauerstoffkonzentration auch ein höherer Grenzstrom ergibt. Wie aus Bild 2/4 leicht ersichtlich, führt dies zu einer Verschiebung des Korrosionspotentials in positive Richtung und zu einer Erhöhung der Korrosionsgeschwindigkeit.

Nach der Mischpotentialtheorie besitzt also das Metall ein einheitliches Potential, und die Anoden- und Kathodenbezirke wandern statistisch im schnellen Wechsel auf der Metalloberfläche. Daraus resultiert ein ebenmäßiger Abtrag, d. h. eine überall gleichmäßige Korrosion des Metalls.

2.3. Lokalelementtheorie

Im Gegensatz zur Mischpotentialtheorie sind bei der Lokalelementtheorie die Kathoden- und Anodenbezirke auf der Metalloberfläche makroskopisch oder mikroskopisch streng lokalisiert. Deshalb laufen die anodischen und kathodischen Reaktionen nur an fest fixierten Stellen ab.

Die Lokalelementtheorie soll an einem typischen Beispiel, der **Kontaktkorrosion**, näher

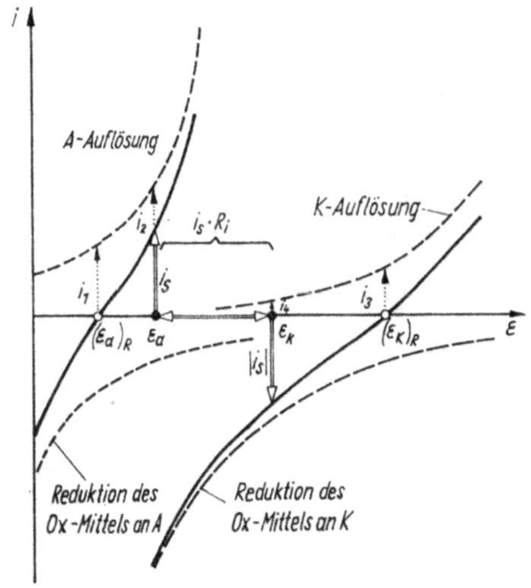

Bild 2/5
Stromdichte-Potential-Kurven bei Kontaktkorrosion nach [2/2]

erläutert werden. Kontaktkorrosion liegt z. B. vor, wenn Metalle mit unterschiedlichem Korrosionspotential gemeinsam in Wasser eintauchen und elektrisch leitend miteinander verbunden sind. Infolge des Elektrolytwiderstandes erfolgt zwischen den beiden Metallen kein völliger Potentialausgleich, sondern nur eine Annäherung beider Korrosionspotentiale. Durch den elektrischen Kontakt wird das edlere Metall bevorzugt zur Kathode, d. h. seine Metallauflösung wird vermindert; es wird kathodisch geschützt. Das unedlere Metall wird dagegen bevorzugt zur Anode, dadurch verstärkt sich hier die Metallauflösung.
Bild 2/5 dient zur Veranschaulichung dieser Verhältnisse. Ohne elektrischen Kontakt korrodiert das unedlere Metall A beim Korrosionspotential $(\varepsilon_a)_R$ mit der Korrosionsstromdichte i_1 und das edlere Metall K bei $(\varepsilon_K)_R$ mit der Korrosionsstromdichte i_3. Werden die Metalle A und K elektrisch leitend miteinander verbunden, ist das sich neu einstellende Korrosionspotential von A (ε_a) positiver als $(\varepsilon_a)_R$ und das von K (ε_K) negativer als $(\varepsilon_K)_R$. Die Korrosionsstromdichte erhöht sich dadurch bei A von i_1 auf i_2 und vermindert sich bei K von i_3 auf i_4. In dem Bild ist i_s der fließende Kontaktkorrosionsstrom und R_i der Elektrolytwiderstand zwischen Anode und Kathode.
Außer der hier erwähnten Kontaktkorrosion mit makroskopischen Lokalelementen gibt es noch viele Korrosionserscheinungen, die durch mikroskopische Lokalelemente hervorgerufen werden. Die entstehenden Potentialverschiebungen entsprechen denen im Bild 2/5 sinngemäß.
Ursache für die Ausbildung von Lokalelementen sind generell sogenannte **Heterogenitäten.** Man unterscheidet Heterogenitäten im Metall und auf der Metalloberfläche, in der flüssigen Phase und solche, die durch Unterschiede in den physikalischen Bedingungen entstehen [2/4]. Als Beispiele solcher Heterogenitäten seien hier genannt:

- Anreicherung von Legierungsbestandteilen an Korngrenzen
- Abscheidung von edleren Metallen auf der Metalloberfläche
- mechanische Spannungen im Metall
- unterschiedliche Zusammensetzung des angreifenden Mediums an der Metalloberfläche
- Unterschiede in der Strömungsgeschwindigkeit
- Unterschiede in der Temperatur.

Für die Bildung von Lokalelementen sind also ein inhomogenes Potential des Metalls und räumlich getrennte, streng lokalisierte Anoden- und Kathodenbezirke auf der Metalloberfläche kennzeichnend. Daraus resultiert ein ungleichmäßiger Metallabtrag an der Oberfläche. Derartige Korrosionsarten durch Lokalelementbildung sind die Korrosion infolge von Konzentrationselementen (z. B. Belüftungselemente), Kontaktkorrosion, selektive und interkristalline Korrosion, Spannungsriß- und Schwingungsrißkorrosion sowie die Streustromkorrosion und der Lochfraß passiver Metalle durch Anionen [2/1]. Diese Korrosionsarten werden im Abschnitt 2.6. behandelt.
In der Praxis liegen mit wenigen Ausnahmen Lokalelemente vor. Jedoch müssen diese nicht immer eine entscheidende Rolle spielen. Häufig ist der durch die Lokalelemente bedingte Strom i_s im Vergleich zu den Teilströmen der anodischen und kathodischen Elektrodenreaktionen sehr gering, so daß im allgemeinen trotzdem eine gleichmäßige Korrosion erfolgt. In derartigen Fällen ist es zweckmäßig, die Mischpotentialtheorie zur Erklärung der Korrosionsvorgänge anzuwenden.

2.4. Beispiele der Metallkorrosion

Als Voraussetzung für die Korrosion eines Metalls muß das Gleichgewichtspotential der Metallauflösung negativer als das Gleichgewichtspotential mindestens eines kathodischen Vorgangs sein. Anderenfalls erfolgt keine Korrosion. Unter Zugrundelegung der elektrochemischen Spannungsreihe, d. h. unter Standardbedingungen, korrodieren Platin und Gold in Wasser nicht, da ihre Potentiale positiver als die der Wasserstoffionenentladung und der Sauerstoffreduktion sind. Andere Metalle, wie z. B. Kupfer, korrodieren nur in sauerstoffhaltigen Wässern, da ihre Gleichgewichtspotentiale negativer als das der Sauerstoffreduktion, aber positiver als das der Entladung von Wasserstoffionen sind.

Bei den hauptsächlich in wasserführenden Anlagen verwendeten Werkstoffen, dem unlegierten und verzinkten Stahl, ist dagegen neben der Reduktion des Sauerstoffs auch die Entladung von Wasserstoffionen zu berücksichtigen. Die auch als kathodische Reaktion mögliche Wasserstoffentwicklung durch Wasserzersetzung ist sehr stark gehemmt, so daß das Gleichgewichtspotential dieses Vorgangs gegenüber dem Potential der Wasserstoffentwicklung durch Entladung von Wasserstoffionen bedeutend negativer ist. Deshalb kann dieser Vorgang nur bei sehr unedlen Metallen eine Rolle spielen, z. B. bei der Korrosion von Zink und Aluminium in stark alkalischen Wässern und bei der Korrosion von Magnesium in warmen Wässern.

Im hier interessierenden Fall der annähernd neutralen Wässer ($pH = 5...9$) erfolgt die Korrosion der in wasserführenden Anlagen üblichen Metalle vorwiegend nach dem Sauerstoffkorrosionstyp. Der Anteil des Wasserstoffkorrosionstyps ist oberhalb $pH = 5$ auf Grund der niedrigen Wasserstoffionenkonzentration hinsichtlich der Lebensdauer der Anlagenteile ohne praktische Bedeutung. So ergibt sich nach dem in [2/3] bei $pH = 5$ für den Wasserstofftyp in sauerstofffreier Lösung angegebenen Wert für Eisen eine Korrosionsgeschwindigkeit von $\approx 0{,}07$ mm/a. Aus diesem Grund können z. B. ordnungsgemäß mit sauerstofffreiem Wasser betriebene Heizungsanlagen Jahrzehnte ohne Korrosionsschäden ihren Dienst versehen. Demgegenüber muß bei der Korrosion von unlegiertem Stahl in sauren Abwässern und in stark mit SO_2 belasteten Kühlwässern der Wasserstoffkorrosionstyp berücksichtigt werden. So wird nach Angabe von *Sussmann* [2/5] in einem mit SO_2 beaufschlagten Kühlwasser mit $pH = 3{,}8$ gegenüber einem Kühlwasser mit $pH = 6{,}7$, also ohne größere SO_2-Beaufschlagung, die Korrosionsgeschwindigkeit von unlegiertem Stahl auf etwa das Doppelte erhöht.

Die in wasserführenden Anlagen im allgemeinen verwendeten Metalle, wie unlegierter und verzinkter Stahl, Blei und Kupferwerkstoffe, korrodieren nach dem bisher Gesagten immer in sauerstoffhaltigen Wässern. Unter Zugrundelegung eines Grenzstroms der Sauerstoffreduktion von ca. 0,5 mA/cm² in stark gerührter Lösung ergeben sich daraus Korrosionsgeschwindigkeiten bis zu 5 mm/a. Dies gilt für das blanke Metall. Unter praktischen Bedingungen entstehen jedoch durch den Korrosionsvorgang auf diesen Metallen Korrosionsproduktschichten mit mehr oder weniger schützenden Eigenschaften. Auf Kupfer bilden sich Kupfer(I)-oxidschichten, auf verzinktem Stahl Schichten aus einer Mischung von Zinkhydroxiden, Zinkkarbonaten und basischen Zinkkarbonaten und auf unlegiertem Stahl Eisen(III)-hydroxidschichten.

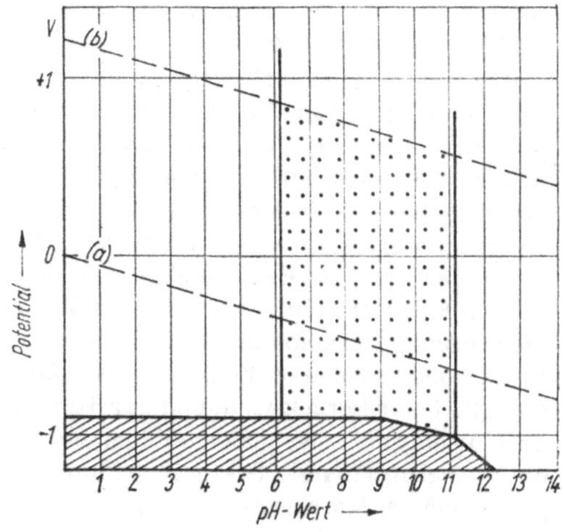

Bild 2/6
Vereinfachtes Pourbaix-Diagramm für das System Zink-Wasser bei 25 °C nach [2/6]

Dadurch kann die Korrosion merklich vermindert werden, so daß ein Einsatz dieser an und für sich unbeständigen Werkstoffe unter bestimmten Voraussetzungen möglich ist. In der Praxis sind deshalb die Bedingungen für die Entstehung und Erhaltung dieser Schichten sehr wichtig. Ihre Beständigkeit wird im wesentlichen bestimmt durch den *p*H-Wert, die Zusammensetzung des angreifenden Mediums und das Elektrodenpotential.

Diese Abhängigkeiten wurden von *Pourbaix* in den nach ihm benannten Diagrammen grafisch dargestellt. In Bild 2/6 ist ein derartiges, stark vereinfachtes **Pourbaix-Diagramm** für das System Zink – Wasser bei 25 °C angegeben. Daraus kann abgelesen werden, bei welchem *p*H-Wert und Potential das Metall stabil ist bzw. bei welchem es korrodiert. Die gestrichelten Geraden entsprechen dabei den Gleichgewichtspotentialen für den Wasserstoffkorrosionstyp (*a*) und für den Sauerstoffkorrosionstyp (*b*). In dem schraffierten Bereich erfolgt keine Korrosion, da das Metall kathodisch geschützt wird. Im punktierten Bereich bildet sich Zinkhydroxid; es kommt zur Ausbildung einer Korrosionsproduktschicht, die den Angriff vermindert. Oberhalb *p*H = 11 löst sich das Hydroxid auf, so daß Korrosion auftritt. Ebenso ist das Hydroxid im sauren Bereich nicht beständig. Das Diagramm kann unter Berücksichtigung der möglichen stabilen Verbindungen des Zinks und unterschiedlicher Konzentrationen verfeinert werden, worauf aber hier aus Gründen der Übersichtlichkeit verzichtet wird.

Neben der aus dem Diagramm ablesbaren Beständigkeit müssen die stabilen Korrosionsprodukte eine dichte und schützende Schicht bilden. Die Abschätzung der schützenden Eigenschaften der Schicht kann nicht aus dem Diagramm erfolgen, sondern basiert auf Erfahrungen. Für die Beständigkeit und schützenden Eigenschaften sind chemische Zusammensetzung, Morphologie und Struktur der Korrosionsprodukte wichtig. Aus diesen Gründen und unter Berücksichtigung der Tatsache, daß nicht nur eine gleichmäßige, sondern auch eine durch viele Faktoren bedingte ungleichmäßige Korrosion auftreten kann, ist eine Vorausberechnung der Korrosionsgeschwindigkeit für die in wasserführenden Anlagen verwendeten Metalle nicht möglich.

2.5. Passivität

Innerhalb der besprochenen Korrosionsreaktionen nimmt die Passivierung der Metalle eine exponierte Stellung ein und soll daher in einem gesonderten Abschnitt behandelt werden. Einige Metalle und Legierungen korrodieren unter bestimmten Bedingungen unter Ausbildung einer porenfreien, unlöslichen, dünnen Oxidschicht, die sich bei Verletzung selbst regeneriert und damit das Metall elektrochemisch inaktiv (passiv) macht [2/1]. Diese Korrosionsreaktionen stellen ein sehr wirksames Korrosionsschutzverfahren dar. So korrodiert z. B. passives Eisen in Säuren nur mit einer Geschwindigkeit $\leqq 0{,}01$ mm/a. Die Verwendung des unbeständigen Aluminiums in sauerstoffhaltigen Wässern ist nur infolge der Passivität des Aluminiums möglich. Auf die gleiche Ursache ist auch die vorzügliche Eignung hochlegierter Stähle zur Lösung vieler Korrosionsprobleme in wasserführenden Anlagen zurückzuführen.

Der Vorgang der Passivierung läßt sich am besten durch eine Stromdichte-Potential-Kurve veranschaulichen. Aus Bild 2/7 ist ersichtlich, daß ausgehend vom Korrosionspotential im aktiven Zustand ε_K bei einer Potentialver, schiebung in positive Richtung der Strom deanodischen Auflösung bis auf den Wert der **Passivierungsstromdichte** i_{pa} ansteigr Wird das zu dieser Stromdichte zugehörigt. **Passivierungspotential** ε_{pa} überschritten erfolgt ein Steilabfall der Stromdichte auf den Wert der **Passivstromdichte** i_p. Der weitere Verlauf der Stromdichte-Potential-Kurve hängt von den jeweiligen Metallen bzw. von den Eigenschaften der sich bildenden Oxidschicht ab. So erfolgt bei Eisen und Nickel, die elektronenleitende Oxidschichten bilden, beim **Durchbruchspotential** ε_{D1} wieder ein steiler Anstieg der Stromdichte infolge der einsetzenden Sauerstoffentwicklung (Kurve 2). Bei Chrom bzw. chromhaltigen Legierungen beginnt der erneute Anstieg der Stromdichte bereits beim Durchbruchspotential ε_{D2} unter Chromatbildung. Diese anodische Reaktion unterliegt wieder selbst einer Passivierung, die beim **Transpassivierungspotential** ε_{tp} einsetzt. Bei weiterer Positivierung des Potentials erfolgt dann ein erneutes Ansteigen der Stromdichte infolge der einsetzenden

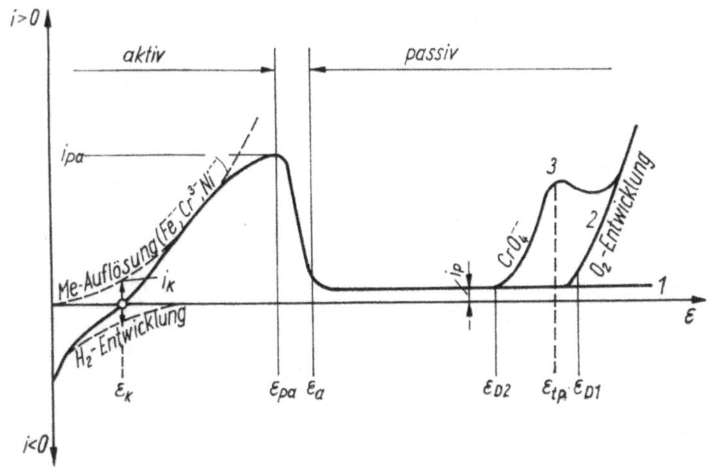

Bild 2/7
Stromdichte-Potential-Kurven passivierbarer Metalle nach [2/1]

Sauerstoffentwicklung (Kurve 3). Entstehen dagegen bei der Passivierung keine elektronenleitenden Schichten, sondern nur ionenleitende, wird der Ladungsdurchtritt praktisch unmöglich, und es können keine anderen Elektrodenreaktionen ablaufen (Kurve 1). Wird das Potential in negative Richtung verschoben, erfolgt beim **Aktivierungspotential** ε_a die Aufhebung der Passivität.

Zur gezielten Ausnutzung der Passivierbarkeit der Metalle für den Korrosionsschutz müssen Bedingungen geschaffen werden, unter denen das entsprechende Metall oder die Legierung beim Eintauchen in das flüssige Medium spontan passiv wird und die Passivität erhalten bleibt. Hierzu ist erforderlich, daß das Aktivierungspotential gegenüber dem Gleichgewichtspotential des kathodischen Vorgangs (z. B. Sauerstoffreduktion) negativ und der kathodische Strom der jeweiligen Kathodenreduktion beim Passivierungspotential dem Betrag nach größer als der Passivierungsstrom ist. Dies kann man bei den hochlegierten Chrom-Nickel-Stählen in Wässern z. B. durch einen ungehinderten Sauerstoffzutritt zur Metalloberfläche (Erhöhung des kathodischen Stroms) oder durch eine Erhöhung des Chromgehalts der Legierung (Verminderung des Passivierungsstroms) erreichen. Demgegenüber ist unlegierter Stahl in annähernd neutralen Wässern normalerweise nicht passiv, da die Passivierungsstromdichte größer als die Stromdichte der Sauerstoffreduktion beim Passivierungspotential ist. Eine Passivierung kann hier durch Zugabe oxydierend wirkender Substanzen erreicht werden. Darauf beruht z. B. die sehr gute korrosionsmindernde Wirkung von Nitrit und Chromat. Sehr unedle Metalle, wie z. B. Aluminium und Magnesium, können wahrscheinlich schon durch eine chemische Reaktion vom Typ

$$Me + H_2O \rightarrow MeO + H_2 \qquad (2/13)$$

passiviert werden.

Im passiven Zustand erhält man das Korrosionspotential mit Hilfe der Mischpotentialvorstellung; die bei diesem Potential vorliegende Passivstromdichte ist der Korrosionsgeschwindigkeit direkt proportional. Sie wird durch den chemischen Abbau der Korrosionsproduktschicht bestimmt, d. h. je beständiger die Korrosionsproduktschicht in dem jeweiligen Medium ist, desto geringer ist auch die Korrosionsgeschwindigkeit. In Wässern können insbesondere Chloride eine Störung bzw. die Aufhebung der Passivität bewirken. Die Korrosionsgeschwindigkeit kann an diesen aktiven Stellen bis zu 2 mm/d betragen (vgl. auch 2.6.2.2.) [2/7].

2.6. Korrosionsarten

Korrosionsarten und ihre Erscheinungsformen sind eine Wirkung der Korrosion und äußerst vielgestaltig. Deshalb ist eine Systematisierung notwendig. Die von *Schwabe* und *Voigt* [2/4] gewählte läßt am ehesten die Zusammenhänge zwischen Ursache, Verlauf und

Wirkung der Korrosion erkennen und soll auch im folgenden zugrunde gelegt werden (vgl. TGL 18701).
Hiernach werden vier Arten des Metallabtrags unterschieden:

- die ebenmäßige Korrosion
- die ungleichmäßige Korrosion
- die Spannungskorrosion
- die Verschleißkorrosion.

2.6.1. Ebenmäßige Korrosion

Das Entstehen einer ebenmäßigen Korrosion kann am einfachsten mit Hilfe der Mischpotentialtheorie erklärt werden. Ihr Erscheinungsbild ist ein **ebenmäßiger Abtrag parallel zur Metalloberfläche** (Bild 2/8). Die ebenmäßige Korrosion ist neben anderen Korrosionsarten an den wasserführenden Anlagen stets zu beobachten. In Wässern mit *p*H-Werten über 5 ist die Metalloberfläche gleichmäßig mit Korrosionsprodukten belegt, die bei mechanischen und hydraulischen Belastungen abplatzen bzw. abblättern können. Technische Bedeutung erlangt diese Korrosionsart in natürlich vorkommenden Wässern und Böden jedoch nicht, da hier die Geschwindigkeit der ungleichmäßigen Korrosion um ein mehrfaches überwiegt. In ausgesprochen sauren Wässern dagegen (z. B. in Kondensaten und speziellen Abwässern, in sauren Böden sowie an ungeschützten Stahlflächen, die einer atmosphärischen Beanspruchung ausgesetzt sind) ist diese Korrosionsart auch bezüglich der dadurch entstehenden volkswirtschaftlichen Verluste nicht vernachlässigbar.
Der für offen ablaufende Kondensate typische **Rinnenfraß** (Bild 2/9), der durch meist nicht

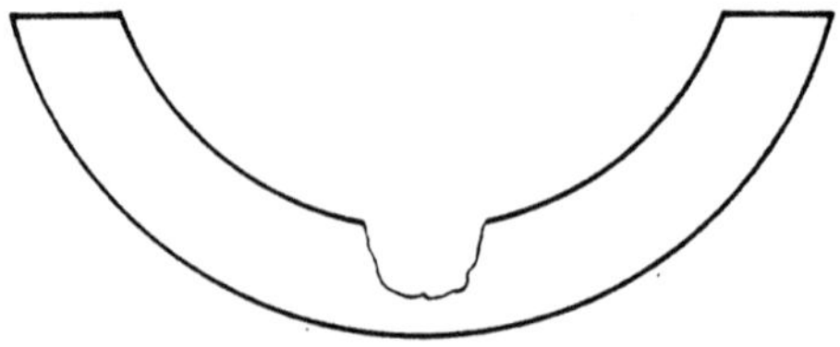

Bild 2/9
Schematische Darstellung von Rinnenfraß

vollständig gefüllte Kondensatleitungen entsteht, ist ein typisches und technisch bedeutendes Beispiel für die ebenmäßige Korrosion.
In Abhängigkeit von der Korrosionsgeschwindigkeit lassen sich nach [2/8] metallische Werkstoffe in drei Gruppen einordnen:

- Korrosionsgeschwindigkeit über 1,0 mm/a (für den praktischen Einsatz ungeeignet)
- Korrosionsgeschwindigkeit zwischen 1,0 und 0,1 mm/a
  (bedingt geeignet; geringe Lebensdauer, wenn keine zusätzlichen Abrostungszuschläge vorgesehen werden)
- Korrosionsgeschwindigkeit unter 0,1 mm/a (einsetzbar für besonders gefährdete Anlagenteile; hohe Korrosionsbeständigkeit)

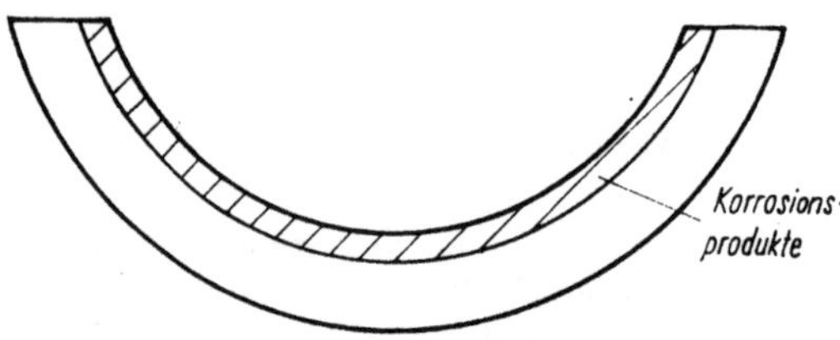

Bild 2/8
Schematische Darstellung der ebenmäßigen Korrosion

2.6.2. Ungleichmäßige Korrosion

Der Mechanismus der ungleichmäßigen Korrosion läßt sich am anschaulichsten mit der Lokalelementtheorie erklären. Voraussetzung für diese Korrosionsart ist das Vorhandensein von Heterogenitäten (vgl. Abschnitt 2.3.). Technisch bedeutende Korrosionsschäden an wasserführenden Anlagen (außer den bereits beschriebenen durch die ebenmäßige Korrosion) haben ihre Ursache meist in der ungleichmäßigen Korrosion.

2.6.2.1. Lochfraß durch unterschiedliche Belüftung (Belüftungselement)

Ist der Zutritt von Oxydationsmitteln (meist Sauerstoff) zu einem Teil der Metalloberfläche gehemmt, so wird durch das unterschiedliche Angebot an Oxydationsmitteln der metallische Werkstoff **lochfraßartig** zerstört. Die Stellen mit der höheren Konzentration an Oxyda-

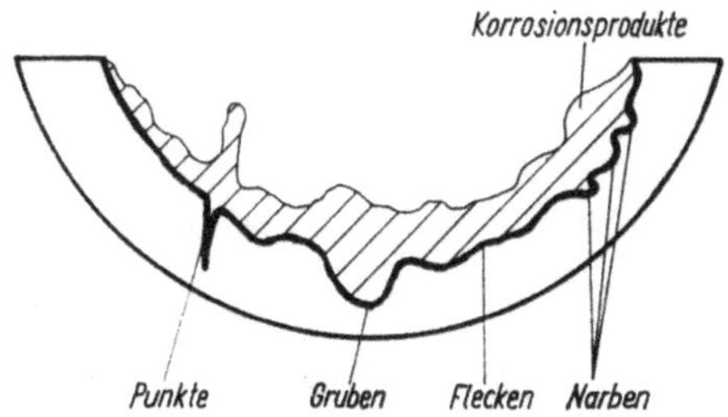

Bild 2/10
Schematische Darstellung von Lochfraß durch Belüftungselemente

tionsmitteln werden zur Kathode, die anderen zur Anode. Besonders an unlegiertem Stahl, Eisen, Gußeisen, niedriglegiertem Stahl und feuerverzinktem Stahl ist diese Erscheinungsform der Korrosion zu beobachten. Aber auch Kupfer, Aluminium und hochlegierter Stahl können hierdurch zerstört werden. Dabei kann der Korrosionsangriff **punkt- oder narbenförmig bzw. fleckig oder grubenförmig** sein (Bild 2/10 und Foto 30). Die Vertiefungen im metallischen Werkstoff sind in sauerstoffhaltigen, annähernd neutralen Wässern mit Korrosionsprodukten (FeS, FeOOH, Fe_2O_3, Fe_3O_4) angefüllt, die in das Rohrinnere hineinwachsen (keine Inkrustierung!) und im Extremfall den Ausfall der Rohre bewirken.

Insbesondere führen Ablagerungen, unterschiedliche Strömungsverhältnisse und Temperaturdifferenzen zu Lochfraß durch unterschiedliche Belüftung.

In wasserführenden Anlagen werden vorwiegend Sand, abgelöste oder nicht festhaftende Korrosions- und Inkrustationsprodukte oder auch ungleichmäßig ausgebildete Schutzschichten als Ablagerungen beobachtet.

Luftblasen, auch Luftsäcke genannt, die infolge technologischer oder konstruktiver Mängel entstehen und sich auf der Metalloberfläche absetzen, können ebenfalls zu Lochfraß führen. Allerdings werden hierbei die bedeckten Stellen des Metalls naturgemäß zur Lokalkathode.

Durch Konzentrationsunterschiede in der Grenzschicht Metall – Wasser, die durch unterschiedliche Strömungsverhältnisse oder Temperaturdifferenzen entstehen können, werden ebenfalls Bedingungen für eine lochfraßartige Zerstörung der Metalle geschaffen.

2.6.2.2. Lochfraß durch spezielle Anionen

Lochfraß an metallischen Werkstoffen kann außer durch ein unterschiedliches Angebot an Oxydationsmitteln auch durch spezielle Anionen hervorgerufen werden. Insbesondere werden Metalle, die Passivschichten ausbilden und an sich korrosionsbeständig sind (vgl. Abschnitt 2.5.), speziell durch **Chloride** lochfraßartig zerstört. Dabei durchdringen die Chloride die Passivschicht und erleichtern die Metallauflösung. Erreicht die Konzentration der Chloride einen kritischen Wert – entweder durch zu hohe Konzentrationen in der Lösung bzw. durch Anreicherung unter Ablagerungen oder in der Spritzwasserzone durch Wasserverdunstung oder -verdampfung – so wird die Passivität aufgehoben. Die Bedingungen hierfür sind im wesentlichen von der Art des Werkstoffes und von den Betriebsbedingungen abhängig. In der Regel ist diese Störung nicht auf der gesamten Metalloberfläche, sondern nur an energetisch begünstigten Stellen (z. B. Struktur- und Dickenunterschiede der Passivschicht) zu beobachten. An diesen Stellen erfolgt dann die aktive Auflösung des Metalls. Durch Kontaktkorrosion mit den noch bestehenden, großen kathodischen Flächen sowie durch eine Änderung der Elektrolytzusammensetzung an diesen Stellen (Verschiebung des pH-Wertes ins saure Gebiet) gegenüber der Lösung entstehen nadelstichförmige, rasch in die Tiefe gehende Löcher (**Pittings**). In Wässern wird diese Erscheinungsform der Korrosion vorwiegend an hochlegierten Stählen und an Aluminiumwerkstoffen beobachtet.

2.6.2.3. Selektive Korrosion

Selektive Korrosionserscheinungen entstehen durch Lokalelementbildung im Werkstoff, wenn unterschiedlich edle Gefügebestandteile gekoppelt sind. Bei Elektrolyteinwirkung korrodiert verstärkt der unedlere Bestandteil. In wasserführenden Anlagen sind die Entzinkung von Messing und die Spongiose des grauen Gußeisens von Bedeutung.

Entzinkungserscheinungen können dann beobachtet werden, wenn der Zinkgehalt im Messing über 20% liegt. Die Entzinkungsneigung nimmt zu

- mit steigendem Zinkgehalt in der Legierung
- mit steigender Temperatur
- mit zunehmender Wasseraggressivität (abnehmendem *p*H-Wert sowie zunehmendem Neutralsalzgehalt)
- mit steigendem Kupfergehalt im Wasser.

Eisen-, Mangan- und Kalziumkarbonat- bzw. -sulfatablagerungen begünstigen die Entzinkung. Erklärt wird der Vorgang der Entzinkung derart, daß zunächst die Kupfer/Zink-Legierung als Ganzes korrodiert; das in Lösung gegangene Kupfer sich aber an den korrodierten unedleren Stellen wieder in schwammiger Form abscheidet, so daß zwar die äußere Form des Anlagenteiles erhalten bleibt, seine Festigkeit aber verlorengeht und Durchbrüche die Folge sind. Erfolgt der Angriff an einzelnen, punktförmigen Stellen, so spricht man von **Pfropfenentzinkung** (Bild 2/11 und Foto 45). Wird das schwammige Kupfer lamellenartig parallel zur Oberfläche abgeschieden, so liegt eine **Lagenentzinkung** vor (Bild 2/12).

Die **Spongiose** des grauen Gußeisens kann insbesondere an erdverlegten Rohren beobachtet werden. Salzreiche, schwach saure und sauerstoffarme Wässer bzw. Erdböden begünstigen die Spongiose. Durch eine Lokalelementbildung zwischen dem kathodisch wirkenden Graphit und dem anodischen Eisen entstehen unter diesen Bedingungen Eisenoxide bzw. Sulfide, die aus der Struktur des Gußeisens herausgelöst werden. Der Graphit des Gußeisens bleibt als Einlagerung zurück (Bild 2/13 und Foto 42). Auch bei der Spongiose ändert sich die äußere Form des Bauelementes nicht; die Festigkeit nimmt jedoch so stark ab, daß mit Spongiose befallenes Gußeisen mit dem Messer geschnitten werden kann.

Die **interkristalline Korrosion** ist ein Sonderfall der selektiven Korrosion. Sie kann an passivierbaren bzw. schutzschichtbildenden Werkstoffen beobachtet werden, in denen, werkstoffseitig bedingt, Phasenausscheidungen an den Korngrenzen auftreten. Hierdurch entstehen am Korn, an den verarmten Randzonen und an den Ausscheidungen selbst unterschiedliche Potentiale, die eine hohe Korrosionsanfälligkeit der ansonsten beständigen Werkstoffe bereits unter milden Korrosionsbedingungen bewirken. Interkristallin anfällig sind austenitische Chrom-Nickel-Stähle und Aluminiumlegierungen. Die interkrisralline Korrosion von austenitischem Stahl ist in der Regel vom Werkstoff und von der Verarbeitung her beherrschbar. Die Wahrschein-

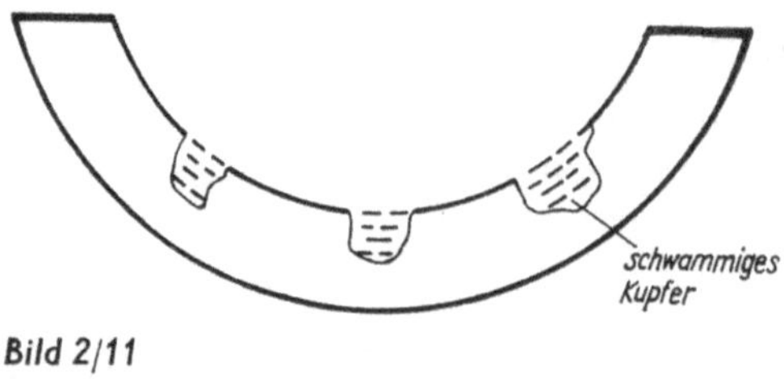

Bild 2/11

Schematische Darstellung der Pfropfenentzinkung

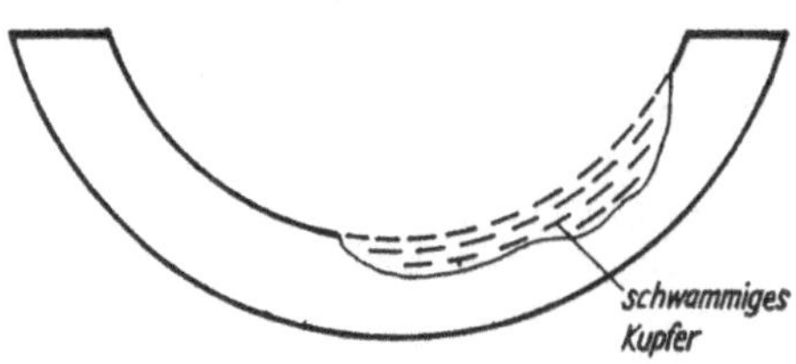

Bild 2/12

Schematische Darstellung der Lagenentzinkung

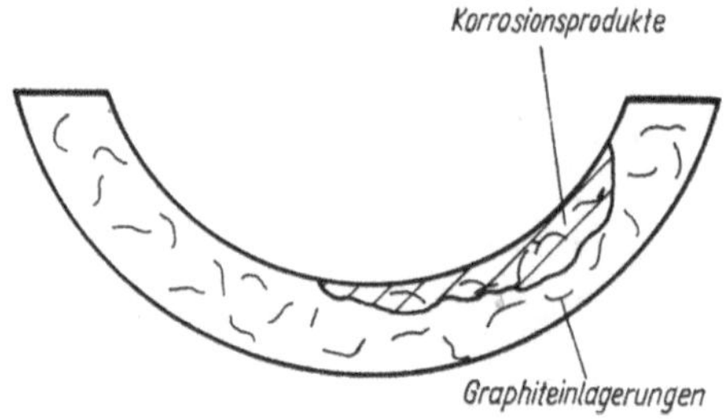

Schematische Darstellung der Spongiose

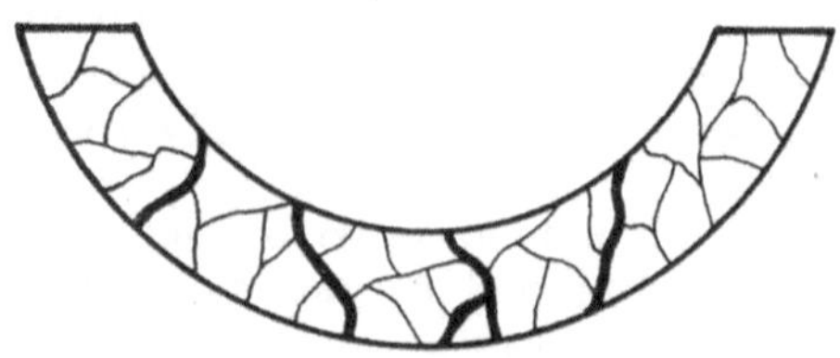

Bild 2/14

Korrosion

lichkeit ihres Auftretens wird stark vermindert durch:

- Wärmebehandlung bei 1050 bis 1100 °C mit nachfolgendem Abschrecken
- Herabsetzung des Kohlenstoffgehaltes
- Zulegieren von Titan oder Niob.

Das Erscheinungsbild der interkristallinen Korrosion zeigen Bild 2/14 und Foto 46.

2.6.2.4. Kontaktkorrosion

Als Kontaktkorrosion bezeichnet man die Korrosion, die **zusätzlich zur Eigenkorrosion** entsteht, wenn zwei Metalle mit unterschiedlichen Potentialen elektrisch leitend miteinander verbunden werden. Der zusätzliche Korrosionsabtrag erfolgt **örtlich begrenzt am unedlen Werkstoff** und in Wässern bzw. Erdböden wegen ihrer geringen spezifischen Leitfähigkeit im nahen Bereich der Kontaktstelle (Bild 2/15). Außer durch den direkten Zusammenbau von Metallen kann Kontaktkorrosion auch in heterogenen Legierungen mit edlen Legierungsbestandteilen, zwischen metallischen Schutzschichten und Grundwerkstoff und durch nichtmetallische Schutzschichten mit eingelagerten edlen Metallen entstehen.

Die Intensität der Kontaktkorrosion nimmt zu

- mit größer werdender Potentialdifferenz der im Kontakt stehenden Metalle
- mit zunehmendem Flächenverhältnis von edlem zu unedlem Werkstoff
- mit steigender Temperatur
- mit zunehmender Wasseraggressivität.

Schutzschichten, Ablagerungen, Korrosions- und Inkrustationsprodukte auf den metallischen Werkstoffen mindern die Intensität der Kontaktkorrosion.

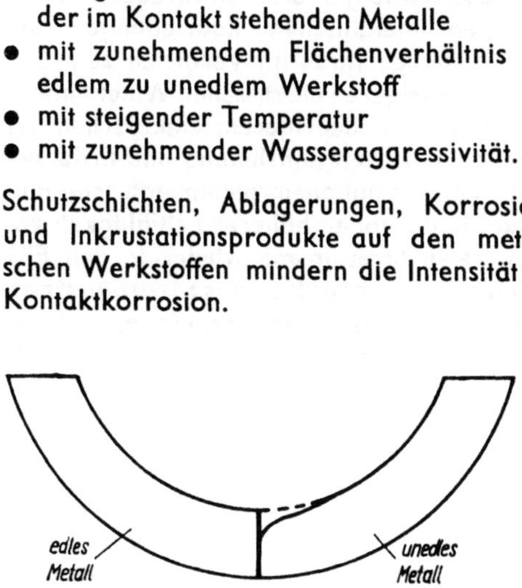

Bild 2/15
Schematische Darstellung der Kontaktkorrosion

In Tabelle 2/1 sind Kontaktkorrosionsgeschwindigkeiten einiger in wasserführenden Anlagen häufig vorkommender Metallkombinationen angegeben. Unter praktischen Bedingungen ist bei der Beurteilung der Kontaktkorrosion in wasserbeaufschlagten Anlagen ein wirksames Flächenverhältnis von edlem zu unedlem Werkstoff zwischen 1:1 und 1:10 anzunehmen [2/10]. Die experimentelle Bestimmung der Kontaktkorrosion wird in Abschnitt 10. beschrieben. Kontaktkorrosionserscheinungen an unlegierten Stählen durch direkten Kontakt mit hochlegiertem Stahl zeigt Foto 23.

Ein Spezialfall der Kontaktkorrosion liegt vor, wenn Kupfer und verzinkte Anlagenteile oder Aluminium oder unlegierter Stahl indirekt zusammengebaut werden. Der indirekte Zusammenbau dieser Werkstoffe bedeutet, daß Wasser aus kupfernen Anlagen anschließend in Anlagen aus diesen unedleren Werkstoffen gelangt, ohne daß beide Werkstoffarten direkt im Kontakt stehen. Eine derart bedingte Korrosion wird als **indirekte oder kupferinduzierte Kontaktkorrosion** bezeichnet (vgl. Foto 31). Infolge der – wenn auch geringen – Eigenkorrosion des Kupfers gelangen Kupferionen mit dem Wasser in die nachfolgenden Anlagen aus den genannten unedleren Werkstoffen, wo sie sich auf Grund der Potentialdifferenz Kupfer – unedles Metall abscheiden. Nach [2/11] erhöht sich hierdurch die Elektronenleitfähigkeit der Korrosionsproduktschichten der verzinkten Anlagen, was gleichbedeutend mit einer Erleichterung des kathodischen Prozesses und einer Erhöhung der Zink- bzw. Stahlkorrosion um diesen Betrag ist. Andere Untersuchungen [2/12) ergaben, daß die Kupferionen erst dann wirksam werden, wenn sie im direkten Kontakt zur Stahloberfläche (z. B. durch Poren) stehen. Es ist jedoch unabhängig von diesen Theorien stets mit einer Korrosionsverstärkung der unedleren Werkstoffe zu rechnen, wenn im Wasser Kupferionen in einer Konzentration über 10 µg/l vorhanden sind. Exakte Aussagen zum Kontaktkorrosionsverhalten werden am sichersten durch Untersuchungen unter dee jeweiligen spezifischen Bedingungen erhaltnn (s. 10.1.5.4.).

Erfahrungsgemäß erfolgt eine indirekte Kontaktkorrosion auch, wenn CuZn30 mit un-

Tabelle 2/1
Kontaktkorrosionsgeschwindigkeiten einiger Metallpaarungen in Trinkwasser, pH = 7, belüftet, Flächenverhältnis 1:1 nach [2/9]

Unbeständiger Werkstoff	Beständiger Werkstoff	Kontaktkorrosionsgeschwindigkeit in g/m^2h	
		40 °C	80 °C
St 38	GGL	0,052	0,32
Zn	St 38	0,45	0,50
St 38	Al	0,021	0,052
St 38	Cr—Ni—Ti-Stahl	0,41	0,052
St 38	Pb	0,50	0,22
St 38	Cu	0,88	0,20
St 38	CuZn 42	0,77	0,34
St 38	CuSn 12	0,93	0,31
GGL	Cu	0,23	0,29
Zn	Cu	0,22	0,53
Pb	Cu	0,46	0,039
Al	Cu	0,0067	0,027
Cu	Cr—Ni—Ti-Stahl	0,021	0,021
Zn	Al	0,13	0,085
Al	Cr—Ni—Ti-Stahl	0,077	0,077
Al	Pb	1,08	0,039

edleren Werkstoffen indirekt gekoppelt ist und die Bedingungen einer Entzinkung vorliegen. Dagegen ist die indirekte Kontaktkorrosion technisch vernachlässigbar gering, wenn CuZn20Al12 bzw. CuNiFe-Legierungen indirekt mit unedleren Werkstoffen verbunden sind. An austenitischen Chrom-Nickel-Stählen und Grauguß wird keine kupferinduzierte Kontaktkorrosion festgestellt.

2.6.2.5. Streustromkorrosion

Elektrische Ströme, die einem anderen als dem vorgegebenen Stromweg folgen, werden als Streuströme bezeichnet. Gleichstrombetriebene Verkehrsbahnen, Grubenbahnen, Elektroschweißanlagen, Galvanisieranlagen sowie geerdete Gleichstromanlagen verursachen derartige Streuströme.

Im Erdboden folgen diese bevorzugt den dort verlegten metallischen Rohrleitungen und Kabeln infolge ihres im Vergleich zum Erdboden niedrigeren elektrischen Widerstandes. An Stellen mit niedrigerem elektrischen Widerstand zwischen Rohrleitung und Erdboden (fehlerhafte Isolationen, nichtmetallische Paßstücke, Bodenzonen höherer Leitfähigkeit und dgl.) treten Streuströme wieder in den Erdboden aus. Diese **Stellen des Stromaustritts** sind stets die **anodischen Bereiche**, an denen Rohrleitungen oder andere Anlagen von außen

Bild 2/16
Schematische Darstellung der Streustromkorrosion

muldenförmig korrodieren (Bild 2/16 und Foto 14). Die entstehenden Mulden sind meist frei von Korrosionsprodukten; im korrodierten Metall sind oftmals „Strombahnen“ zu erkennen. Zur Streustromkorrosion können auch Wechselströme führen, deren Wirkung jedoch weitaus geringer als die der Gleichströme ist.

2.6.2.6. Korrosion unter Anstrichen

Der Mechanismus der Korrosion unter Anstrichen ist noch relativ unbekannt, da das System Metall – Anstrich – Wasser bzw. Atmosphäre durch eine Vielzahl von Einflußfaktoren belastet werden kann, deren Wirkprinzipien teilweise noch unerforscht sind. Die korrosionshemmende Wirkung der Anstriche kann nicht allein auf ihre Barrierenwirkung zurückgeführt werden, da nachgewiesen ist, daß die Diffusion von Wasser, Sauerstoff, Kohlendioxid, Schwefeldioxid und Chloriden sowie anderen Salzen durch die Anstriche und im Anstrich selbst erfolgen kann. Nach der Vorstellung der Lokalelementtheorie infolge Heterogenitäten an der Phasengrenze Metall – Anstrich (z. B. Poren) kann die korrosionshemmende Wirkung der Anstriche vor allem auf eine Behinderung der Ionenwanderung zwecks Ladungsausgleich zwischen Anoden und Kathoden zurückgeführt werden [2/4].
Die Korrosionsintensität unter Anstrichen wird hiernach maßgeblich beeinflußt durch

- die Haftung des Anstrichs auf der Metalloberfläche
- die vorhandenen Poren
- Diffusionsvorgänge durch den Anstrich bzw. im Anstrich
- die Wirkung hinzugefügter aktiver Pigmente bzw. Inhibitoren.

Korrosionsstimulatoren, wie z. B. Wasser, Säuren, Salze und Gase (besonders Sauerstoff, Schwefeldioxid, Stickoxide und Kohlendioxid), bedingen daher in Abhängigkeit von der Wirksamkeit des Anstrichsystems eine Unter- bzw. Durchrostung.
Die Bildung solcher Stimulatoren kann auch durch Zerstörung des Anstrichsystems erfolgen (vgl. Foto 1).

2.6.3. Spannungskorrosion

Werden metallische Werkstoffe außer durch das korrosive Medium noch durch innere und/oder äußere Zugspannungen bzw. Schwingungen beansprucht, so verstärkt sich die Korrosionsanfälligkeit des Werkstoffs bedeutend. Druckspannungen wirken nicht korrosionsverstärkend. Von Bedeutung sind die Spannungsriß- und Schwingungsrißkorrosion.
Die **Spannungsrißkorrosion** ist an spezifisch wirkende Medien und spezielle Gefügezustände gebunden. In wasserführenden Anlagen können unlegierte Stähle, austenitische Cr—Ni-Stähle, Aluminiumlegierungen und Messing durch Spannungsrißkorrosion gefährdet sein. Besonders in konstruktiv oder technologisch bedingten Spalten bzw. Schichten, in denen eine Anreicherung der im Wasser gelösten Neutralsalze (Chloride, Nitrate) möglich ist, kann in Abhängigkeit von Temperatur und *p*H-Wert Spannungsrißkorrosion beobachtet werden. Der **Rißverlauf** ist dabei entweder interkristallin oder transkristallin (vgl. Foto 43 und 44). In Medien, die an austenitischem Stahl selbst keine Spannungsrißkorrosion auslösen, ist Lochfraß Voraussetzung für diese Erscheinungsform der Korrosion.
Sind wasserführende Anlagen ständigen Schwingungen ausgesetzt, ist mit einer Korrosionsverstärkung durch **Schwingungsrißkorrosion** zu rechnen. Im Gegensatz zur Spannungsrißkorrosion kann jeder Werkstoff im aktiven oder passiven Zustand unabhängig vom Gefügeaufbau und dem Korrosionsmedium verstärkt durch Schwingungsrißkorrosion zerstört werden. Insbesondere Pumpen, dampf- und heißwasserführende Rohrleitungen mit wechselnden Temperaturen sind hierdurch gefährdet.

2.6.4. Verschleißkorrosion

Wird die Korrosion metallischer Werkstoffe durch Verschleißvorgänge an der Metalloberfläche angeregt, liegt Erosionskorrosion oder Kavitationskorrosion vor.
Erosionskorrosion kann in wasser- oder dampfführenden Anlagen beobachtet werden, wenn hohe Strömungsgeschwindigkeiten auf-

treten und das Medium Festkörperteilchen enthält, die durch das Aufprallen auf die Metalloberfläche deren Gefüge zertrümmern und dadurch die Korrosion begünstigen. Die korrodierten Stellen sind strömungsgerichtet (vgl. Foto 2).

Um **Kavitationskorrosion** handelt es sich, wenn das Wasser infolge eines Druckunterschiedes schlagartig entgast oder verdampft und die entstehenden Blasen im Zusammenbrechen auf dem Werkstoff weiche oder spröde Gefügebestandteile herauslösen, wodurch ebenfalls der Korrosionsprozeß angeregt wird. Kavitationskorrosion wird besonders an Verdampfern, Entgasern, Pumpen, Turbinen und Armaturen festgestellt (vgl. Foto 3).

3. Korrosionsschutz der Metalle

Die im vorangegangenen Abschnitt dargestellten Korrosionsmechanismen und -reaktionen lassen bereits die Möglichkeiten des Korrosionsschutzes metallischer Werkstoffe erkennen. Danach wird der Korrosionsprozeß gehemmt bzw. unterbunden, wenn die anodische, die kathodische oder beide Teilreaktionen behindert bzw. unterbunden werden. Hierfür bestehen folgende prinzipielle Möglichkeiten:

- Entfernung der im Wasser vorhandenen Oxydationsmittel durch entsprechende Wasseraufbereitung
- Beseitigung korrosionsstimulierender Einflüsse durch konstruktive Maßnahmen
- Einsatz von metallischen Werkstoffen, die unter den jeweiligen korrosiven Bedingungen durch Ausbildung dichter, schwerlöslicher Oxid- bzw. anderer Schichten beständig sind
- Einsatz von korrosionsbeständigen Plastwerkstoffen
- Verschiebung des Korrosionspotentials der metallischen Werkstoffe in anodische oder kathodische Richtung und damit Hemmung des anodischen Teilprozesses durch elektrochemische Polarisation (elektrochemischer Korrosionsschutz)
- Anwendung organischer, anorganisch-nichtmetallischer oder metallischer Beschichtungen, die den korrosionsgefährdeten metallischen Werkstoff durch Abtrennung vom Korrosionsmedium vor Korrosion schützen
- Einsatz von Inhibitoren, die sowohl Schutzschichten ausbilden können als auch den anodischen und/oder kathodischen Teilprozeß durch Beteiligung an diesen Vorgängen hemmen können.

Bild 3/1 gibt einen Überblick über die grundlegenden Verfahren des Korrosionsschutzes. Die Verfahren des aktiven Schutzes beeinflussen die Korrosionsreaktion direkt; der passive Schutz wirkt durch Ausbildung einer Schutzschicht nach TGL 18700/01.
Welche Korrosionsschutzverfahren im einzelnen angewendet werden, hängt in hohem Maße von den technischen und technologischen Gegebenheiten der einzelnen Anlagen ab. Mitunter besteht aber auch die Notwendigkeit, die Technologie auf bestimmte Korrosionsschutzverfahren abzustimmen. Grundsätzlich sind in Zusammenarbeit zwischen Projektant, Baubetrieb und Betreiber der Anlage Korrosionsschutzverfahren festzulegen und auszuführen, deren Schutzdauer bei nied-

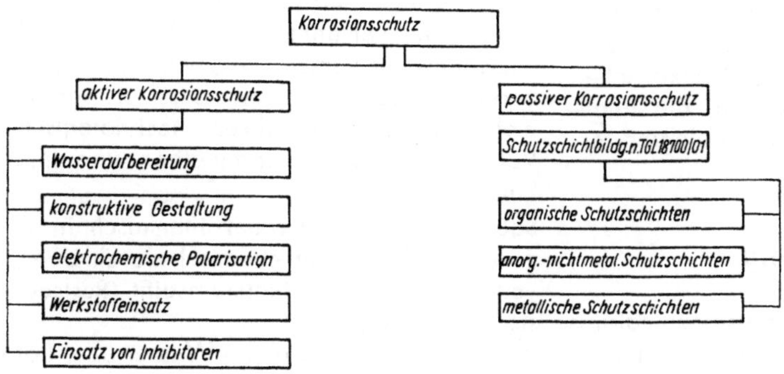

Bild 3/1
Grundlegende Verfahren des Korrosionsschutzes

rigsten Gesamtkosten der volkswirtschaftlich erforderlichen Nutzungsdauer der Anlage nahekommt (**optimaler Schutz**). Dabei besitzt der herstellerseitige **Erstschutz** entscheidende Bedeutung, da hierdurch erhebliche Kosten für die Instandhaltung der Anlagen beim Betreiber eingespart werden können. Insbesondere an wasserführenden Anlagen ist es oft nicht oder nur mit hohem Aufwand möglich, Instandhaltungs- und Erneuerungsarbeiten durchzuführen (z. B. erdverlegte und gebäudeverlegte Rohrleitungen, Wasserbehälter).

Im folgenden sollen zum besseren Verständnis der in den Hauptabschnitten beschriebenen Korrosionsschutzmaßnahmen für die speziellen Anlagenteile die seit Jahrzehnten bekannten Korrosionsschutzverfahren in allgemeiner Form erläutert werden.

3.1. Substitution von Werkstoffen

Der Austausch von Werkstoffen gegen solche, die unter den jeweiligen korrosiven Bedingungen beständiger sind, ist eine weitverbreitete Methode des Korrosionsschutzes. Dabei können korrosionsgefährdete metallische Werkstoffe, z. B. unlegierte Stähle, durch widerstandsfähigere Metalle ersetzt werden, jedoch kommt auch der Substitution durch Plast- oder mineralische Werkstoffe große Bedeutung zu.

Zwar ist es leicht, bei Kenntnis des Korrosionsverhaltens einen beständigeren Werkstoff auszuwählen, die Realisierung dagegen ist oft mit erheblichen Schwierigkeiten verbunden. Neben ökonomischen Aspekten und Fragen der Materialbereitstellung, die dem Einsatz entgegenstehen, sind auch technische Probleme (z. B. Kontaktkorrosionsprobleme) bei der Werkstoffsubstitution zu beachten. Oftmals scheitert der Einsatz eines neuen Werkstoffes an den andersgearteten physikalischen und mechanischen Eigenschaften, die ungewohnte Bau- und Montagetechnologien erfordern.

3.2. Wasseraufbereitung

Unter Aufbereitung des Korrosionsmediums versteht man nach TGL 18700/01 die Senkung der Konzentration oder die Beseitigung der Korrosionsstimulatoren. Im Gegensatz zur Inhibition erfolgt die Beseitigung der Korrosionsstimulatoren im Inneren des Mediums und nicht an der Phasengrenze Metall–Medium.

Die Art der Aufbereitung des aggressiven Mediums Wasser ist in starkem Maße von seiner Zusammensetzung und vom geplanten technologischen Verwendungszweck abhängig. Die Entfernung von Feststoffen ist jedoch in allen Fällen notwendig, da sonst die Gefahr einer ungleichmäßigen Belüftung infolge Ablagerungen gegeben ist (vgl. Abschnitt 2.6.2.1). Sie erfolgt in Absetzbecken und Filteranlagen. Außer der Entfernung starker Säuren, Nitrite, Zyanide und organischer Verunreinigungen unterschiedlichster Zusammensetzung, die vorwiegend für industrielle Abwässer wichtig ist, hat die Aufbereitung von Rohwasser zur Trinkwasserbereitstellung und die Aufbereitung von Trinkwasser für die verschiedensten Betriebswasserarten (vgl. Bild 5/3) Bedeutung für den Korrosionsschutz der Anlagen. Die verschiedenen Möglichkeiten der Wasseraufbereitung für Trink- und Betriebswasser sind in Bild 3/2 dargestellt.

Die Einstellung des Kalk-Kohlensäure-Gleichgewichts wird für Trinkwässer zentral in den Betrieben der Wasserwirtschaft vorgenommen. Die Bereitstellung von Trinkwässern, die auf unlegiertem und verzinktem Stahl zur Schutzschichtbildung führen, ist jedoch insbesondere bei der Wassergewinnung aus Talsperren und bei stark salzhaltigen Wässern aus technischen Gründen nicht oder nur mit hohem ökonomischen Aufwand möglich.

Für Betriebswasser ist die Einstellung des Kalk-Kohlensäure-Gleichgewichts meist nicht erforderlich und auch nicht üblich, da diese während des Betriebs oftmals Temperaturänderungen erfahren, die das eingestellte Gleichgewicht verschieben würden. Die Aufbereitung des Betriebswassers erfolgt vielmehr entsprechend ihrem technologischen Verwendungszweck unmittelbar vor ihrem Einsatz.

Sauerstoff wird entweder thermisch in Entgasern entfernt oder chemisch durch Zugabe von Hydrazin bzw. Natriumsulfit (Restsauerstoffentfernung).

Zur Entsäuerung kann das Wasser über Rohr-

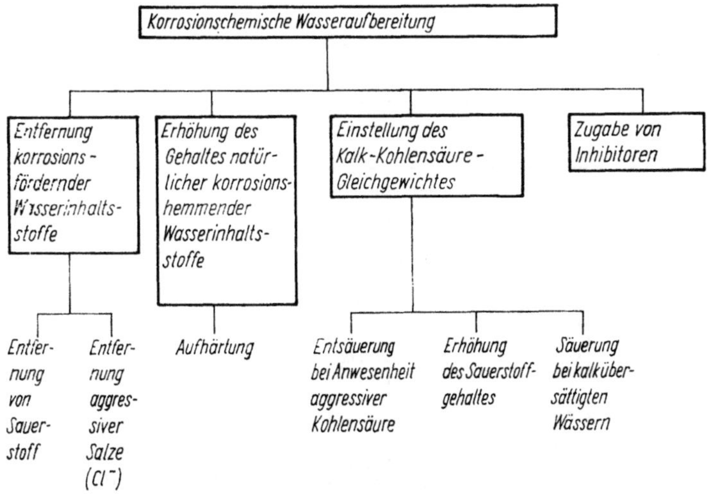

***Bild 3/2** Möglichkeiten der Wasseraufbereitung für Trink- und Betriebswässer*

gitterkaskaden geleitet werden, wodurch es gleichzeitig mit Sauerstoff angereichert wird. Eine Entsäuerung ist auch durch Zugabe von Natronlauge oder Kalkwasser bzw. -milch möglich, wobei durch das zuletzt genannte Verfahren eine Aufhärtung des Wassers erfolgt. Die Entsäuerung von Wässern mit Karbonathärten unter 100 mg CaO/l wird in kleinen Anlagen häufig durch Filterung über halbgebrannten Dolomit (Dekarbolith) vorgenommen.
Die Entsalzung (Entfernung der Härtebildner und/oder Neutralsalze) wird vorteilhaft in Ionenaustauscher-Anlagen durchgeführt.

3.3. Inhibition

Die TGL 18700/01 bezeichnet als Inhibition den Korrosionsschutz durch Stoffe, die an der Phasengrenze des korrodierenden Systems adsorbiert werden und die Korrosionsgeschwindigkeit verringern. Die die Inhibition bewirkenden Inhibitoren können Kationen, Anionen, Radikale oder neutrale Moleküle organischer oder anorganischer Natur sein. Sie sind in fast allen Stoffklassen der Chemie zu finden.
Charakteristisch für Inhibitoren ist ihre hohe Wirksamkeit bei äußerst geringen Konzentrationen. Der Reaktionsmechanismus der Inhibition ist sehr unterschiedlich und mitunter sogar von der Konzentration der Inhibitoren und vom korrosiven System bei ein und demselben Inhibitor abhängig, so daß bei der Auswahl von Inhibitoren z. B. sämtliche in der Anlage befindlichen Werkstoffe sowie Temperatur, Druck, qualitative und quantitative Zusammensetzung des Wassers berücksichtigt werden müssen. Andererseits können auch Verbindungen, die an sich inhibierend wirken, bei zu geringer Konzentration den Korrosionsprozeß stimulieren. Solche Erscheinungen sind vorwiegend bei anodischen Inhibitoren festgestellt worden, weswegen diese auch als **gefährliche Inhibitoren** bezeichnet werden.
Bei Zugabe von mehreren bestimmten Inhibitoren kann **Synergese**, d. h. eine höhere Wirksamkeit als die der Summe der Einzelinhibitoren, festgestellt werden.
In Bild 3/3 sind die bei der Inhibition möglichen Mechanismen vereinfacht zusammengefaßt. Es muß jedoch betont werden, daß viele Inhibitoren keinem der hier angeführten Reaktionsmechanismen zugeordnet werden können und daß der Wirkmechanismus noch nicht von allen Inhibitoren bekannt ist.
Für die praktische Anwendung ist der Wirkungsgrad der Inhibitoren wichtig. Der Wirkungsgrad der Inhibitoren, auch **Schutzwert** genannt, ist definiert als

$$S = \frac{V_K^0 - V_K^m}{V_K^0} \cdot 100 \text{ in } \% \qquad (3/1)$$

V_K^0 Korrosionsgeschwindigkeit ohne Inhibitor
V_K^m Korrosionsgeschwindigkeit mit Inhibitor

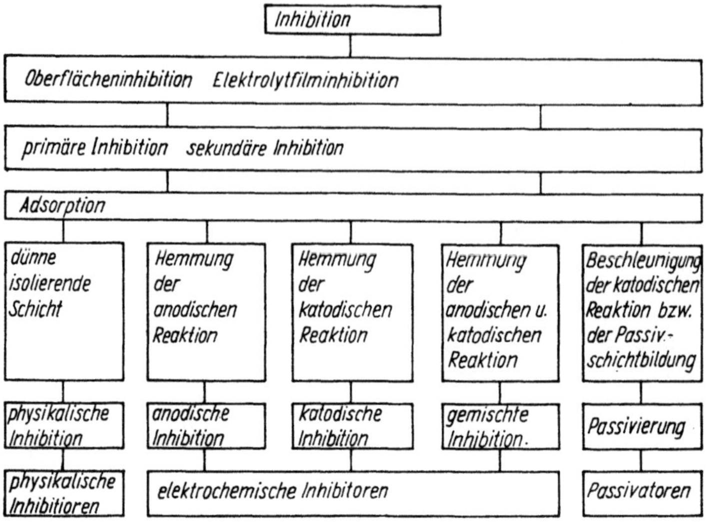

Bild 3/3
Inhibitionsmechanismen (vereinfacht)

Von technischer Bedeutung sind Inhibitoren in der Regel dann, wenn ihr Schutzwert mindestens 60 bis 70% beträgt.
Inwieweit Inhibitoren in industriellen Anlagen angewendet werden können, wird vorwiegend durch die Ökonomie bestimmt, wobei die benötigte Inhibitormenge entsprechend dem zu inhibierenden Wasservolumen, der Preis der Inhibitoren sowie der Dosieraufwand die maßgeblichen Faktoren sind.
Außer der Ökonomie sind besonders in trinkwasserführenden Anlagen physiologische und bei nicht im Kreislauf geführten Anlagen Aspekte des Umweltschutzes (Eutrophierung der Gewässer) zu beachten.

3.4. Kathodischer Schutz

In bezug auf wasserführende Anlagen hat von den elektrochemischen Schutzverfahren lediglich der kathodische Korrosionsschutz Bedeutung erlangt, während der anodische Korrosionsschutz vorwiegend in der chemischen Industrie angewendet wird. Die TGL 18700/01 definiert den kathodischen Korrosionsschutz als Korrosionsschutz durch kathodische Polarisation des zu schützenden Metalls mit Fremdstrom oder mittels elektrisch leitender Verbindung mit einem Metall, das unter den gegebenen Korrosionsbedingungen ein negativeres elektrisches Potential als das zu schützende Metall hat.

Hiernach unterscheidet man zwischen **fremdgespeisten Schutzstromanlagen und galvanischen Schutzstromanlagen** (Aktiv-Anoden-Verfahren). Beide Verfahren können zum Außenschutz erdverlegter Anlagen sowie zum Innenschutz wasserführender Behälter und Rohrleitungen eingesetzt werden.
Wichtigste Voraussetzung für die Anwendung des kathodischen Schutzes ist das Vorhandensein eines Elektrolyten (Erdboden, Wasser) mit einer spezifischen elektrischen Leitfähigkeit von mindestens $1 \cdot 10^{-2}$ bis $2 \cdot 10^{-2}$ $S \cdot m/m^2$, der die gesamte zu schützende Metalloberfläche bedeckt. Ausreichende Schutzstromdichten sind durch eine entsprechende Wahl der Aktivanoden bzw. des Schutzstromes zu garantieren. Tabelle 3/1 gibt hierzu Richtwerte an.
Der kathodische Schutz ist anwendbar für die Metalle Eisen, Blei, Zink, Kupfer und Aluminium, wobei die zu schützenden Anlagen, insbesondere Rohrleitungen, eine gute durchgehende Längsleitfähigkeit besitzen müssen. Zu schützende Rohrleitungen und dgl. sind daher nur durch Schweißen oder Löten miteinander zu verbinden. Bei sehr hohem Längswiderstand wird dieses Verfahren infolge des hohen Spannungsabfalls unökonomisch.
Besonders effektiv ist die Kombination mit passiven Korrosionsschutzmaßnahmen, wie z. B. organischen Schutzschichten, Email u. a., weil dadurch beide Korrosionsschutzverfahren nur minimal belastet werden und ihre

Tabelle 3/1
Richtwerte für Schutzstromdichten nach [3/1]

Schutzobjekt	Elektrolyt	spezifischer elektrischer Widerstand des Elektrolyten $\Omega \cdot cm$	Schutzstromdichte mA/m²
Unlegierter Stahl	Sand und Lehmboden	10000...2000	10... 50
Unlegierter Stahl	salzhaltige Böden	400... 100	50...100
Unlegierter Stahl	Meerwasser	100... 20	100...140
Unlegierter Stahl	Süßwasser bewegt, 20 °C	800... 200	40... 80
Unlegierter Stahl	Warmwasser	800... 200	30...100
Verzinkter Stahl	Warmwasser	je nach Härte	10... 40

Lebensdauer und Schutzeffektivität erhöht werden. Die bei den elektrochemischen Vorgängen [vgl. Gl. (2/3b)] entstehenden OH^--Ionen erfordern den Einsatz alkalienbeständiger Schutzschichten.
Die ebenfalls zu beobachtende Entwicklung von Wasserstoff, die aus der elektrolytischen Wasserzersetzung resultiert, und besonders intensiv beim Fremdstromverfahren ist, erfordert entsprechende Aufmerksamkeit bzw. Gegenmaßnahmen. So kann der entstehende Wasserstoff eine Wasserstoffversprödung des zu schützenden Metalls bewirken, Isolierungen abheben bzw. lockern und bei Ansammlung in Behältern zur Knallgasbildung führen. Da die Wasserstoffbildung über den Zustand des besonders reaktiven naszierenden Wasserstoffs erfolgt, besteht auch die Möglichkeit, daß unter bestimmten Bedingungen die im Wasser vorhandenen Nitrate zu Nitrit und Ammoniak reduziert werden, so daß bei Anwesenheit organischer Verbindungen Amine entstehen und die Sulfate zu Schwefelwasserstoff reduziert werden. In der Praxis sind derartige Beeinträchtigungen der Wasserqualität bisher nur in sehr wenigen Fällen bekannt geworden [3/2].

3.4.1. Fremdgespeiste Schutzstromanlagen

Die hierzu notwendigen Anlagen bestehen im wesentlichen aus einer Gleichstromquelle, deren negativer Pol mit dem zu schützenden Metall verbunden ist, und einer mit dem positiven Pol verbundenen Elektrode zur Einspeisung des Stroms in den Elektrolyten (vgl. Bild 3/4). Das Elektrodenmaterial soll billig sein und eine möglichst geringe Eigenkorrosion aufweisen. Für den **Außenschutz** erdverlegter Anlagen werden Graphit, Siliziumeisen oder Stahlschrott, in Koks eingebettet, verwendet. Für den **Innenschutz** werden Platin oder partiell platinierte Titanelektroden eingebaut. Aluminiumelektroden werden bei dem *Guldager*-**Verfahren** benutzt (s. 7.2.3.3.), einer Spezialanwendung des Fremdstromverfahrens.
Eine breite Anwendung findet das Schutzstromverfahren an erdverlegten Anlagen, insbesondere an Rohrleitungen. Im allgemeinen empfiehlt sich dieses Verfahren bei einem hohen Schutzstrombedarf, bei höheren spezifischen Elektrolyt-Widerständen und in Fällen, in denen die Wirkung der Aktivanoden nicht ausreicht, die Anlagen sicher zu schützen.
Die Anwendung des Schutzstromverfahrens für den Innenschutz von Behältern ist in der DDR bisher wenig verbreitet. Ein derartiger Schutz von Rohrleitungen erfordert hohe konstruktive Aufwendungen, kostspieliges Anodenmaterial und wird aus diesen Gründen praktisch kaum angewendet.

3.4.2. Galvanische Schutzstromanlagen

Bei diesem Verfahren wird die zu schützende Anlage mit einer Aktivanode, die aus einem elektronegativeren Metall als die zu schützende Anlage bestehen muß, elektrisch leitend verbunden (Bild 3/5).

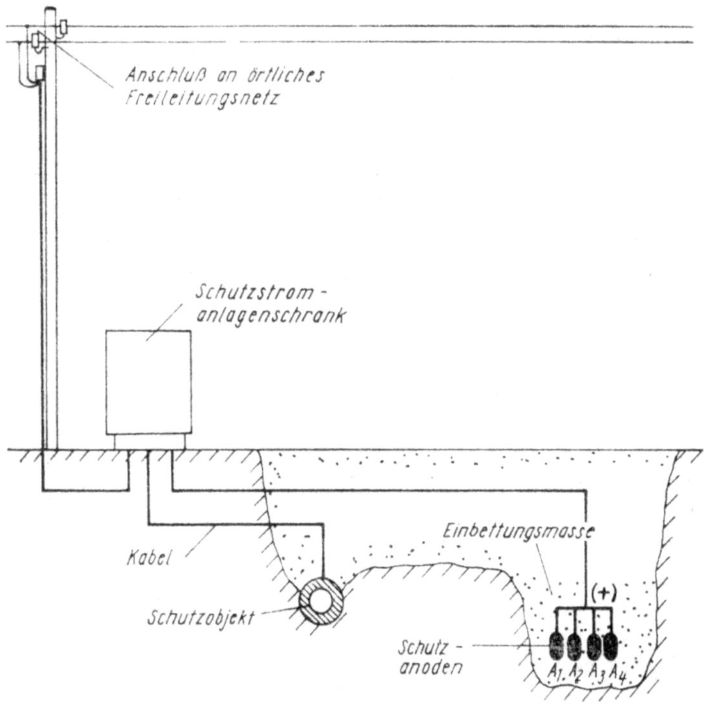

Bild 3/4
Prinzipskizze für kathodischen Schutz durch fremdgespeiste Schutzstromanlagen

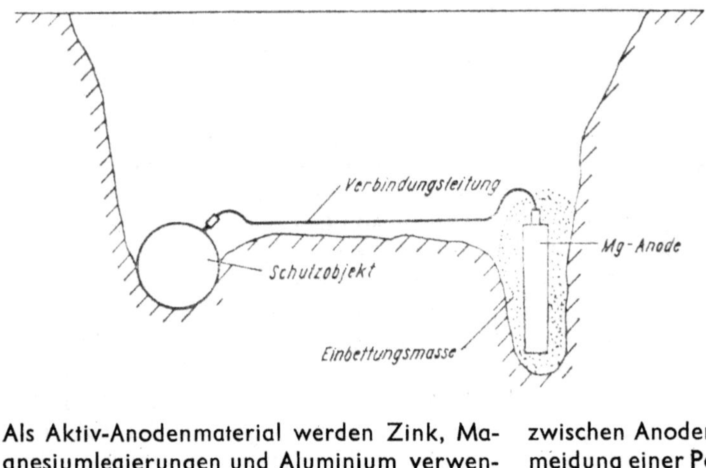

Bild 3/5
Prinzipskizze für den kathodischen Schutz durch Aktivanoden

Als Aktiv-Anodenmaterial werden Zink, Magnesiumlegierungen und Aluminium verwendet. Die Eignung des Anodenmaterials wird vorwiegend durch seine Eigenkorrosion, die möglichst niedrig sein sollte, bestimmt. Verunreinigungen von edleren Metallen, wie Eisen und Kupfer, erhöhen die Eigenkorrosion. In der DDR werden sowohl für den Innen- als auch Außenschutz wasserführender Anlagen ausschließlich Aktivanoden aus der Sonderlegierung MgAl6Zn3 eingesetzt. Für den Außenschutz werden diese Anoden zusätzlich zur Verringerung des Übergangswiderstandes zwischen Anoden und Erdboden und zur Vermeidung einer Passivierung in einer Masse aus 50 % Bentonit, 25 % Gips und 25 % Natriumsulfat eingebettet [3/3]. Hauptanwendungsgebiete der Aktivanoden sind der Innenschutz von Behältern und von Schweißnahtzonen in Rohrleitungen sowie der Außenschutz erdverlegter Anlagen geringer räumlicher Ausdehnung.

Bei Anwendung des Aktiv-Anoden-Verfahrens ist zu beachten, daß die Anoden nur eine begrenzte Reichweite haben und der Schutzstrombedarf durch eine Erhöhung der Zahl der Anoden abgedeckt werden muß, wobei insbesondere beim Innenschutz die Geometrie der zu schützenden Anlage und der Anoden selbst von Einfluß sind. Im Gegensatz zum fremdstromgespeisten Schutzstromverfahren ist die Lebensdauer der galvanischen Schutzstromanlagen begrenzt. Durch Erneuerung der Anoden ist ebenfalls ein ökonomisch vertretbarer Schutz zu erreichen.

3.5. Konstruktive Maßnahmen

Durch ungünstige konstruktive Gestaltung der Anlagen bzw. Anlagenteile kann die Korrosion metallischer Werkstoffe begünstigt werden.
Nach TGL 18703/01 sind Erzeugnisse eines metallischen Werkstoffes unter Berücksichtigung aller auf die Konstruktion einwirkenden Beanspruchungen und in Abhängigkeit von der vorgesehenen normativen Nutzungsdauer korrosionsschutzgerecht zu projektieren und zu konstruieren.
Hierbei sind korrosionsverstärkende Einflüsse, z. B. Schwingungen, Spannungen, örtliche Temperaturunterschiede, Erosion, Staub, Flugasche, Schwitz- und Spritzwasser o. ä. zu vermeiden. Darüber hinaus entstehen in wasserführenden Anlagen, insbesondere in Spalten, Überlappungen und geschweißten Bereichen insbesondere bei Punktschweißungen, Salzanreicherungen und Belüftungselemente, die die Korrosion begünstigen.
Auch die Anwendung bestimmter Korrosionsschutzmaßnahmen erfordert spezielle konstruktive Voraussetzungen, wozu wichtige Hinweise in der TGL 18703/03 und TGL 37456/04 zu finden sind.

3.6. Oberflächenvorbehandlung

Bei den passiven Korrosionsschutzverfahren können funktionstüchtige Schutzschichten mit hoher Haltbarkeitsdauer nur dann erzielt werden, wenn die Metalloberfläche vor Aufbringen der Beschichtung frei von allen Verunreinigungen wie Staub, Schmutz, Öl und Fett, Korrosionsprodukten und Schutzschichtresten sowie frei von Feuchtigkeit ist. Die Sauberkeit der Oberfläche ist das entscheidende Kriterium für die Dauer der Schutzwirkung. Das gilt gleichermaßen für den Erstschutz von Neuanlagen wie für den Wiederholschutz. Neben der einwandfreien Säuberung sollte das Vorbehandlungsverfahren auch eine gewisse Aufrauhung der Oberfläche bewirken, um eine möglichst gute Haftung der Beschichtung zu gewährleisten. Die Vorbehandlung beginnt mit Reinigen und Entfetten. Zum Einsatz kommen alkalische Industriereiniger bzw. organische Lösungsmittel. Die wichtigsten Verfahren beim Reinigen und Entfetten sind Tauchen, Fluten und Spritzen. Die anschließende Beseitigung von Korrosionsprodukten und Schutzschichtresten kann mechanisch oder chemisch erfolgen. Die bei der **mechanischen Vorbehandlung von niedrig- bzw. unlegierten Stählen** erreichte Oberflächenreinheit wird durch den entsprechenden Säuberungsgrad (SG) nach TGL 18730/02 beschrieben. Er ist abhängig von den gewählten Vorbehandlungsverfahren und der aufgewendeten Arbeitsintensität (vgl. Tab. 3/2).
Grundsätzlich ist auf solche Verfahren zu orientieren, mit denen SG 3 erreicht werden kann. Unzureichend vorbehandelte Oberflächen bewirken eine sinkende Haltbarkeitsdauer der Schutzschichten auf ein Drittel bis ein Fünftel ihres möglichen Wertes [3/4]. Nur für Teile mit geringer korrosiver Beanspruchung oder solche mit geplanter kurzer Lebensdauer können auch SG 1 oder 2 ausreichend sein. Deshalb sollen in diesem Abschnitt nur solche Verfahren näher betrachtet werden, mit denen die Säuberung der Metalloberflächen bis SG 3 möglich ist.
Die **Strahlverfahren** unterteilt man nach der Art der Beschleunigung des Strahlmittels in das Druckluft- und das Schleuderradstrahlen (Tabelle 3/3). Einen Überblick zu den einsetzbaren Strahlmitteln gibt Bild 3/6. Aufbau und Größe der Strahlanlagen richten sich nach dem vorgesehenen Verwendungszweck. Sie können stationär, fahrbar oder auch tragbar gestaltet sein. Injektorstrahlpistolen (Foto 4) sind beispielsweise für kleine Entrostungsarbeiten im Instandhaltungsprozeß einsetzbar.
Um die zwangsläufig mit dem Strahlprozeß verbundene Staubentwicklung einzuschränken,

Tabelle 3/2
Mechanische Oberflächenvorbehandlungsverfahren

Vorbehandlungsverfahren	Geräte	Säuberungsgrad SG	Beschreibung des Oberflächenzustandes
Manuelle Entrostung	Drahtbürste, Schaber, Entrostungshammer u. ä.	1	frei von losem Rost und Zunder
Maschinelle Entrostung	rotierende Drahtbürsten, Schleifscheiben, Lamellenschläger u. ä.	1...2	zum großen Teil frei von Rost und Zunder (SG 2)
Strahlentrostung	Druckluftstrahlanlagen, Schleuderradstrahlanlagen, Anlagen zum staublosen Strahlen	2,5...3	Zunder- und Rostreste nur noch als Schattierung (SG 2,5) bzw. frei von Rost und Zunder (SG 3)

Tabelle 3/3
Strahlverfahren

	Schleuderradstrahlen	Druckluftstrahlen
Einsatzbereiche	Kontinuierliche Entrostung und Entzunderung einfach geformter, gleichartiger Halbzeuge (Bleche, Rohre, Profile) im herstellerseitigen Erstschutz	Herstellerseitiger Erstschutz von Teilen, die wegen ihrer Form und Größe weder schleuderradgestrahlt noch gebeizt werden können, Vorbehandlung stationärer Anlagen im Wiederholschutz
Strahlmittel	metallische Strahlmittel	verlorene Strahlmittel (Strahlschlacke)
Ökonomische Parameter	weitestgehende Automatisierung möglich, durch unmittelbar anschließende kontinuierliche Beschichtung hohe Effektivität	in der Regel diskontinuierlich, relativ hohe Kosten für die Strahlmittel, niedriger Wirkungsgrad

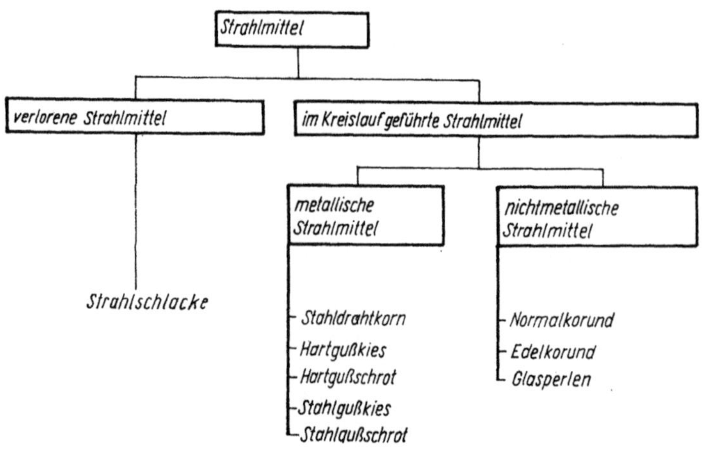

Bild 3/6
Strahlmittel

wurde das staublose Strahlen entwickelt, das für räumlich begrenzte Entrostungs- und Entzunderungsarbeiten auf einfach geformten Oberflächen, beispielsweise für die Behandlung von Schweißnähten, prädestiniert ist. Verwendet werden metallische Strahlmittel, die im Kreislauf geführt werden.
Der Grad der Aufrauhung richtet sich nach Art und Zusammensetzung des Strahlmittels sowie den Parametern des Verfahrens. Nach dem Strahlen mit Schlackensand beträgt die Rauhtiefe R_t etwa 40 bis 60 μm [3/5].
Durch **chemische Entrostung und Entzunderung (Beizen)**, einem Verfahren für die industrielle Oberflächenvorbehandlung möglichst gleichartiger Bauteile, kann ebenfalls eine Oberflächenreinheit erreicht werden, die dem SG 3 nach TGL 18730/02 entspricht.
Zunder und Rost werden entfernt durch chemische Umsetzung mit Beizsäuren (Salz-, Schwefel-, Phosphorsäure) in entsprechend konzentrierten und temperierten Bädern, in die die zu reinigenden Teile getaucht werden. An das Beizbad schließen sich Spül- und Neutralisationsbäder sowie entsprechende Trocknungsvorrichtungen an. Um den unerwünschten Angriff der Beizsäure auf den metallischen Werkstoff einzuschränken, werden sogenannte Sparbeizzusätze als Inhibitoren beigegeben. Gut bewährt haben sich Dibenzylsulfoxid und Urotropin für Salzsäure und Schwefelsäure bei Temperaturen über 40°C und Hexamethylentetramin für Salzsäure bei Raumtemperatur. Die handelsüblichen phosphorsauren Beizmittel enthalten meist geeignete Inhibitoren [3/6]. Die Aufrauhung der Oberfläche durch Beizen ist gering (Rauhtiefe R_t etwa 10 μm [3/4]).
Die Oberflächenvorbehandlung von Bauteilen aus hochlegierten Stählen, Aluminium, Kupfer, Zink und Blei ist nur in Ausnahmefällen notwendig, da diese Werkstoffe bei Wasserbeaufschlagung auch ohne zusätzliche Schutzschicht mehr oder weniger beständig sind. Besteht jedoch die Notwendigkeit einer Oberflächenvorbehandlung, so sind die folgenden Verfahren anzuwenden:

- Hochlegierte Eisenwerkstoffe werden ebenfalls durch Strahlen und Beizen entzundert, jedoch müssen hier besondere Mittel eingesetzt werden (vgl. Tab. 3/4).
- Die Oberflächen von Aluminium und seinen Legierungen werden entfettet und gebeizt. Beizmittel sind Natron- oder Kalilauge, seltener Schwefel- und/oder Flußsäure; Aluminiumgußteile werden gestrahlt.
- Kupfer-, Blei- und Zinkoberflächen (Feuerverzinkung, Zinkblech) müssen aufgerauht werden. Die Möglichkeiten dazu zeigt Tabelle 3/5. Spritzverzinkungen und Zinkdruckguß bedürfen keiner Vorbehandlung.

Tabelle 3/4
Mittel für die Oberflächenvorbehandlung hochlegierter Eisenwerkstoffe

Strahlmittel	Beizmittel
Normalkorund Edelkorund Glasperlen	Mischsäuren Salzsäure/Salpetersäure Flußsäurehaltige Mischbeizen oxydierend wirkende Schmelztauchbeizen reduzierend wirkende Schmelztauchbeizen elektrolytische Beizverfahren

Tabelle 3/5
Oberflächenvorbehandlung von Buntmetallen

Zink	Blei	Kupfer
Entfetten Aufrauhen durch Anschleifen oder Chromatieren bzw. Phosphatieren, Bewitterung	neue Bleiflächen mit verdünnter Phosphorsäure behandeln, Korrosionsprodukte mit Testbenzin abreiben	Entfetten, Aufrauhen durch Anschleifen

3.7. Organische Schutzschichten

Um eine möglichst lange Haltbarkeitsdauer zu erreichen, müssen organische Schutzschichten folgende Forderungen erfüllen:

- geringe Wasseraufnahme und -durchlässigkeit
- gute Haftfestigkeit
- Beständigkeit gegen alkalische und saure Wässer
- Beständigkeit gegen Wechselbeanspruchung Wasser–Luft
- Bildung elastischer, rißfreier, zäher Schichten
- hohe Abriebbeständigkeit.

Schutzschichtwerkstoff und Beschichtungstechnologie sind so zu wählen, daß diese Forderungen weitestgehend erfüllt werden. Sie gelten vom Grundsatz her auch für anorganische Schutzschichten.

3.7.1. Anstriche

Anstriche entstehen durch Trocknung von Anstrichstoffen. Sie setzen sich aus mehreren Schichten – jeweils mindestens einem Grund-, Zwischen- und Deckanstrich – zusammen. Die einzelnen Schichten müssen aufeinander abgestimmt sein und bilden zusammen das Anstrichsystem.
Allgemein bestehen Anstrichstoffe aus Bindemittel, Pigment, Lösungsmittel, Zusatzmittel und Füllstoffen. **Grundanstriche** sollen besonders reich an inhibierend wirkenden aktiven Pigmenten (z. B. Bleimennige) sein, auf dem Untergrund fest haften sowie selbst einen guten Haftgrund für die folgenden Anstrichschichten bieten. Während **Zwischenanstriche** zur Erreichung der erforderlichen Schichtdicke dienen, hat der **Deckanstrich** die Aufgabe, das System vor den Angriffen des korrosiven Mediums zu schützen. Die Anwendung von Anstrichen erfolgt vorrangig für den Außenschutz wasserführender Anlagen. Es besteht jedoch auch eine Reihe von Möglichkeiten, Anstriche erfolgreich für den Schutz wasserberührter Flächen einzusetzen (z. B. Stahlwasserbehälter).
Neben der Frage der Qualität der Oberflächenvorbehandlung ist das Problem der **Auswahl von Anstrichsystemen**, die in ihren Eigenschaften den Beanspruchungsbedingungen am vorgesehenen Einsatzort am besten gewachsen sind, das zweite entscheidende Kriterium für die Haltbarkeitsdauer von Anstrichschichten. Wichtigster, die Eigenschaften eines Anstrichs bestimmender Bestandteil ist das Bindemittel. Eine Übersicht der einsetzbaren Anstrichstoffe gibt Bild 3/7. Warmhärtende Systeme wie Silikon- und Phenolharze sind nach Aufbringung einzubrennen. Ihr Einsatz im Baustellenbetrieb ist deshalb nicht möglich.
Aus dem dargestellten Spektrum wird nach folgenden Gesichtspunkten ausgewählt:

- Art und Stärke der korrosiven Beanspruchungen am Einsatzort
- Zugänglichkeit der beanspruchten Oberflächen, Instandhaltungsbedingungen
- geplante Nutzungsdauer der Anlage

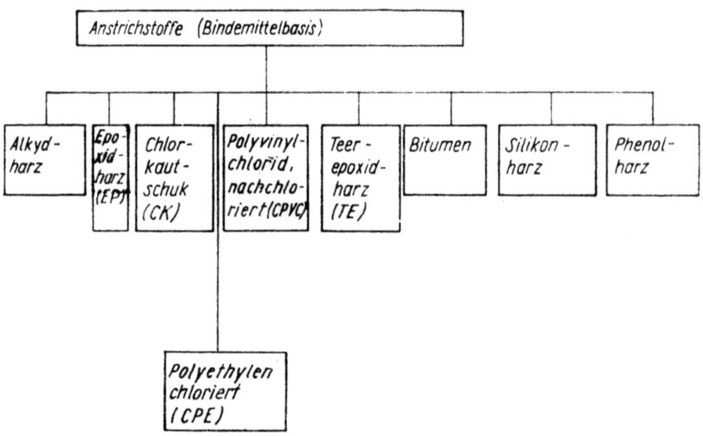

Bild 3/7
Anstrichstoffe – Übersicht

- Funktion und Bedeutung der Anlage im Betriebsprozeß
- Wirtschaftlichkeit.

Man bedient sich dazu entsprechender Auswahlstandards und Richtlinien, wie z. B. der TGL 37065/01, der TGL 37065/02 oder des Handbuchs für den Korrosionsschutz von Eisenwerkstoffen in der Wasserwirtschaft [3/7]. Für wasserberührte Flächen sind speziell die Güte und die Temperatur des Wassers und für trinkwasserführende Anlagen die Forderungen nach physiologischer Unbedenklichkeit des Anstrichs zu beachten.
Die Gesamtschichtzahl eines Anstrichsystems muß so gewählt werden, daß die erforderliche **Nennschichtdicke** erreicht wird. Sie beträgt bei Beanspruchung durch Schwitzwasser 180 µm, für Unterwasseranstriche 250 µm, bei normalen atmosphärischen Angriffen 150 µm. Schichtdicken unter 130 µm sind völlig unzureichend und führen nach kurzer Zeit durch Unterrostung zur Zerstörung des Anstrichs (Bild 3/8).
Um die erforderliche Dicke mit möglichst wenigen Schichten zu erreichen, sind **Dickschichtsysteme** entwickelt worden. So sind dickschichtige Grundierungen auf Bleimennige-, Zinkchromat- und Zinkstaubbasis sowie dickschichtige Deckbeschichtungen auf Chlorkautschuk-, CPVC-, Epoxidharz-, Polyurethanbasis sowie die Teerkombinationen der beiden letztgenannten Bindemittel bekannt. Dickschichtsysteme sind trotz der vergleichsweise hohen Schichtdicke gut verarbeitbar, sie laufen an senkrechten Wänden nicht ab und trocknen gut durch. Sie sind in kürzerer Zeit auftragbar als die herkömmlichen Anstrichsysteme.
Bitumen kann je nach Zusammensetzung als Heißanstrichstoff, Heißspachtel, Kaltspachtel oder Anstrichstoff verwendet werden. Die Art der Verarbeitung richtet sich nach dem jeweiligen Gehalt an Füllstoffen, Lösungs- und Zusatzmitteln. Die Beständigkeit bituminöser Schutzschichten gegen Beanspruchungen durch Wässer und Erdböden ist hoch, deshalb werden sie hauptsächlich für den Innen- und Außenschutz erdverlegter Rohrleitungen eingesetzt. Die Bituminierung wird durch den Rohrhersteller durchgeführt.
Für das **Aufbringen von Anstrichstoffen** stehen unterschiedlichste Verfahren zur Verfügung. Sie sind mit ihren wesentlichsten Eigenschaften und Besonderheiten in Tabelle 3/6 dargestellt.

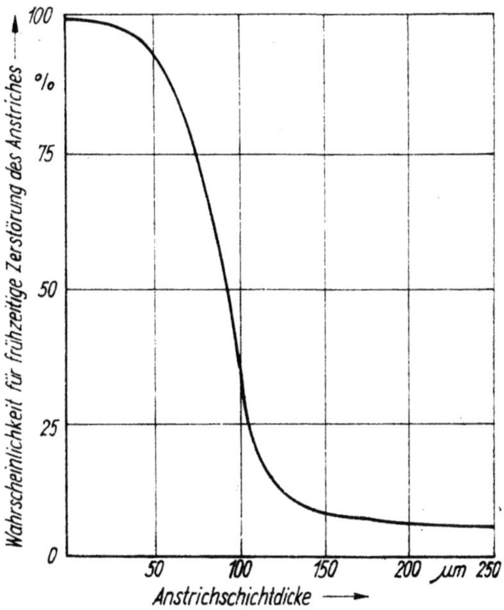

Bild 3/8
Abhängigkeit der Haltbarkeitsdauer eines Anstrichsystems von der Schichtdicke

3.7.2. Plast- und Elastschutzschichten

Die in Anstrichstoffen enthaltenen und bei der Trocknung verdunstenden Lösungsmittel belasten die Umwelt und stellen hohe Anforderungen an den Gesundheits-, Arbeits- und Brandschutz. Aus diesen Gründen geht die Tendenz allgemein zu **lösungsmittelarmen bzw. -freien Beschichtungsmaterialien.**
Hochpolymere Werkstoffe erfüllen diese Anforderungen, wobei auch hier eine entsprechende Wasser- und Temperaturbeständigkeit Voraussetzung für eine erfolgreiche Anwendung sind. Insbesondere pulverförmige Plaste lassen sich rationell für Beschichtungen einsetzen. Daneben können Plast- bzw. Elastschutzschichten auch aus der flüssigen Phase oder durch Aufbringen vorgefertigter Halbzeuge entstehen. Eine Übersicht zu den praktischen Beschichtungsverfahren und den für den Korrosionsschutz wasserführender Anlagen einsetzbaren Plast- und Elastmaterialien gibt Bild 3/9.

Tabelle 3/6
Vergleich der Auftragsverfahren für Anstrichstoffe nach wesentlichen Kriterien

	Streichen	Pneumatisches Spritzen
Anwendungsbereich	Grundanstrich, Ausbesserungsanstriche, sperrige Konstruktionen	mittelgroße Flächen, Kleinserien, häufig wechselnde Farbtöne
Arbeitsproduktivität	gering	hoch
verarbeitbare Anstrichstoff-viskosität	mittel bis niedrig	niedrig
Farbnebelbildung	keine	stark
Anstrichstoffverluste	sehr gering (≈5 %)	sehr hoch (bis zu 60 %)
Aussehen des Anstrichfilms	geschlossen, streifig durch Pinselfurchen	glatt, porig
erreichbare Schichtdicke	30...40 μm, ungleichmäßig bei ungeeignetem Pinsel	10...35 μm, ungleichmäßig
Haftung	sehr gut	weniger gut
Anforderung an Arbeits- und Brandschutz	gering	hohe Anforderungen an Belüftung und Heizung
Bemerkungen	universell einsetzbar, äußerst geringer Geräteaufwand	geringer Geräteaufwand, Druck 0,2...0,6 MPa

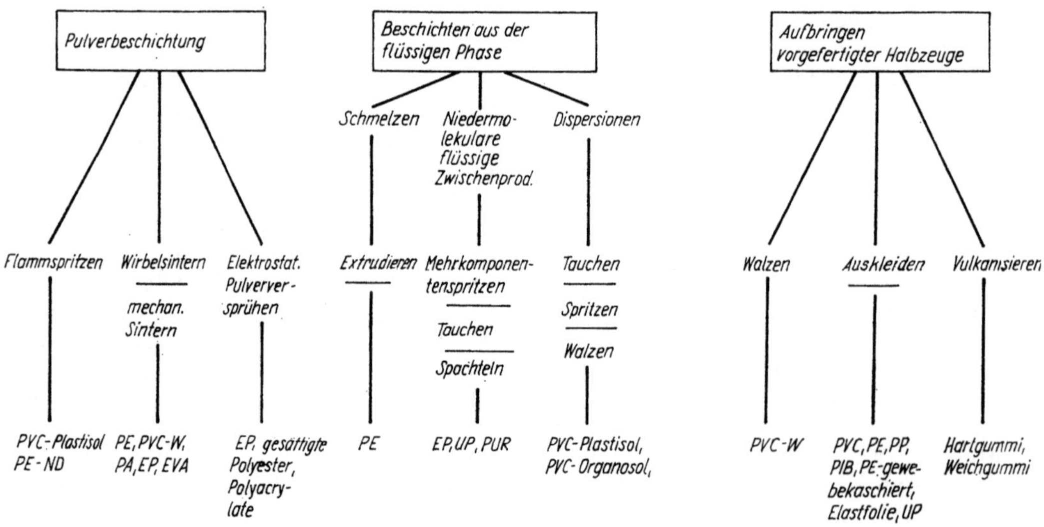

Hydraulisches Spritzen	Elektrostatisches Spritzen	Tauchen
große zusammenhängende Flächen, Hohlräume, Innenflächen von Behältern u. ä.	Großserien, Teile mit kleiner Oberfläche und nicht elektrostatisch abgeschirmten Stellen	industrielle Serienlackierung, Teile müssen Zugänglichkeit der Lacke zu allen Stellen sowie Ablaufen ermöglichen, keine scharfen Kanten
sehr hoch (bis zu 200 m^2/h)	hoch	sehr hoch
auch zähviskose (thixotrope) Anstrichstoffe verarbeitbar	niedrig	niedrig
gering	gering	keine
relativ gering (bei Bearbeitung ungeeigneter Objekte hoch infolge Vorbeispritzens)	gering	hoch (bis zu 30%)
gleichmäßig, porenarm	gleichmäßig, porenarm	glatt, porenarm, evtl. streifig
70...250 μm, gleichmäßig	gleichmäßig hoch	15...35 μm, gleichmäßig dann, wenn Objekt genügend langsam aus dem Bad gezogen wird
sehr gut	gut	gut
weniger hoch	weniger hoch	hohe Anforderungen an Belüftung
Druck 15...30 MPa	Anstrichstoffe müssen speziell elektrostatisch verspritzbar eingestellt sein	Ein- und Austauchen müssen langsam erfolgen

Notwendige Wärmebehandlungen des Beschichtungsgutes (Härten und Einbrennen) werden in speziellen Öfen mit Infrarot-Strahlung oder durch Konvektion erwärmter Luft durchgeführt. Vorschläge, zur Härtung Elektronen- und Laserstrahlen zu benutzen [3/8], zeigen genauso wie die Versuche, immer wieder neue Materialien auf ihre Eignung als Beschichtungsstoffe zu testen, daß die Entwicklung auf dem Gebiet der Plast- und Elastschutzschichten längst nicht abgeschlossen ist.

←
Bild 3/9
Verfahren zum Beschichten mit Plasten und Elasten – Beschichtungsmaterialien

3.8. Anorganische Schutzschichten

3.8.1. Anorganisch-nichtmetallische Schutzschichten

Von den anorganisch-nichtmetallischen Schutzschichten sind zementhaltige und Emailschichten von Bedeutung für den Schutz wasserbeaufschlagter Flächen.

Zementhaltige Schichten werden vorwiegend mit Zementschlempe oder mit Zementmörtel hergestellt.

Zementmörtelbeschichtungen dienen in erster Linie dem Innenschutz erdverlegter Rohrleitungen und stellen einen hochwirksamen

Korrosionsschutz dar. Das Verfahren ist einerseits als Erstschutz durch den Rohrproduzenten anwendbar, andererseits hat die Sanierung mit Zementmörtel eine weite Verbreitung in der Wasserwirtschaft gefunden.
Mit Zementschlempe erzeugte Schutzschichten werden heute vereinzelt noch zum Schutz von Wassererwärmern angewendet. Dieses Verfahren bedingt keinen dauerhaften Korrosionsschutz und muß jährlich wiederholt werden. Früher wurde Zementschlempe mit Bier oder Magermilch angesetzt.
Emailschutzschichten werden zum Schutz von Stahl, Gußeisen und Aluminium eingesetzt. Insbesondere Behälter und Wassererwärmer für besonders aggressive Wässer werden derart geschützt. Je nach Zusammensetzung der Emailfritten ist es möglich, Schichten herzustellen, die speziell in sauren, in neutralen oder in schwach alkalischen Wässern beständig sind. Ihre mechanische Widerstandsfähigkeit ist durch eine hohe Härte und Abriebfestigkeit sehr gut; nachteilig ist ihre Schlagempfindlichkeit.
Voraussetzung für die Anwendung der Emaillierung ist eine bestimmte chemische Zusammensetzung des Grundwerkstoffes. So muß beispielsweise der Kohlenstoffgehalt von Stahlblech unter 0,1 Gew.-% liegen (vgl. TGL 14507) und Gußeisen die Güte GGL 15 bis 25 (vgl. TGL 14400) aufweisen. Emaillierfähige Al-Werkstoffe sind Al 99,5, AlMn, AlMgSi und AlMgSiMn. Außerdem sind die zu emaillierenden Bauteile nach bestimmten Vorschriften zu konstruieren, um eine hohe Qualität der Schutzschicht zu erreichen [3/9]. Die Emailfritte wird bei etwa 830°C aufgeschmolzen. Die fertige Emaillierung besteht gewöhnlich aus einer Grund- und einer Deckschicht. Auf Grund der geschilderten Technologie ist die Emaillierung ein Verfahren des Erstschutzes.

3.8.2. Metallische Schutzschichten

Während die anorganisch-nichtmetallischen Schutzschichten gewissen speziellen Einsatzgebieten vorbehalten bleiben, ist der Korrosionsschutz wasserführender Anlagen ohne metallische Schutzschichten nicht denkbar. Sie werden vorrangig für den Innenschutz, aber auch für den Außenschutz der Anlagen angewendet. Beschichtet werden vorwiegend unlegierter Stahl, Grau- und Temperguß, in besonderen Fällen auch Kupfer.
Nach den Verfahren der Metallisierung unterscheidet man:

- galvanisch erzeugte Schutzschichten
- im Schmelztauchverfahren erzeugte Schichten (Feuermetallisierung)
- durch Spritzmetallisierung erzeugte Schichten.

Galvanisch erzeugte Schutzschichten sind für den Einsatz in wasserführenden Anlagen nicht geeignet, da ihre Schichtdicke nur bis zu etwa 20 μm beträgt.
Das meist verwendete Schutzschichtmetall ist Zink. Aber auch Aluminium, Aluminium-Zink-Legierungen und Kupfer kommen zur Anwendung [3/10], [3/11]. Zinn wird nur zur Beschichtung von Kupfer eingesetzt. Die Verwendung von Kadmium ist nach Gesetzblatt I Nr. 37 vom 20. 10. 1976 untersagt.
Zur Verbesserung der Qualität der Zinkschutzschichten wurden das Cuprazinverfahren [3/12] und das Zincontalverfahren [3/13] entwickelt. Während das Cuprazinverfahren für unlegierten Stahl und Gußeisen angewendet wird, ist beim Zincontalverfahren zunächst nur mit einem Einsatz bei Gußeisen zu rechnen.
Beide Verfahren bewirken eine Reduzierung der Zinkschichtdicke, die jedoch nicht zur Minderung der korrosionsschützenden Eigenschaften des Zinks führt, da die Zusätze von Kupfer bzw. Aluminium eine Homogenisierung und damit eine Verminderung der Fehlstellen in der Zinkschicht bewirken. Nach dem Cuprazinverfahren hergestellte Zinkschichten werden auch für Rohrleitungen eingesetzt.
Bei der noch vorwiegend angewendeten klassischen **Feuerverzinkung** ist nach TGL

Begleitelemente	Al	Sb	As	Pb	Cd	Cu	Bi	Sn
Grenzwert in %	0,1	0,01	0,02	0,8	0,01	0,1	0,01	0,1

Tabelle 3/7
Begleitelemente in der Zinkschutzschicht nach [3/14]

18733/01 Zink mit einem Mindestgehalt von 98,5 % zu verwenden. In Tabelle 3/7 sind die zulässigen Konzentrationen der Begleitelemente des Zinks in der Zinkschutzschicht angegeben.
Infolge der Wechselwirkung zwischen der Stahloberfläche und dem flüssigen Zink bildet sich eine mehr oder weniger dicke Eisen-Zink-Legierungsschicht aus, die aus mehreren Phasen besteht und nach außen in der Regel durch eine Reinzinkschicht abgeschlossen wird. Feuerzinkschichten, insbesondere solche in Rohrleitungen, sind unter praktischen Bedingungen nicht frei von Fehlstellen, wodurch sich nur ein bedingter Korrosionsschutz für wasserführende Anlagen ergibt. Die Zinkschichtdicken liegen durchschnittlich im Bereich von 30 bis 120 μm, wobei etwa 60 μm optimale Bedingungen bedeuten. Das Verfahren der Feuerverzinkung dient in erster Linie dem Erstschutz. Die Rohrverzinkung ist nur in speziellen Feuerverzinkereien durchführbar. Dem Verfahren sind vor allem durch die Größe des Zinkbades Grenzen gesetzt. Größere Teile sowie stationäre Anlagen werden deshalb im Instandhaltungsprozeß durch **Spritzverzinkung** geschützt. Da die entstehende Schicht porig ist, muß die Schichtdicke mindestens doppelt so groß sein wie bei der Feuerverzinkung, um die gleiche Schutzwirkung zu erreichen. Technische Forderungen an die Herstellung, Anwendung sowie Prüfung von Spritzmetallschutzschichten aus Zink und Aluminium sind in TGL 18734 und der Richtlinie 523 3/15 festgelegt.

3.9. Duplexsysteme

Duplexsysteme bestehen aus einer metallischen Schutzschicht und einem Anstrich. Der Anstrich erhöht die Schichtdicke des Systems und schützt den metallischen Überzug in den ersten Jahren vor den Beanspruchungen durch das korrosive Medium. Bei Spritzmetallschichten werden gleichzeitig die Poren versiegelt.
Die Anwendung von Duplexsystemen erfolgt an Bauteilen und Konstruktionen, bei denen spätere Instandhaltungsmaßnahmen am Korrosionsschutz nicht oder nur unter hohem Kostenaufwand möglich sind. Das betrifft Anlagen mit ständiger aggressiver Beanspruchung durch Wasser oder Industrieatmosphäre, von denen eine hohe Lebensdauer gefordert wird.
Der entscheidende Vorteil der Duplexsysteme besteht darin, daß die Beanspruchung der Anstriche nur von einer Seite – von außen – erfolgt. Belastungen der Schicht, wie sie bei einfachen Anstrichen in Form von Unterrostungen auftreten, sind hier nicht möglich. Daraus resultiert, daß die Schutzwirkung eines Duplexsystems größer ist als die Summe der einzelnen Schutzwirkungen von Metallschutzschicht und Anstrich.

4. Korrosion und Schutz nichtmetallischer Werkstoffe

Die für wasserführende Anlagen eingesetzten nichtmetallischen Werkstoffe (Mineralien, Plaste) befinden sich in einem energetisch relativ stabilen Zustand. Unter durchschnittlichen Beanspruchungsbedingungen weisen sie eine im Vergleich zu den metallischen Werkstoffen höhere Korrosionsbeständigkeit auf. Die unter bestimmten Bedingungen auch an diesen Werkstoffen durch chemische Angriffe auftretenden korrosiven Zerstörungen sowie die sich daraus ableitenden Schutzmaßnahmen sollen im folgenden betrachtet werden.

4.1. Beton

Beton entsteht durch chemische und physikalische Reaktionen von Zement und Wasser unter Zugabe von Zuschlagstoffen. Der Zementstein besteht in der Hauptsache aus Kalziumsilikathydraten, Kalziumhydroxid und aus Folgeprodukten des Kalziumaluminats und des Kalziumaluminatferrats.
Betonwerkstoffe werden vor allem für Behälter, Becken und Gerinne in Anlagen der Wasseraufbereitung und Abwasserbehandlung sowie für erdverlegte Rohrleitungen und Kanäle verwendet. Zur Erhöhung der mechanischen Belastbarkeit wird der Beton mit Stahlbewehrungen versehen.

4.1.1. Betonkorrosion

Betonkorrosion ist nach TGL 33408/01 die Schädigung bzw. Zerstörung des Betons infolge chemischer und/oder chemisch-physikalischer Reaktion bei Wechselwirkung mit seiner Umgebung. Die für die Korrosionsanfälligkeit des Betons entscheidenden Bestandteile sind hydratisiertes Kalziumaluminat und Kalziumhydroxid. Wesentlichen Einfluß auf die Umwandlung dieser reaktionsfreudigen Komponenten des Zementsteins und damit auf die Zerstörung des Betons haben

- Säuren
- Sulfate
- Magnesiumsalze
- Ammoniumsalze.

Über Wirkungsweise und Herkunft dieser Substanzen gibt Tabelle 4/1 Auskunft. Eine Angabe von Grenzwerten, bis zu denen die einzelnen Stoffe nicht schädigend wirken, ist nicht möglich, da der Grad der Aggressivität in der Regel vom Zusammenwirken der einzelnen aggressiven Wasserinhaltsstoffe bestimmt wird (s. TGL 33408/01).
Erhöhte Temperaturen (über 35°C) und insbesondere Temperaturschwankungen (bei Abwassereinleitung) wirken korrosionsfördernd.
Die betonaggressiven Wasserinhaltsstoffe wirken jedoch nicht nur auf die Oberfläche des Betons, sondern können auch durch die herstellungsbedingten Poren in das Innere des Betonkörpers gelangen, wodurch die Korrosionsgeschwindigkeit erheblich erhöht wird. Besonders gefährdet ist die Zone wechselnden Wasserspiegels in Behältern und dgl., da hier im Beton die aggressiven Wasserinhaltsstoffe eine höhere Konzentration erreichen. Bei ständigem Wechsel Befeuchtung/Trocknung lockert sich außerdem die Betonstruktur.
Die Stärke der korrosiven Beanspruchung des Betons durch Wässer und Erdböden ist durch den Beanspruchungsgrad nach TGL 33408/01 charakterisiert. Zu seiner Ermittlung sind die in Tabelle 5/2 aufgeführten Parameter quantitativ zu bestimmen. TGL 33408/01 unterscheidet fünf Beanspruchungsgrade (Tabelle 4/2).
Im folgenden werden die wichtigsten betonzerstörenden Vorgänge (Bild 4/1) charakterisiert:

Tabelle 4/1
Betonaggressive wäßrige Medien

Angreifendes Medium	Wirkungsweise	Herkunft
Weiche Wässer mit Gehalt an kalkaggressivem Kohlendioxid	lösend, auswaschend	Talsperrenwässer, Schwitzwasser
Anorganische Säuren	lösend (H_2SO_4 auch treibend); der Angriff ist um so stärker, je niedriger der *p*H-Wert des Wassers ist	Abwässer aus chemischer Industrie (besonders HCl, H_2SO_4)
Organische Säuren	langsam lösend; die Korrosionsgeschwindigkeit ist abhängig von der Stärke der Säure langsam lösend je nach Art	Abwässer aus Gärungschemie, Färbereien u. ä. (Essig-, Milch-, Gerbsäure) Erdboden (Huminsäuren)
Spezielle Wasserinhaltsstoffe		
Mg^{2+}	aufweichend, lösend	Rohwässer Abwässer
H_4^+	aufweichend, lösend	
SO_4^{2-}	treibend	

Tabelle 4/2
Klassifizierung der Beanspruchungsgrade nach TGL 33408/01

Beanspruchungsgrad	Definition
BG I	nicht aggressiv
BG II	schwach aggressiv
BG III	mittel aggressiv
BG IV	stark aggressiv
BG S	Sonderbeanspruchung

Auflösung und Auswaschung

Weiches kohlendioxidhaltiges Wasser (z. B. Oberflächenwasser) bewirkt Umsetzung des $Ca(OH)_2$ und Auswaschung des entstehenden, leicht löslichen $Ca(HCO_3)_2$.

$$Ca(OH)_2 + CO_2 \rightarrow CaCO_3 + H_2O \quad (4/1)$$

$$CaCO_3 + CO_2 + H_2O \rightarrow Ca(HCO_3)_2 \quad (4/2)$$

Die Intensität dieser Reaktionen ist um so stärker, je höher die Konzentration an kalkaggressivem Kohlendioxid und je geringer die Karbonathärte des Wassers ist, Alkalichloride steigern die Korrosionsgeschwindigkeit; Kalziumsalze senken sie.
Abwässer, die organische oder Mineralsäuren enthalten, zerstören Beton nach einem ähnlichen Mechanismus:

$$Ca(OH)_2 + 2\,HCl \rightarrow \underset{\text{leicht löslich}}{\underset{\uparrow}{CaCl_2}} + 2\,H_2O \quad (4/3)$$

Die Korrosionsgeschwindigkeit ist um so höher, je stärker die enthaltene Säure und je höher deren Konzentration im Abwasser ist. Kalkaggressives Kohlendioxid und organische Säuren sind ebenfalls in durchlässigen, kalkarmen Böden (torfige oder moorige Sande und Lehme, Humusböden) enthalten. Eine Übersicht über die Aggressivität verschiedener Bodenarten gibt Tabelle 4/3.
Die Auflösungs- und Auswaschungsvorgänge werden durch strömendes Wasser und porösen Beton (ungenügende Verdichtung) begünstigt. Im Verlauf des Angriffs sinkt der *p*H-Wert

Tabelle 4/3
Einteilung verschiedener Bodenarten nach ihrer Aggressivität gegenüber Beton [4/1]

nicht aggressiv	aggressiv	stark aggressiv
Sand	Gips (Anhydrit)	Tone
Kies	Schwefelkies	Torf
Kalkstein		Faulschlamm
		Moor

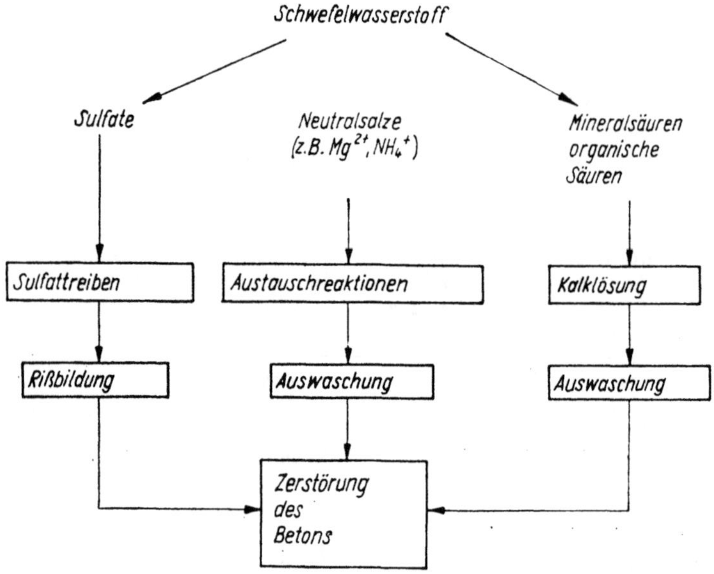

Bild 4/1
Betonzerstörung durch Korrosion

des im Beton enthaltenen Porenwassers, der im ungeschädigten Beton etwa 12,6 beträgt. Dadurch kann es zur Korrosion des Bewehrungsstahls kommen (vgl. Abschnitt 4.1.4.).

Austauschreaktionen

Bei Einwirkung gelöster Neutralsalze auf den Beton kommt es infolge Austauschreaktionen mit $Ca(OH)_2$ zur Bildung leicht löslicher Verbindungen, die anschließend ausgewaschen werden. Besonders gefährlich sind Magnesium- und Ammoniumsalze.

$$Ca(OH)_2 + MgCl_2 \rightarrow Mg(OH)_2 + CaCl_2 \quad (4/4)$$

$$Ca(OH)_2 + 2\,NH_4NO_3 \rightarrow Ca(NO_3)_2 + 2\,NH_3 + 2\,H_2O \quad (4/5)$$

Treibwirkungen

Der Kontakt mit sulfathaltigen Wässern und Erdböden (Ton) führt im Beton zur Bildung von Gips- und Kalziumsulfataluminathydratkristallen. Die Umsetzung ist um so stärker, je größer der Trikalziumaluminatgehalt des verwendeten Zements ist.

$$Ca^{2+} + SO_4^{2-} + 2\,H_2O \rightarrow CaSO_4 \cdot 2\,H_2O \quad (4/6)$$

$$3\,(CaSO_4 \cdot 2\,H_2O) + 3\,CaO \cdot Al_2O_3 + 26\,H_2O \rightarrow$$
$$3\,CaO \cdot Al_2O_3 \cdot 3\,CaSO_4 \cdot 32\,H_2O \quad (4/7)$$

Dabei tritt zunächst eine Verdichtung des Betons ein, Poren und Hohlräume werden gefüllt. Die Korrosionsprodukte benötigen jedoch ein größeres Volumen als die ursprünglichen Betonbestandteile. Dadurch kommt es infolge starker Druckanstiege zu Rissen im Beton (Sulfattreiben).

Einwirkung von Schwefelwasserstoff (Biogene Korrosion)

Die in Kanälen und Abwasserbehandlungsanlagen durch natürliche Zersetzungsvorgänge schwefelhaltiger organischer Stoffe (Eiweiß) entstehenden Faulgase sind an sich kaum betonaggressiv. Ihre Gefährlichkeit gegenüber Betonwerkstoffen besteht darin, daß H_2S auf feuchten Oberflächen mikrobiologisch (Schwefelbakterien) zu betonaggressiver Schwefelsäure oxydiert wird. In der Zone wechselnden Wasserspiegels kann es zu Sulfatangriffen kommen (Bild 4/2). Schon geringe Konzentrationen an H_2S (0,5 mg/l und weniger) können auf diese Weise zu Schäden führen. Die Zerstörungen finden nur oberhalb des Wasserspiegels statt.

Die Bildung von H_2S wird begünstigt:

- in Druckrohrleitungen
- durch verschlammte Kanäle
- durch stark mit organischen Stoffen belastete Abwässer
- beim Transport von Abwässern über längere Strecken
- durch erhöhte Temperaturen ($t > 25\,°C$).

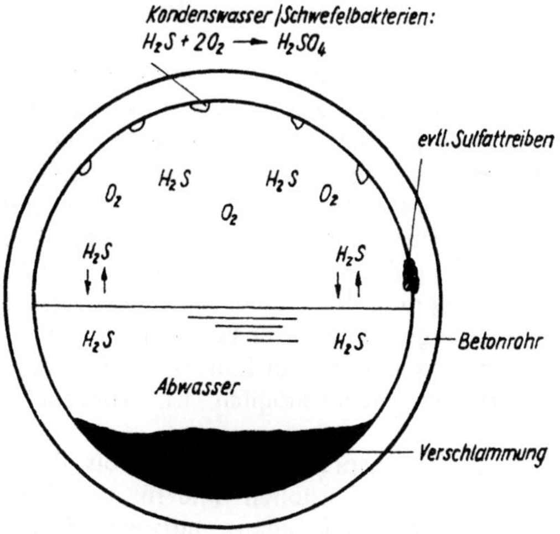

Bild 4/2
Wirkungsweise des Schwefelwasserstoffs als Betonzerstörer in Abwasserkanälen

Bei Projektierung und Betrieb abwasserführender Anlagen sind diese Faktoren im Sinne eines aktiven Korrosionsschutzes weitestgehend zu vermeiden.

4.1.2. Korrosionsbeständiger Beton

Aus der Darstellung der Betonkorrosion geht hervor, daß der Werkstoff um so korrosionsbeständiger ist,

- je dichter und damit wasserundurchlässiger er hergestellt und
- je sorgfältiger die verwendete Zementart nach den zu erwartenden Beanspruchungen ausgewählt wurde.

Die Forderungen, die in Abhängigkeit vom Beanspruchungsgrad durch **Wässer und Erdböden** an den Beton zu stellen sind, weist Tabelle 4/4 aus.
Für wasserwirtschaftliche Anlagen sind darüber hinaus die Forderungen für hydrotechnischen Beton nach TGL 31157 einzuhalten.
Die Dichte des Betons ist außer vom Wasser-Zement-Wert von einer Reihe weiterer Faktoren abhängig:

- Zementanteil
- Zuschlaggemisch (Art, Zusammensetzung, Form des Korns)
- Mehlkorngehalt
- Wassergehalt
- Konsistenz
- Zugabe von Zusatzmitteln.

Die Einflußnahme der genannten Faktoren auf die Eigenschaften des Betons ist komplexer Natur. Einzelheiten sind der Spezialliteratur zu entnehmen [4/2].
Bei der Verarbeitung des frisch angemachten Betons ist darauf zu achten, daß Entmischungen vermieden werden und eine vollständige Verdichtung erfolgt. Um eine hohe Korrosionsbeständigkeit zu erreichen, soll zwischen Fertigstellung und Beaufschlagung mit Wasser (Inbetriebnahme) ein Zeitraum von mindestens 28 Tagen liegen. In diesem Zeitraum hydratisiert der Zement in genügendem Maße, so daß die gewünschte Wasserundurchlässigkeit bei zweckentsprechender Betonzusammensetzung erreicht wird. Während dieser Zeit ist ein vorzeitiges Austrocknen durch geeignete Maßnahmen (z. B. Besprühen, Abdecken mit Folien u. ä.) zu verhindern.

Tabelle 4/4
Forderungen an den Beton in Abhängigkeit vom Beanspruchungsgrad

Beanspruchungsgrad	Zementart	Mindestbetonklasse	Wasser/Zement-Wert	Festbetonporenraum Vol.-%
BG I	keine Forderungen			
BG II	beliebig	Bk 10	≤ 0,65	≤ 16
BG III	nach TGL 33408/02	Bk 15	≤ 0,50	
BG IV		Bk 25[1])	≤ 0,45	≤ 14

[1]) Nachweis auf Wasserdichtigkeit erforderlich

Zusammenfassend kann festgestellt werden, daß ein gewissenhaft hergestellter wasserdichter Beton den Beanspruchungen von Wässern und Erdstoffen bis Beanspruchungsgrad IV nach TGL 33408/0 genügt. Dazu sind

- ein geeigneter Zement auszuwählen
- die Betonklasse $\geqq$ Bk 25 zu gewährleisten
- der Wasser–Zement-Wert $\leqq$ 0,45 einzuhalten
- die fachgerechte Mischung und Verdichtung zu sichern.

Für **stark belastete Abwässer**, z. B.

- anorganische Säuren, $pH < 3{,}5$
- organische Säuren, Basenverbrauch > 30 mmol/l
- Phenole > 100 mg/l
- Sulfate > 6 g/l
- Laugen, Soda, Waschmittel $> 10\,\%$
- Magnesiumsalzlösungen > 3 g/l
- Ammoniumsalzlösungen $> 1{,}2$ g/l

gilt der Beanspruchungsgrad S. Es werden Sondermaßnahmen (passiver Korrosionsschutz), gegebenenfalls Säureschutzmaßnahmen erforderlich. Die an den Beton zu stellenden Forderungen legt TGL 33408/02 fest.
Bei stärkeren Belastungen kann auch Reaktionsharzbeton eingesetzt werden. Anstelle des Bindemittels beim herkömmlichen Beton (Zement) wird hier ein Reaktionsharz (Polyester, Epoxidharz) verwendet. Neben der höheren Beständigkeit gegenüber aggressiven Abwässern hat Reaktionsharzbeton weitere Vorteile wie:

- bedeutend kürzere Aushärtungszeiten
- erhöhte Festigkeit
- Wasserundurchlässigkeit und Frostbeständigkeit
- bessere Oberflächenglätte und Abriebfestigkeit.

Aus diesen Gründen ist Reaktionsharzbeton trotz höheren Materialpreises bei den genannten Beanspruchungen für die am stärksten beanspruchten Anlagenteile auch ökonomisch günstiger als Zementbeton. Die Menge der zur Verfügung stehenden Reaktionsharze läßt bisher in der DDR nur eine Anwendung in begrenztem Umfang zu. Der eventuelle Einsatz von Reaktionsharzbeton sollte in begründeten Fällen jedoch stets mit in Erwägung gezogen werden.

4.1.3. Beschichtungen für Beton

Entscheidend für die Korrosionsbeständigkeit eines Betons ist die Sorgfalt, mit der die vorgeschriebenen Verarbeitungsparameter bei seiner Herstellung eingehalten wurden. Es kann nicht Aufgabe von Betonbeschichtungen sein, hier aufgetretene Versäumnisse nachträglich mit hohem Aufwand zu korrigieren. Ihre Anwendung muß dem Sanierungsfall bzw. Beanspruchungen, denen der Beton allein nicht gewachsen und wenn der Einsatz von Reaktionsharzbeton nicht möglich ist, vorbehalten bleiben.
Für die Beanspruchungsgrade I bis IV bei Wässern und Erdstoffen sind für den Beton nach Tabelle 4/4 keine passiven Schutzmaßnahmen erforderlich. Für höhere Beanspruchungen (BG S) sind entsprechend den jeweils angreifenden Medien geeignete Beschichtungsstoffe mit den erforderlichen Schichtdicken in Abhängigkeit von der mechanischen Beanspruchung in TGL 33408/03 festgelegt.
Folgende prinzipielle Verfahren sind anwendbar:

- Aufbringen von Einkomponentenanstrichen oder bituminösen Massen; Filmbildung durch Verdunsten des Lösungsmittels (z. B. Chlorkautschuk) oder Reaktion mit der Luftfeuchtigkeit (z. B. PUR)
- Auftragen füllstofffreier Reaktionsharze (Zweikomponentenanstriche) zum Zweck der Imprägnierung und Versiegelung (Schichtdicke bis 300 μm)
- Beschichten mit füllstoffhaltigen Reaktionsharzen (Schichtdicke ab etwa 300 μm). Je nach Füllgrad[1]) unterscheidet man:
  Beschichtungsharze (max. 1:0,5)
  Spachtelmassen (1:0,5 bis 1:3)
  Reaktionsharzmörtel (bis etwa 1:6)

Der Einsatz zusätzlicher Verstärkungsmaterialien (Glasfasergewebe, -rovings) ist möglich. Der Füllgrad von Reaktionsharzbeton beträgt zum Vergleich bis etwa 1:10. Bezüglich Säureschutzmaßnahmen sei auf Abschnitt 9.1.2. verwiesen.
Vor der Beschichtung müssen alle losen, blätt-

1) $\text{Füllgrad} = \dfrac{\text{Massenteile Bindemittel}}{\text{Massenteile Füllstoff}}$

rigen und mürben Teile, Zementschlempe, Fette und Öl entfernt werden. Schalgrate sind zu egalisieren, zu glatte Flächen aufzurauhen. Frischer Beton muß abgebunden sein und darf außer bei wäßrigen Emulsionen einen Feuchtigkeitsgehalt von 4 Masseprozenten nicht überschreiten. Die Vorbehandlung erfolgt vorzugsweise durch mechanische Verfahren (Druckluftstrahlen; rotierende Drahtbürsten, Schlag- und Schleifwerkzeuge; einfache Drahtbürsten).
Die Behandlung mit verdünnten Säuren muß abgelehnt werden, da auch bei Nachwaschen mit viel Wasser nicht die Gewähr für die Entfernung der letzten Reste betonaggressiver Säuren gegeben ist.
Alter, verschmutzter Beton wird dagegen zweckmäßig durch Flammstrahlen gereinigt, wobei die Einwirkung möglichst kurz und intensiv erfolgen soll. Die verbrannten organischen Substanzen wie Öl, Fett, Gummiabrieb u. ä. werden anschließend mechanisch entfernt.

4.1.4. Korrosionsschutz des Bewehrungsstahles

Eine Korrosion der Stahleinlagen in bewehrtem Beton findet nicht statt, wenn der Beton selbst den korrosiven Beanspruchungen gewachsen ist (vgl. Abschnitt 4.1.2.) bzw. geeignete Schutzmaßnahmen ergriffen wurden (vgl. Abschnitt 4.1.3.). Das im Beton enthaltene Porenwasser weist infolge Sättigung mit $Ca(OH)_2$ einen *p*H-Wert von etwa 12,6 auf. Da Stahl in *p*H-Bereich von 11,3 bis 13 passiviert wird, ist der Bewehrungsstahl im fachgerecht hergestellten Beton und bei allseitiger Betonumhüllung in ausreichender Dicke korrosionsgeschützt. Die Mindestbetondeckung beträgt für Beanspruchung durch Wässer und Erdstoffe (BG II bis IV) nach TGL 33408/02 im allgemeinen 30 mm, bei Chloridgehalten über 1 000 mg/l 50 mm.
Zur Verhinderung von Korrosionsschäden im bewehrten Beton sind deshalb alle Einflüsse auszuschalten, die die Passivierung des Stahls verhindern oder beseitigen. Die Passivierung kann verhindert bzw. aufgehoben werden, wenn

- der *p*H-Wert des Porenwassers durch Korrosion in Wässern oder Karbonatisierung des Betons an der Luft unter 11,3 sinkt,
- Fehlstellen (z. B. Kiesnester) im Beton vorhanden sind,
- Risse im Beton vorkommen (Grenzwerte nach TGL 33408/02)
- chloridhaltige Wässer einwirken.

Beim Spannbeton besteht im Vergleich zum Stahlbeton die zusätzliche Gefahr der Spannungsrißkorrosion des Bewehrungsstahls. Außerdem ist hier die Einwirkung chloridhaltiger (Lochfraß) und sulfidhaltiger Wässer (Wasserstoffversprödung) weitaus gefährlicher. Durch das Reißen von Spannstählen kommt es zur plötzlichen Gefährdung der Standsicherheit von Spannbetonbauwerken.

4.2. Asbestzement

Asbestzement wird aus einem Gemisch von Zement und Asbestfasern hergestellt. Angewendet wird er als Rohrwerkstoff für Roh-, Rein- und Abwasser.
Bezüglich seines Korrosionsverhaltens ist Asbestzement auf Grund

- des extrem niedrigen W/Z-Werts (unter 0,3)
- des hohen Zementanteils
- der sehr hohen Verdichtung
- der chemisch beständigen Asbestfaser

mit sehr dichtem Beton vergleichbar. Der Werkstoff ist im allgemeinen bei Beanspruchung durch Trinkwasser, herkömmliche Abwässer und auch durch die meisten Erdböden unbeschichtet beständig. Gefährdungen von innen treten vor allem durch Wässer sehr geringer Karbonathärte auf, die gleichzeitig stark sauer sind. Bei Außenbeanspruchung sind besonders saure Böden (Moor, Torf) mit stark wechselnder Belüftung gefährlich. Die kritischen Werte für die Beständigkeit sind in Tabelle 4/5 zusammengestellt. Werden diese Werte überschritten, dürfen Asbestzementrohre nicht verwendet werden bzw. sind sie mit Schutzschichten zu versehen. Dabei darf bei notwendigem Außenschutz auch bei Transport nichtaggressiver Wässer nicht auf Innenbeschichtungen verzichtet werden, da

Tabelle 4/5
Kritische Werte für die Beständigkeit von Asbestzementrohren nach TGL 22896/08

Schadstoff	Grenzwert	Randbedingungen	
Sulfat	>6000 mg/l	bei Rohren aus	PZ 2 nach TGL 28101/01
	>4500 mg/l		PZ 3 nach TGL 28101/01
	>3000 mg/l		PZ 4/45 nach TGL 28101/01
freie	25 bis 40 mg/l	bei	<2,0 mg/l CaO
aggressive	40 bis 90 mg/l	einer	<20 mg/l CaO
CO_2	>90 mg/l	Karbonathärte beliebig	
pH-Wert	<5,5		

infolge der anfangs nicht dichten Asbestzementrohre die äußeren Schutzschichten abgedrückt würden.

4.3. Steinzeug

Steinzeug ist ein keramisches Material, das durch Brennen von Tonen, Feldspat und Quarz hergestellt wird. Angewendet wird Steinzeug als Rohrwerkstoff für aggressive Abwässer. Korrosionsschäden sind nicht bekannt. Zusätzliche Schutzmaßnahmen sind nicht erforderlich.

4.4. Plastwerkstoffe

Plaste sind organische hochpolymere Werkstoffe, die durch chemische Verknüpfung kleinerer Moleküle (Monomere) entstehen. In wasserführenden Anlagen werden hauptsächlich PVC, PE, PP, EP, UP, PA und PUR eingesetzt.

Die mechanischen Eigenschaften der Plaste sind im Vergleich zu metallischen bzw. mineralischen Werkstoffen stark temperatur- und zeitabhängig. So tritt beispielsweise vor allem bei Thermoplasten eine als Kriechen oder kalter Fluß bezeichnete Erscheinung auf. Sie äußert sich darin, daß sich die Werkstoffe bei gleichbleibender Dauerbelastung zunehmend verformen. Wegen der Zeitabhängigkeit des Festigkeitsverhaltens muß als Bemessungsgrundlage für mechanisch beanspruchte Plastkonstruktionen die Zeitstandfestigkeit verwendet werden. Bei PVC-H ist die ausgeprägte Kältebruchempfindlichkeit bei Schlagbeanspruchung und Temperaturen unter 0°C nachteilig.

In ihrem **chemischen Verhalten** zeichnen sich die Plastwerkstoffe durch eine hervorragende Beständigkeit gegenüber den meisten aggressiven Wässern aus. Das begründet ihre Eignung als Schutzschichtwerkstoff. Konstruktionsteile aus Plastwerkstoffen (z. B. Plastrohre) benötigen keinen zusätzlichen Korrosionsschutz; es können solche Plasttypen gewählt werden, die den gegebenen Beanspruchungen gewachsen sind.

Trotzdem kann es auch bei den Plasten durch chemische, thermische und andere Einwirkungen zu Korrosionserscheinungen kommen. Dabei wird das Makromolekül abgebaut oder umgewandelt. Es können sich ferner niedermolekulare Korrosionsprodukte abspalten, wodurch auch die physiologische Unbedenklichkeit des Plastwerkstoffes nicht mehr gewährleistet ist. Die günstigen mechanischen und chemischen Eigenschaften verschlechtern sich. Es bilden sich Mikrorisse. Äußerlich kann der Plast vergilben und sich bei starken Einwirkungen sogar dunkel färben.

Ist der Werkstoff **Witterungserscheinungen** ausgesetzt, so sind hauptsächlich der Luftsauerstoff und der UV-Anteil des Sonnenlichts verantwortlich für die Korrosionsvorgänge. Empfindlich gegen diese Beanspruchungen sind PE, PP, PVC, PA und PUR. Durch Zugabe von Stabilisatoren können schädigende Auswirkungen weitestgehend verhindert werden.

Auf spezielle Schädigungen durch Wärmeeinwirkung soll hier nicht näher eingegangen werden. Hinweise zur Beständigkeit von

Tabelle 4/6
Beständigkeit von Plastwerkstoffen

	EP	PE-ND	PE-HD	PA	UP	PP	PUR	PVC-H	PVC-W
Fette, Öle	+	+	+	+	+	+	+	+	○
Oxydationsmittel (NaOCl)	○	○	○	–	+	+	–	+	○
schwache Laugen	+	+	+	+	○	+	+	+	+
schwache Säuren	+	+	+	–	+	+	+	+	+
Wasser, heiß	○	+	+	○	–	+	–	○	○
Wasser, kalt	+	+	+	+	+	+	+	+	+

+ beständig; ○ bedingt beständig; — unbeständig
EP Epoxidharz; PE-ND Polyethylen niederer Dichte; PE-HD Polyethylen hoher Dichte; PA Polyamid; UP Ungesättigtes Polyester; PP Polypropylen; PUR Polyurethan; PVC-H Polyvinylchlorid hart; PVC-W Polyvinylchlorid weich.

Plasten in heißem Wasser sind Tabelle 4/6 zu entnehmen.
In vielen **Industrieabwässern** sind Bestandteile enthalten, die Plastwerkstoffe schädigen können. Das betrifft zum einen bestimmte Substanzen, die chemischen Abbau oder Umsetzung bewirken, zum anderen sind organische Lösungsmittel zu beachten, die die Plaste anquellen und damit funktionsuntüchtig werden lassen. Eine Übersicht über die Beständigkeit der gebräuchlichsten Plastwerkstoffe gegenüber ausgewählten derartigen Chemikalien und Lösungsmitteln gibt Tabelle 4/6.
Wenn Plastwerkstoffe unter äußeren oder inneren Zugspannungen stehen, können sich Haarrisse ausbilden. Von dieser als **Spannungsrißbildung** bezeichneten Erscheinung sind besonders solche Massenplaste wie PE (besonders PE-ND) und PP betroffen. Zusätzliche, quellend oder benetzend wirkende Flüssigkeiten wirken verstärkend, so daß es bei genügender Einwirkungsdauer zum Bruch kommen kann.

4.5. Glas

Glas ist ein Schmelzprodukt aus anorganischen, vorzugsweise oxidischen Stoffen, das, ohne Kristallisation abgekühlt, einen erstarrten Zustand annimmt.
Angewendet wird Glas in Form von Borosilikatglas als Werkstoff für gebäudeverlegte Rohrleitungen. Mit Ausnahme von Flußsäure, konzentrierter Phosphorsäure und heißen konzentrierten Laugen ist dieses Material gegen alle Medien beständig.

5. Wasser als aggressives Medium

Wasser wird nicht nur als Trinkwasser und für hygienische Zwecke, sondern auch für fast alle Produktionsprozesse in Industrie und Landwirtschaft benötigt. Wasser ist eine der Grundvoraussetzungen des Lebens auf unserer Erde. Der Wassergewinnung, Wasseraufbereitung, Wassergüte, der Wasserverschmutzung sowie der Wiederverwendung des Wassers sind deswegen seitens der Gesellschaft erhöhte Aufmerksamkeit zu schenken. Die hierbei entstehenden Probleme, die besonders durch den in den letzten Jahrzenten rasch angestiegenen und weiter zunehmenden Industrialisierungsgrad in allen Lebensbereichen stark angewachsen sind, werden in erheblichem Maße durch Korrosionserscheinungen an wasserführenden Anlagen hervorgerufen. Zur Lösung dieser Probleme ist es wichtig zu wissen, inwieweit das zur Verfügung stehende Wasser mit Salzen, Gasen und anderen Verunreinigungen belastet ist, worin die Unterschiede zwischen den einzelnen Wasserarten bestehen und welche Wechselwirkungen sich mit den eingesetzten Werkstoffen ergeben.
Da die meisten der natürlich vorkommenden Wässer neben anderen Inhaltsstoffen Härtebildner, Kohlendioxid und Sauerstoff enthalten, können sie

- metallische Werkstoffe korrodieren
- Schutzschichten bilden
- Härtebildner ausfällen (inkrustieren).

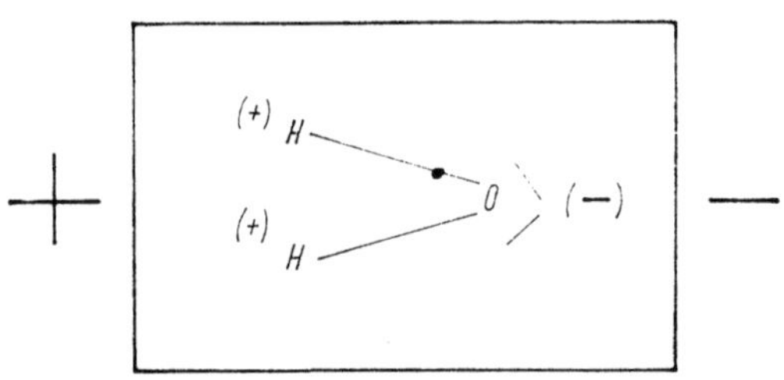

Bild 5/1
Schematischer Aufbau eines Wassermoleküls

Diese möglichen Reaktionen, die in anderen chemischen Agenzien mit ähnlichem *p*H-Wert nicht beobachtet werden, bedingen die meist sehr schwierige Voraussage über das Verhalten der verschiedenen Wasserqualitäten gegenüber metallischen Werkstoffen.

5.1. Physikalisch-chemische Parameter des reinen Wassers

Wasser ist eine sehr beständige chemische Verbindung der Elemente Wasserstoff und Sauerstoff im Molverhältnis von 2:1 und kann aus diesen z. B. durch Zündung des Wasserstoff-Sauerstoffgemisches nach der Gleichung

$$2\,H_2 + O_2 \rightarrow 2\,H_2O \qquad (5/1)$$

hergestellt werden (Knallgasbildung!). Die dabei explosionsartig freiwerdende Energie muß bei der Zersetzung des Wassers in Form chemischer, elektrochemischer oder thermischer Energie dem System zugeführt werden.
Der Aufbau des Wassermoleküls – räumlich angeordnete Atombindung in Form eines gleichschenkligen Dreiecks (Bild 5/1) – bedingt im wesentlichen durch ein hohes Dipolmoment und ein geringes Molvolumen im Vergleich zu anderen Lösungsmitteln eine Anzahl anomaler Eigenschaften (Tabelle 5/1). Chemisch reines Wasser ist bei Zimmertemperatur eine geruch- und geschmacklose, durchsichtige, in dünner Schicht farblose, in dicker Schicht bläulich schimmernde Flüssigkeit, die bei 0°C zu Eis erstarrt und bei 100°C und 0,098 MPa unter Bildung von Wasserdampf siedet.
Besondere Bedeutung für physikalische und chemische Vorgänge im Wasser haben:

- die Dichte
- die Viskosität
- das Lösungsvermögen.

Tabelle 5/1
Anomale Eigenschaften des reinen Wassers im Vergleich zu anderen Lösungsmitteln

Eigenschaften	Wasser	Ammoniak	Äthylalkohol
Spezifische Wärme in kJ/kg · K bei Zimmertemperatur	4,187	2,340	2,386
Schmelzwärme in kJ/kg	332,432 bei 0 °C	339,131 bei −77,7 °C	92,533 bei −114,15 °C
Verdampfungswärme in kJ/Kg	2 257,104 bei 100 °C	1 369,084 bei −33,4 °C	866,709 bei 20 °C

Während bei fast allen Substanzen mit sinkender Temperatur die Dichte zunimmt, liegt das Dichtemaximum von Wasser bei 4 °C. Erst oberhalb von 4 °C beginnt bei Zuführung thermischer Energie die übliche Ausdehnung.
Das Viskositätsverhalten des Wassers entspricht dagegen dem der meisten Flüssigkeiten. So nimmt mit steigender Temperatur die Viskosität stark ab; mit zunehmendem Druck erfolgt ein Anstieg.
Das außerordentlich gute Lösungsvermögen von Wasser ist im wesentlichen auf Dipolmoment und Molvolumen zurückzuführen. Insbesondere für anorganische Salze und Gase ist Wasser ein gutes Lösungsmittel, wobei die Löslichkeit der Salze im allgemeinen mit steigender Temperatur zunimmt, die der Gase dagegen abnimmt. Durch seine, wenn auch geringe Fähigkeit, nach Gl. (5/2) in Ionen zu dissoziieren, ist auch reinstes Wasser als Elektrolyt anzusehen.

$$H_2O + H_2O \rightarrow H_3O^+ + OH^- \qquad (5/2)$$

Die Struktur des Wassers, die bei der kritischen Temperatur von 341,1 °C die dichteste Kugelpackung und bei Zimmertemperatur die Struktur des Quarzes haben soll [5/1], ist noch nicht bis ins Detail geklärt. Einzelheiten und weitere Ausführungen über physikalisch-chemische Parameter des Wassers sind u. a. in [5/1, 5/2 und 5/3] nachzulesen.

5.2. Wasservorkommen, Wasserbedarf, Wasseraufbereitung

Die Wasservorkommen der Erde verteilen sich auf die verschiedensten Bereiche der Natur und sind infolge des natürlichen Kreislaufs des Wassers nahezu konstant. Drei Viertel der Erdoberfläche werden durch Ozeane bedeckt, das Festland ist von Wasserläufen durchzogen und weist Grund- und Oberflächenwasser auf. Tier- und Pflanzenwelt enthalten ebenfalls einen beträchtlichen Anteil Wasser; ebenso zahlreiche Mineralien (Kristallwasser). Die Atmosphäre kann bis zu 4 Vol.-% Wasser aufnehmen. In Bild 5/2 sind die wichtigsten natürlich vorkommenden Wasserarten zusammengefaßt.

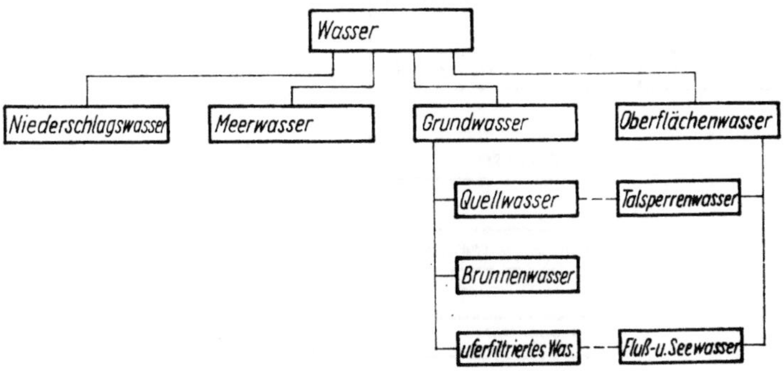

Bild 5/2
Wichtige natürlich vorkommende Wasserarten

Niederschlagswasser enthält im wesentlichen nur Sauerstoff, Stickstoff und Kohlendioxid sowie die durch Industrie und Haushalt entstehenden, örtlich sehr unterschiedlichen Luftverunreinigungen und wird vom Grund- oder Oberflächenwasser aufgenommen.

Meerwasser ist insbesondere durch seinen hohen Salzgehalt gekennzeichnet, der territorial starken Schwankungen unterliegt (z. B. Ostsee: 0,7%, Nordsee: 3,7%; Totes Meer: 18,9%). In jüngster Zeit werden die Meere zunehmend durch Industrieabwässer, durch leckgehende Öltanker und durch Einleitung von Giften und dgl. verschmutzt.

Grundwasser ist ein Teil des Niederschlagswassers, das sich durch Versickerung im Erdboden mit den unterschiedlichsten wasserlöslichen Verbindungen anreichert. Insbesondere werden Chloride, Sulfate, Hydrogenkarbonate, Nitrite, Nitrate, Phosphate und Silikate der Alkali- und Erdalkalimetalle, Huminsäuren, Kohlensäure, Schwefelwasserstoff entsprechend dem geologischen Aufbau sowie der industriellen und landwirtschaftlichen Nutzung des Wassereinzugsgebietes gelöst. Grundwasser ist oftmals völlig sauerstofffrei.

Quellwasser ist örtlich begrenzt aus dem Erdboden austretendes Grundwasser.

Brunnenwasser wird aus großen Tiefen gefördert. Seine Qualität ist von Fall zu Fall einzuschätzen.

Uferfiltriertes Wasser wird in unmittelbarer Nähe von Oberflächengewässern mit Hilfe von Brunnen gewonnen. Es ist in starkem Maß durch die Wasserqualität der jeweiligen Flüsse und Seen geprägt. Meist enthalten diese Wässer hygienisch bedenkliche Verunreinigungen, einen hohen Anteil an Chlorid, Sulfat, mitunter auch Nitrat und eine mittlere Gesamthärte.

Oberflächenwasser ist infolge Einleitung kommunaler und industrieller Abwässer in der Regel durch grobdisperse, chemische und bakteriologische Verunreinigungen stark verschmutzt (Fluß- und Seewasser). Werden die Wassereinzugsgebiete durch Industrie, Landwirtschaft und Ansiedlungen nicht belastet, so kann aus hygienischer Sicht eine gute Wasserqualität erwartet werden (vorzugsweise Talsperrenwässer). Talsperrenwässer sind darüber hinaus häufig sehr weich und salzarm bei wechselndem Kohlendioxid- und Sauerstoffgehalt. Die für Haushalt, Industrie und Landwirtschaft am meisten genutzten Wässer sind Grundwasser, uferfiltriertes Wasser, Talsperrenwasser und auch Fluß- und Seewasser. Diese Wässer sind gegenüber unlegiertem und verzinktem Stahl mehr oder weniger aggressiv und bezüglich ihres korrosiven Verhaltens als verdünnte, sauerstoff- und kohlendioxidhaltige Salzlösungen mit einem *p*H-Wert von 4 bis 9 anzusehen.

In der DDR beträgt der tägliche Gesamtwasserbedarf 1985 8,2 Mill. m³. Von diesem

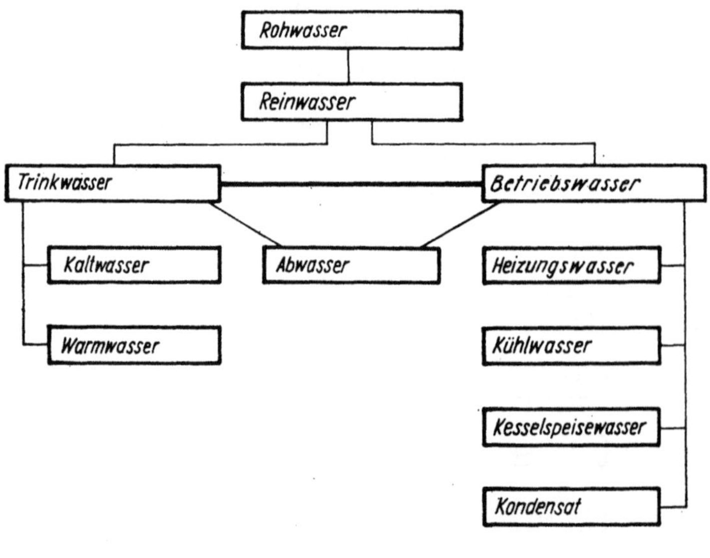

Bild 5/3
Typische Trink- und Betriebswasserarten

Gesamtwasserbedarf entfallen 10 % auf die Versorgung der Bevölkerung, 10 % auf die Landwirtschaft und 80 % auf die Industrie.
Da gegenwärtig in der Praxis für die verschiedensten Betriebswasserarten (vgl. Bild 5/3) meist Trinkwasser verwendet wird – abgesehen von großen Kühlwassersystemen – ist einer ausreichenden und qualitätsgerechten Bereitstellung von Trinkwasser erhöhte Aufmerksamkeit zu schenken. Die Entwicklung der Städte und Dörfer mit ihrem wachsenden sanitären Ausstattungsgrad, die Intensivierung der Industrie und Landwirtschaft erfordern eine kontinuierlich steigende Bereitstellung von Wasser. Einige willkürlich ausgewählte Beispiele unterstreichen diese Feststellungen! Ein 100-MW-Block in einem Kraftwerk benötigt etwa 9 m^3 Wasser in der Sekunde zur Kühlung; 10000 m^3 Wasser je Stunde werden in den Chemischen Werken Buna als Rohstoff oder als Hilfsmittel für die chemische Produktion benötigt. In der Beregnungszeit erhält die Landwirtschaft täglich 7 bis 8 Mill. m^3 Wasser; die Erzeugung von einem Kilogramm Kartoffeln erfordert 0,2 m^3 Wasser. Für Trinkwasserzwecke müssen jährlich etwa 1 Mrd. m^3 Wasser bereitgestellt werden.

Da die DDR zu den Staaten der Welt gehört, die einen sehr angespannten Wasserhaushalt haben, kommt der Erschließung neuer Wasserreserven, der **Wiederaufbereitung** von Wasser zur mehrfachen Nutzung und der möglichst sparsamen Verwendung von Wasser große Bedeutung zu. Der Nutzungsfaktor für das abfließende Wasser ist in der DDR der höchste im Weltmaßstab und beträgt 36%. Schon gegenwärtig ist man gezwungen, in Ballungsgebieten einen Liter Wasser siebenmal zu nutzen.

Auch die Anwendung von Korrosionsschutzmaßnahmen kann zur Senkung des Wasserverbrauchs bzw. zur mehrmaligen Wiederverwendung des Wassers beitragen. So ermöglicht zum Beispiel der Einsatz von Inhibitoren und Härtestabilisatoren in einem Kühlkreislauf eines 100-MW-Blocks eine jährliche Einsparung von etwa 1 Mill. m^3 Wasser. Bei Anwendung von Korrosionsschutzmaßnahmen für warmwasserführende Rohrleitungen (vgl. Abschnitt 7.2.2.) würde die besonders in Neubaugebieten häufig auftretende Braunfärbung des Wassers und damit das nutzlose Wegfließen des Wassers bis zu seiner Brauchbarkeit aufhören. Die durch Rohrschäden bedingten Wasserverluste betragen etwa 10 % der aufbereiteten Wassermenge. In ungünstigen Fällen können sie noch darüber liegen. Durch Verwendung korrosionsbeständiger bzw. ausreichend geschützter Rohre kann hier ein wertvoller Beitrag zur wirtschaftlichen Wasserverwendung geleistet werden.
Die **Wasseraufbereitung** hat die Aufgabe, gemäß dem geplanten Verwendungszweck des Reinwassers alle unerwünschten Stoffe aus dem Rohwasser zu entfernen und es ggf. mit erforderlichen Substanzen anzureichern. Auf die Wahl der notwendigen Aufbereitungstechnologie hat neben der geforderten Wassergüte (Trinkwasser, Betriebswasser) die Qualität des zur Verfügung stehenden Rohwassers entscheidenden Einfluß.
Kurze Bemerkungen zu den einzelnen Aufbereitungsschritten sind im Abschnitt 6.2. enthalten.

5.3. Wasseranalyse

Die Ermittlung der Konzentration der Wasserinhaltsstoffe ist wichtig für die Bestimmung der Aggressivität der Wässer und der damit im Zusammenhang stehenden Auswahl von Korrosionsschutzmaßnahmen. Allerdings muß darauf hingewiesen werden, daß es nicht möglich ist, allein an Hand der Wasseraggressivität wirksame Korrosionsschutzverfahren auszuwählen. Andere Einflußfaktoren, wie z. B. Betriebsbedingungen, Konstruktion der Anlage und Technologie sind bei der Auswahl von Korrosionsschutzmaßnahmen ebenfalls zu berücksichtigen. Welche Wasserinhaltsstoffe zu bestimmen und welche Analysenverfahren anzuwenden sind, ist vorwiegend vom technologischen Verwendungszweck der Wässer abhängig.
Bei der Durchführung von Wasseranalysen ist generell folgendes zu beachten:

- Sachgemäße Probenahme, da sonst die Analysenergebnisse verfälscht werden können.
  Hierzu gehören saubere Glas- oder Plastgefäße, wobei letztere für alkalische oder salzfreie Wässer unbedingt notwendig sind. Vor der Probenahme sind die Gefäße

gründlich (3- bis 5mal) mit dem zu untersuchenden Wasser zu spülen. Bei der Probenahme aus nicht kontinuierlich mit Wasser durchflossenen Anlagen ist das Wasser 5 bis 10 Minuten ablaufen zu lassen und dann erst die Probe zu nehmen. Bei Wassertemperaturen über 20 °C ist die Probe über einen Kühler zu entnehmen, der das zu untersuchende Wasser auf 20 °C oder darunter abkühlt.

- Die Bestimmung der Temperatur, des *p*H-Wertes, des Sauerstoff- und Kohlendioxidgehaltes ist unmittelbar nach der Probenahme vor Ort vorzunehmen.
- Die analytischen Untersuchungen sind nach geeigneten, auf die jeweilige Wasserqualität abgestimmten Analysenvorschriften durchzuführen.
  Analysen von Trinkwasser sowie der daraus hergestellten Betriebswässer sind nach [5/4], Analysen von Kesselspeisewasser nach [5/5] durchzuführen (vgl. auch TGL 22433 und 190-255). Welche Wasserinhaltsstoffe untersucht werden müssen, um die Aggressivität des Wassers in Abhängigkeit vom Werkstoff zu bestimmen, ist aus Tabelle 5/2 zu entnehmen.
  In den Abschnitten 6. bis 9. wird anlagenspezifisch auf den Einfluß der einzelnen Wasserinhaltsstoffe eingegangen.
- Die Durchführung der Wasseranalysen ist mit größter Sorgfalt und Genauigkeit vorzunehmen.
  Auf Grund der meist sehr geringen Konzentration an Wasserinhaltsstoffen – größenordnungsgemäß unter 0,1 %, in manchen Fällen unter 0,01 % – gleicht eine Wasseranalyse einer chemischen Spurenanalyse, so daß empfindliche Nachweisverfahren erforderlich sind.
- Anwendung einheitlicher Dimensionen für die Konzentrationsangabe der Wasserinhaltsstoffe.
  Die gebräuchlichsten Einheiten sind „mg/l" oder „g/l" oder „µg/l". Mitunter werden auch „mol/m³" oder „val/kg" verwendet. Die Umrechnung dieser Einheiten ist in Tabelle 5/3 angegeben.
- Eine einmalig durchgeführte Wasseranalyse gibt keine Gewähr für die tatsächlich in den Systemen vorhandene Wasserqualität über einen längeren Zeitraum. Es sind daher nur Durchschnittsanalysen zur Einschätzung der Wasserqualität zu verwenden.

In welchem Zeitraum und wie oft Analysen durchzuführen sind, richtet sich nach der Spezifik der wasserführenden Anlagen und ist vom Projektanten bzw. Betreiber der Anlagen festzulegen.
Für trinkwasserführende Anlagen empfiehlt es sich, Jahresdurchschnittsanalysen (12malige Probenahme) zur Auswertung zu verwenden, die vom Versorgungsträger anzufordern sind. Liegen Mischwässer vor, so sind die Jahresdurchschnittsanalysen der einzelnen Wasserqualitäten unter Abschätzung ihres Anteils zu mitteln. Bei Mischung von Gleichgewichtswässern wird auf Abschnitt 5.4.9. verwiesen.

5.4. Einfluß der Wasserinhaltsstoffe auf die Korrosion metallischer Werkstoffe

In Abschnitt 2. wurde dargelegt, daß metallische Werkstoffe in Wasser korrodieren, wenn das Gleichgewichtspotential der Metallauflösung negativer als das Gleichgewichtspotential mindestens eines kathodischen Vorgangs ist. Die Korrosionsgeschwindigkeit der Metalle erhöht sich im allgemeinen mit

- steigendem Sauerstoffgehalt
- steigendem Neutralsalzgehalt
- abnehmendem *p*H-Wert.

Durch den Kontakt Wasser–Metall können sich je nach der Wasserbeschaffenheit auf der Oberfläche verschiedene Produkte bilden:

- Korrosionsprodukte
  Chemische Verbindungen, die als Ergebnis von Reaktionen des Wassers und der Wasserinhaltsstoffe mit metallischen Werkstoffen entstehen und mehr oder weniger stark an den wasserbeaufschlagten Werkstoffen haften.
- Inkrustationsprodukte (Inkrustationen)
  Festhaftende, schwerlösliche, häufig korrosionsstimulierende Kalzium-, Eisen- oder Manganverbindungen, die ein Zuwachsen der Rohre bewirken.

Tabelle 5/2
Zu bestimmende Wasserinhaltsstoffe in Abhängigkeit von der Werkstoffqualität

	unlegierter Stahl	Gußeisen	verzinkter Stahl	Kupfer	Cu-Zn-Leg.	austen. Cr-Ni-Stahl	Beton
Temperatur	×	×	×	×	×	×	×
pH-Wert	×	×	×	×	×	×	×
Basenverbrauch							
Chlorid	×	×	×	×	×	×	×
Sulfat	×	×	×	×	×	×	×
Sulfid	×	×	×	×	×	×	×
Phosphat	×	×	×	×	×		
Nitrat	×	×	×	×	×		×
Ammonium	×	×	×	×	×		×
Kalzium	×	×	×	×	×	×	×
Magnesium	×	×	×	×	×	×	×
Eisen, ges.	×	×	×	×	×	×	
Mangan	×	×	×	×	×	×	
Kupfer	×		×		×		
Gesamthärte	×	×	×	×	×	×	×
Karbonathärte	×	×	×	×	×	×	×
Kalkaggressive Kohlensäure	×	×	×				×
Freie organische Säure							×
Sauerstoff	×	×	×				
Abfiltrierbare Stoffe	×	×	×	×	×	×	×

Tabelle 5/3
Umrechnung chemischer Konzentrationsangaben

mg/l	mol/m³	val/kg
A	$\frac{A}{\text{Molgewicht}}$	$\frac{A}{\text{Äquivalentgewicht}}$

- Ablagerungen
  Abgesetzte, nicht festhaftende Eisen-, Mangan- und Kalziumverbindungen sowie andere sedimentierbare Stoffe.
- Schutzschichten
  Schichten, die sich bei Einwirkung bestimmter Medien infolge chemischer Reaktionen auf der Oberfläche des metallischen Werkstoffes bilden und den Fortgang der Korrosion hindern oder die zum Zwecke des Korrosionsschutzes durch Aufbringen artfremder Stoffe auf der Oberfläche des Werkstoffes hergestellt werden.

Die in wasserführenden Anlagen gebräuchlichen Metalle, unlegierter Stahl, verzinkter Stahl, austenitischer Stahl, Kupfer und Messing sind ohne künstliche Schutzschichten in Wässern einsetzbar, wenn die Bildung natürlicher Schutzschichten wahrscheinlich ist. Im folgenden wird deshalb der Einfluß der wichtigsten Wasserinhaltsstoffe auf das Korrosionsverhalten dieser Werkstoffe besprochen.

5.4.1. Sauerstoff

Die meisten natürlich vorkommenden Wässer enthalten gelösten Sauerstoff. Insbesondere können Talsperrenwässer einen hohen Sauerstoffgehalt aufweisen, während Brunnenwässer in der Regel sauerstoffarm sind.
Die Sauerstofflöslichkeit erhöht sich mit

- sinkender Temperatur (s. Bild 5/4)
- steigendem Druck
- abnehmendem Salzgehalt.

Da nur der Anteil des Sauerstoffs an der Korrosionsreaktion teilnehmen kann, der an die

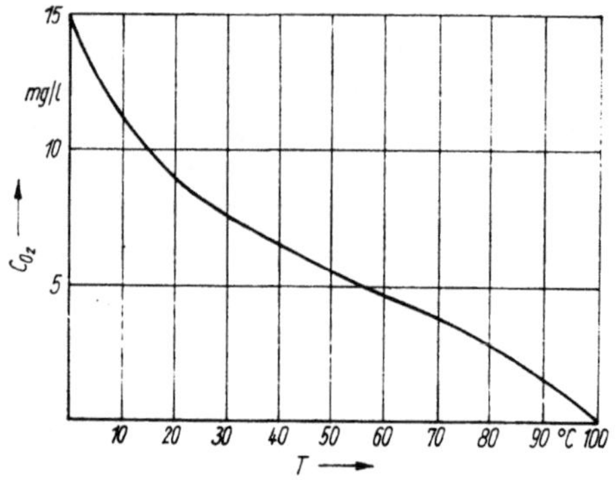

Bild 5/4
Löslichkeit von Sauerstoff in Abhängigkeit von der Temperatur nach [5/6]

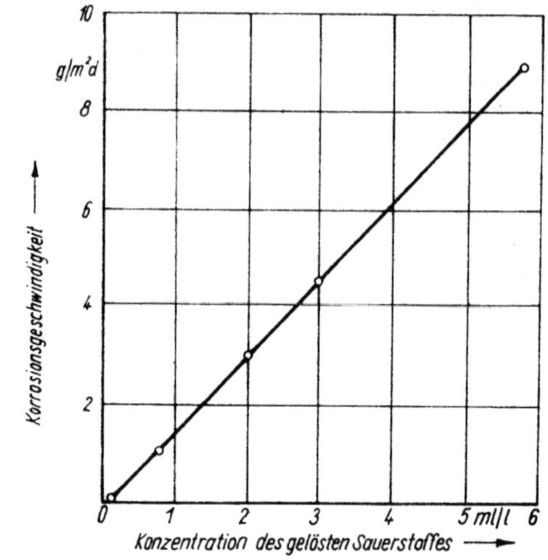

Bild 5/5
Einfluß der Sauerstoffkonzentration auf die Korrosion von unlegiertem Stahl nach [5/7]

Reaktionsstellen, d. h. an die Metalloberfläche, gelangt, muß er aus der Lösung durch die auch in strömenden Medien an der Metalloberfläche existierenden ruhenden Flüssigkeitsschichten diffundieren. Der Transport durch diese Diffusionsschicht ist der langsamste und damit geschwindigkeitsbestimmende Vorgang der Korrosion. Entsprechend den Grundgesetzen der Diffusion wird die zur Metalloberfläche gelangende Sauerstoffmenge beeinflußt durch

- den temperaturabhängigen Diffusionskoeffizienten
- die Sauerstoffkonzentration im Wasser
- die Dicke der Diffusionsschicht.

Für den der Korrosionsgeschwindigkeit proportionalen Diffusionsgrenzstrom i_D der Sauerstoffreduktion gilt:

$$i_D = -4 F D_{O_2} \frac{C_L}{\delta} \qquad (5/3)$$

F Faradaykonstante
D_{O_2} Diffusionskoeffizient des Sauerstoffs
C_L Sauerstoffkonzentration im Wasser
δ Diffusionsschichtdicke

Nach Gl. (5/3) wird die Korrosionsgeschwindigkeit dem Betrag nach größer mit:

- steigender Temperatur (Diffusionskoeffizient wird größer)
- zunehmender Sauerstoffkonzentration
- zunehmender Strömungsgeschwindigkeit (Diffusionsschichtdicke nimmt ab).

Der Sauerstoff wirkt in zweifacher Hinsicht. So ist er einerseits als Reaktionspartner der katodischen Teilreaktion der Verursacher der Korrosion und andererseits kann sich bei genügendem Sauerstoffgehalt durch Oxydation der primär gebildeten Korrosionsprodukte eine Schutzschicht bilden, wodurch die Korrosionsgeschwindigkeit stark vermindert wird. Demzufolge nimmt in Wässern, die keine schützenden Schichten bilden, die Korrosionsgeschwindigkeit linear mit der Sauerstoffkonzentration zu (Bild 5/5). Bei unlegiertem Stahl erfolgt oberhalb einer kritischen Sauerstoffkonzentration infolge Passivierung des unlegierten Stahls wieder eine Verminderung der Korrosionsgeschwindigkeit. Diese kritische Konzentration nimmt mit der Menge der gelösten Salze mit steigender Temperatur und fallendem pH-Wert zu. Sie beträgt z. B. in langsam fließendem destilliertem Wasser bei 25°C etwa 17 mg/l und bei pH = 10 etwa 8 mg/l [5/7]. Bei einer Metallkombination Eisen–Kupfer ist aus diesem Grunde bei pH-Werten >11,7 Kupfer die Anode (Korrosionsverstärkung), während die Korrosion des Eisens aufhört [5/8]. Eine Passivierung durch Erhöhung der Sauerstoffkonzentration kann insbesondere bei höheren Temperaturen, bei Anwesenheit von Chloriden oder in der Nähe der kritischen Sauerstoffkonzentration zu starkem Lochfraß führen. Dies steht einer allgemeinen praktischen Anwendung entgegen. Außerdem erfolgt bei höheren Chloridgehalten überhaupt keine Passivierung mehr.

Die lineare Abhängigkeit der Korrosionsgeschwindigkeit vom Sauerstoffgehalt gilt nicht bei der Bildung von Schutzschichten auf der Metalloberfläche. Für diese Schichtbildung wird sogar ein Mindestsauerstoffgehalt benötigt, der für **unlegierten und verzinkten Stahl** etwa 3 mg/l beträgt. Hier bewirken insbesondere stark schwankende Sauerstoffgehalte eine hohe Korrosionsgeschwindigkeit, da sich unter diesen Bedingungen keine Schutzschicht bilden kann.

Die Korrosionsgeschwindigkeit von **Kupfer und Messing** ist um Größenordnungen kleiner als die von unlegiertem oder verzinktem Stahl. Bei hohen Sauerstoffgehalten erhöht sich die Wahrscheinlichkeit des Auftretens von Lochfraß.

Austenitischer Stahl wird in Wässern normalerweise passiviert und besitzt dadurch einen exzellenten Korrosionswiderstand. Für diese Passivierung reicht die Oxydationskraft des Wassers bereits aus, so daß nicht unbedingt Sauerstoff im Wasser vorhanden sein muß [5/9, 10].

5.4.2. Kohlendioxid

Kohlendioxid ist in allen natürlichen Wässern in mehr oder weniger großen Mengen vorhanden. Seine Löslichkeit in Abhängigkeit von der Temperatur ist in Bild 5/6 dargestellt. Da durch Kohlendioxid eine Verminderung des pH-Wertes erfolgt, wird die Korrosionsgeschwindigkeit der Metalle mit steigender Kohlendioxidkonzentration erhöht.

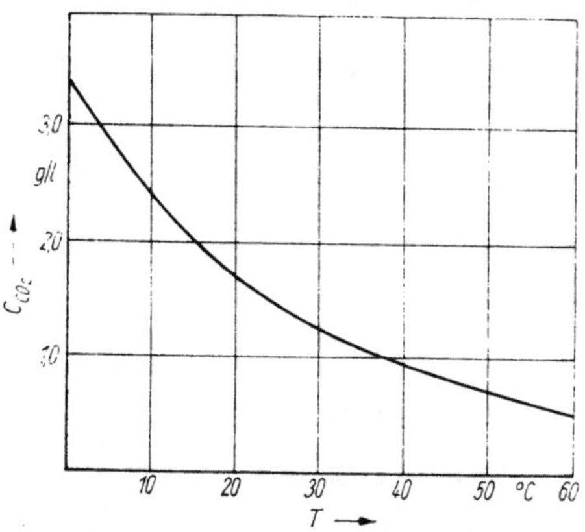

Bild 5/6
Löslichkeit des Kohlendioxids in Abhängigkeit von der Temperatur nach [5/11]

Bei der gleichzeitigen Anwesenheit von Sauerstoff beeinflußt Kohlendioxid in Verbindung mit den Härtebildnern die Schutzschichtbildung auf **unlegiertem und verzinktem Stahl** und damit die Korrosionsgeschwindigkeit. Es können sowohl zu große Gehalte (keine Schutzschichtbildung) als auch zu geringe Gehalte (Kalkablagerungen) von nachteiligem Einfluß sein. Die erforderliche Menge ergibt sich aus dem Kalk-Kohlensäure-Gleichgewicht (vgl. Abschnitt 5.4.4.).

Stark korrosionsfördernd wirkt Kohlendioxid in sehr weichen, d. h. auch in enthärteten Wässern. Mit zunehmender Härte wird diese Wirkung geringer. Hohe Kohlendioxidgehalte verstärken die Lochfraßbildung bei **Kupfer** und die Entzinkungsneigung bei **Messing**.

5.4.3. Härtebildner

Jedes natürliche Wasser enthält Salze der Erdalkalimetalle, die Härtebildner. Durch sie wird die Korrosionsgeschwindigkeit von **unlegiertem und verzinktem Stahl** im Gegensatz zu Kupferwerkstoffen und austenitischen Stählen in belüfteten Wässern wesentlich beeinflußt. So sind Wässer mit geringer Härte weitaus aggressiver als mittelharte Wässer, die unter bestimmten Bedingungen zur Schutzschichtbildung neigen. Bei hohen Gehalten an Härtebildnern können an allen Metallen **Inkrustierungen** auftreten, die den Wärmeübergang und die hydraulische Leistungsfähigkeit vermindern und durch die Bildung von Belüftungselementen (Risse und Spalten in den Inkrustationen) zu einer Verstärkung der örtlichen Korrosion führen können. Zum Verständnis der nachfolgenden Abschnitte ist eine Erläuterung der einzelnen Härtebegriffe notwendig.

- Die Gesamthärte (GH) ist die Konzentration der gelösten Erdalkaliverbindungen, die in natürlichen Wässern hauptsächlich aus Kalzium- und Magnesiumsalzen bestehen.
- Die Kalkhärte (CaH) ist die Konzentration der Kalziumsalze.
- Die Magnesiumhärte (MgH) ist die Konzentration der Magnesiumsalze.

- die Karbonathärte (KH), auch temporäre Härte genannt, ist die Summe der gelösten Karbonate und Hydrogenkarbonate des Kalziums und Magnesiums.
- Die Nichtkarbonathärte (NKH) ist die Summe der gelösten Kalzium- und Magnesiumsalze außer Karbonaten und Hydrogenkarbonaten.

Zwischen diesen Härten besteht folgender Zusammenhang:

$$CaH + MgH = GH = KH + NKH \qquad (5/4)$$

Ist die aus dem Hydrogenkarbonatgehalt berechnete KH größer als GH, wird KH = GH gesetzt.
Ein traditionelles **Maß für die Härte** ist der deutsche Härtegrad (° dH). Es gilt:

$$1\,°\,dH = 10\,mg/l\,CaO = 7{,}14\,mg/l\,MgO$$

Daneben sind noch andere Härteeinheiten und Konzentrationsangaben üblich. Sie sind in Tab. 5/4 mit den entsprechenden Umrechnungsfaktoren aufgeführt.
Unter Zugrundelegung der Gesamthärte können die Wässer folgendermaßen eingeteilt werden [5/12]:

sehr weich	$<$ 40 mg/l CaO
weich	40... 80 mg/l CaO
mittelhart	80...160 mg/l CaO
hart	160...300 mg/l CaO
sehr hart	$>$300 mg/l CaO

5.4.4. Kalk-Kohlensäure-Gleichgewicht

Das Kalk-Kohlensäure-Gleichgewicht beschreibt den Zustand eines Wassers, das nur so viel Kohlendioxid enthält, damit die Konzentration der Hydrogenkarbonationen unverändert bleibt.

$$Ca^{2+} + 2\,HCO_3^- \rightarrow CaCO_3 + H_2O + CO_2 \qquad (5/5)$$

Wässer, die weniger Kohlendioxid enthalten als dem Gleichgewicht entspricht, neigen zu Kalkabscheidungen. Es bildet sich solange Kohlendioxid und Kalziumkarbonat, bis sich ein Gleichgewichtszustand eingestellt hat. In Wässern, die mehr Kohlendioxid enthalten als dem Gleichgewicht entspricht, kommt es bei unlegiertem und verzinktem Stahl nicht zur Ausbildung von Schutzschichten bzw. werden bestehende Schichten gelöst. Diese Wässer greifen unlegierten und verzinkten Stahl verstärkt an, weshalb sie als aggressiv bezeichnet werden.
Zu jedem Kalk-Kohlensäure-Gleichgewicht gehört ein bestimmter *p*H-Wert, der Gleichgewichts-*p*H-Wert. Zur Charakterisierung der Aggressivität der Wässer wurden verschiedene Indikatoren entwickelt:

- Überschüssiges Kohlendioxid nach *Tillmans*
- Sättigungsindex nach *Langelier*
- Indikatoren nach *Axt* und *Grohmann*
- *Ryznar*index.

Tabelle 5/4
Umrechnungsfaktoren für verschiedene Härteeinheiten bzw. Konzentrationsangaben

	Deutscher Grad	Engl. Grad	Franz. Grad	US-Grad	ppm $CaCO_3$	mval/l	mol/m³	mg/l CaO
Deutscher Grad	1,00	1,25	1,78	1,04	17,8	0,357	0,179	10,00
Englischer Grad	0,80	1,00	1,43	0,83	14,3	0,286	0,143	8,00
Französischer Grad	0,56	0,70	1,00	0,58	10,0	0,200	0,100	5,60
US-Grad	0,96	1,20	1,71	1,00	17,1	0,343	0,171	9,60
ppm $CaCO_3$	0,056	0,07	0,10	0,058	1,00	0,020	0,010	0,56
mval/l	2,8	3,50	5,00	2,91	50,0	1,000	0,500	28,00
mol/m³	5,6	7,00	10,00	5,82	100,0	2,000	1,000	56,00
mg/l CaO	0,1	0,125	0,179	0,104	1,786	0,036	0,018	1,00

Überschüssiges Kohlendioxid nach Tillmans

Tillmans und *Heublein* [5/13] haben aus den Dissoziationskonstanten der Kohlensäure und aus dem Löslichkeitsprodukt des Kalziumkarbonats folgende Beziehung hergeleitet:

$$c_{CO_2,zug} = \frac{K_T}{f_T} \cdot c^2_{HCO_3^-} \cdot c_{CaH} \qquad (5/6)$$

$c_{CO_2,zug}$ Konzentration des Kohlendioxids im Gleichgewicht
$c_{HCO_3^-}$ Hydrogenkarbonatkonzentration
c_{CaH} Kalkhärte
K_T *Tillmans*konstante
f_T Korrekturfaktor

K_T und f_T sind in [5/14] angegeben. Die Differenz zwischen dem tatsächlich vorhandenen, analytisch bestimmbaren Kohlendioxid und dem nach Gl. (5/6) berechneten zugehörigen Kohlendioxid entspricht dem überschüssigen Kohlendioxid. Ist diese Differenz Null, befindet sich das Wasser im Kalk-Kohlensäure-Gleichgewicht. Ist sie positiv, liegt ein aggressives Wasser vor. Ein negativer Wert zeigt ein Kohlendioxiddefizit und damit die Neigung des Wassers zu Kalkablagerungen an.

Sättigungsindex nach Langelier

Nach *Strohecker*, *Schilling* und *Budenbender* [5/15] sowie nach *Langelier* [5/16] kann auch aus dem *p*H-Wert ein Indikator für das Kalk-Kohlensäure-Gleichgewicht abgeleitet werden. So ist der *p*H-Wert aggressiver Wässer kleiner und der *p*H-Wert kalkabscheidender Wässer größer als der Gleichgewichts-*p*H-Wert. Bei Wässern, die sich im Kalk-Kohlensäure-Gleichgewicht befinden, stimmen beide H-Werte überein. Die Berechnung des Gleichgewichts-*p*H-Wertes erfolgt nach

$$pH_{Gl} = pK - \lg c_{HCO_3^-} - \lg c_{Ca^{2+}} + \lg f_L \qquad (5/7)$$

pH_{GL} *p*H-Wert des Wassers im Kalk-Kohlensäure-Gleichgewicht
$c_{HCO_3^-}$ Hydrogenkarbonatkonzentration (Karbonathärte)
$c_{Ca^{2+}}$ Kalziumionenkonzentration (Kalkhärte)
pK Konstante (*Langelier*konstante)
f_L Korrekturfaktor

Für die Berechnung des Korrekturfaktors lg f_L, der den Einfluß der Härtebildner und der Neutralsalze berücksichtigt, wird von *Larson* und *Buswell* folgende Gleichung angegeben [5/17]:

$$\lg f_L = \frac{2{,}5\,\sqrt{\mu}}{1 + 5{,}3\,\sqrt{\mu} + 5{,}5\,\sqrt{\mu}} \qquad (5/8)$$

μ Ionenstärke

Die Gl. (5/7) erlaubt die Berechnung des Gleichgewichts-*p*H-Wertes im Bereich unter *p*H = 9,5 sowohl bei alleiniger Gegenwart der Gleichgewichtsteilnehmer als auch sonstiger Lösungspartner. Die pK- und lgf_L-Werte sind in Abhängigkeit von Temperatur und Salzgehalt im Anhang dieses Buches aufgeführt. Dabei wurden die von *Hässelbarth* [5/18] angegebenen Werte auf das Konzentrationsmaß mg/l umgerechnet.
Aus der Differenz des gemessenen *p*H-Wertes und des nach Gl. (5/7) berechneten Gleichgewichts-*p*H-Wertes $pH_{Gl.}$ erhält man als Indikator den **Sättigungsindex** I_S, der auch als *Langelier*index bezeichnet wird.

$$I_s = pH_{gemessen} - pH_{Gl.} \qquad (5/9)$$

Die Messung des *p*H-Wertes hat mittels Glaselektrode nach TGL 146-128 zu erfolgen. Bei aggressiven Wässern ergibt sich ein negativer Sättigungsindex, bei kalkabscheidenden ein positiver und bei im Kalk-Kohlensäure-Gleichgewicht befindlichen Wässern ist der Sättigungsindex gleich Null.
Dieser ursprünglich willkürlich definierte Index läßt sich über das Löslichkeitsprodukt des Kalziumkarbonats ableiten [5/19]. Man erhält:

$$I_s = \lg \frac{c_{Ca^{2+}}\, c_{CO_3^{2-}}}{L} f_L \qquad (5/10)$$

$c_{Ca^{2+}}$ Konzentration der Kalziumionen
$c_{CO_3^{2-}}$ Konzentration der Karbonationen
L Löslichkeitsprodukt des Kalziumkarbonats
f_L Korrekturfaktor

Nach Gl. (5/10) ist der Sättigungsindex ein Maß für die Angriffstendenz des Wassers gegenüber festem Kalziumkarbonat. Demgegenüber wird mit **Kalklösekapazität** diejenige Menge festes Kalziumkarbonat bezeichnet, die von einer gegebenen Wassermenge aufgelöst werden kann.

Indikatoren nach Axt und Grohmann

Aus der Gleichung

$$10^{I_s} = \frac{C_{Ca^{2+}} + C_{CO_3^{2-}}}{L} f_L \qquad (5/11)$$

die der Gl. (5/10) entspricht, können unter Einbeziehung der Dissoziationsgleichgewichte der Kohlensäure für eine Vielzahl von Ionen oder Verbindungen (Ca^{2+}, HCO_3^-, CO_3^{2-}, H^+, CO_2) Indikatoren aufgestellt werden. Hierbei wird die Konzentration des ausgewählten Ions bzw. der Verbindung, wie sie im Gleichgewicht vorliegen würde, unter der Voraussetzung berechnet, daß die Konzentration der anderen Ionen und Verbindungen konstant bleibt. Die berechnete Konzentration wird dann mit der tatsächlich vorhandenen verglichen [5/20]. Diese Indikatoren sind in ihrer Aussagekraft gleich zu bewerten, da sie alle aus Gl. (5/11) ableitbar und auch ineinander umrechenbar sind. Beispielsweise besteht zwischen dem von *Tillmans* aufgestellten Indikator überschüssiges Kohlendioxid (CO_2-Indikator nach *Axt* und *Grohmann*) und dem Sättigungsindex nach *Langelier* (Wasserstoffionenindikator nach *Axt* und *Grohmann*) folgender Zusammenhang [5/20]:

$$CO_{2\,\text{überschüssig frei}} = (1 - 10^{I_s})\, C_{CO_2} \qquad (5/12)$$

Ryznarindex

Dieser von *Ryznar* empirisch entwickelte Stabilitätsindex I_R berechnet sich nach folgender Gleichung [5/21]:

$$I_R = 2\,pH_{Gl.} - pH_{gemessen} \qquad (5/13)$$

Ist $I_R < 6{,}5$, neigt das Wasser zur Kalziumkarbonatabscheidung, während es sich bei $I_R > 6{,}5$ um ein aggressives Wasser handelt. Die Anwendung dieses Indikators ist jedoch wenig gebräuchlich.

Die Beurteilung der Aggressivität der Wässer sollte mit Hilfe des Sättigungsindexes erfolgen, da bei *p*H-Werten $>7{,}8$ die experimentelle Bestimmung des Kohlendioxides mit einem großen Fehler behaftet ist. Dadurch wird der Indikator überschüssiges Kohlendioxid sehr unsicher. Die Indikatoren nach *Axt* und *Grohmann* für Kalzium, Hydrogenkarbonat usw. sind für spezielle Wasseraufbereitungsverfahren wichtig.

Experimentelle Bestimmung der Wasseraggressivität

Die Abweichung eines Wassers vom Gleichgewichtszustand kann auch experimentell ermittelt werden. Bei dem dazu dienenden **Marmorlöseversuch** wird in das zu untersuchende Wasser, das sich über einem Kalziumkarbonatbodenkörper befindet, die in Lösung gegangene Menge Kalziumkarbonat bzw. die bei diesem Vorgang gebundene Menge freie Kohlensäure bestimmt. Für die Gleichgewichtseinstellung sind insbesondere bei härteren Wässern Reaktionszeiten bis zu einigen Tagen erforderlich.

Dem gegenüber kann der sogenannte ***p*H-Schnelltest** in weniger als 10 Minuten direkt an der Entnahmestelle durchgeführt werden [5/20]. Dabei wird feingemahlener Marmor in die Wasserprobe so eingebracht, daß er auf dem Boden des Gefäßes eine Schlammschicht ausbildet, worin sich innerhalb kurzer Zeit die Kalksättigung einstellt. Eine Erhöhung des *p*H-Wertes in der Schlammschicht gegenüber dem des Wassers zeigt kalkaggressives Wasser und eine *p*H-Wert-Verringerung kalkabscheidendes Wasser an. Bleibt dagegen der *p*H-Wert innerhalb 0,04 *p*H-Einheiten konstant, liegt ein Gleichgewichtswasser vor. Die bei diesem Test auftretenden *p*H-Änderungen entsprechen jedoch nicht dem Sättigungsindex [5/20]. *Axt* beschreibt ein Verfahren und Gerät zur kontinuierlichen Messung der Kalkaggressivität in Wassersystemen [5/22].

Die experimentell oder rechnerisch ermittelte Aggressivität eines Wassers spielt z. B. bei der Auswahl von Wasseraufbereitungs-, Korrosionsschutz- und Inkrustationsschutzmaßnahmen und bei der Mischung von Wässern eine wichtige Rolle. Sie kann insbesondere für die Auswahl von Korrosionsschutzmaßnahmen aber kein alleiniger Beurteilungsmaßstab sein, da auch andere Parameter, z. B. Temperatur, Strömungsgeschwindigkeit, Neutralsalzgehalt und der bereits erwähnte Sauerstoffgehalt, eine große Rolle spielen.

5.4.5. Neutralsalze

Von den in natürlichen Wässern vorkommenden Neutralsalzen beeinflussen neben den

Härtebildnern insbesondere Chloride, Sulfate, Nitrate, Phosphate, Silikate sowie Verbindungen des Eisens, Mangans und Ammoniums die Korrosion von unlegiertem und verzinktem Stahl. Bei Kupfer, Messing und austenitischem Stahl spielen die Neutralsalze im Hinblick auf den flächenmäßigen Angriff praktisch keine Rolle, sie können jedoch maßgeblich für das Auftreten örtlicher Korrosionserscheinungen sein.

Phosphate, Silikate und Karbonate sind alkalisch reagierende Salze. Infolge der damit verbundenen *p*H-Wert-Erhöhung kann bei Gegenwart von ausreichenden Mengen Sauerstoff eine **Passivierung des unlegierten Stahls** erfolgen (vgl. Abschnitt 5.4.1.). Außer dieser *p*H-Wert-Erhöhung bilden sich auf unlegiertem und verzinktem Stahl durch Reaktion der Salze mit den Korrosionsprodukten Schichten, die z. B. in phosphathaltigem Wasser Metallphosphate enthalten. Dadurch werden die korrosionsschützenden Eigenschaften dieser Schichten verbessert und die Korrosion wirksam vermindert.

Chloride und Sulfate erhöhen die Korrosionsgeschwindigkeit von unlegiertem und verzinktem Stahl. Beispielsweise wird durch die Zugabe von 1000 mg/l Chlorid oder Sulfat bei 20°C die Korrosionsgeschwindigkeit gegenüber destilliertem Wasser auf etwa das 2fache gesteigert [5/23]. Alkalisalze sind korrosiver als die entsprechenden Erdalkaliverbindungen. Der annähernd gleiche Einfluß ist auf die Erhöhung der Leitfähigkeit zurückzuführen.

Infolge der **Leitfähigkeitserhöhung** vergrößert sich die Entfernung zwischen Lokalkathoden und -anoden. Deshalb entstehen die sich aus Hydroxylionen (kathodische Reaktionsprodukte) und Metallionen (anodische Reaktionsprodukte) bildenden Metallhydroxide nicht mehr unmittelbar an der Metalloberfläche, sondern in dem Medium. Die auf diese Weise gebildeten Produkte erzeugen keine schützende Schicht auf der Metalloberfläche [5/7]. Eine Klassifizierung der Wässer auf der Grundlage der elektrischen Leitfähigkeit wird in [5/24] angegeben (Tabelle 5/5).

Bei Erhöhung der Leitfähigkeit werden vorrangig die Lokalanoden bzw. -kathoden mit der größten Potentialdifferenz wirksam. Es vermindert sich die Zahl der Lokalelemente,

Tabelle 5/5
Einteilung der Wässer auf der Grundlage der elektrischen Leitfähigkeit

Korrosionsgeschwindigkeit	elektr. Leitfähigkeit bei 25°C µS/cm
sehr hoch	> 3000
hoch	1000...3000
mittel	500...1000
gering	250... 500
sehr gering	< 250

aber an den verbleibenden aktiven Stellen nimmt die Stärke der Korrosion infolge der erhöhten Leitfähigkeit zu, was gleichbedeutend mit einer Verstärkung des örtlichen Angriffs ist.

Ein weiterer Effekt der Neutralsalze besteht in einer **Verminderung der Wirksamkeit von Inhibitoren**, d. h. in diesen Fällen müssen zur Erzielung einer ausreichenden Schutzwirkung höhere Inhibitorkonzentrationen angewendet werden. So besteht zwischen der erforderlichen Mindestkonzentration der Inhibitoren Nitrit, Benzoat und Chromat ($c_{\text{Inhibitor}}$) und dem Chlorid- und Sulfatgehalt ($c_{\text{aggr.}}$) folgender Zusammenhang [5/25]:

$$\lg c_{\text{Inhibitor}} = n \lg c_{\text{aggr.}} + K \tag{5/14}$$

n, *K* Konstanten

Diese Neutralsalze erhöhen die Lochfraßneigung von **Kupfer** und die Entzinkungsneigung von **Messing**. Bei **austenitischem Stahl** besteht insbesondere durch Chlorid die Gefahr von Lochfraß und Spannungsrißkorrosion. Stehen diese Stähle unter äußeren oder inneren Zugspannungen und wirken gleichzeitig chloridhaltige Medien ein, kann Spannungsrißkorrosion auftreten. Für diese Erscheinungsform der Korrosion ist bei den hier in Frage kommenden Wässern das Auftreten von Lochfraß Voraussetzung. Austenitische Stähle können durch Lochfraß rasch perforiert werden (vgl. Abschnitt 2.5.). Die hierzu erforderliche Zerstörung der Passivschicht beginnt erst oberhalb eines definierten Potentials, des Lochfraßpotentials. Ist dieses gleich oder negativer als das Korrosionspotential, tritt Lochfraß auf. Das Lochfraßpotential hängt vom Konzentrationsverhältnis der aktivierenden zur passivierenden Komponente ab. In Wässern kommt als aktivierende Komponente hauptsächlich Chlorid und als passivierende hauptsächlich Sulfat in Betracht. Das Verhältnis der Sulfat- und Chloridkonzentration bestimmt die Größe der Lochfraßpotentialverschiebung und erreicht bei dem Wert 10 einen Maximalwert [5/26].

Nitrate kommen in natürlichen Wässern im allgemeinen nur in Konzentrationen bis etwa 20 mg/l vor. Es sind aber auch bereits bedeutend höhere Werte gefunden worden. Inwieweit diese hohen Nitratgehalte die Korrosionsgeschwindigkeit von unlegiertem und verzinktem Stahl wesentlich beeinflussen, muß noch untersucht werden. Nitrate werden beim Fließen des Wassers durch neue verzinkte Rohre zu einem beträchtlichen Teil zu Nitrit oder Ammoniak reduziert. Die Lochfraßbeständigkeit von Kupfer und austenitischem Stahl wird durch Nitrat erhöht.

Ammoniumverbindungen sind in der Regel in zu geringen Konzentrationen enthalten, um die ebenmäßige Korrosion zu beeinflussen. So können erst Gehalte ab 10 bis 15 mg/l eine Erhöhung der Korrosionsgeschwindigkeit von unlegiertem Stahl bewirken [5/27]. Messingbauteile, die unter inneren oder äußeren Zugspannungen stehen, sind bei Ammoniakgehalten über 10 mg/l durch Spannungsrißkorrosion gefährdet. Ammoniak kann auch durch Reduktion von Nitraten in verzinkten Rohrleitungen entstehen.

Eisen- und Manganverbindungen haben auf die Korrosivität des Wassers keinen direkten Einfluß, können aber bei höheren Konzentrationen eine Braunfärbung des Wassers bewirken; außerdem entstehen daraus durch Reaktion mit Sauerstoff Eisen- und Manganoxide, die sich an der Rohrwand absetzen und eine Inkrustierung bewirken können. Dies führt zur Bildung von Belüftungs- oder galvanischen Elementen, welche die Korrosion verstärken. Durch Eisen(III)-salze kann das Korrosionspotential von austenitischem Stahl in Richtung des Lochfraßpotentials verschoben werden, wodurch die Wahrscheinlichkeit des Auftretens von Lochfraß steigt.

5.4.6. Organische Bestandteile

Als organische Wasserbestandteile kommen Pilze, Algen, Bakterien, eingeschleppte Vegetationen, Detergentien sowie ungelöste und gelöste organische Verbindungen in Betracht. Ihr Einfluß auf den Korrosionsprozeß ist nur bei einigen dieser Stoffe geklärt. Es sind noch intensive Untersuchungen auf diesem Gebiet erforderlich, da bereits geringe Mengen organischer Substanzen eine große Wirkung hervorrufen können.

So bewirken beispielsweise Huminstoffe durch eine Verzögerung des Kalziumkarbonatausfalls und durch eine Verlangsamung der Oxydation von Fe(II) zu Fe(III) eine bessere Schutzschichtbildung [5/28].

Ein hoher Kaliumpermanganatverbrauch bei der Wasseruntersuchung ist ein Hinweis auf das Vorhandensein organischer Bestandteile.

In Wassersystemen sind folgende **Bakterien** von Bedeutung für den Korrosionsprozeß

- eisen- und manganabscheidende Bakterien
- sulfatreduzierende Bakterien
- nitritoxydierende Bakterien
- schleimbildende Bakterien.

Eisen- und manganabscheidende Bakterien bewirken unter bestimmten Bedingungen ($pH \leqq 6$) die Oxydation der im Wasser befindlichen Eisen(II)- und Mangan(II)-salze, wodurch der Inkrustierungsprozeß verstärkt wird.

Sulfatreduzierende Bakterien wandeln in Gegenwart von Wasserstoff oder organischen Substanzen anorganisches Sulfat sehr leicht in Sulfid um. Für die Gesamtreaktion kann folgende Gleichung angegeben werden [5/7]:

$$4\,Fe + 2\,H_2O + Na_2SO_4 + 2\,H_2CO_3 \rightarrow$$

$$\rightarrow 3\,Fe(OH)_2 + FeS + 2\,NaHCO_3 \qquad (5/15)$$

Der unter Mitwirkung dieser Bakterien entstehende Rost besitzt ein Eisensulfid/Eisenoxid-Molverhältnis von etwa 1:3. Die Wirkung der Bakterien wird durch Belüftung vermindert, da sie bei Gegenwart von gelöstem Sauerstoff nicht lebensfähig sind. Ihre Ausbreitung kann durch Chlorung oder durch Biozide wirksam gehemmt werden. Nitritoxydierende Bakterien sind in der Lage, Nitrit zu Nitrat zu oxydieren. Dies ist insbesondere bei der Anwen-

dung von Nitrit als Inhibitor in offenen Kühlkreisläufen zu beachten.
Schleimbildende Bakterien sowie **Pilze, Algen und Öle** können durch Bewuchs, Schleimbildung oder ähnliches die Wirkung von Inhibitoren vermindern, den Wärmedurchgang herabsetzen und durch Störung der Schutzschichtbildung die Korrosion fördern. Gegenmaßnahmen werden bei der Behandlung der offenen Kühlkreisläufe aufgeführt (vgl. Abschnitt 8.3.3.).

5.4.7. Chlor, Ozon

Zur Entfernung von Mikroverunreinigungen sowie zur Geruchs- und Geschmacksbeseitigung können Chlor und Ozon eingesetzt werden. Sie wirken als Oxydationsmittel, so daß bei höheren Konzentrationen die Korrosion verstärkt wird. Insbesondere erhöht sich die Gefahr des Lochfraßes an austenitischem Stahl. Die üblichen Chlor- und Ozongehalte (0,5 bis 3 mg/l) beeinflussen die Korrosion nicht.

5.4.8. Schutzschichtbildung

Die sich auf Metallen bildenden Schichten sind Schutzschichten, wenn sie folgende Eigenschaften aufweisen:

- wenig löslich und dicht (Porosität $<0{,}01\ \%$)
- gute Haftung auf der Metalloberfläche
- undurchdringbar für Metallionen, Sauerstoff und Elektronen.

Ihre Struktur ist dabei wichtiger als ihre chemische Zusammensetzung.
Auf **unlegiertem Stahl** kann sich in einem Wasser, welches sich annähernd im Kalk-Kohlensäure-Gleichgewicht befindet, eine natürliche Schutzschicht, die **Kalk-Rost-Schutzschicht**, ausbilden. Sauerstoff, die Kalk- und Karbonathärte wirken sich günstig auf die Schutzschichtbildung aus, während ein hoher Neutralsalzgehalt ungünstig ist. Infolge der Korrosionsreaktion (OH^--Bildung) stellt sich an der Rohrwand ein höherer *p*H-Wert als im Wasser ein (Wandalkalität), wodurch eine Störung des Kalk-Kohlensäure-Gleichgewichts erfolgt. Es fällt Kalziumkarbonat aus, das zusammen mit den entstehenden Korrosionsprodukten die Schutzschicht bildet. Eine thermische Störung des Gleichgewichts, z. B. bei einer Temperaturerhöhung, führt zur Bildung des Kalziumkarbonats im Wasser und nicht an der Rohrwand. Unter diesen Bedingungen wird Wasserstein oder Schlamm, aber keine Schutzschicht gebildet. Kalkablagerungen vermindern drastisch die Leistung von Wärmeübertragern (s. Abschnitt 7.).
Erfolgt nach einer thermischen Gleichgewichtsstörung wieder eine Abkühlung, erhält man ein aggressives Wasser, da die Auflösung des ausgefallenen Kalziumkarbonats nur sehr langsam erfolgt und deshalb praktisch irreversibel ist. Daraus ist ersichtlich, daß durchgängige Kalk-Rost-Schutzschichten nur in Systemen mit geringen Temperaturunterschieden gebildet werden können.
Vielfach wird betont, daß für die Abscheidung von Kalziumkarbonat eine Übersättigung des Wassers vorliegen muß, d. h. das Wasser sollte einen positiven Sättigungsindex besitzen.
Dies wird mit der deutlichen Tendenz der Kalziumkarbonatlösungen zur Übersättigung begründet. Es bilden sich metastabile Lösungen. Erst oberhalb eines kritischen *p*H-Wertes wandelt sich der metastabile Zustand in den labilen um, wo die Kalziumkarbonatfällung beginnt. Während sich bei $I_s = 0$ die Grenze zwischen ungesättigtem und metastabilem Zustand befindet, gibt der **kritische *p*H-Wert** die Grenze zwischen metastabilem und labilem Zustand an [5/30]. Der kritische *p*H-Wert kann experimentell durch portionsweise Zugabe von Natronlauge zum Wasser bei gleichzeitiger *p*H-Wert-Messung ermittelt werden [5/30].
Andererseits wurde festgestellt, daß bei einer Übersättigung nur poröse Deckschichten entstehen, die aus amorphen und nicht aus kristallinen Erdalkaliverbindungen bestehen.
Aus diesem Grunde sollte als Voraussetzung für eine gute Schutzschichtbildung der Sättigungsindex Null oder nahe Null sein [5/11; 31].
So wird in [5/14] für die Schutzschichtbildung ein Sättigungsindex von +0,1 bis −0,15 gefordert. Nach neuesten Untersuchungen [5/28], [5/29] hängt die Entstehung gut schützender Schichten von der Bildung höherer Anteile an

Eisenkarbonat (Siderit) ab. Nach diesem sogenannten Sideritmechanismus ist für die in Stahlrohren entstehenden Schichten entscheidend, ob die Bildung von Eisenoxiden über die Ausfällung von Eisenkarbonat mit nachfolgender Teiloxydation erfolgt, oder direkt über Eisenoxidhydrate nach der Oxydation des 2wertigen Eisens. Bei letzterem Vorgang, der bei hoher Wandalkalität, d. h. bei einer geringen Pufferungsintensität des Wassers, bevorzugt abläuft, entstehen inhomogene poröse Schichten. Der Reaktionsweg über Siderit, der bei niedrigerer Wandalkalität, was z. B. durch eine hohe Pufferungsintensität des Wassers, durch eine hohe Strömungsgeschwindigkeit und durch niedrigen Neutralsalzgehalt begünstigt wird, bevorzugt ist, führt dagegen zu gut schützenden Schichten.

Kalk-Rost-Schutzschichten haben hauptsächlich in Kaltwasserleitungen Bedeutung. Demgegenüber ist in Kühl- und vor allem in Warmwassersystemen die durchgängige Bildung dieser Schichten wenig wahrscheinlich.

Der Vollständigkeit halber sei noch das *McCauley*-Verfahren zur Bildung von Kalziumkarbonatschichten in Wasserleitungen erwähnt [5/32]. Hier wird eine übersättigte Kalziumkarbonatlösung durch das Rohr geleitet wodurch sich innerhalb von 2 bis 3 Stunden ein schützender Kalziumkarbonatfilm auf dem blanken Metall bildet. Über praktische Erfahrungen wird in [5/33] berichtet. Eine generelle Anwendung hat sich nicht durchgesetzt, da die entstehenden Schichten häufig porös sind und erst durch die Zugabe von Inhibitoren entscheidend verbessert werden können.

Die sich auf verzinktem Stahl bildende Schutzschicht ist relativ leicht löslich, so daß die Verzinkungsschicht mit annähernd konstanter Korrosionsgeschwindigkeit abgetragen wird [5/34]. Der darunter befindliche unlegierte Stahl kommt nur allmählich mit dem Wasser in Berührung, wodurch sich auf ihm gut schützende Schichten bilden. Wichtig ist ein hinreichend langsamer und gleichmäßiger Abtrag der Verzinkungsschicht.

Störungen, d. h. eine schnelle und ungleichmäßige Korrosion, sind hauptsächlich in folgenden Wasserqualitäten zu erwarten [5/35]:

- sehr weich, stark negativer I_s (hoher CO_2-Überschuß)
- sehr hart, stark positiver I_s (hohes CO_2-Defizit)
- sehr hoher Neutralsalzgehalt
- in weiten Grenzen schwankende Zusammensetzung.

Nach dem derzeitigen Wissensstand läßt sich jedoch noch keine eindeutige Abgrenzung ziehen.

Die Beeinflussung der Schutzschichtbildung auf **verzinktem Stahl** durch die Wasserinhaltsstoffe ist analog zum unlegiertem Stahl. Es sind jedoch größere Abweichungen vom Kalk-Kohlensäure-Gleichgewicht zulässig.

Eine Klassifizierung der Wässer hinsichtlich ihrer Korrosivität wird von *Sazonov* angegeben [5/36]. Hierfür werden der Sättigungsindex, der Sauerstoffgehalt und die Summe des Chlorid- und Sulfatgehalts herangezogen und damit die in Tab. 5/6 angegebenen Aggressivitätsstufen aufgestellt. Danach soll verzinkter Stahl in stark aggressivem kaltem Wasser nicht mehr beständig sein. Die hier gewählten Kriterien sind jedoch für eine Einstufung der Aggressivität nicht ausreichend.

Tabelle 5/6
Aggressivitätsstufen von Wasser für verzinkte Stahlrohre

Aggressivitätsstufe	I_s	CO_2 mg/l	$C_{Cl^-} + C_{SO_4^{2-}}$ mg/l
stark aggressiv	$\leqq -1$	10...14	$\leqslant 50$
	<0	10...14	>50
aggressiv	$-1 < I_s < 0$	10...14	<50
	>0	10...14	>50
	>0	2... 4	>50
schwach aggressiv	>0	10...14	<50
nicht aggressiv	>0	2... 5	<50

Bei **Kupferwerkstoffen und austenitischem Stahl** hat die Wasserqualität auf die Schutzschichtbildung nur einen untergeordneten Einfluß. Obwohl z. B. durch Neutralsalze oder durch eine Verminderung des *p*H-Wertes die Korrosionsgeschwindigkeit erhöht wird, spielt der flächenmäßige Abtrag praktisch keine Rolle. Der bei diesen Werkstoffen wichtigere Einfluß der Wasserqualität auf örtliche Korrosionserscheinungen wurde bereits beschrieben.

5.4.9. Mischwässer

Mischwasser entsteht bei der Mischung unterschiedlicher Wässer. Zwei Wässer werden als verschieden angesehen, wenn mindestens eines der folgenden Kriterien erfüllt ist [5/37]:

- *p*H-Wert-Differenz $> 0{,}3$
- Differenzen der Ionenkonzentrationen überschreiten die Größenordnung von 1 mmol/l und der Quotient der Ionenkonzentrationen liegt über 1,5
- Quotient der Sauerstoffkonzentrationen $> 1{,}5$
- Quotient der Gehalte an organischen Stoffen $> 1{,}5$
- Temperaturdifferenz > 8 K.

Diese Unterscheidungsmerkmale sind als Richtwerte zu betrachten.
Infolge des steigenden Wasserverbrauchs werden im verstärkten Maße Mischwässer verwendet. Die Einspeisung der verschiedenen Wasserqualitäten in ein gemeinsames Rohrnetz erfolgt in der Regel nicht im konstanten Verhältnis, so daß die Wasserqualität innerhalb eines Netzes stark variieren kann. Erfolgt die Einspeisung an unterschiedlichen Stellen, können sogenannte Pendelzonen mit ständig schwankender Wasserqualität auftreten. Aus der Verwendung von Mischwässern und aus deren zeitlich und örtlich stark schwankender Zusammensetzung ergeben sich hinsichtlich der anzustrebenden Verwendung von Gleichgewichtswässern zusätzliche Schwierigkeiten. So ist für jede Wasserqualität eine bestimmte Schutzschicht spezifisch. Bei einer Änderung der Wasserqualität kommt es zur Auflösung der alten und zur Bildung einer neuen Schutzschicht. Es ist leicht einzusehen, daß sich bei häufiger Änderung der Wasserqualität überhaupt keine Schutzschicht mehr bildet [5/31].
Die weitverbreitete Auffassung, bei der Mischung von Wässern entstehen stets kalkaggressive Wässer, ist nicht richtig, da z. B. bei der **Mischung von Gleichgewichtswässern** kalkaggressive, kalkabscheidende oder wieder Gleichgewichtswässer entstehen können. Es werden drei prinzipielle Fälle unterschieden [5/38]:

- Gleichgewichtswässer mit gleicher Kalkhärte ergeben kalkaggressive Mischwässer.
- Gleichgewichtswässer mit gleichem Gehalt an freier Kohlensäure ergeben kalkabscheidende Mischwässer.
- Gleichgewichtswässer mit gleicher Karbonathärte ergeben bei der Mischung wieder Gleichgewichtswässer. Das gilt streng genommen nur bei der Mischung gleicher Mengeneinheiten. Bei anderen Mischungsverhältnissen ergibt sich eine sehr kleine positive oder negative Abweichung vom Kalk-Kohlensäure-Gleichgewicht, die aber praktisch keine Rolle spielt.

Außerdem lassen sich auch aus Wässern, die sich in allen Veränderlichen unterscheiden, durch Wahl bestimmter Mischungsverhältnisse Gleichgewichtswässer herstellen [5/31]. Gleichgewichtswässer, deren Mischungen wieder Gleichgewichtswässer sind, werden als „korrespondierende Gleichgewichtswässer" bezeichnet [5/38]. Durch gezielte Aufbereitungsverfahren sowie durch die Einhaltung bestimmter Mischungsverhältnisse ist man auch bei der Verwendung von Mischwässern prinzipiell in der Lage, das Kalk-Kohlensäure-Gleichgewicht annähernd einzustellen. In der Praxis ist jedoch in den meisten Fällen eine Nachneutralisation des Mischwassers erforderlich.
Die Qualität des Mischwassers kann in der Regel mit ausreichender Genauigkeit auf rechnerischem Wege ermittelt werden. Durch lineare Interpolation erhält man folgende Größen [5/14]:

- Kalziumhärte
- Hydrogenkarbonatgehalt
- Gesamthärte
- Kohlendioxid
- Temperatur
- Ionenstärke

Der pH-Wert kann im pH-Bereich 5,0–7,8 überschläglich nach folgender Beziehung gewonnen werden [5/14]

$$pH = 6{,}75 + \lg C_{HCO_3^-} - \lg C_{CO_2} - 0{,}1 \lg C_{GH} \quad (5/16)$$

$C_{HCO_3^-}$ Hydrogenkarbonat bezogen auf CaO in mg/l CaO
C_{CO_2} Kohlendioxidkonzentration in mg/l
C_{GH} Gesamthärte in mg/l CaO

Zur Gewährleistung einer einheitlichen Wasserqualität in einem Versorgungsgebiet sind prinzipiell folgende Maßnahmen möglich [5/39]:

- Zonentrennung

Jede Wasserqualität wird nur für eine Versorgungszone verwendet. Dadurch wird die Mischung von Wässern vermieden.

- Zentrale Mischung

Für die kontrollierte Mischung sind geeignete Mischbehälter erforderlich.

- Wasseraufbereitungsmaßnahmen

Die Aufbereitung kann sich auf eine Mischungskomponente oder auf die gesamte Mischung erstrecken. Durch entsprechende Aufbereitungsmaßnahmen (z. B. Entsäuerung, Aufhärtung) ist auch eine Angleichung der Wasserarten möglich, so daß keine unterschiedlichen Wässer mehr vorliegen.

5.5. Einfluß der Temperatur

Eine Temperatursteigerung führt zu einer Verminderung der Viskosität und zu einer Erhöhung der Leitfähigkeit des Wassers sowie zu einer Erhöhung der Diffusionsgeschwindigkeit von Sauerstoff oder Wasserstoffionen. Dadurch wird im allgemeinen die Korrosionsgeschwindigkeit größer. Beim Sauerstoffkorrosionstyp sind hinsichtlich des Temperatureinflusses zwei Fälle zu unterscheiden (Bild 5/7):

- In **offenen Systemen**, die durch einen ungehinderten Gasaustausch zwischen Wasser und Atmosphäre gekennzeichnet sind, erfolgt bis etwa 80°C eine lineare Zunahme der Korrosionsgeschwindigkeit mit der Temperatur. Bei höheren Temperaturen nimmt die Korrosionsgeschwindigkeit wieder ab, da der Sauerstoff infolge der verminderten Löslichkeit entweicht und damit die Sauerstoffkonzentration im Wasser fällt. Bei 100°C, d. h. in annähernd sauerstofffreiem Wasser ist die Korrosionsgeschwindigkeit praktisch bedeutungslos.
- In **geschlossenen Systemen** steigt die Korrosionsgeschwindigkeit kontinuierlich linear mit der Temperatur, da bei einer Temperatursteigerung der Sauerstoff nicht entweichen kann.

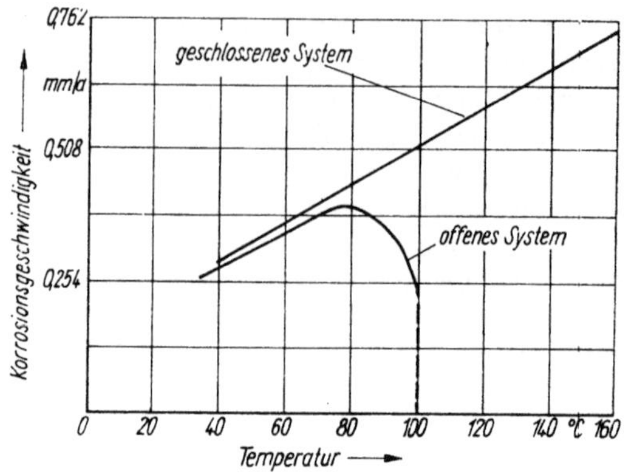

Bild 5/7
Einfluß der Temperatur auf die Korrosion des Eisens in sauerstoffhaltigem Wasser nach [5/7]

Die Temperaturabhängigkeit der Korrosionsgeschwindigkeit ist beim Sauerstoffkorrosionstyp gegenüber anderen Korrosionstypen verhältnismäßig gering. Eine Temperaturerhöhung von 40 auf 100°C führt zu einer Verdopplung der Korrosionsgeschwindigkeit [5/39]. Demgegenüber wird z. B. beim Wasserstoffkorrosionstyp bei jeweils 30 K Temperaturerhöhung die Korrosionsgeschwindigkeit auf mehr als das Doppelte gesteigert [5/7].
Eine Temperatursteigerung ist im allgemeinen der stärkste Faktor für eine Lokalisierung der Korrosion. Dies ist analog zum Neutralsalzzusatz auf eine Erhöhung der Leitfähigkeit, die z. B. bei einer Temperaturerhöhung von 10 auf 80°C auf etwa das 3fache ansteigt, zurückzuführen. Ebenso wirkt die bei höheren Temperaturen infolge der verminderten Löslichkeit mögliche Gasblasenbildung fördernd auf das Entstehen örtlicher Korrosionsstellen. Starke Temperaturschwankungen begünstigen das Aufreißen und Abplatzen von Schutzschichten. Aus diesen Gründen steigt bei höheren Temperaturen bei unlegiertem und verzinktem Stahl die Wahrscheinlichkeit einer

verstärkten lokalen Korrosion, die muldenförmig erfolgt. Über 60°C ist eine Potentialumkehr Eisen–Zink möglich, so daß oberhalb 60°C Zink verstärkt korrodiert.
Die Wahrscheinlichkeit des Auftretens von interkristalliner Korrosion sowie Lochfraß-, Spannungsriß- und Spaltkorrosion an austenitischem Stahl wird bei einer Temperatursteigerung erhöht. So ist bisher in neutralen chloridhaltigen Lösungen unterhalb von 50°C keine Spannungsrißkorrosion beobachtet worden. Bei Wärmeübertragern ist außerdem die Richtung des Wärmeüberganges von Interesse, wobei der Wärmeübergang vom Metall zum Wasser als korrosionsbegünstigend anzusehen ist. So erfolgt durch einen derartigen Wärmeübergang bei austenitischen Stählen eine Verminderung der Lochfraßkorrosionsbeständigkeit [5/40].

5.6. Einfluß der Strömungsgeschwindigkeit

Metallische Werkstoffe korrodieren in wasserführenden Anlagen bei zunehmender Strömungsgeschwindigkeit verstärkt, da infolge der Verminderung der Dicke der Diffusionsschicht mehr Sauerstoff an die Metalloberfläche gelangt. Erfolgt eine Schutzschichtbildung, wird der Einfluß der Strömungsgeschwindigkeit geringer. Dies ist im Bild 5/8 am Beispiel der Korrosion von unlegiertem Stahl im Wasser dargestellt. Hier wird bei geringer Strömungsgeschwindigkeit der Korrosionsverlust infolge des erhöhten Sauerstoffantransports größer. Bei höheren Strömungsgeschwindigkeiten erfolgt dann eine Schutzschichtbildung,

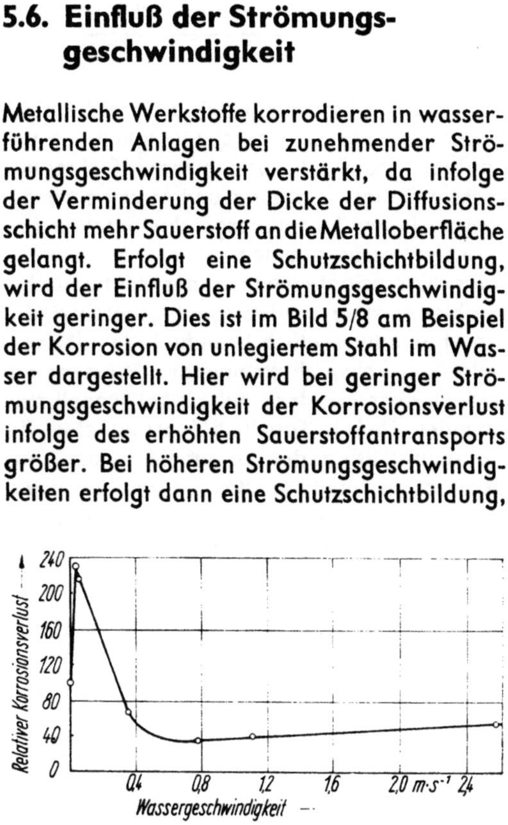

Bild 5/8
Einfluß der Strömungsgeschwindigkeit auf die Korrosion von unlegiertem Stahl nach [5/11]

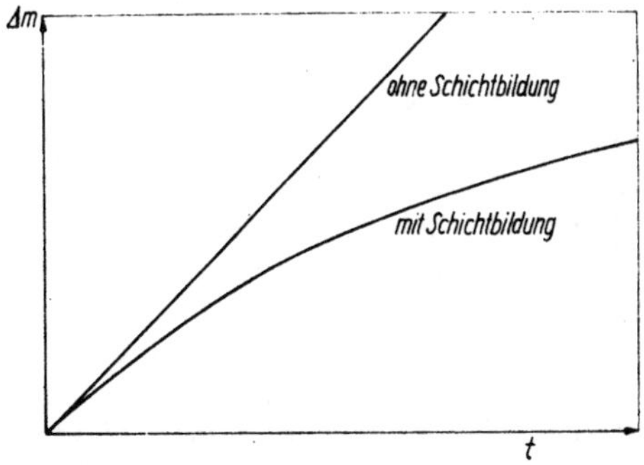

Bild 5/9
Zeitabhängigkeit des Masseverlustes

die den Korrosionsverlust stark herabsetzt. Während bei deckschichtfreien Metallen die Korrosionsgeschwindigkeit über die Versuchsdauer konstant bleibt, der Masseverlust also linear mit der Zeit wächst, erfolgt durch die Bildung von Schichten auf der Metalloberfläche eine Verminderung der Korrosionsgeschwindigkeit, d. h. mit zunehmender Versuchsdauer vermindert sich die Zunahme des Masseverlustes (Bild 5/9).
Für unlegierten Stahl kann die Abhängigkeit des Korrosionsverlustes von der Versuchsdauer wie folgt beschrieben werden [5/42]:

$$K_m = \frac{K_1 t}{1 + K_2 t} \qquad (5/16)$$

K_m Korrosionsverlust in mg/dm²
t Versuchsdauer in d
K_1 Anfangskorrosionsgeschwindigkeit in mg/dm² d
K_2 Faktor, der den korrosionshemmenden Einfluß der Schutzschichten berücksichtigt in 1/d

Die Faktoren K_1 und K_2 der Gl. (5/16) sind Funktionen der Strömungsgeschwindigkeit, der Temperatur und der Wasserzusammensetzung. Während sich für den korrosionshemmenden Einfluß der Schutzschicht diese Abhängigkeiten schwer vorausberechnen lassen, sind für die Anfangskorrosionsgeschwindigkeit derartige Ausdrücke bereits formuliert worden [5/42]. Eine zu Gl. (5/16) ähnliche Abhängigkeit wird in [5/43] angegeben:

$$K_m = 5{,}21\, Re^{0{,}535} [(0{,}96\, t + 0{,}31)^{0{,}5} - 0{,}56] \qquad (5/17)$$

K_m Korrosionsverlust in mg/dm²
Re *Reynolds*-Zahl
t Versuchsdauer in d

In dieser halbempirischen Gleichung wird der Einfluß der Wasserbewegung durch die *Reynolds*zahl berücksichtigt. Gl. (5/17) soll bei der Korrosion von Stahlrohren in natürlichen Wässern bei 60°C gut erfüllt sein [5/43]. Die Entstehung von Schutzschichten wird durch die Strömungsgeschwindigkeit wesentlich beeinflußt. So bildet sich auf unlegiertem Stahl nur in ständig strömendem Wasser eine Schutzschicht, nicht jedoch bei relativ häufigen Stillstandszeiten. Das Erreichen einer Mindestgeschwindigkeit ist erforderlich (Bild 5/8).

Außerdem besteht ein Zusammenhang zwischen der zur Schutzschichtbildung erforderlichen Sauerstoffkonzentration und der Strömungsgeschwindigkeit des Wassers. So sind bei Strömungsgeschwindigkeiten bis 0,5 m/s 6 mg/l Sauerstoff erforderlich, während bei Strömungsgeschwindigkeiten über 1 m/s bereits 2 mg/l genügen [5/14].

Bei zu hohen Strömungsgeschwindigkeiten erfolgt ein erosiver Abtrag der Schutzschicht.

Bei verzinktem Stahl hängt die Schutzschichtbildung in nicht so starkem Maße von der Strömungsgeschwindigkeit ab. Er kann deshalb in teilweise stagnierenden Wässern eingesetzt werden. Es gilt jedoch auch hier, daß die Schutzschichtbildung um so besser vonstatten geht, je gleichmäßiger das Wasser fließt. Örtliche Korrosion tritt hauptsächlich in stagnierenden Wässern und weniger bei ständigem Durchfluß auf. Bei ausreichendem Sauerstoffangebot wird die Korrosion der Verzinkungsschicht durch die Auflösungsgeschwindigkeit der Schutzschicht bestimmt. Dafür gilt [5/44]:

$$\lg V_m = A + 0{,}33 \lg v - pH \qquad (5/18)$$

V_m Korrosionsgeschwindigkeit
v Strömungsgeschwindigkeit
A Konstante (vgl. [5/44])

Tabelle 5/7
Zulässige Strömungsgeschwindigkeiten [5/46]

Werkstoff	v_A m/s	v_{max} m/s	v_{min} m/s
Unlegierter Stahl	1,8	2,0	0,5
Feuerverzinkter Stahl	1,8	2,0	0,5
Duroplastbeschichteter Stahl	3,0	6,0	0,5
Austenitischer Stahl X8CrNiTi 18.10	4,8	5,0	0,5
Austenitischer Stahl X8CrNiMoTi 18.11	4,8	5,0	0,5
Kupfer DR-Cu 99,7	1,0	1,2	0,7
Messing CuZn 30	1,8	2,0	1,0
Sondermessing CuZn 20 Al 2	2,3	2,5	1,0

Nach Gl. (5/18) erhöht sich bei gleichem *p*H-Wert die Korrosionsgeschwindigkeit von verzinktem Stahl mit zunehmender Strömungsgeschwindigkeit. Kupfer und Messing können bei zu hoher Strömungsgeschwindigkeit Erosionskorrosion erleiden.

Das Korrosionsverhalten des austenitischen Stahles wird durch die Strömungsgeschwindigkeit nur unwesentlich beeinflußt. In ruhenden oder nur schwach strömenden Wässern tritt jedoch eher Lochfraß auf als bei schnell strömenden [5/45]. Tabelle 5/7 bringt eine Zusammenstellung der zu empfehlenden Auslegungsgeschwindigkeit (v_A) sowie der maximalen (v_{max}) und minimalen (v_{min}) Strömungsgeschwindigkeit für einige Werkstoffe.

6. Trinkwasserführende Anlagen

Trinkwasser wird aus den verschiedenen Rohwasserarten (Bild 5/2) durch physikalische, chemische und biologische Reinigungsmethoden hergestellt und über Rohrleitungen dem Verbraucher zugeführt. Unter trinkwasserführenden Anlagen sollen alle der Wassergewinnung, -aufbereitung, -speicherung und -verteilung dienenden Bauwerke und Ausrüstungen verstanden werden. Beispiele des technologischen Ablaufs zeigt Bild 6/1.

Die vorrangig eingesetzten Werkstoffe sind unlegierter Stahl, Beton und Plaste. Während Plaste als Konstruktionswerkstoff in erster Linie für Chemikalienspeicher und Rohrleitungen angewendet werden, konzentriert sich der Einsatz von Beton vorrangig auf Becken und Behälter. Unlegierter Stahl wird für die unterschiedlichsten Ausrüstungen und Bauwerke verwendet (Rohre, Kessel, Behälter usw.). Grundsätzlich darf unlegierter Stahl in Anlagen der Trinkwasseraufbereitung nur mit zuverlässigem Korrosionsschutz versehen eingesetzt werden. Welche Möglichkeiten sich dafür im einzelnen bieten, wird in diesem Abschnitt erläutert. Einen einführenden Überblick gibt Tabelle 6/1. Die noch häufig anzutreffende Praxis, Anlagen ohne oder mit unzureichendem Korrosionsschutz in Betrieb zu nehmen, ist volkswirtschaftlich nicht vertretbar und muß überwunden werden. Hierbei kommt besonders den Anlagenherstellern eine hohe Verantwortung für den Erstschutz zu.

Bei der Auswahl von Werkstoffen und Beschichtungen ist zu berücksichtigen, daß diese in trinkwasserführenden Anlagen neben den üblichen Anforderungen **physiologisch unbedenklich** sein müssen. Sie dürfen keine giftigen, auch keine geruchs- und geschmacksintensiven Stoffe an das Wasser abgeben. Das bedeutet beispielsweise, daß teerhaltige Beschichtungsmaterialien nicht verwendet werden können. Die Qualität der Trinkwässer ist

Tabelle 6/1
Überblick über geeignete Korrosionsschutzverfahren für die wasserberührten Flächen der Ausrüstungen aus unlegiertem Stahl in der Wasserversorgung

Anlage	Geeignete Schutzverfahren
Brunnen	Plastschutzschichten Gummierung metallische Schutzschichten Anstriche kathodischer Schutz Einsatz anderer Werkstoffe
Kaskaden	metallische Schutzschichten Einsatz von Plastwerkstoffen
Stahlausrüstungen in Becken	Duplexsysteme Plastschutzschichten metallische Schutzschichten Dickbeschichtungen Anstriche
Chemikalienbehälter	Säureschutzmaßnahmen Auskleidungen mit Plasten und Elasten Einsatz von Plastwerkstoffen
Filterkessel	Epoxidharzbeschichtungen kathodischer Schutz
Desinfektionsanlagen	Einsatz von Plastwerkstoffen
Wasserbehälter	kathodischer Schutz Duplexsysteme Anstriche zementhaltige Schutzschichten
Rohrleitungen	zementhaltige Schutzschichten Plastschutzschichten kathodischer Schutz Einsatz anderer Werkstoffe

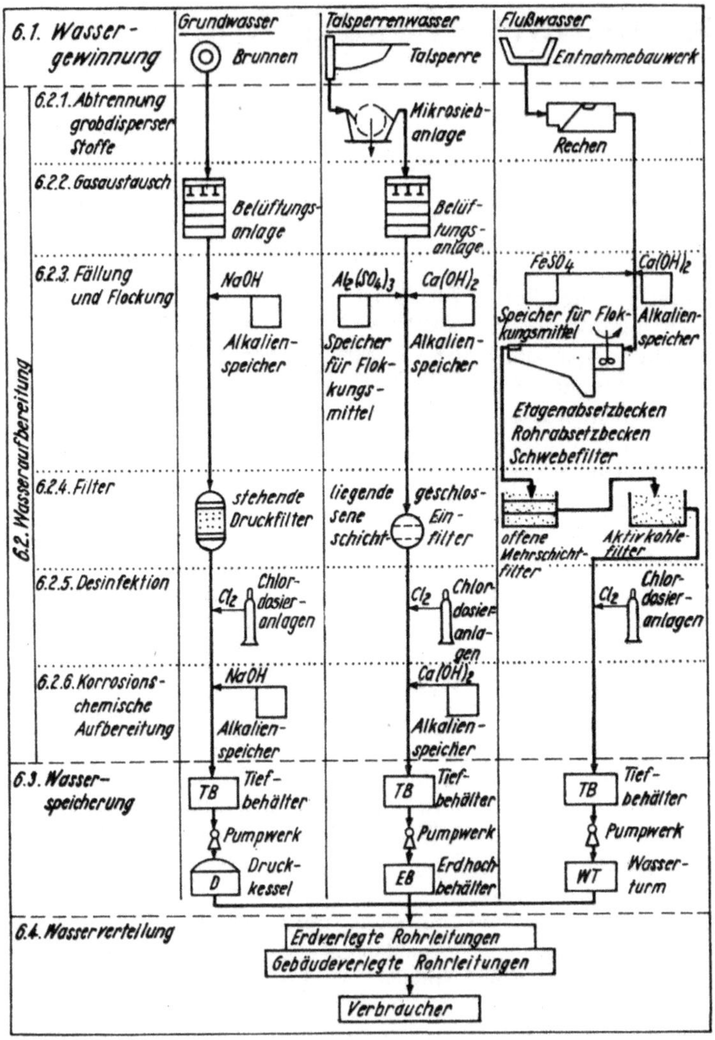

Bild 6/1
Mögliche Technologien der Wasserversorgung aus verschiedenen Rohwässern

in der TGL 22433 festgelegt. Einen Auszug daraus im Hinblick auf korrosionswirksame Inhaltsstoffe gibt Tabelle 6/2. Höhere Beanspruchungen können in Wassergewinnungsanlagen durch aggressive Rohwässer auftreten.

6.1. Wassergewinnung

Das aufzubereitende Rohwasser wird Oberflächenwässern oder dem Grundwasser entnommen (s. Bild 6/2). Die zentrale Trinkwasserversorgung basiert hauptsächlich auf der Wassergewinnung aus Talsperren und Bohrbrunnen.

6.1.1. Entnahmebauwerke für Oberflächenwässer

Entnahmebauwerke für Oberflächenwässer bestehen im wesentlichen aus den Entnahmerohrleitungen, Grobrechen zum Zurückhalten grober Schwimm- und Schwebstoffe sowie Armaturen.
Rohrleitungen aus unlegiertem Stahl sind wirksam gegen Korrosion zu schützen (Dickbeschichtungen auf Basis Bitumen), Gußrohre

Tabelle 6/2
Trinkwassergütebedingungen nach TGL 22433 (Auszug)

Kriterium		Einheit	Richtwert	Grenzwert
Temperatur	T	°C	8...12	≧3 und ≦20
pH-Wert		—	6,8...8,6	≧6 und ≦9
Chlorid	Cl^-	mg/l	≦250	350
Sulfat	SO_4^{2-}	mg/l	≦250	400
Phosphat	PO_4^{3-}	mg/l	n. n.	0,1
Nitrat	NO_3^-	mg/l	≦20	40
Ammonium	NH_4^+	mg/l	n. n.	0,1
Kalzium	Ca^{2+}	mg/l	≦100	280
Magnesium	Mg^{2+}	mg/l	≦70	125
Natrium	Na^+	mg/l	≦80	150
Eisen	Fe	mg/l	≦0,1	0,3
Mangan	Mn^{2+}	mg/l	≦0,05	0,1
Kupfer	Cu	mg/l	n. n.	1,0
Kieselsäure	SiO_2	mg/l	≦15	40
Schwefelwasserstoff	H_2S	mg/l	n. n.	n. n.
Sauerstoff, gelöst	O_2	mg/l	6...10	≧4 und ≦14
Gesamthärte als CaO	GH	mg/l	20...50	400
Karbonathärte als Ca O	KH	mg/l	20...50	250
Kalkaggressive Kohlensäure	CO_2	mg/l	0...2	
		bei KH	2°...3°	—
	CO_2	mg/l	0...3	
		bei KH	3°...6°	—
	CO_2	mg/l	0...4	
		bei KH	>6°	—
Kaliumpermanganatverbrauch	$KMnO_4$	mg/l	≦12	20

n. n. nicht nachweisbar

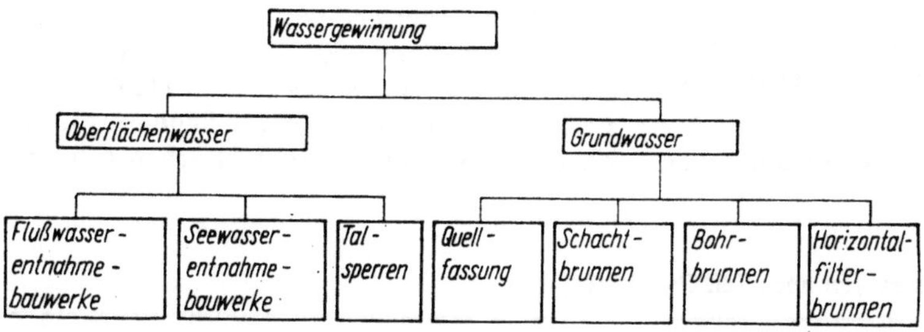

Bild 6/2
Anlagen zur Wassergewinnung

sind im allgemeinen ohne zusätzlichen Korrosionsschutz ausreichend beständig. Die Anwendbarkeit von Plastrohren ist im Rahmen der örtlichen Gegebenheiten zu prüfen.
Für den Schutz der Grobrechen aus unlegiertem Stahl sind passive Schutzmaßnahmen auf Grund der starken mechanischen Beanspruchungen ungeeignet. Rechenstäbe sind bei Bedarf auszuwechseln.
Die Korrosionsanfälligkeit der Armaturen aus Guß ist gering.

6.1.2. Quellfassungen

Quellfassungen bestehen aus dem Sickerrohr, mit dessen Hilfe das aus dem Erdboden gewonnene Grundwasser in die Quellstube (Sammelbehälter aus Beton) geleitet wird und verschiedenen Rohrleitungen für die Wasserentnahme.
Sickerrohre sind aus Steinzeug oder PVC zu fertigen, um eine optimale Korrosionsbeständigkeit zu erreichen.

Die **Quellstube** ist aus wasserdichtem Beton herzustellen (vgl. 4.1.2.). Stahleinbauten sind mit geeigneten Beschichtungen (Epoxidharz, Bitumen, Duplexsysteme) zu versehen.
Als Rohrleitungswerkstoffe sind vorzugsweise Plaste bzw. Gußeisen einzusetzen, unlegierter Stahl ist mit Bitumen zu schützen.

6.1.3. Brunnen

Schachtbrunnen dienen der Einzelwasserversorgung aus geringen Tiefen. Sie werden aus Ortbeton, Mauerwerk oder vorgefertigten Schachtringen gebaut. Bei Bohrbrunnen senkt man in das Bohrloch das Brunnenfilterrohr ab und umgibt es mit einer Kiesschüttung. Horizontalfilterbrunnen bestehen aus einem zylindrischen Brunnenschacht (Stahlbeton) von mehreren Metern Durchmesser, von dem aus etwa in Höhe der Sohle die Filterrohre (Fassungsrohre) strahlenförmig horizontal vorgetrieben werden.
Die eingesetzten Werkstoffe und Korrosionsschutzbeschichtungen müssen einerseits gegen die vorhandenen korrosiven Beanspruchugen,

- chemische Zusammensetzung des Grundwassers,
- Streuströme im Erdboden,

beständig sein, andererseits dürfen sie auch durch Maßnahmen gegen Brunnenverockerung und Inkrustation,

- chemische Regenerierung durch Salzsäure,
- Chlorung,
- γ-Bestrahlung (vgl. Foto 1)

nicht geschädigt werden.

Die Palette der eingesetzten Materialien reicht vom Beton und Asbestzement über keramische Werkstoffe (Steinzeugfilter), reaktionsharzgebundene Einkornfilter, Plaste (PVC, PE, GUP), Gußeisen, unlegierten Stahl bis zu hochlegierten Stählen. Eine allgemeingültige Vorzugslösung kann nicht angegeben werden, da die Auswahl noch von solchen Faktoren wie Bodenklasse, Brunnentiefe, Standort, Einbaubedingungen, Forderungen an die Lebensdauer beeinflußt wird.
Brunnenrohre aus unlegiertem Stahl, die besonders in größeren Tiefen und bei größeren Durchmessern unentbehrlich sind, bedürfen auf Grund ihrer hohen Korrosionsgefährdung eines wirksamen Korrosionsschutzes. International haben sich Hartgummierungen mit Schichtdicken bis zu 2 mm in jahrzehntelangem Betrieb bewährt. In der DDR werden Stahlfilterrohre nach TGL 34872/02 durch Feuerverzinkung, Einbrennlackierung oder Wirbelsinterbeschichtung mit Polyethylen geschützt (s. Tab. 6/3).
Die der Wasserförderung dienenden **Unterwassermotor (UWM)-Pumpen** haben gegenüber den Filterrohren den Vorteil, daß sie periodisch gezogen, begutachtet und gegebenenfalls regeneriert werden können. Nach TGL 23941/06 bis /08 bestehen Gehäuse, Lauf- und Leiträder der in der DDR produzierten UWM-Pumpen in der Regel aus GGL-20. Die Innen- und Anschlußflächen erhalten

Tabelle 6/3
Korrosionsschutz von Stahlfilterrohren nach TGL 34872/02

	Einbrennlackierung	Feuerverzinkung	PE-Beschichtung
Einsatzbedingungen	nicht bis schwach aggressive Wässer, unbeständig gegen Witterungsbeanspruchung, schlagempfindlich	nichtaggressive Wässer, pH-Wert >6, Gesamthärte >2 mg/l CaO	alle Wässer
Schichtdicke	120...140 μm	70...140 μm	400...800 μm
Lebensdauer des Filterrohres	etwa 10 Jahre	etwa 15 Jahre	etwa 20 Jahre

vom Hersteller einen temporären Schutz. Beim Einsatz dieser Pumpen in kohlendioxid- und sauerstoffarmen Grundwässern sind während der technisch begrenzten Betriebsdauer keine Korrosionsschäden zu befürchten. Für die Förderung korrosiver Grundwässer (hoher CO_2-Gehalt) sollten nach Vereinbarung mit dem Hersteller UWM-Pumpen aus korrosionsbeständigen Werkstoffen verwendet werden.

Der aufgetragene zweischichtige Alkydharzanstrich hat als Korrosionsschutz keine Wirkung. Hochwertigere Außenbeschichtungen (EP-Beschichtung)werden für die Pumpen nach TGL 23941/06 bis /08 bisher nicht angewendet.

Für die Steigleitungen sind vorzugsweise Plaste (PE) einzusetzen. Stahl ist durch Anstrich- oder Plastbeschichtung (Epoxidharz, PE) zu schützen.

Die Schutzwirkung der Beschichtungen auf Stahl- und Gußbauteilen kann durch zusätzlichen Einsatz kathodischer Schutzverfahren vervollkommnet werden. Es sind Beispiele bekannt, wo alle Filterrohre einer aus mehreren Brunnen bestehenden Anlage einschließlich ihrer Sammelleitungen und Pumpen mit einer einzigen Schutzstromanlage geschützt werden [6/1]. Gleichzeitig wird so der Gefährdung durch Streuströme, die durch den Betrieb der Pumpen auftreten können, vorgebeugt.

6.2. Wasseraufbereitung

Die je nach Herkunft mehr oder weniger verunreinigten Rohwässer müssen für den menschlichen Genuß aufbereitet werden. Es sind meist mehrere Aufbereitungsstufen notwendig, um durch physikalische und chemische Methoden die nach TGL 22433 geforderte Trinkwasserqualität zu erreichen. Die wichtigsten Aufbereitungsstufen sind in Bild 6/1 dargestellt. Eine Kurzbeschreibung der Funktion der einzelnen Anlagen erfolgt in den entsprechenden Abschnitten.

6.2.1. Anlagen zum Abtrennen grobdisperser Stoffe

In der ersten Aufbereitungsstufe werden grobdisperse Stoffe (z. B. Laub, Sand, Algen) in Absetz- und Siebanlagen entfernt. Neben der korrosiven Beanspruchung durch das Rohwasser treten durch die hier zurückgehaltenen Feststoffe erhöhte mechanische Belastungen auf.

Die am stärksten beanspruchten Teile sind die Bereiche mit Wasser/Luft-Wechselbeanspruchung (z. B. **Rechenstäbe, Siebtrommeln**). Herkömmliche Schutzanstriche haben unter diesen Bedingungen eine zu kurze Haltbarkeitsdauer und sind deshalb ungeeignet. Zu empfehlen sind Epoxidharzbeschichtungen und im Rahmen der Beständigkeit des Zinks Duplexsysteme. Die Gewebebespannung der Sieb- und Mikrosiebanlagen besteht aus korrosionsbeständigen Plastwerkstoffen (Polyamid) bzw. Metallen (z. B. hochlegierten Stählen).

Betonbauwerke (**Rinnen, Becken**) sind aus wasserdichtem Beton herzustellen.

6.2.2. Anlagen zum Gasaustausch

Rohwässer mit hohem CO_2-Gehalt (Grundwässer) sind sehr aggressiv gegenüber unlegiertem Stahl und Beton und müssen deshalb entsäuert werden. Gleichzeitig dient die Entsäuerung der Einstellung optimaler *p*H-Werte für die weiteren Aufbereitungsstufen. Das geschieht auf physikalischem Wege in Kaskaden, Rieslern, Verdüsungsanlagen usw. indem das Wasser in feinste Strahlen und Tröpfchen versprüht einer intensiven Berührung mit der Luft ausgesetzt wird. Neben der CO_2-Desorption findet dabei gleichzeitig eine

- Anreicherung mit Sauerstoff
- Beseitigung von eisen- und betonaggressivem Schwefelwasserstoff
- Geschmacks- und Geruchsverbesserung

statt.

Unter den hochaggressiven Beanspruchungen durch das Luft–Wasser-Gemisch mit hohen Kohlendioxidkonzentrationen sind Schutzanstriche ungeeignet. Die Haltbarkeit wäre durch eine solche chemische und erosive Belastung sehr gering, eine fachgerechte Anstricherneuerung mit der dazu notwendigen Strahl-Entrostung (Außerbetriebnahme, Trocknung) praktisch nicht möglich. Deshalb werden die in der DDR produzierten **Rohrgitterkaska-**

den (Foto 5) nach TGL 18733 feuerverzinkt. Die Gitter in der Kaskade bestehen aus PVC- oder aus PE-Rohren. Der Einsatz feuerverzinkter Rohrgitterkaskaden ist nur bei solchen Wässern sinnvoll, in denen Zink beständig ist bzw. mit einer genügend geringen Geschwindigkeit korrodiert. Es sind Schadensfälle bekannt, wo Kaskaden bei Betrieb mit aggressivem Oberflächenwasser ($pH \approx 4$, $KH \approx 0$) nach zwei Jahren völlig zerstört waren. In derart extremen Fällen müssen Kaskaden aus Plasten (PVC, GUP) eingesezt werden (Foto 6).
Vom Standpunkt des Korrosionsschutzes ähnlich zu beurteilen sind die im Ausland hergestellten Profilbahnenbelüfter. Hier sind in feuerverzinkten Belüftungskammern 50 cm breite profilierte PVC-Bahnen eingehängt [6/2].
Der Sauerstoffeintrag kann auch durch Fallrohrbelüftung geschehen. Diese aus korrosionsbeständigem PVC bestehende Anlage hat gegenüber den bisher besprochenen den Vorteil, daß keine Erhöhung der Luftfeuchte erfolgt, da der Prozeß der Sauerstoffanreicherung im Innern der Anlage abläuft. Dadurch werden die bauliche Hülle sowie benachbarte Ausrüstungen aktiv geschützt.
Für **Düsen, Prallteller** und ähnlich korrosiv und mechanisch beanspruchte Teile sind ebenfalls Plastwerkstoffe (PVC-H) zu empfehlen.

6.2.3. Anlagen zur Fällung und Flockung

Echt und kolloidal gelöste bzw. feindisperse Bestandteile des Rohwassers entfernt man durch Fällung und Flockung in Anlagen wie Etagenabsetzbecken, Röhrenabsetzbecken, Schwebefiltern. Eisen(II)-Ionen werden beispielsweise durch Zugabe von Kalkhydrat als Eisen(III)-oxidhydrat ausgefällt. Flockungsmittel (z. B. $Al_2(SO_4)_3$) flocken durch Reaktion mit den im Wasser enthaltenen OH^-- bzw. HCO_3^--Ionen aus:

$$Al_2(SO_4)_3 + 3\,Ca(HCO_3)_2 \rightarrow$$
$$2\,Al(OH)_3 + 3\,CaSO_4 + 6\,CO_2 \quad (6/1)$$

Die Verunreinigungen werden an die Flocken angelagert oder von ihnen eingehüllt. Nach Erreichen genügender Größe setzen sie sich ab.

Der optimale Korrosionsschutz der Anlagen entspricht infolge der ähnlichen Beanspruchungen im wesentlichen dem der Anlagen zur Abtrennung grobdisperser Stoffe:

- Stahleinbauten mit Epoxidharzbeschichtung, gegebenenfalls mit vorheriger Verzinkung
- wasserdichte Betonbauwerke.

Ein Beispiel des effektiven Einsatzes korrosionsbeständiger Plastwerkstoffe in dieser Aufbereitungsstufe ist die Verwendung von PVC-H-Welltafeln, die zu einem wabenartigen Körper zusammengeklebt als Röhrenpakete in Röhrenabsetzbecken verwendet werden (Bild 6/3).
Besonders wichtig ist der Schutz der Behälter vor den aggressiven Lösungen der Flockungsmittel (pH 2 bis 3). Es sind hierzu die Speicher nach TGL 38642 und die Ansetzgefäße nach TGL 38646 gebräuchlich. Die Speicher sind mit Gummiauskleidung, Epoxidharz- oder Teerepoxidharzbeschichtung lieferbar, die Ansetzgefäße haben Gummiauskleidung. Der äußere Anstrich, eine Epoxidharzester-Zinkstaub-Grundierung, muß nach der Montage komplettiert werden (CPVC-Anstrichsystem nach TGL 37065/01). Überlauf-, Entnahme- und Entleerungsrohr bestehen aus PVC.
Für die Schutzwirkung der Gummierung ist die Porenfreiheit des Überzugs ausschlaggebend. Ist sie nicht gewährleistet oder sind mechanische Beschädigungen infolge unsachgemäßen Umgangs vorhanden, kommt es zu starken Angriffen unter der Schutzschicht. Beispielsweise wurde in einem Ansetzbehälter für $FeSO_4$-Lösung der 17 kg schwere Rührwerkspropeller, dessen Gummierung nicht einwandfrei dicht war, innerhalb eines Jahres vollständig aufgelöst [6/3].

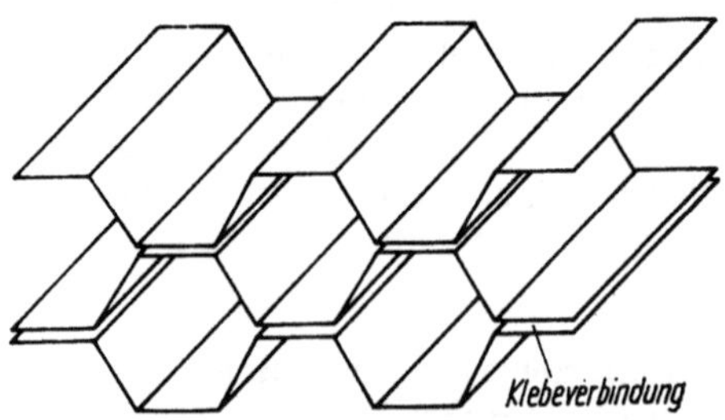

Bild 6/3
Schematischer Aufbau eines Röhrenpakets aus PVC-H-Welltafeln für Röhrendimentation

Die Überzüge sind deshalb vor Inbetriebnahme mittels Funkendurchschlagprüfung auf Dichtheit zu prüfen, Fehlstellen sind mit Epoxidharz-Spachtel auszubessern.
Aus dem genannten Grunde ist die Verwendung von Stahlbehältern mit organischen Schutzschichten unter derart aggressiven Bedingungen nicht unproblematisch. Dagegen sind Behälter aus GUP (Foto 7) korrosionsbeständig.
Eine weitere geeignete Möglichkeit des Behälterschutzes ist die Verwendung von Stahlbeton mit Säureschutzauskleidung (vgl. Abschnitt 9.1.2.). Der Nachteil dieses Verfahrens ist, daß Spezialbaukapazität (Säurebau) und vergleichsweise hohe Investitionen erforderlich sind.

6.2.4. Filteranlagen

Filteranlagen dienen der Feinreinigung des Wassers. Hier werden bisher nicht erfaßte suspendierte Verunreinigungen beim Passieren des Filtermaterials zurückgehalten. Man unterscheidet bei den derzeitig angewandten Schnellfiltern gemäß der Art des Betriebes (S. Bild 6/4):

- offene Filterbecken aus Beton,
- geschlossene Filterkessel aus Stahl.

Für den Beton der offenen Schnellfilter wird in der Regel kein zusätzlicher Schutz benötigt. Herkömmliche Anstriche sind für den Innenschutz der stählernen **Druckfilterkessel** ungeeignet. Den außergewöhnlich hohen mechanischen Beanspruchungen durch Abrieb während der periodischen Filterspülungen sind diese Schichten nicht gewachsen. Aus diesem Grunde werden in der DDR die Filterkessel innen ungeschützt oder lediglich mit einem Transportanstrich versehen vom Hersteller ausgeliefert.
Erfolgversprechend ist dagegen die Installation fremdgespeister Schutzstromanlagen. Dieses Verfahren ist jedoch bisher über das Versuchsstadium nicht hinausgekommen [6/4]. Aus diesen Gründen kann gegenwärtig zur Erhöhung der Nutzungsdauer der Filterkessel lediglich ein Korrosionszuschlag zur Wanddicke empfohlen werden.
Gute Erfahrungen über mehr als ein Jahrzehnt liegen im Ausland mit kombiniertem Korrosionsschutz vor. Nach entsprechender Oberflächenvorbehandlung (Entgraten, Planschleifen der Schweißnähte, Strahlen) werden die Filterkessel innen mit einem lösungsmittelfreien Epoxidharz in einer Schichtdicke von 450 bis 500 µm beschichtet. Mittels Funkendurchschlagprüfung wird die Beschichtung auf Porenfreiheit geprüft. Die Zuverlässigkeit des Korrosionsschutzes garantiert die zusätzlich installierte Schutzstromanlage [6/5].
Die **Filterdüsen**, die sich in den Filterböden befinden, bestehen aus korrosionsbeständigen Werkstoffen:

- Porzellan
- Plast (PE, PP, Polystyrol).

In Aktivkohlefiltern kommt es durch Elementbildung zwischen Eisen und Kohlenstoff zusätzlich zu einer Art Kontaktkorrosion [6/6]. Der an der Aktivkohle adsorbierte Sauerstoff wird in der schnell ablaufenden kathodischen Teilreaktion reduziert. Der Korrosionsangriff auf den Stahl erfolgt ebenmäßig. Als Schutz vor diesen speziellen Korrosionsvorgängen wird neben unbeschädigten Beschichtungen in [6/6] ein angepaßter kathodischer Schutz in Verbindung mit einer notwendigen Vorreduktion der Kohle vorgeschlagen.

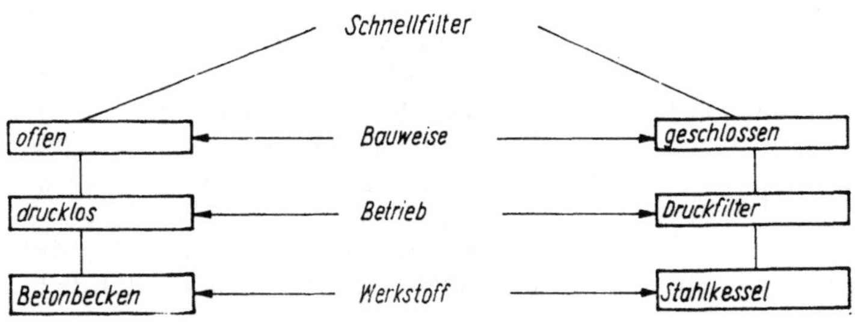

Bild 6/4
Arten von Schnellfiltern

6.2.5. Anlagen zur Desinfektion

Erreger übertragbarer Krankheiten werden in den vorhergehenden Aufbereitungsstufen nur zum Teil zurückgehalten. Sie werden in Anlagen zur Desinfektion meist mit Hilfe von Chlor abgetötet. Dazu löst man gasförmiges Chlor in Wasser auf:

$$Cl_2 + H_2O \rightarrow HClO + HCl \quad (6/2)$$

Die entstehende unterchlorige Säure zerfällt unter Bildung äußerst reaktiven atomaren Sauerstoffs, der die Krankheitskeime durch Oxydation vernichtet.

$$HClO \rightarrow HCl + O \quad (6/3)$$

Neben dieser für die Aufbereitung eines einwandfreien Trinkwassers günstigen Eigenschaft greift der atomare Sauerstoff in höheren Konzentrationen jedoch fast sämtliche Metalle einschließlich hochlegierter Stähle an. Aus diesem Grunde müssen Chlordosiergeräte aus Plastwerkstoffen gefertigt sein. Bewährt hat sich hier PVC, ebenfalls geeignet ist GUP.

6.2.6. Korrosionschemische Wasseraufbereitung

Unter korrosionschemischer Wasseraufbereitung sollen hier alle Methoden der Wasserbehandlung verstanden werden, die das Ziel haben, die korrosiven Angriffe des Wassers in den nachgeschalteten Anlagen z. B. durch den Aufbau einer natürlichen Schutzschicht zu vermindern (Schwerpunkt erdverlegtes Rohrnetz). Dazu sind prinzipiell die in Bild 3/2 dargestellten Methoden geeignet. Einschränkend zu den gezeigten Möglichkeiten muß gesagt werden, daß die Entfernung korrosionsfördernder Substanzen, wie z. B. Sauerstoff und Chloride, unter den Praxisbedingungen von Trinkwasseraufbereitungsanlagen wenn nicht unmöglich, so doch zumindest unwirtschaftlich ist.

Folgende grundsätzliche Verfahren werden angewendet:

- Dosierung von Kalkhydrat als Kalkmilch oder Kalkwasser

$$Ca(OH)_2 + 2CO_2 \rightarrow Ca(HCO_3)_2 \quad (6/4)$$

- Dosierung von Natronlauge

$$NaOH + CO_2 \rightarrow NaHCO_3 \quad (6/5)$$

- Filtration über halbgebrannten Dolomit (Dekarbolith)

$$CaCO_3 + MgO + 3CO_2 + 2H_2O \rightarrow Ca(HCO_3)_2 + Mg(HCO_3)_2 \quad (6/6)$$

Während bei den ersten beiden Verfahren bei Überdosierung die Gefahr einer Abscheidung von $CaCO_3$ besteht, führt das dritte bei genügend langem Kontakt zur zwangsläufigen Einstellung des Kalk-Kohlensäure-Gleichgewichts durch Auflösung der entsprechenden Menge des Filtermaterials. Dazu sind jedoch mitunter große Mengen und lange Kontaktzeiten erforderlich. Bei sehr weichen Talsperrenwässern ist es praktisch nicht möglich, durch die genannten Entsäuerungsverfahren ein zur Bildung natürlicher Schutzschichten neigendes Wasser zu erreichen. Die dazu notwendige Aufhärtung des Wassers ist wirtschaftlich nicht vertretbar. In diesen Fällen muß der Auswahl korrosionsbeständiger Werkstoffe bzw. geeigneter Schutzmaßnahmen für die Anlagen der Wasserspeicherung und -verteilung verstärkte Aufmerksamkeit gewidmet werden.

Die Minderung der Karbonathärte sehr harter Wässer kann durch Dosierung von Säuren (HCl, H_2SO_4) geschehen. Für die Speicherung von Säuren sind Behälter aus Plastwerkstoffen wie PVC-H, PE, PP oder gummiertem Stahlblech zu bevorzugen. Konzentrierte Schwefelsäure (96%) ist gegen Stahl nicht aggressiv und kann deshalb in ungeschützten Stahlbehältern gespeichert werden. Ebenso besteht der Anschluß für die Leitung der 96%igen Schwefelsäure in Schwefelsäuremischern nach Werkstandard WM 12-12 aus ungeschütztem Stahl. Das Gehäuse selbst ist mit Korobon (gas- und flüssigkeitsdicht imprägnierter Graphit) ausgekleidet; Dosierrohr und -kolben bestehen aus PTFE, die Mischblende aus PVC-H. Die Bevorratung von Natronlauge und Kalkhydrat ist ebenfalls in ungeschützten Stahlbehältern möglich. Für die Außenanstriche müssen chemikalienbeständige Systeme auf CPVC- oder Epoxidharzbasis verwendet werden. So liegen beispielsweise gute Erfahrungen mit Epoxidharzanstrichen auf freistehenden Kalkhydratbehältern vor [6/7]. Um die Rohrleitungen aus unlegiertem und verzinktem Stahl vor Korrosion und Inkrustation zu schützen, ist es prinzipiell möglich, dem Trinkwasser in der Aufbereitungsanlage Inhibitoren zuzugeben. Aus physiologischen Gründen sind hierfür nur Ortho- und Polyphosphate geeignet. Silikate, die zwar auch den physiologischen Anforderungen genügen, bewirken eine zu geringe Hemmung der Korrosionsprozesse, so daß sie aus diesem Grund nicht eingesetzt werden sollten. Auch die Anwendung von **Phosphatinhibitoren** wird im Weltmaßstab nur in sehr geringem Umfang praktiziert, da einerseits die kaltwasserführenden Rohrleitungen durch Anwendung anderer Korrosionsschutzmaßnahmen effektiv geschützt werden können und andererseits der hohe Anteil an Phosphaten im Abwasser zur Eutrophierung von Flüssen und Seen führt. In der DDR ist lediglich ein Beispiel einer derartigen Wasserbehandlung bekannt. Im Wasserwerk Gera-Langenberg wird dem Wasser *Graham*sches Salz (Polyphosphat) zugegeben. Die hier im Wasser vorliegende sehr hohe Härte wird dadurch stabilisiert, so daß in Rohrleitungen, Behältern und Gefäßen keine Kalziuminkrustationen mehr zu beobachten sind. Das Wirkprinzip der Polyphosphate sowie technische Details der Dosierung werden im Abschnitt 7.2.3.1. beschrieben. Für diese Anlagen ist die Anwendung von Phosphatinhibitoren eine wirksame Korrosionsschutzmaßnahme.

6.2.7. Außenschutz in Feuchträumen

Geschlossene Betriebsräume in Anlagen der Wasseraufbereitung (und Abwasserbehandlung), wie Maschinenhallen, Rohrkeller, Pumpstationen usw., gelten als ausgesprochene Feuchträume. Die relative Luftfeuchte φ beträgt bis zu 100 %. Das hat zur Folge, daß sich während nahezu des ganzen Jahres Schwitzwasser auf wasserführenden Anlagen (z. B. Rohrleitungen, Behälter) bildet. Das **Schwitzwasser** – ein ungepuffertes, damit durch Aufnahme von Kohlendioxid aus der Luft stark saures, destilliertes Wasser von hoher Aggressivität – stellt den stärksten Korrosionsfaktor der atmosphärischen Beanspruchung in Trinkwasseraufbereitungsanlagen dar, indem es

- die Korrosion der ungeschützten Metallflächen verstärkt (Belüftungselemente)
- ungeeignete organische Schutzschichten durch Diffusion und Quellung angreift (Unterrostung)
- Korrosionsschutzarbeiten durch ständige Befeuchtung der Oberflächen behindert.

Aber auch der **Wasserdampf** wirkt bei hoher Luftfeuchte verstärkend auf die Korrosionsvorgänge. Bild 6/5 beweist, daß die Annahme, die Korrosionsgeschwindigkeit sinke bei Aufhören der Schwitzwasserbildung rapide ab, nicht zutrifft. Die Kurve besitzt bei 60 % relativer Luftfeuchte einen scharfen Knickpunkt und geht bei 35 % gegen Null. Das bedeutet in der Praxis bei

- $\varphi < 60\,\%$: Keine Unterrostungsgefahr für Flächen mit organischen Schutzschichten
- $\varphi < 35\,\%$: Keine Rostbildung an ungeschützten Stahlteilen.

Aus diesen Erkenntnissen leitet sich die Forderung ab, daß oberhalb einer relativen Luftfeuchte von 85 % keine Anstricharbeiten durchgeführt werden dürfen (TGL 18738). Für eine optimale Lebensdauer der Anstrichsysteme wäre die Begrenzung auf 60 % weit-

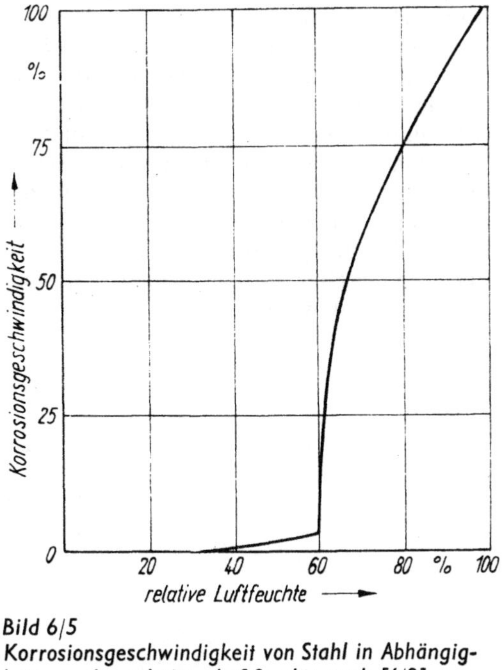

Bild 6/5
Korrosionsgeschwindigkeit von Stahl in Abhängigkeit von der relativen Luftfeuchte nach [6/8]

aus günstiger, jedoch in der Praxis kaum realisierbar.

Durch Einsatz von Luftentfeuchtungsgeräten [6/8, 6/9] ist es möglich, die relative Luftfeuchte auf 50% und weniger zu senken (Foto 8). Es werden sowohl stationäre als auch transportable Geräte eingesetzt. Stationäre Anlagen dienen in begrenzten Räumen neben dem aktiven Korrosionsschutz vor allem der Erhaltung der Funktionstüchtigkeit empfindlicher Meßgeräte. In transportabler Ausführung werden sie vorrangig zur Herabsetzung der Luftfeuchte bei Anstricharbeiten genutzt. Die Trocknung der Luft kann durch Unterkühlung oder Adsorption geschehen. Die Entscheidung wird in der Regel nach wirtschaftlichen Gesichtspunkten getroffen. Räume mit offenen Wasserflächen sind für den Einsatz der Entfeuchtungsgeräte nicht geeignet.

Entfeuchtungsgeräte, die nach dem Unterkühlungsprinzip arbeiten, kühlen die angesaugte Raumluft soweit ab, daß eine weitestgehende Kondensation des Wasserdampfes und damit Trocknung der Luft stattfindet. Vor Abgabe in den Raum wird die getrocknete Luft wieder erwärmt.

Das Prinzip der Adsorptions-Luftentfeuchtung besteht darin, daß die Luft mit hygroskopischen Stoffen (z. B. Kieselgel, LiCl) in Berührung gebracht wird, welche die in der Luft enthaltene Feuchtigkeit adsorbieren. Eine elegante Lösung stellt das Trockenrad dar (Bild 6/6). Es ist mit Trockenmittel gefüllt und dreht sich mit wenigen Umdrehungen je Stunde.

Will man die Luftfeuchte für Korrosionsschutzarbeiten herabsetzen, so hat es sich in größeren Hallen für den wirtschaftlichen Betrieb der Entfeuchtungsgeräte bewährt, einzelne Bereiche mit Hilfe von Lattenverschlägen und Plastfolien o. ä. abzugrenzen.

Ist der Einsatz von Luftentfeuchtungsgeräten nicht möglich (offene Wasserflächen, zu große Räume), muß besonders sorgfältig auf fachgerechte Auswahl und Aufbringung des passiven Korrosionsschutzes geachtet werden. Einerseits ist eine sorgfältige Oberflächenvorbehandlung bis Säuberungsgrad 3 nach TGL 18730/02 notwendig; andererseits müssen für die Ausführungen der Arbeiten unbedingt Lufttemperaturen abgewartet werden, die gleich oder niedriger als die Wassertemperaturen sind, damit keine Betauung der wasserführenden Anlagen stattfindet. Dieser Zustand tritt in der Regel nur in den Wintermonaten ein.

Die immer noch besonders im Instandhaltungssektor verbreitete Praxis, Anstrichsysteme auf Öl- und Alkydharzbasis in Feuchträumen anzuwenden, ist grundsätzlich falsch. Öl- und Alkydharzanstriche quellen bei ständiger Schwitzwasserbeanspruchung und sind dadurch als Korrosionsschutz unwirksam (vgl. Foto 9). Bewährt haben sich dagegen CPVC- (Foto 10) und Epoxidharzanstriche. Dabei wird meist aus Gründen der besseren Verarbeitbarkeit den CPVC-Anstrichen der Vorzug gegeben. Bei CPVC-Anstrichen sind vor allem Bleimennige-Grundierungen zu empfehlen, bei Epoxidharzen verwendet man Grundanstriche mit hohem Zinkstaubgehalt. Die konkrete Auswahl ist nach TGL 37065/01 zu treffen.

In den letzten Jahren wurden in der DDR einige größere Wasseraufbereitungsanlagen gebaut, bei denen liegende Druckfilter und Stahlwasserbehälter in Freibauweise errichtet wurden. Dadurch sind die großen Außenflächen dieser Anlagen unmittelbar den Witterungseinflüssen ausgesetzt. Der Korrosionsschutz erfolgte durch entsprechende CPVC-Anstriche, zum Teil mit vorheriger Spritz-

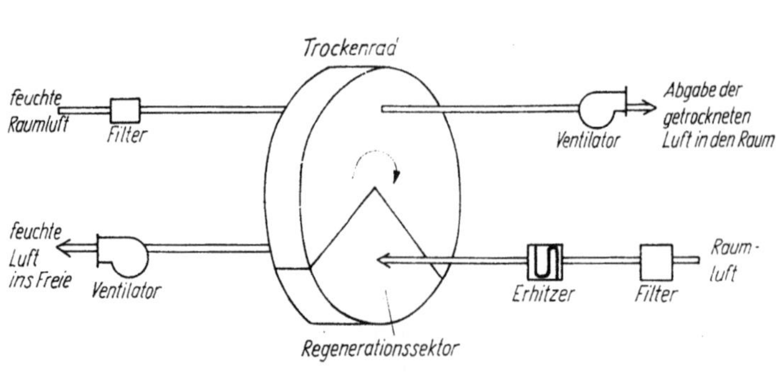

Bild 6/6
Funktionsschema der Adsorptionsluftentfeuchtung mit Hilfe eines Trockenrads nach [6/9]

verzinkung. Zur Gewährleistung eines minimalen Instandhaltungsaufwandes (Wiederholanstriche) ist der Anwendung von Duplexsystemen der Vorzug zu geben.

6.2.8. Rohrleitungen in Wasserwerken

Bei der Installation von Rohrleitungen in Wasserwerken ist zu einem erheblichen Teil die Anpassung handelsüblicher Rohre und Rohrleitungsteile an die örtlichen Gegebenheiten erforderlich. Die eingesetzten Rohrwerkstoffe müssen einerseits eine entsprechende Bearbeitung zulassen, andererseits sollen sie korrosionsbeständig sein und eine äußere farbige Gestaltung ermöglichen.

Unlegierte Stahlrohre weisen einen hohen Anpassungsgrad auf, es kann jede Paßlänge zugeschnitten und benötigte Formstücke hergestellt werden. Durch die kraftschlüssigen Rohrverbindungen kann ein in sich stabiles und weitestgehend selbsttragendes Rohrsystem konstruiert werden. Der Aufwand für Stütz- und Haltekonstruktionen ist gering. Die Korrosionsgefährdung des Stahls erfordert innen und außen zuverlässige Korrosionsschutzmaßnahmen. Bei entsprechender Nachisolierung der Verbindungsstellen sind zementmörtelausgekleidete Rohre und Formstücke ab *DN* 200 als Vorzugslösung anzusehen. Allseitig bituminierte Rohre sind wenig geeignet, weil die Nachisolierung der Verbindungsstellen innen nicht beherrscht wird. Außerdem ist eine farbige Gestaltung der Außenflächen nicht möglich. Verzinkungen sind wegen der geringen Verzinkungskapazität ebenfalls als Ausnahmevariante zu betrachten. Die Beständigkeitsgrenzen des Zinks sind zu beachten. Bei PVC-ausgekleideten Rohren ist eine Wiederherstellung der Schutzschicht an Schnittstellen nicht möglich.

Gußrohre mit Flanschverbindung sind gut verwendbar, wenn ein unkompliziertes Rohrsystem die Montage von Rohren und Formstücken mit unveränderlichen Einbaumaßen gestattet (z. B. kleine Wasserwerke, Rohrleitungsstationen).

PE- und PVC-Rohre sind korrosionsbeständig, erfordern aber einen hohen Aufwand für Stütz- und Haltekonstruktionen. PVC-Rohre sind deshalb vorzugsweise für Chemikalienleitungen einzusetzen. Ihr Einsatz ist ebenfalls für Wasserleitungen $DN < 200$ in Erwägung zu ziehen, da hier ansonsten nur ungeschützte Stahlrohre bzw. Glasrohre zur Verfügung stehen.

Glasrohre sind prinzipiell geeignet, ihr Einsatzumfang wird jedoch durch die Bruchgefährdung und den geringen zulässigen Innendruck (0,2 bis 0,6 MPa je nach *DN*) eingeschränkt. Darüber hinaus ist ein hoher Aufwand für Stütz- und Haltekonstruktionen erforderlich. Ihr Einsatz ist vorrangig für Chemikalienleitungen in Betracht zu ziehen.

Aus den dargestellten Verarbeitungs- und Korrosionseigenschaften der einzelnen Rohrwerkstoffe geht hervor, daß eine optimale Lösung der Rohrsysteme in Wasserwerken mit nur einem Rohrwerkstoff nicht möglich ist. Es ist in der Regel die Realisierung von Mischbauweisen erforderlich.

6.3. Wasserspeicherung

Das aufbereitete Trinkwasser wird gespeichert, um

- die Schwankungen des Wasserverbrauches auszugleichen
- beim Hochbehälter durch entsprechende Höhenlage den erforderlichen Versorgungsdruck zu gewährleisten
- eine Lösch- und Störreserve zu bilden.

Nach der Bauart der Wasserspeicher unterscheidet man Erdbehälter und Wassertürme, wobei der eigentliche Behälter meist aus Stahlbeton oder Spannbeton besteht, aber auch aus unlegiertem Stahl und in jüngerer Zeit aus GUP gefertigt sein kann (vgl. Bild 6/7).

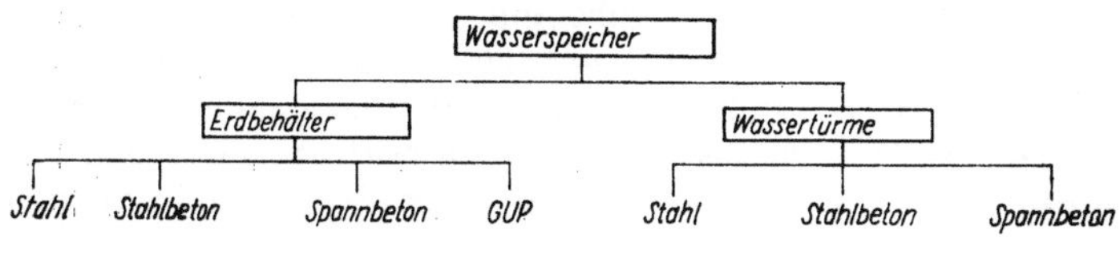

Bild 6/7
Werkstoffe für Wasserspeicher

Korrosionsschutztechnisch betrachtet ist der Einsatz von Stahlbehältern bei Anwendung geeigneter Korrosionsschutzmaßnahmen durchaus möglich. Korrosionsschutzschichten müssen jedoch je nach konkreten Bedingungen nach einer bestimmten Zeitdauer erneuert werden, woraus in der Summe über die gesamte Betriebsdauer des Behälters hohe Korrosionsschutzkosten resultieren. Darüber hinaus ist die Frage zu stellen, ob die Wasserspeicher überhaupt jeweils für mehrere Wochen zur Erneuerung der Korrosionsschutzschichten außer Betrieb genommen werden können. Deshalb sollte von vornherein auf beständigere Werkstoffe orientiert werden. Hier bieten sich als korrosionschemisch günstige Werkstoffe Beton und GUP an; eine generelle Vorzugslösung zu nennen ist jedoch nicht möglich. Werkstoffe und Bautechnologie sind stets auf der Basis objektbezogener Wirtschaftlichkeitsbetrachtungen festzulegen. Bei den ökonomischen Bewertungen sind vor allem die Bedingungen am geplanten Standort, die gewünschte Behältergröße, die verfügbare Tiefbaukapazität und eventuelle Beschränkungen im Montagezeitraum zu berücksichtigen. GUP-Behälter kommen im allgemeinen nur für kleinere Behältergrößen in Frage. Innenbeschichtungen von Wasserbehältern müssen sich für ständige Wasserbeanspruchung, aber infolge des schwankenden Wasserspiegels auch für Wechselbeanspruchung Wasser/Luft eignen. Sie müssen vor Inbetriebnahme der Behälter unbedingt vollständig ausgehärtet sein, damit es nicht zur Beeinträchtigung der Wassergüte kommt [6/10].

Zur Erzeugung des notwendigen Versorgungsdrucks wird in der Regel das Wasser aus den Tiefbehältern in Hochbehälter gepumpt. Grundsätzlich kann davon ausgegangen werden, daß für die wasserberührten Teile der Pumpen Werkstoffe eingesetzt werden können, die den korrosiven und sonstigen Beanspruchungen gewachsen sind. Der Pumpenhersteller bietet dem Betreiber geeignete Varianten für verschiedene Beanspruchungen an. Die hauptsächlich für Trinkwässer eingesetzten Werkstoffe sind Grauguß und Stahlguß. Bei *p*H-Werten des Wassers unter 7, geringer Karbonathärte und Anwesenheit aggressiver Kohlensäure empfiehlt sich jedoch die Verwendung beständigerer Werkstoffe oder EP-Innenbeschichtungen. Sollen nicht in Betrieb befindliche Pumpen längere Zeit gelagert werden, so ist ein sorgfältiger temporärer Schutz (Öle, Fette), besonders der bewegten Teile und Paßflächen erforderlich.

Ist der Versorgungsdruck nicht durch entsprechende Höhenlage der Behälter erreichbar, müssen Druckerhöhungsstationen errichtet werden. Fragen des Korrosionsschutzes der stählernen Druckkessel werden im Abschnitt 6.3.2.4. behandelt.

6.3.1. Wasserbehälter aus Stahlbeton und Spannbeton

Stahl- und Spannbetonbehälter können in Form von monolithischem Beton, in Gleitbauweise oder aus Betonfertigteilen gebaut werden. Zur Verhinderung der Korrosion des Betons und der Stahlbewehrung sowie der Vermeidung von Wasserverlusten muß hydrotechnischer Beton nach TGL 31157 verwendet werden. Es gilt Vorschrift 77/79 der Staatlichen Bauaufsicht [6/11].

6.3.1.1. Probleme des Korrosionsschutzes beim Bau von Spannbetonbehältern

Bei der allgemein bevorzugten Spannbetonbauweise treten spezifische Korrosionsschutzprobleme auf.

Nach der Art der Vorspannung von Spannbetonkonstruktionen unterscheidet man hauptsächlich folgende Verfahren:

- Spanndrahtumwicklung mit Spritzbetonüberdeckung (Wickelverfahren)
- Spannglieder in den Wandquerschnitten mit Lisenenverankerung (Spanngliedverfahren).

Für beide Verfahren muß die Verwendung korrosionsfördernder Zusatzmittel (z. B. chloridhaltige Anmachwässer) bei der Betonherstellung unbedingt vermieden werden. Der Einsatz ungeeigneter (z. B. infolge Fehlern im Produktionsprozeß rissiger) Spanndrähte ist auszuschließen. Transport und Lagerung der Spanndrähte sowie der Zeitabstand zwischen

Umwickeln des Behälters sowie Aufbringen der Spritzbetonschicht bzw. Einbringen der Spannglieder und Verpressen darf nicht zur Korrosion des Spannstahls führen. Gegebenenfalls sind geeignete temporäre Schutzmaßnahmen erforderlich. Organische Schutzschichten sind ungeeignet.

Für den **Schutz des Spannstahls beim Wickelverfahren** gelten darüber hinaus folgende Forderungen:

- Die Behälterwand muß – bei Fertigteilbehältern besonders auch im Bereich der Fugen – wasserdicht sein. Durchfeuchtungen des Betons bis zur Spanndrahtumwicklung dürfen nicht auftreten.
- Der Abstand der Spanndrähte untereinander muß zur ausreichenden Umhüllung mit Zementstein genügend groß sein.
- Die Dicke der Spritzbetonschicht muß gleichmäßig sein und mindestens 40 mm betragen (vgl. Foto 11). Bei geringeren Schichtdicken kann es zur Karbonatisierung des Spritzbetons bis zum Spannstahl und damit Verlust der passivierenden Wirkung kommen. Beschleunigt wird dieser Vorgang bei zusätzlicher Einwirkung aggressiver Gase und Stäube bzw. von Spritzwasser sowie hoher und stark wechselnder Luftfeuchte. In solchen Fällen sind porenschließende Oberflächenschutzmaßnahmen erforderlich. Gleichzeitig sollte auch eine Innenbeschichtung vorgenommen werden, da sonst die äußere Schicht bei Undichtigkeiten im Beton des Behälterkerns abgedrückt wird.
- Die Spritzbetonschicht ist zur Vermeidung von Rissen bei gefülltem Zustand des Behälters aufzubringen.
- Hohlstellen im Spritzbeton sind zu vermeiden; auf eine allseitige Umhüllung der Spanndrähte mit dem Spritzbeton ist zu achten.
- Bei Erdüberdeckung ist eine bituminöse Sperrung gegen Erdfeuchtigkeit vorzusehen.

Für Behälter, deren Spritzbetonschicht sanierungsbedürftig ist, kann nach Entfernung des geschädigten Spritzbetons die Sanierung durch Aufbringen einer 30 mm dicken Vorsatzbetonschicht mit anschließendem porenverschließenden Oberflächenschutz empfohlen werden.

Zur **Vermeidung von Korrosionsschäden bei Anwendung des Spanngliedverfahrens** sind folgende Forderungen zu beachten:

- Die Betonqualität der Behälterwände bzw. die Fugenabdichtungen bei Fertigteilbehältern muß gewährleisten, daß kein Wasser in die Spannkanäle eindringen kann.
- Das Einbringen des Injektionsmörtels in die Spannkanäle muß rechtzeitig und mit ausreichender Verdichtung erfolgen.
- Zur Vermeidung des Eindringens von Wasser in die Spannkanäle soll das Absetzmaß des Einpreßmörtels möglichst gering sein und die Spannkanäle müssen voll verpreßt werden.
- Durch genügenden Hüllrohrdurchmesser ist die ausreichende Umhüllung der Spanndrähte mit Zementstein zu gewährleisten.

Es hat sich gezeigt, daß Behälter, die in Standschalung hergestellt wurden, die größte Korrosionssicherheit besitzen. Die Herstellung korrosionssicherer Behälter in Gleitschalung setzt voraus, daß das Eindringen von Wasser in die Spannkanäle sicher verhindert werden kann und eine ausreichende Verdichtung möglich ist. Die Fertigteilbauweise sollte nur erfolgen, wenn die Dichtigkeit der Fugen gewährleistet werden kann.

6.3.1.2. Sanierung von Behältern aus Stahlbeton und Spannbeton

Durch Mängel bei der Bauausführung von Stahl- und Spannbetonbehältern bzw. infolge der korrosiven und erosiven Wasserbeanspruchung während des Betriebes können Sanierungsmaßnahmen erforderlich werden. Je nach Grad der Schädigung ist eine vollflächige Sanierung (s. Bild 6/8) oder die Instandsetzung von Fehlstellen erforderlich. Die Auswahl des Verfahrens ist in der Praxis jeweils anhand der konkreten Bedingungen zu treffen. Im folgenden werden die einzelnen Verfahren kurz charakterisiert.

Eine **vollflächige Instandsetzung mit zementgebundenen Werkstoffen** wird bei ausgedehnten Deckschichtschäden vorgenommen. Vorher sind die zu sanierenden Flächen von losen, mürben und rissigen Teilen zu befreien. Arbeitsfugen, Nester und schadhafte

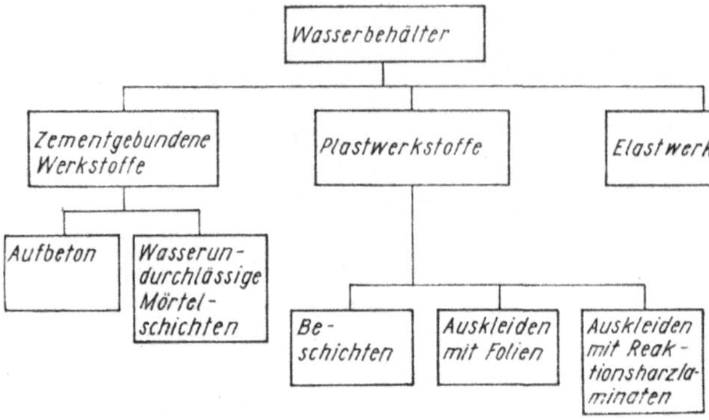

Bild 6/8
Möglichkeiten der vollflächigen Sanierung von Wasserbehältern aus Stahlbeton und Spannbeton

Schichten sind auszustemmen. Der Untergrund wird durch Strahlen oder maschinell-mechanisch aufgerauht und nach Entfernen des Staubes angefeuchtet. Bei der Flächeninstandsetzung durch Aufbeton nach TGL 33453 ist ein Beton der Betonklasse mindestens Bk 15 zu verwenden. Senkrechte, stark geneigte und Überkopfflächen werden mit Spritzbeton, die anderen Flächen durch vibrationsverdichteten Beton erneuert. Dabei ist besonders auf dichte Hinterfüllung der Bewehrung zu achten. Für die Herstellung wasserundurchlässiger Mörtelschichten ist nach TGL 35761/12 zu verfahren. Eine Instandsetzung mit Plastwerkstoffen (TGL 38037, [6/12]) darf nur dann erfolgen, wenn die beschriebenen Verfahren mit zementgebundenen Werkstoffen nicht geeignet sind. Die an die Beschaffenheit des Untergrundes zu stellenden Forderungen sind in Tabelle 6/4 zusammengefaßt.

Das **Beschichten mit Plastwerkstoffen** wird vorzugsweise durch Reaktionsharzspachteln und -laminieren realisiert. Als Reaktionsharze kommen Epoxidharze und ungesättigte Polyester in Frage, wobei bei den inländischen UP-Harzen die unzureichende Alkalibeständigkeit zu beachten ist. Die Mindestdicke der Spachtelschichten beträgt 2 mm. Sind die zu beschichtenden Flächen durch Zugspannungen beansprucht, oder müssen kleinere Fehlstellen (Risse, Löcher) überbrückt werden, so ist eine Glasfaserverstärkung der Schicht erforderlich.

Beim **Auskleiden mit Folien bzw. Tafeln** kommen Folien aus PVC-W mit physiologisch unbedenklichem Weichmacher nach TGL 28905/02 oder Tafeln aus PE-ND nach TGL

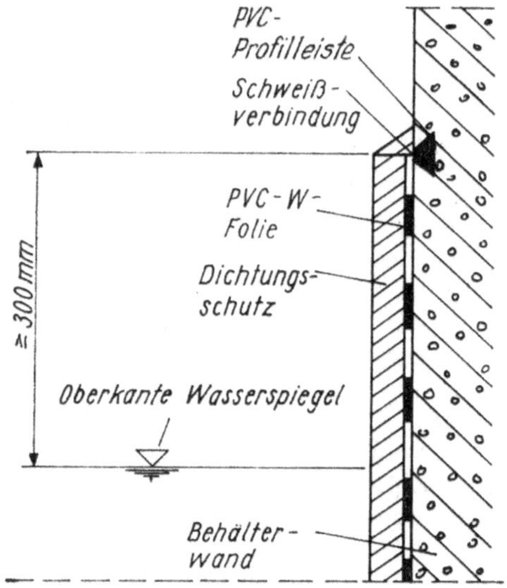

Bild 6/9
Beispiel für die Wandbefestigung von PVC-W-Folie in Trinkwasserbehältern aus Beton

21428/02 zur Anwendung. Die Materialdicke muß mindestens 1,0 mm betragen. Die einzelnen Bahnen werden durch Heißgas- oder Heizelementschweißen verbunden. Ein Beispiel für die Befestigung am Beton zeigt Bild 6/9. Beim Verlegen und Betrieb ist die im Vergleich zu Reaktionsharzbeschichtungen erhöhte Empfindlichkeit dieser Auskleidungen gegen äußere mechanische Beanspruchungen zu beachten.

Kleinere Behälter (bis etwa 500 m^3) können durch Auskleiden mit **Reaktionsharzlaminat** vollflächig saniert werden. Dabei werden in einer geeigneten Vorfertigungsstätte hergestellte Laminate aus GUP im Behälter zu

Tabelle 6/4
Forderungen an die Beschaffenheit des Betonuntergrundes vor der Sanierung mit Plastwerkstoffen nach TGL 38037

Eigenschaften des Untergrundes	Instandsetzungsverfahren		
	Auskleiden mit Folien	Auskleiden mit vorgefertigten Reaktionsharzlaminaten	Beschichten
Druckfestigkeit MPa	keine Forderungen		≧20
Oberflächenbeschaffenheit	glatt; keine scharfkantigen Unebenheiten Kehlenradien ≧15 mm; Kantenradien ≧10 mm	keine Grate und andere Unebenheiten mit einer Höhe >2 mm	keine Grate, rauh und griffig entsprechend einer abgeriebenen Betonoberfläche; frei von Zementschlämme; keine offenen Poren >2 mm Durchmesser; bei Reaktionsharzlaminat und Beschichtungen Radien >30 mm, ebener Untergrund
Beschädigungen und Fehler	abbröckelnde Stellen, Abplatzungen, Abspaltungen und Kiesnester nicht zulässig		
Sauberkeit	frei von Verschmutzungen, Staub, Öl und Fett		
Zulässige Feuchte bis in 30 mm Tiefe Masseprozent	≦6		≦4
Zulässige Temperatur °C	≧12		

einer in sich stabilen Wanne verklebt. Auf diese Weise wird eine Abdichtung mit hoher mechanischer Festigkeit erzielt.
Die **Anwendung von Elasten** ist möglich durch

- Aufkleben vulkanisierter Zweischicht-Kautschukfelle
- Aufkleben unvulkanisierter Kautschukfelle, Vulkanisation durch Heißdampf,

wird jedoch in der DDR für Trinkwasserbehälter nicht angewendet.
Die Ausbesserung örtlich begrenzter Fehlstellen (Risse, Verschleißschäden, schadhafte oder undichte Gefügeabschnitte) erfolgt nach TGL 33453.

6.3.2. Stahlwasserbehälter

Im Gegensatz zu Betonbehältern, die bei fachgerechter Herstellung ohne zusätzlichen Korrosionsschutz betrieben werden können, sind für Behälter aus unlegiertem Stahl zuverlässige Korrosionsschutzmaßnahmen unbedingt erforderlich. Grundsätzlich ist aus korrosionsschutztechnischer Sicht gegen den Einsatz von Stahlbehältern nichts einzuwenden, da bei fachgerechter Anwendung passiver und aktiver Verfahren ein sicherer Schutz gewährleistet werden kann. Bei der z. Z. in der DDR praktizierten Bauform gibt es jedoch wegen konstruktiver Mängel, besonders am Boden, Korrosionsprobleme, die bisher ungelöst sind (s. Bild 6/10). Bei der Montage des Behälters wird der Boden auf das mit einer Bitumenschicht versehene Fundament aufgesetzt. Dabei und beim weiteren Aufbau des Behälters entstehen Verwerfungen im Boden, die ein sattes Aufliegen des Stahls auf dem Bitumen verhindern. Da am Rand eine Abdichtung nicht erfolgt, kann Feuchtigkeit unter den Boden dringen und an diesen Stellen gefährliche Korrosionsherde schaffen. Die schar-

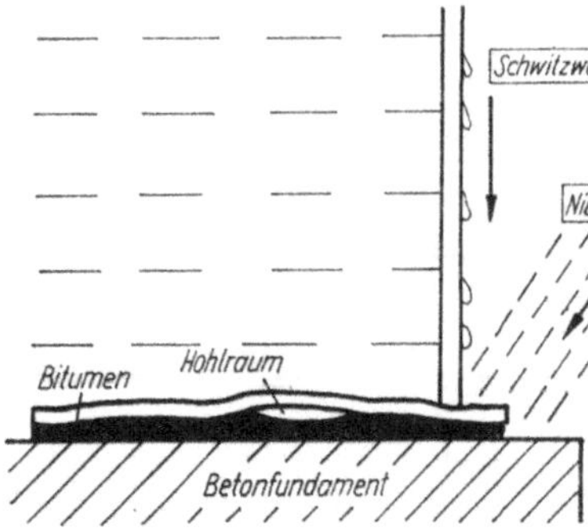

Bild 6/10
Korrosionsschutzwidrige Gestaltung des Behälterbodens eines Stahlwasserbehälters

fen Kanten des unteren Randes sind ebenfalls stark korrosionsgefährdet. Aus diesen Gründen ist derzeit aus korrosionsschutztechnischer Sicht der Einsatz von Wasserbehältern aus Beton bzw. GUP dem aus unlegiertem Stahl vorzuziehen.

6.3.2.1. Passive Schutzmaßnahmen

International haben sich Anstriche auf Basis Vinyl- und Epoxidharz, Chlorkautschuk und Bitumen (Heißbitumen) sowie Verzinkungen und Duplexsysteme bewährt [6/13 bis 6/18]. Bei Anstrichen wird eine Haltbarkeitsdauer von mindestens 10 Jahren, bei Duplexsystemen von mehr als 15 Jahren erreicht. Auch mit Spritzbetonschichten liegen gute Erfahrungen über mehrere Jahrzehnte vor.
Als Vorzugslösung wird die Spritzmetallisierung nach TGL 18734 mit zusätzlichem Anstrich empfohlen. Die Palette der dazu prinzipiell geeigneten Anstrichstoffe wird durch die Forderung nach physiologischer Unbedenklichkeit stark eingeschränkt. Aus der Produktion der Farben- und Lackindustrie der DDR dürfen z. Z. folgende Anstrichstoffe für die Beschichtung trinkwasserbeaufschlagter Flächen verwendet werden:

- Epoxidharzfarbe hellgrau, kalthärtend — CxDE
- Epoxidharzlack, kalthärtend, farblos für Trinkwasserbehälter — CxKE
- Hygiene-Voranstrichstoff, Bitumenlösung — H 491
- Hygiene-Anstrichstoff, Bitumenlösung — H 492
- Hygiene-Aufstrichstoff, Bitumenbasis — H 495
- Duroplastischer Beschichtungsstoff, chemikalienbeständig, thermisch härtend — Y60YE
- Duroplastischer Beschichtungsstoff, chemikalienbeständig, kalthärtend (nur für Reparaturen) — YwYE

Dabei ist zu beachten, daß die beiden zuletzt genannten Beschichtungsstoffe auf Grund besonderer Verarbeitungsbedingungen nicht für die Beschichtung stationärer Anlagen geeignet sind. Einzelheiten zur Auswahl und zum Aufbau der Anstrichsysteme sowie der daraus abgeleiteten Duplexsysteme legt TGL 37065/02 fest. Voraussetzung für eine lange Haltbarkeitsdauer der Schutzschichten sind ausreichende Oberflächenvorbehandlung (vgl. Abschnitt 3.6.) und genügende Schichtdicke. Die Außenbeanspruchung der Stahlbehälter ist je nach Aufstellungskategorie durch mehr oder weniger starke Schwitzwasserbelastung gegeben. Es gelten die Ausführungen in Abschnitt 6.2.7.

6.3.2.2. Aktive Schutzmaßnahmen

Da die Erneuerung passiver Schutzschichten in Stahlwasserbehältern sehr kompliziert ist, empfiehlt sich zur Erhöhung der Haltbarkeitsdauer die zusätzliche Anwendung elektrochemischer Schutzverfahren. In Kombination mit elektrochemischem Schutz können praktisch alle alkalibeständigen, organischen Beschichtungen verwendet werden.
Der kathodische Schutz glatter Behälteroberflächen ohne Einbauten ist unkompliziert. Er kann prinzipiell durch Aktivanoden (Anschweißen an der Behälterwand) realisiert werden. Zweckmäßiger ist jedoch die Installation von Schutzstromanlagen, da bei Verringerung der Qualität der passiven Schutzschicht während der Betriebsdauer die Stromabgabe von Aktivanoden zu gering wird bzw. diese zu häufig gewechselt werden müssen (vgl. Tabelle 6/5). Bei kleineren Behältern kann mit einer Zentralanode (z. B. aus Siliziumeisen) das Schutzpotential auf der gesamten Ober-

Tabelle 6/5
Schutzstrombedarf der Innenflächen von Stahlwasserbehältern nach [6/20]

Beschreibung	Schutzstrombedarf
Ungeschützte Fläche unter ungünstigen Bedingungen	bis zu 300 mA/m²
Ungeschützte Fläche, durchschnittlich	150...180 mA/m²
Behälter mit fachwerkähnlichen Einbauten und Schutzschicht	1...2 mA/m²
Glattwandige Behälter mit unbeschädigter Schutzschicht	etwa 100 µA/m²

fläche erreicht werden [6/19]. *Sahm* [6/20] beschreibt den Schutz eines 1500 m³ fassenden Trinkwasserbehälters, bei dem Ringe aus partiell platiniertem Titandraht als Anodenmaterial verwendet wurden. Die Länge der Platinierung wurde jeweils der Größe des zu schützenden Oberflächenbereichs angepaßt, und so eine möglichst homogene Stromverteilung erzielt. Als Bezugselektroden dienten Zinkelektroden.
Einen Überblick über den gegenwärtigen Stand des kathodischen Innenschutzes von Apparaturen und Behältern gibt [6/21]. In der DDR wird dieses Verfahren für Trinkwasserbehälter noch nicht angewendet.

6.3.2.3. Hydroglobus

Bei der Wasserspeicherung in Hydrogloben treten einige spezifische Korrosionsschutzprobleme auf. Der Hydroglobus besteht aus einem kugelförmigen Stahlbehälter, der sich an der Spitze eines durchschnittlich 30 m langen Stützrohres – ebenfalls aus unlegiertem Stahl – befindet. Auf die Außenfläche der Stahlkugel kommt eine Wärmedämmschicht, die nach außen durch die charakteristische Aluminiumblechhülle abgeschlossen wird. Die Befestigung der Hülle wird durch Aufnageln einzelner Segmente mit Hilfe von Al-Nägeln auf ein Hartholzgerüst erreicht, das am Stahlbehälter festgeklemmt ist.
Als Erstschutz werden der Stahlbehälter und das Stützrohr mit Anstrichen auf CPVC- und Bitumenbasis versehen. Diese Maßnahmen des ungarischen Herstellers reichen jedoch in der Regel nicht aus, um den Korrosionsschutz während der gesamten Betriebsdauer zu sichern. Besonders nachteilig ist es, daß der Zustand der Anstriche bzw. Korrosionserscheinungen auf der Außenseite des Stahlbehälters nicht beobachtet werden können. Hier eingetretene Schäden werden erst im Zuge planmäßiger Revisionen bzw. im Schadensfalle erkannt. Da die Nahtstellen zwischen den Al-Segmenten luft- und wasserdurchlässig sind, kommt es besonders auf der Wetterseite und in Industriegebieten zu starken Korrosionsangriffen, die verstärkt auftreten, wenn infolge der genannten Beanspruchungsbedingungen durch Faulung des Holzgerüstes Al-Nägel gelockert werden, wodurch sich die Spalten zwischen den Al-Segmenten vergrößern bzw. sogar ganze Segmente abfallen können.
Am Stützrohr selbst sind bisher keine Korrosionserscheinungen festgestellt worden, die die Standsicherheit der Konstruktion gefährden könnten. Abblättern und Durchrosten des Außenanstrichs dieses weithin sichtbaren Bauwerkes vermitteln jedoch den Eindruck einer ungepflegten Anlage und sollten auch aus diesem Grunde vermieden werden.
Zusammenfassend muß festgestellt werden, daß der Hydroglobus eine korrosionsschutztechnisch ungünstige Konstruktion darstellt. Maßnahmen des Wiederholschutzes am Stahlbehälter sind nur mit großem Aufwand innerhalb komplexer Rekonstruktionsmaßnahmen möglich (Foto 12). Eingesetzt werden Epoxid- und Teerepoxidharzbeschichtungen. Außenanstriche des Stützrohres werden mit CPVC-Anstrichen ausgeführt.

6.3.2.4. Druckkessel

Für Druckkessel ist innen ein herstellerseitiger Erstschutz mit Epoxidharzklarlack CxKE (Schichtdicke mind. 200 µm) zu fordern. Die Erneuerung des Korrosionsschutzes im Zuge der Instandhaltung ist problematisch, weil eine Strahlentrostung unter Praxisbedingungen meist nicht möglich ist. Daher wurden Beschichtungsversuche mit Zement-Wasserglas-Auskleidungen durchgeführt, wobei als Oberflächenvorbehandlung lediglich eine

Handentrostung und gründliches Abwaschen der Oberfläche erforderlich ist. Die Versuche führten teilweise zu guten Erfolgen. Die Beschichtung kann auf die nasse Oberfläche erfolgen. Weitere Vorteile sind gute Verfügbarkeit des Materials und geringe Anforderungen bezüglich Arbeitsschutz. Zur Optimierung des Verfahrens sind weitere Untersuchungen erforderlich.

6.3.3. Wasserbehälter aus GUP

Auf Grund seiner Korrosionsbeständigkeit, Wartungsfreiheit und physiologischen Unbedenklichkeit ist glasfaserverstärktes Polyester sehr gut als Werkstoff für Trinkwasserbehälter geeignet. Durch geringeres Gewicht und leichte Verarbeitbarkeit werden bei Substitution der traditionellen Betonbauweise Baukapazitäten eingespart, Bauzeiten verkürzt und die Arbeitsproduktivität gesteigert. Die derzeit bekannten Herstellungsverfahren sind in [6/22] beschrieben. Reparaturen sind ohne größere Schwierigkeiten möglich.
In eigenen Fertigungskapazitäten der Wasserwirtschaft wurden bisher 15, 30, 60 und 100 m³ große Behälter nach dem Schlauchbandwickelverfahren hergestellt (Foto 13). Die Behälter werden vollständig einschließlich Schieberkammer fertiggestellt, so daß sie mit geringem Aufwand auf der Baustelle in die Baugrube abgesenkt und an das Rohrnetz angeschlossen werden können [6/23]. Die Größe vorgefertigter Behälter wird praktisch durch die Transportmöglichkeit begrenzt.

Tabelle 6/6
Rohrwerkstoffe und ihre vorrangige Anwendung

Werkstoff	Erdverlegte Rohrleitungen	Gebäudeverlegte Rohrleitungen
Asbestzement	×	
Blei		×
Gußeisen	×	×
Kupfer		×
Plaste	×	×
unlegierter Stahl	×	
Stahl, verzinkt	×	×
Spannbeton, Stahlbeton	×	
Zinnmantelrohre		×

Behälter mit größerem Fassungsvermögen können aus ebenen Laminaten (Dicke 6 bis 8 mm) als frei stehende Behälter an Ort und Stelle aufgebaut bzw. als Erdbecken mit Laminatauskleidung ausgebildet werden. Ein 7500 m³ großer Versuchsbau muß als Sonderfall angesehen werden. Bei diesen Behältergrößen sind Betonbehälter wirtschaftlicher. Die Windstandsfestigkeit und das Alterungsverhalten des GUP unter langjährigen Witterungsbeanspruchungen sind noch weitgehend ungeklärt.

6.4. Wasserverteilung

Das Trinkwasser muß auch an den am weitesten von der Aufbereitungsanlage entfernt liegenden Entnahmestellen den Trinkwassergütebedingungen nach TGL 22433 entsprechen. Dies erfordert außer der Beachtung baulicher Sicherheitsvorkehrungen die Anwendung korrosionsbeständiger Werkstoffe bzw. entsprechender Korrosionsschutzmaßnahmen.
Nach TGL 10697/03 sind die in Tabelle 6/6 zusammengestellten Rohrwerkstoffe für die Trinkwasserverteilung geeignet. Bei entsprechender Rohrqualität und Anwendung geeigneter Korrosionsschutzmaßnahmen erfüllen diese Werkstoffe die genannte Forderung. Die spezielle Verwendung bestimmter Rohrwerkstoffe entweder für erdverlegte oder für gebäudeverlegte Rohrleitungen ergibt sich aus

- der herstellungsbedingten Dimensionierung der Rohre
- den gegebenen Verlegebedingungen und
- materialökonomischen Gesichtspunkten.

6.4.1. Erdverlegte Rohrleitungen

Erdverlegte Rohrleitungen dienen der Förderung des Rohwassers von der Gewinnungs- zur Aufbereitungsanlage und der Förderung des Trinkwassers von der Aufbereitungsanlage zum Verbraucher.
Die Rohrleitungen unterliegen von innen der Korrosion durch das geförderte Wasser (TGL 22769/03 und 33408/01) und von außen der Korrosion durch Erdböden (TGL 11465

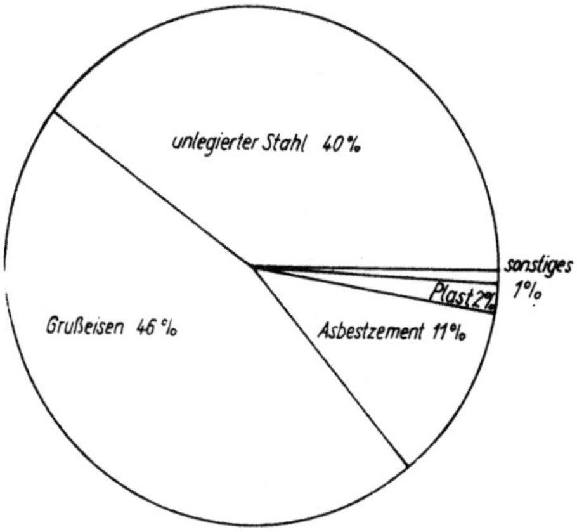

Bild 6/11
Anteil der Rohrwerkstoffe an der Länge der Versorgungsnetze in der DDR

und 33408/01). Rohrleitungen aus metallischen Werkstoffen können durch Streuströme zusätzlich gefährdet werden (vgl. 2.6.2.5.). Typische Schäden hierdurch zeigt Foto 14.
Im vorhandenen Rohrnetz dominieren die Werkstoffe unlegierter Stahl und Gußeisen (Bild 6/11).
Die für Neuverlegungen vorzugsweise einzusetzenden Rohrwerkstoffe sind unter Berücksichtigung des gegenwärtigen Produktionsprofils der DDR-Rohrindustrie in TGL 22769/03 festgelegt (s. Tab. 6/7). Die generelle Verwendung korrosionsbeständiger Rohrwerkstoffe (PE, PVC, Asbestzement, Spannbeton) ist nicht möglich, da die Auswahl neben Fragen des Korrosionsschutzes und der Verfügbarkeit auch von den konkreten Verlege- und Betriebsbedingungen beeinflußt wird.
Während bei Rohrleitungen aus Nichteisenwerkstoffen hauptsächlich mechanische Kräfte die Ursache von Rohrschäden sind, werden 95 % der Schäden an Stahlrohrleitungen durch Korrosion hervorgerufen (vgl. Tab. 6/8). Aus diesem Grunde bilden Schutzmethoden für unlegierte Stahlrohre den Schwerpunkt der folgenden Darlegungen.
Detaillierte Angaben zu den in der DDR verfügbaren Rohren und Formstücken können dem Katalog „Korrosionsschutz im Rohrleitungsbau“ [6/24] und dem Werkstandard Wapro 1.11 entnommen werden.

6.4.1.1. Unlegierter Stahl

Rohre aus unlegiertem Stahl können praktisch in allen gewünschten Nenndurchmessern (*DN*) hergestellt werden. Das Stahlrohr behauptet insbesondere bei höheren Nenndurchmessern

Tabelle 6/7
Vorzugsweise einzusetzende Rohrwerkstoffe nach TGL 22769/03 für Erdverlegungen ohne besondere Einflüsse

PE Polyethylen; *PVC-H* Polyvinylchlorid, hart; *AZ* Asbestzement; *St-Zn* Stahl, verzinkt; *ST-ZMA* Stahl mit Zementmörtelauskleidung und Außenbituminierung; *St-bi* Stahl, bituminiert;
GGL Gußeisen, lamellar; *GGG* Gußeisen, globular; *SpB* Spannbeton

<table>
<tr><th rowspan="2">Nenndruck PN in MPa</th><th colspan="20">Nenndurchmesser DN in mm</th></tr>
<tr><th>25</th><th>32</th><th>40</th><th>50</th><th>80</th><th>100</th><th>150</th><th>200</th><th>250</th><th>300</th><th>400</th><th>500</th><th>600</th><th>800</th><th>1000</th><th>1200</th><th>1400</th><th>1600</th><th>1800</th><th>2000</th></tr>
<tr><td rowspan="4">≤ 1,0</td><td colspan="4" rowspan="2">PE</td><td colspan="7">AZ</td><td colspan="2" rowspan="2">St-ZMA</td><td rowspan="2"></td><td rowspan="7">SpB</td><td rowspan="2">GGL</td><td colspan="4" rowspan="8">St-bi</td></tr>
<tr><td colspan="6">PVC-H</td><td></td></tr>
<tr><td colspan="4" rowspan="5">St-Zn</td><td colspan="8">GGG</td><td colspan="2" rowspan="3">GGL</td><td rowspan="3"></td></tr>
<tr><td colspan="2" rowspan="2">GGL</td><td colspan="6" rowspan="2"></td></tr>
<tr><td rowspan="3">1,6</td></tr>
<tr><td colspan="6" rowspan="2"></td><td colspan="3" rowspan="2">St-ZMA</td><td rowspan="2"></td><td>GGL</td></tr>
<tr><td rowspan="2"></td></tr>
<tr><td>2,5</td><td colspan="7"></td><td colspan="8">St-bi</td></tr>
</table>

Tabelle 6/8
Hauptschadensursachen während des Betriebes von Rohrleitungen

Rohrwerkstoff	Rohrschadens-quotient Schäden/a·km	Hauptschadensursachen	Folgeerscheinungen
Unlegierter Stahl	1,5...2,0	Lochfraß Streustromkorrosion Inkrustation	} Leckstellen Verringerung des Rohrquerschnitts
Gußeisen	0,8	selektive Korrosion (Spongiose) Druckstöße, Erd- und Verkehrslasten, Untergrundveränderungen Inkrustation	Festigkeitsverlust } Längsrisse, Rundrisse, Schalenbrüche Verringerung des Rohrquerschnitts
Asbestzement, Beton	0,2	Druckstöße, Erd- und Verkehrslasten, Untergrundveränderungen	} Risse, Brüche
Plaste (PVC-H, PE)	0,5	Verlegefehler Druckstöße, Erd- und Verkehrslasten, Untergrundveränderungen	Leckstellen an Rohrverbindungsstellen } Risse, Brüche

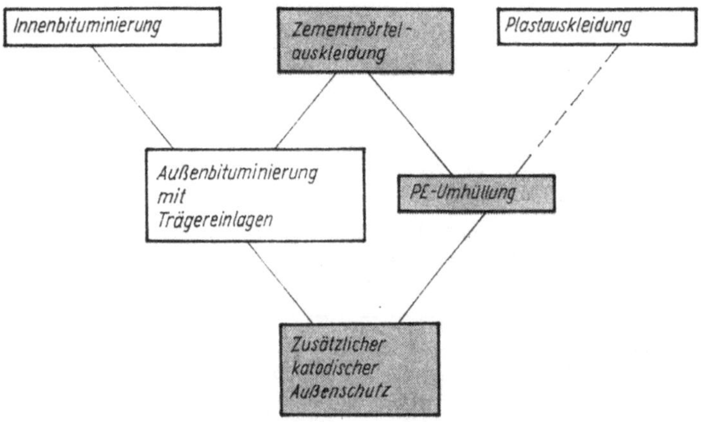

Bild 6/12
Hauptverfahren des Korrosionsschutzes von unlegierten Stahlrohrleitungen

und Betriebsdrücken seine Vorrangstellung. Vorteilhaft für die Verlegung sind seine mechanische Festigkeit und Elastizität, die Verform- und Schweißbarkeit.
Der entscheidende Nachteil ist die Korrosionsanfälligkeit des unlegierten Stahls im Vergleich zu anderen Werkstoffen. Er korrodiert in Trinkwässern und Erdböden infolge Ausbildung von Belüftungselementen vorwiegend lochfraßartig, wodurch bereits nach einer Betriebsdauer von nur drei bis fünf Jahren Zerstörungen der Rohrwand von innen bzw. außen auftreten können. Streuströme können unter günstigen Bedingungen schon nach wenigen Monaten das erdverlegte Rohr von außen zerstören. Beim Einsatz unlegierter Stahlrohre ist deshalb ein zuverlässiger und langlebiger Korrosionsschutz erforderlich, der grundsätzlich nur durch kombinierte Anwendung passiver und aktiver Schutzmaß-

nahmen erreicht werden kann. Die hauptsächlich angewendeten Schutzverfahren veranschaulicht Bild 6/12. Zementmörtelausgekleidete Stahlrohre mit PE-Umhüllung und gleichzeitigem kathodischen Außenschutz garantieren die höchste Lebensdauer und werden international eingesetzt.

Außenschutz

Zum Schutz der erdverlegten Stahlrohrleitungen vor aggressiven Erdböden sowie Streuströmen haben sich folgende Verfahren bewährt:

- Bituminierung
- PE-Ummantelung
- kathodischer Schutz.

Bitumen, das älteste, für den Rohrschutz angewendete Schutzmaterial, wird noch heute in großem Umfang eingesetzt. Grundsätzlich gilt für die werkseitige Bituminierung die TGL 7534. Bild 6/13 zeigt den prinzipiellen Aufbau eines bituminösen Außenschutzes von Stahlrohren.
Die Vorbehandlung der Oberfläche erfolgt durch mechanische Verfahren nach TGL 18730/01 oder durch Beizen. Der nach TGL 7534 als zu erreichende Oberflächenqualität geforderte SG 1 kann jedoch aus fachlicher Sicht nicht befriedigen. Durch die ungenügende Entrostung und Entzunderung wird die für eine hohe Schutzwirkung der Bituminierung erforderliche Haftung in Frage gestellt. Zum Zusammenhang zwischen Säuberungsgrad und Haltbarkeitsdauer von Beschichtungen sei auf Abschnitt 3.6. verwiesen.
Zur Haftverbesserung wird ein Haftvermittler

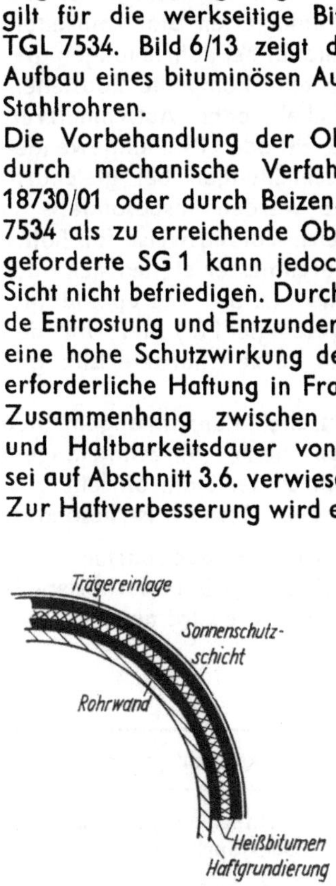

Bild 6/13
Aufbau der Rohraußenbituminierung bei Stahlrohren

aufgetragen. Die eigentliche Rohrumhüllung besteht aus geblasenem Bitumen nach TGL 21230, in das Trägereinlagen – meist aus Glasvlies (TGL 26740/05) – eingebettet sind.
Die Anzahl der Wickelschichten bestimmt die Schichtdicke des Überzugs. Rohre und Formstücke der Stahlmarken St 38b-2 und St 52-3 sind in den Nenndurchmessern 50 bis 3000 mit 3 mm, 5 mm und 7 mm Mindestschichtdicke des Überzugs lieferbar [6/24]. Die Festlegung der Schichtdicke erfolgt nach TGL 11465 in Abhängigkeit von der Aggressivität des Erdbodens. Die abschließende weiße Sonnenschutzschicht (Kalk-Latex-Schicht) hat die Aufgabe, eine unzulässige Erwärmung des Bitumenschutzes bei Transport und Lagerung durch Reflexion der Sonnenstrahlung zu verhindern. Bei fehlender oder unzureichend ausgeführter Sonnenschutzschicht kann es bei Lagerung der Rohre in der Sonne zum Abfließen des Bitumens (vorzugsweise innen) kommen (Foto 15). Derartig geschädigte Rohre sind praktisch ohne wirksamen Korrosionsschutz. Außerdem besteht während des Betriebes der Rohrleitungen die Gefahr des Ablösens von Bestandteilen der ehemaligen Innenbeschichtung (Beeinträchtigung der Wassergüte, Verstopfung von Armaturen). Bei längerer Lagerung der Rohre im Freien wird die Sonnenschutzschicht durch Alterung zerstört und eine Erneuerung ist erforderlich („Nachkalken").
Von der herstellerseitig aufgetragenen Sonnenschutzschicht wird eine Zwischenstandzeit von zwölf Monaten gefordert. Dabei ist der Schutz noch gegeben, wenn der von der Sonne bestrahlte Flächenanteil ohne Sonnenschutz nicht mehr als 20% beträgt [6/25]. TGL 20353 fordert die mindestens halbjährliche Erneuerung der Sonnenschutzschicht. Um den Korrosionsschutz der Rohrleitungen durchgängig zu gewährleisten, müssen auf der Baustelle die Schweißnahtzonen sorgfältig **nachisoliert** werden. Hierzu sind folgende Arbeitsgänge notwendig:

- Oberflächenvorbehandlung
- Auftragen einer Haftgrundierung
- Umwickeln der Schweißnahtzonen mit Bitumenbinden (z. B. Korropan, Trikopan) unter Verwendung von Propangashandbrennern bis die Schichtdicke der Rohrisolierung erreicht ist.

Schadstellen sind unter Verwendung von „Elefantenhaut" oder mit Bitumen-Spachtelmassen nachzubessern. Bitumenschutzschichten haben grundsätzlich den Nachteil erhöhter Empfindlichkeit gegen mechanische Beschädigungen bei unsachgemäßem Transport und Verlegung sowie auf Grund ihres plastischen Charakters gegen erhöhte Temperaturen. Diese Nachteile weisen thermoplastische Beschichtungsmaterialien nicht auf, wobei sich besonders die **Ummantelung mit Polyethylen** bewährt.

PE-Schichten haben gegenüber Bitumenschichten folgende weitere Vorteile:

- größere Haftfestigkeit,
- geringere Wasserdampfdurchlässigkeit, praktisch keine Wasseraufnahme,
- größere Widerstandsfähigkeit gegen chemische und biologische Angriffe.

Die Beschichtung mit PE ist durch Extrudieren, Aufschmelzen oder Wirbelsintern möglich. In der DDR werden nach TGL 25304/01, /02 und TGL 27865/01 Rohre, Rohrbogen und T-Stücke der Stahlmarke St 35b-2 in den Nenndurchmessern 25 bis 150 mit PE ummantelt. Die Ummantelung erfolgt durch Extrusion (Rohr) bzw. Pulveraufschmelzen (Formstück). Die Schichtdicke beträgt $2 \pm 0{,}5$ mm [6/24]. Die Nachisolierung der Schweißnahtzonen kann mittels

- Pulveraufschmelzverfahren
- wärmeschrumpfender Isolierschläuche
- selbstklebender Binden

erfolgen.

Die Verwendung von Bitumenbinden bringt eine Verringerung der Lebensdauer gegenüber der Werksisolierung mit sich und ist daher zu vermeiden.

Die Tatsache, daß die in der DDR produzierten PE-ummantelten Rohre zum einen ohne Innenschutz geliefert werden, zum anderen nur bis *DN* 150 zur Verfügung stehen, bedingt, daß diese Rohre bisher für die Förderung von Wasser generell nicht empfohlen werden können.

Anders liegen die Verhältnisse natürlich, wenn die PE-ummantelte Stahlrohrleitung nach der Verlegung mit Zementmörtel ausgepreßt wird. Auf diese Art und Weise wird ein der Vorzugsvariante von Bild 6/12 entsprechender Korrosionsschutz der Stahlrohrleitung erreicht wobei jedoch der dazu notwendige Aufwand im konkreten Einsatzfall entscheidend für die Anwendung dieser Variante ist.

International ist die PE-Ummantelung von Stahlrohren bis *DN* 2000 üblich [6/26]. Als Innenschutz wird meist Zementmörtel verwendet.

Außer den dominierenden Materialien Bitumen und PE für den werkseitigen Korrosionsschutz von unlegierten Stahlrohrleitungen wird international bei Rohrleitungen großer Dimensionen eine komplette Baustellenisolation im Wickel- oder Aufschmelzverfahren mittels PE, PP oder PVC angewendet. Zementmörtelbeschichtungen bei gleichartigem Innenschutz werden insbesondere in den USA eingesetzt. Vorzugsweise für Rohre kleinerer Nenndurchmesser eignen sich auch Dickschichtsysteme (z. B. Teerepoxidharz, Epoxidharz, ungesättigte Polyester) für den Außenschutz. Eine kurze Charakteristik gibt Tabelle 6/9.

Der passive Schutz allein kann im allgemeinen den Forderungen nach jahrzehntelangem störungsfreien Betrieb der Stahlrohrleitungen nicht gerecht werden. Deshalb ist besonders

- im Bereich aggressiver Bodenarten
- bei häufig wechselnden Bodenarten sowie
- beim Auftreten von Streuströmen

Tabelle 6/9
Sonstige Verfahren des Außenschutzes von unlegierten Stahlrohren

	Zementmörtel	PVC	Dickschichtsysteme
Auftragsverfahren	Spritzen oder Gießen, Drahtmattenarmierung möglich	Wirbelsintern	mehrschichtiges Streichen oder Spritzen
Schichtdicke	je nach NW 6...18 mm, in Sonderfällen bis zu 10 cm [6/27]	0,3...0,4 mm	120...200 µm je Schicht, Gesamtschichtdicke 1,0...1,5 mm

Schutzschicht-material	Bitumen-anstrich	Bitumen/ Glasvlies	PE	Ohne Beschichtung
Schutzstrombedarf mA/m²	10...20	0,01...0,1	0,001	10...100

Tabelle 6/10 Schutzstrombedarf von Rohren mit verschiedenen Beschichtungen

die **gleichzeitige Anwendung kathodischer Schutzverfahren** notwendig und international üblich. Auf diese Weise wird die Korrosion an den praktisch unvermeidbaren Fehlstellen der Rohrumhüllung verhindert.
Optimale Korrosionsschutzbedingungen setzen einen hochwertigen passiven Schutz voraus, damit der kathodische Schutz mit einem ökonomisch vertretbaren Schutzstrombedarf (Schutzstromdichte <1 mA/m²) realisiert werden kann. Dieses sogenannte **kombinierte Verfahren** ist um so wirtschaftlicher, je besser die Beschichtung als elektrischer Isolator wirkt (Tab. 6/10).
Auf diese Weise können die Nutzungsdauer der Rohrleitungen mindestens verdoppelt und gleichzeitig die Aufwendungen für die Beseitigung von Rohrschäden um mehr als 80 % gesenkt werden.
Ein weiterer Vorteil des Verfahrens besteht darin, daß durch Messungen des Rohr/Boden-Potentials die Schutzwirkung kontrolliert und erforderlichenfalls reguliert werden kann. Bei unzureichendem Schutz wird daher an schutzstromgespeisten Anlagen der Schutzstrom erhöht bzw. werden beim Aktivanodenverfahren weitere Anoden installiert.
Der kathodische Schutz von Fernwasserleitungen ist technisch gelöst. Bei der praktischen Anwendung in Ortsnetzen gibt es jedoch eine Reihe von Problemen. Das ist besonders in älteren Netzen der Fall, wo die Rohrleitungen bzw. Kabel der Wasserversorgung, der Energieversorgung und der Post meist elektrisch leitenden Kontakt miteinander haben. Das ist durch Zufallsverbindungen im Erdboden infolge verminderter Qualität des passiven Schutzes, durch elektrisch leitende Verbindungen über die Hausinstallationen (Durchlauf-Gaswasserheizer) sowie durch den Potentialausgleich in Erdanlagen bedingt. Die Folge ist, daß beim Schutz eng begrenzter Bereiche, z. B. eines Rohrleitungsabschnitts, das Schutzpotential nicht oder nur durch unwirtschaftlich hohe Stromeinspeisungen erreicht werden kann.
Unter diesen Bedingungen ist **Verbundkorrosionsschutz** nach TGL 18791/01 bis /03 – d. h. der gemeinsame Schutz mehrerer Schutzobjekte durch eine oder mehrere kathodische Schutzanlagen – anzuwenden. Neben der Erreichung des kathodischen Schutzes der Objekte ist eine Senkung der Kosten zu verzeichnen. Beispielsweise verringern sich beim gemeinsamen Schutz von 2 bis 3 Objekten die anteiligen Kosten für die Schutzanlagen um 40 bis 50 %.
In Ballungsgebieten der Industrie und in großen Wohngebieten wird immer mehr dazu übergegangen, die Gesamtheit der in diesem Territorium verlegten Objekte unabhängig vom Grad ihrer Korrosionsgefährdung katodisch zu schützen (**Globalschutz**). Durch den damit erreichten Ausgleich der Objekt/Elektrolyt-Potentiale wird eine gegenseitige korrosive Beeinflussung der einzelnen Objekte in den stark vermaschten Leitungssystemen vermieden. Der Globalschutz ist der derzeit wirksamste und wirtschaftlich günstigste Korrosionsschutz erdverlegter vermaschter Leitungsnetze [6/28].
Der Schutz gegen Streustromkorrosion kann durch Streustromableitung (Drainage) oder Streustromabsaugung (Soutirage) erfolgen. Hierbei ist in der Regel ebenfalls Verbundkorrosionsschutz erforderlich.
Weiterführende Darlegungen zum kathodischen Korrosionsschutz sind der Spezialliteratur zu entnehmen [6/29].

Innenschutz

Auf unlegierten Stahlrohren kann sich bei bestimmten Wasserqualitäten und Betriebsbedingungen eine Kalk-Rostschutzschicht ausbilden (vgl. Abschnitt 5.4.8.), die den Stahl vor weiterer Korrosion schützt. Nach DIN 50930/02 ist die Wahrscheinlichkeit der Bildung dieser Schicht am größten, wenn

- sich das Wasser annähernd im Kalk-Kohlensäure-Gleichgewicht befindet ($-0{,}3 < I_s < 0{,}2$)

- die Kalkhärte nicht kleiner als 40 mg/l CaO ist
- der Sauerstoffgehalt über 3 mg/l beträgt
- die Karbonathärte über 40 mg/l CaO liegt
- der Chloridgehalt 175 mg/l und der Sulfatgehalt 300 mg/l nicht übersteigen
- das Wasser die gesamte Rohroberfläche bedeckt und ständig fließt.

Da diese Bedingungen nur in sehr wenigen Fällen in ihrer Gesamtheit erfüllt sind bzw. eine entsprechende Wasseraufbereitung oftmals technisch nicht möglich oder unwirtschaftlich ist und auch das ständige Fließen des Wassers nicht immer gewährleistet werden kann, ergibt sich die Notwendigkeit, unlegierte Stahlrohre nur dann zu verwenden, wenn ein dauerhafter, mindestens der normativen Nutzungsdauer (Tabelle 6/11) entsprechender Innenschutz gewährleistet werden kann.

Tabelle 6/11
Normative Nutzungsdauer NND von Wasserversorgungsleitungen in Jahren

Rohrwerkstoff	*NND* a
Unlegierter Stahl	40
Gußeisen	50
Asbestzement	50
Beton	50
PE	50
PVC	50
Rohrleitungen in Gebäuden	25

Die wichtigsten Verfahren zum inneren Korrosionsschutz der Stahlrohrleitungen sind:

- Bituminierung
- Zementmörtelauskleidung
- Plastauskleidung.

Vor der **Bituminierung** der Rohre und Formstücke schreibt TGL 7534 eine Oberflächenvorbehandlung durch mechanische Verfahren oder durch Beizen bis SG 2 vor.
Die Beschichtung der Rohre erfolgt durch Ausschleudern mit Heißbitumen (geblasenes Bitumen nach TGL 21230). Den Aufbau einer Rohrinnenbituminierung zeigt Bild 6/14. Innenbituminierte Rohre aus St 38b-2 und St 52-3 werden nach TGL 7534 in den Nenndurchmessern 300 bis 3000 mit Mindestschichtdicken von 2 und 3 mm geliefert. Die Dicke der Beschichtung wird in Abhängigkeit vom Aggressivitätsgrad des Wassers nach TGL 22769/03 festgelegt.

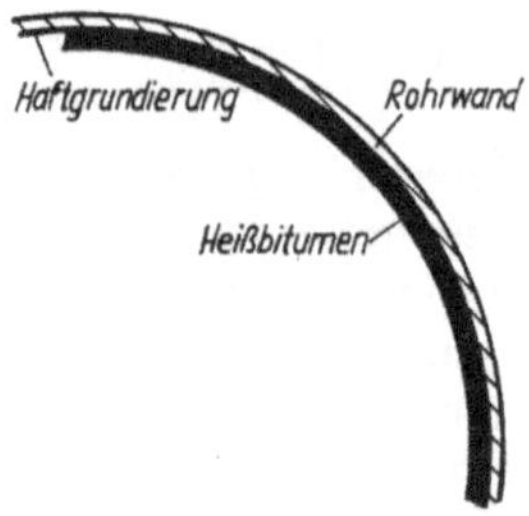

Bild 6/14
Aufbau der Rhrinnenbituminierung bei Stahlrohren

Formstücke in den Nenndurchmessern 300 bis 3000 erhalten herstellerseitig einen Kaltbitumenanstrich von 0,03 mm Dicke. Um einen der Werksisolierung der Rohre entsprechenden durchgängigen Korrosionsschutz der Rohrleitung zu gewährleisten, ist es also erforderlich, die Formstücke auf der Baustelle zu bituminieren. Da unter diesen Bedingungen jedoch die Qualität der Werksisolierung praktisch nicht erreichbar ist, bedeutet das einen weiteren Schwachpunkt für die Rohrleitung.
Bitumenschutzschichten sind beständig gegen aggressive Roh- und Reinwässer bei Strömungsgeschwindigkeiten bis etwa 3 m/s. Die normative Nutzungsdauer für Stahlrohre von 40 Jahren wird bei Verwendung von Bitumen als Innenschutz in der Regel jedoch nicht erreicht. Selbst bei fachgerechter Herstellung der Schutzschichten, Transport, Lagerung und Verlegung kommt es durch unvermeidbare Diffusion von Wasser und Sauerstoff durch die Beschichtung zu Blasenbildung und Ablöseerscheinungen des Bitumens während des Betriebs. Die Schäden treten um so früher auf, je schlechter

- die Oberflächenvorbehandlung
- die Bitumenqualität
- die Qualität der Beschichtungsarbeit

sind. So gibt es Fälle, bei denen durch qualitativ schlechte Rohrisolierungen erste Rohrschäden bereits nach 12 bis 15 Jahren auftreten [6/30]. Weit kürzere Lebensdauern ergeben sich wenn grobe Fehler bei Lagerung und Montage (Abfließen der Innenbituminie-

rung durch unzulässige Erwärmung) gemacht werden. Die durchschnittliche Nutzungsdauer bituminierter Rohrleitungen liegt bei etwa 25 Jahren.
Ein weiterer Grund für die ungenügende Nutzungsdauer entsteht durch die Art der Rohrverbindung. Für *DN* 250 bis 600 ist prinzipiell die Lieferung der Rohre mit PE-ausgekleideten Muffen nach TGL 26825 möglich. Jedoch ist das Produktionsaufkommen derartiger Rohre, bei denen eine Nachisolierung der Verbindungsstellen nicht erforderlich ist, so gering, daß der größte Teil der innenbituminierten Stahlrohrleitungen mit Stumpfschweißverbindungen verlegt wird. Die dadurch erforderliche Nachisolierung der Schweißnahtzonen (s. Tabelle 6/12) erreicht generell nicht die Qualität der Werksisolierung.
Aus diesem Grunde wurde der Schutz der Schweißnahtzonen mittels Aktivanoden entwickelt. Die beiden grundsätzlichen Anwendungsformen zeigen die Bilder 6/15 und 6/16 sowie Foto 16.
Stabanoden sind einsetzbar für Rohre ab *DN* 200. Die Anoden müssen vor der Verbindung der Rohre mittels des Anodenhalters im Bereich der nichtisolierten Schweißnahtzone angeschweißt werden. Die Bemessung des Schutzes, d. h. die Festlegung des Typs (Größe), der Anzahl und der Stellung der Anoden erfolgt als Funktion der Größe der zu schützenden Schweißnahtzone und der Leitfähigkeit des Wassers nach Werkstandard SWW 059. Der entscheidende Nachteil der

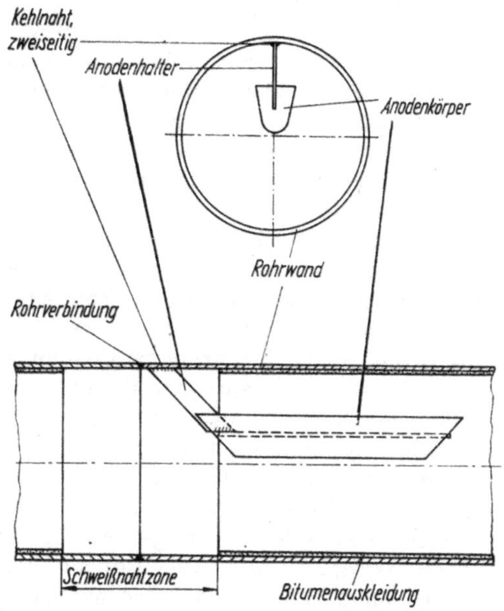

Bild 6/15
Schutz der Schweißnaht mit Hilfe von Stabanoden

Stabanoden besteht darin, daß durch den in das Rohr hineinragenden Anodenhalter die derzeit bekannten Rohrreinigungs- und -sanierungsverfahren nicht anwendbar sind. Die Druckverluste erhöhen sich um 3 bis 7%.
Den Einsatz der Stabanoden in der Wasserwirtschaft regelt die Vorschrift 102/81 der Staatlichen Bauaufsicht [6/33]. Es wird grundsätzlich davon ausgegangen, daß innenbituminierte Stahlrohre auf Grund ihrer hohen

Tabelle 6/12
Verfahren der Nachisolierung der inneren Schweißnahtzonen bituminierter Stahlrohrleitungen

DN-Bereich	Nachisolierverfahren	Bemerkungen
300...800	Innenisoliergerät [6/31]	exakter Anschluß an Werksisolierung problematisch, ungleichmäßige Schichtdicke, nur für gerade Rohrstrecken
≧800	Handauftrag von Heißbitumen	häufig Bildung von Blasen und Poren, ungleichmäßige Schichtdicke, schwierige Arbeitsbedingungen, Unfallgefahr
≧800	Handauftrag von Heiß- und Kaltspachtelstoffen [6/32]	günstige Lösung für begehbaren DN-Bereich, schwierige Arbeitsbedingungen

Korrosionsgefährdung abzulösen und die Aktivanoden demzufolge als Übergangslösung und nur für diesen Anwendungszweck angewendet werden dürfen. Bei vorgesehenem Einsatz innenbituminierter Rohre mit Stabanoden ist nachzuweisen, daß andere Rohrmaterialien nicht verfügbar oder technisch nicht geeignet sind.
Die Stabanoden werden seit etwa zehn Jahren eingesetzt. Die bei Aufgrabungen und Begehungen entsprechend bestückter Rohrleitungen bezüglich der Schutzwirkung des Verfahrens gemachten Erfahrungen sind unterschiedlich und widerspruchsvoll. Während in einigen Fällen einwandfrei geschützte Schweißnahtzonen festgestellt wurden, waren in anderen Fällen lochfraßartige Korrosionen sogar im Bereich des Anodenhalters zu beobachten. Die aus dem bisherigen Abtrag der Anoden extrapolierbare Lebensdauer liegt zwischen 5 und 35 Jahren, durchschnittlich bei 15 Jahren.
Die **Ringaktivanoden** werden bereits vom Rohrhersteller an den Rohrenden eingebracht, so daß bei der Verlegung lediglich die übliche Verbindungsschweißnaht zu ziehen ist. Der Nachteil der in das Rohr hineinragenden Anodenhalter entfällt. Rohre mit Ringanoden werden in den Nenndurchmessern 200, 250 und 300 nach Werkstandard AB 22.03 hergestellt. Die in Tabelle 6/13 ausgewiesene Lebendauer wird vom Rohrhersteller angegeben [6/34]. Die Druckverluste erhöhen sich um 1 bis 1,5 %.
Grundsätzlich wird heute eine Haltbarkeitsdauer von etwa 15 bis 20 Jahren bei Rohrinnenbeschichtungen als wesentlich zu gering eingeschätzt. Die Forderung geht deshalb nach Einsatz korrosionsbeständiger Werkstoffe bzw. Auftrag langlebigerer Schutzschichten. Aus diesem Grunde setzen sich

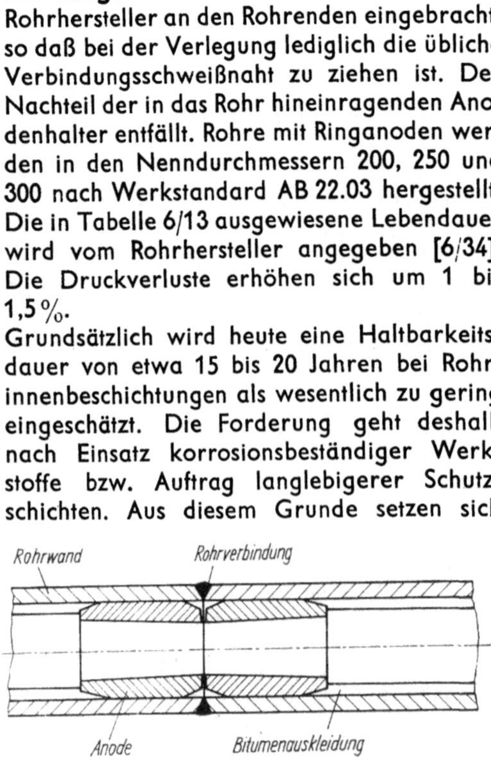

Bild 6/16
Herstellerseitig mit Ringaktivanoden bestückte Rohre nach dem Verschweißen (Prinzipskizze)

Tabelle 6/13
Voraussichtliche Lebensdauer von Ringanoden in Stahlrohren nach Werkstandard AB 22.03

Aggressivitätsgrad des Wassers nach TGL 22769/03	Lebensdauer a
I	34
II	30
III	18

Stahlrohre mit **Zementmörtelauskleidung (ZMA-Rohre)** gegenüber bituminierten Rohren zunehmend durch. Sie sind für die Förderung von Wässern bei Strömungsgeschwindigkeiten bis 5 m/s geeignet. Im Vergleich zur Bitumenschutzschicht weist die ZM-Schicht bessere hydraulische und Korrosionsschutzeigenschaften auf.
Das Aufbringen der Schutzschicht im Schleuderverfahren gewährleistet eine optimale Verdichtung und eine glatte Oberfläche. Die ZM-Schicht ist mechanisch widerstandsfähig. Durch Ausbildung gelartiger Schichten verbessern sich die hydraulischen Eigenschaften während des Betriebs. Im Gegensatz zu bituminierten Rohren besteht keine Gefahr von Inkrustationen. Neben dem primären passiven Schutzeffekt durch Abdeckung der Oberfläche bewirkt der hohe *p*H-Wert der Schicht (*p*H $\approx$ 12) eine Passivierung der Stahloberfläche oder zumindest eine Verringerung der Aggressivität des eindringenden Wassers. Beschädigungen der Schicht bis zu etwa 1 mm Breite sind wegen der Selbstheilungstendenz der ZM-Schicht unbedenklich (vgl. Tab. 6/14). Auf Grund der beschriebenen guten Schutzeigenschaften der ZM-Schicht wird die Lebensdauer von ZMA-Rohren mit etwa 60 Jahren eingeschätzt.
Rohre mit begehbarer Nennweite werden stumpf verschweißt und von Hand nachisoliert (Spachteln). Die Nachisolierung der Schweißmuffenverbindung nicht begehbarer Rohrleitungen zeigt Bild 6/17. Es werden Spachtelmassen aus ZM (ggf. mit Zusatz von Polyvinylazetat) oder aus Epoxidharz verwendet.
In der DDR werden ZMA-Rohre und Formstücke St 38b-2 in den Nenndurchmessern 200 bis 600 nach Werkstandard AB 22.04 hergestellt. In den nächsten Jahren ist die Erweiterung des Sortimentes bis *DN* 900 vorgesehen. Als Auskleidungsmaterial dient Portland-

Tabelle 6/14
Selbstheilung von Rissen in der Auskleidung von ZMA-Rohren

Weiche Wässer	Karbonathaltige Wässer
Das an den Fehlstellen durch Korrosion entstehende $Fe(OH)_2$ diffundiert in die ZM-Schicht. Bei Umwandlung in Eisenoxidhydrat wird durch die damit verbundene Volumenvergrößerung die ZM-Schicht abgedichtet und im Laufe der Jahre eine feste Verzahnung mit der Rohrwandung bewirkt.	Der pH-Wert ist in den Rissen höher als im strömenden Wasser. Dadurch wird das Kalk-Kohlensäure-Gleichgewicht auf die Seite der $CaCO_3$-Bildung verschoben. Die Risse schließen sich durch das Wachsen von $CaCO_3$-Kristallen.

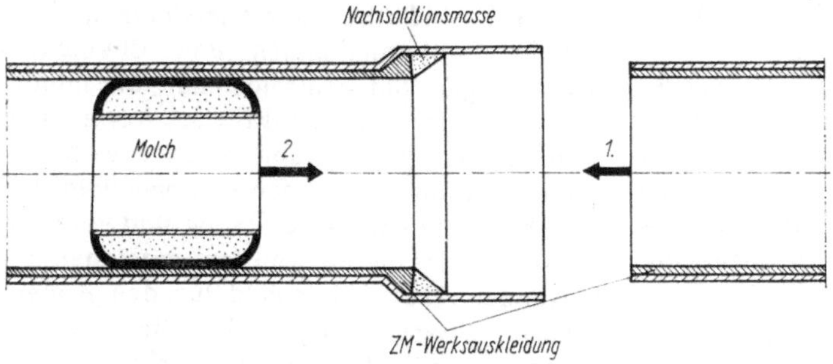

Bild 6/17
Nachisolierung der Einsteck-Schweißmuffenverbindung von ZMA-Stahlrohren

zement PZ 1/40 nach TGL 28101/01 mit Zuschlagstoffen.
Bei Einsatz der Rohre ist die zulässige Aggressivität des Wassers (s. Tab. 6/15) zu beachten. Die ZM-Schicht weist in $CaCO_3$-gesättigtem Wasser eine sehr gute Beständigkeit auf. Bei sehr weichen bzw. kalklösenden Wässern sind jedoch die quantitativen Zusammenhänge zwischen der Wassergüte (*p*H-Wert, kalkaggressives CO_2) und der Beständigkeit der ZM-Schicht weitestgehend ungeklärt.
Die ZMA-Rohre, die mit bituminösem Außenschutz geliefert werden, stellen in der DDR gegenwärtig die optimale Lösung des Korrosionsschutzes für Trinkwasser-Versorgungsleitungen aus unlegiertem Stahl dar.
International sind ZMA-Rohre in *DN* 100 bis 2000 verfügbar.
ZM-isolierte Rohre haben sich bereits seit Jahrzehnten bewährt. So sind beispielsweise im Raum Dresden ZMA-Rohre seit 1935 ohne Innenkorrosionsschäden in Betrieb. In den USA werden etwa 80 % des Wasserverteilungsnetzes mit diesen Rohren verlegt.
Stahlrohre mit **Plastauskleidung** vereinen die hervorragende Beständigkeit des Stahlrohrmantels gegen Schlag- und Biegebeanspruchung mit den günstigen Eigenschaften des Plastwerkstoffes (Korrosionsbeständigkeit, niedrige Rauhigkeit, geringe Inkrustationsneigung).
In der DDR werden gegenwärtig PVC-ausgekleidete Rohre in den Nenndurchmessern 25 bis 150 nach TGL 36011 hergestellt, deren Haupteinsatzgebiet die chemische Industrie ist.

Tabelle 6/15
Zulässige Werte für die Aggressivitätskriterien des Wassers bei ZMA-Rohren

Kriterium	Zulässiger Wert
Gesamtsalzgehalt des Wassers als Abdampfrückstand	>150 mg/l
CaO	>100 mg/l
pH-Wert	$>5{,}5$
Basenverbrauch	<1 mmol/l
Kalklösendes CO_2	<30 mg/l
Karbonathärte	>20 mg/l CaO
Magnesiumionen	<1000 mg/l
Ammoniumionen	<250 mg/l
Sulfid, gelöst	<1 mg/l
Sulfat bei Verwendung von PZ 1	<500 mg/l
Sulfat bei Verwendung von PZ 2	<2000 mg/l

Da sie außen ungeschützt geliefert werden, können sie nur kanalverlegt eingesetzt werden. Über spezielle Anwendungsmöglichkeiten dieser Rohre in wasserführenden Anlagen sowie über Vor- und Nachteile wird in Abschnitt 7.2.2.7. berichtet.

International sind speziell für erdverlegte Druckwasserleitungen vorgesehene Rohre mit Polyamid (PA-11)-Auskleidung bis *DN* 2000 und PE-Ummantelung bekannt [6/35]. Das Aufbringen der Schutzschicht, deren Dicke maximal 2 mm beträgt, wird nach verschiedenen Sinterverfahren vorgenommen. Die Schweißnahtzonen werden mit einem speziellen Sinterverfahren nachisoliert.

Der **aktive Innenschutz** von Stahlrohren **mit fremdgespeisten Schutzanoden** ist technisch aufwendig und kompliziert. Die bisherige praktische Anwendung bleibt deshalb auf besonders gelagerte Einsatzfälle beschränkt. Folgende prinzipielle Möglichkeiten bestehen:

- Anwendung einzelner Schutzstromanoden in der Rohrleitung in ausreichend kleinem Abstand (z. B. Silizium-Eisen-Anoden)
- Einziehen von Titandrähten, die in bestimmten Abständen (etwa 1 m) mehrere Zentimeter lang platiniert sind (Anodenflächen; vgl. Bild 6/18).

Auf diese Weise kann ein durchgängiger kathodischer Schutz über mehrere Kilometer Rohrleitung erzielt werden.

Korrosionsschutz von Stahlrohrleitungen in Kreuzungsbereichen

Kreuzungsbereiche mit Gleisanlagen, Straßen, Gewässern usw. stellen besondere Anforderungen an den Korrosionsschutz der Rohrleitungen.

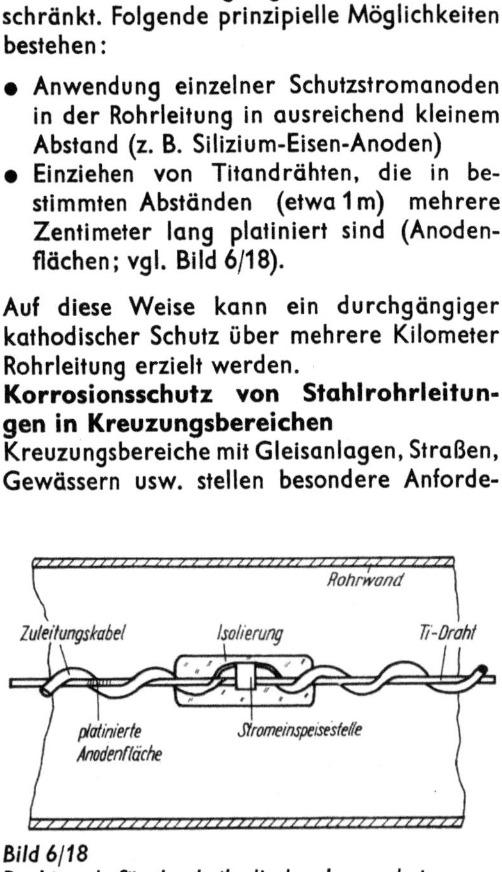

Bild 6/18
Drahtanode für den kathodischen Innenschutz. Die Größe der platinierten Anodenfläche richtet sich nach dem Schutzstrombedarf (nach [6/36])

Als **Düker** bezeichnet man die Kreuzung einer Rohrleitung mit Wasserläufen u. ä. Hindernissen durch Unterführung. An den Korrosionsschutz von Dükern aus Stahl werden höchste Ansprüche gestellt, da vornehmlich außen Wiederholschutz- bzw. Sanierungsmaßnahmen kaum möglich sind. Zu den korrosiven Beanspruchungen kommen die hohen mechanischen Belastungen der Außenflächen besonders beim Einbringen in das Dükerbett hinzu. Erfolgreich angewandte Schutzmaßnahmen sind Betonummantelungen, verstärkte Plastumhüllungen und Bitumenbeschichtungen mit Schichtdicken von mindestens 10 mm. Die zusätzliche Anwendung kathodischer Schutzmaßnahmen sowohl für außen wie auch für innen ist notwendig und üblich. Aus bekannten Gründen sind vorzugsweise fremdgespeiste Schutzstromanlagen anzuwenden. Das Anodenfeld für den Außenschutz ist zweckmäßig in der Uferböschung unterzubringen, für den Innenschutz ist die Anwendung von Titandrahtanoden zu empfehlen. Zum mechanischen Schutz der äußeren Beschichtungen eignen sich Lattenroste u. ä. Auf Grund der Korrosionsgefährdung von Dükern aus unlegiertem Stahl werden international zunehmend Plastwerkstoffe eingesetzt (vgl. Abschnitt 6.4.1.5.).

Bei Kreuzungen und Näherungen von Rohrleitungen mit Bahnanlagen, Straßen, Gewässern und Deichen nach TGL 22769/04 sind die entsprechenden Rohrleitungsabschnitte in **Schutzrohren** zu verlegen. Die Schutzrohre aus Stahl werden durch unterirdischen Rohrvortrieb oder in offener Baugrube eingebaut. Bei Verlegung in offener Baugrube gelten die üblichen Korrosionsschutzverfahren für erdverlegte Rohrleitungen. Bei unterirdischem Rohrvortrieb sind Schutzrohre mit Wahddickenzuschlag zu verwenden. In TGL 31983/04 wird der passive Korrosionsschutz der Schutzrohre mit glasfaserverstärkter Epoxidharzbeschichtung (Mindestschichtdicke 7 mm) beschrieben. Hierbei ist jedoch zu beachten, daß die Anwendungsbreite passiver Schutzverfahren durch die während der grabenlosen Verlegung auftretenden Abriebbeanspruchungen grundsätzlich eingeschränkt ist.

Bei Kreuzungen und Näherungen von Stahl-

rohren mit Gleichstrombahnen sind elektrochemische Schutzverfahren nach TGL 18790 anzuwenden, dieses Verfahren ist jedoch in allen anderen Fällen ebenfalls zu empfehlen. Dabei ist auf elektrische Isolation Schutzrohr/Wasserrohr zu achten (Verwendung isolierender Gleitlager).
Der Schutz der wasserführenden Rohre innerhalb des Schutzrohres entspricht dem bei Erdverlegung.

6.4.1.2. Gußeisen

Das Gußeisenrohr ist im Vergleich zum unlegierten Stahlrohr auf Grund seiner höheren Wanddicke und des erheblich höheren Kohlenstoffgehalts (3,5 bis 4 %) bedeutend weniger empfindlich gegen Korrosion durch Wasser und Erdboden. Derartige Rohre werden in vielen Fällen seit über 100 Jahren betrieben [6/30]. Die sich während der Herstellung der Gußrohre auf deren Oberfläche ausbildende Gußhaut sowie Inkrustations- und Korrosionsprodukte verhindern ein weiteres Fortschreiten der Korrosion. Lochfraß tritt nur in seltenen Fällen auf. Durch den hohen elektrischen Widerstand an den Muffenverbindungen werden Gußrohre nur selten von Streuströmen angegriffen.
Bei bestimmten Bodenverhältnissen (saure Erdböden) besteht die Gefahr der Zerstörung der gußeisernen Rohre durch Spongiose (vgl. 2.6.2.3.). Nachteilig ist auch die Neigung der Gußrohre zu Inkrustationen, deren Wachstumsgeschwindigkeit in Abhängigkeit vom vorhandenen Innenschutz und der Wassergüte bis zu 1 mm/a betragen kann.
In den letzten 10 bis 15 Jahren wird international duktiles Gußeisen (GGG) verstärkt gegenüber dem bisherigen Grauguß (GGL) eingesetzt. Bei vergleichsweise ähnlich guter Korrosionsbeständigkeit weist das GGG-Rohr wegen der globularen Struktur des eingelagerten Graphits im Vergleich zum GGL-Rohr (lamellare Graphitstruktur) eine Reihe verarbeitungstechnischer Vorteile auf:

- Gewichtseinsparung etwa 25 %
- höhere Druckbelastung bei gleicher Wanddicke möglich
- höhere Elastizität, bessere Verformbarkeit.

Die von GGL-Rohren her bekannten charakteristischen Rohrschäden (Längsrisse, Schalenbrüche) können hier praktisch nicht auftreten.
In der DDR werden nach TGL 37339 und TGL 37340 in GGG

- Einschiebmuffen-Druckrohre (vorzugsweise für Erdverlegung)
- Aufschraubflansch-Druckrohre (vorzugsweise für Gebäudeverlegung)

jeweils in den Nenndurchmessern *DN* 80 bis 500 hergestellt.

Die Umstellung der Produktion der Formstücke von GGL auf GGG ist vorgesehen.
Die Rohre sind maximal bis *PN* 2,5 MPa zugelassen, sie erhalten durch Tauchen einen bituminösen Überzug.
International reicht die Herstellungspalette von *DN* 40 bis 2000 (bis *PN* 4,0 MPa). Die Rohre erhalten für normale Korrosionsbeanspruchung durch Tauchen (Spritzen) in Steinkohlenteerpech außen und innen einen etwa 0,1 mm dicken Überzug. Für aggressive Böden (Moor, Mischböden, wechselnder Grundwasserstand) werden etwa 3 mm dicke Schichten aus gefülltem Steinkohlenteerpech vorgesehen. Zwischenabstufungen sind möglich [6/37]. Bis zu *DN* 300 werden für diese Einsatzzwecke auch außen spritzverzinkte Rohre (Schichtdicke 20 bis 30 μm) mit Bitumenüberzug serienmäßig hergestellt. Das gesamte Rohrsortiment ist auch mit serienmäßiger Zementmörtelauskleidung lieferbar [6/38].

6.4.1.3. Stahlbeton und Spannbeton

Der Schwerpunkt der Anwendung von Druckrohrleitungen aus Stahl- und Spannbeton liegt bei der Fernwasserversorgung. Die Rohre sind im allgemeinen auch gegen aggressive Mischwässer beständig, neigen nicht zur Inkrustation und haben sich in jahrzehntelangem instandhaltungsfreien Betrieb bewährt.
Stahlbetonrohre gelten heute als überholt. Infolge mangelnder Zugfestigkeit des Betonwerkstoffes sind sie empfindlich gegen Stoß, Schlag, punktförmige Lagerung und höhere Betriebsdrücke.
Diese Nachteile entfallen bei **Spannbetonrohren** durch die Vorspannung.
In der DDR werden Spannbetonrohre nach

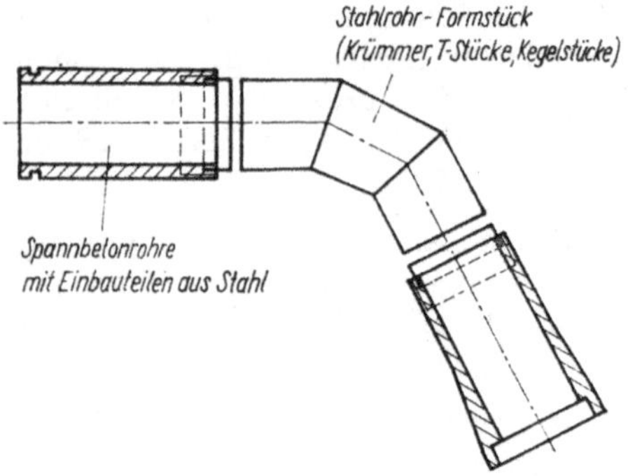

Bild 6/19
Prinzipdarstellung der Verwendung von Formstücken aus Stahl bei Spannbetonrohrleitungen

TGL 33510/01 in den Nenndurchmessern 1000 und 1200 für *PN* 0,6 bis 1,6 MPa hergestellt. Die Rohrverbindung erfolgt durch Muffen mit Gleitgummidichtung. Ist in die Rohrleitung der Einbau von Formstücken erforderlich, müssen entsprechende Bauteile aus Stahl verwendet werden. Zu deren Montage werden an den Rohrenden der Spannbetonrohre während der Herstellung Einbauteile aus Stahl eingebracht, an die die Formstücke aus Stahl anzuschweißen sind (Bild 6/19). Dieses Verfahren ist vom Standpunkt des Korrosionsschutzes unbefriedigend. Bisher existiert keine technische Lösung für den zuverlässigen Schutz der korrosionsgefährdeten Stahlrohrformstücke. Denkbar ist eine allseitige Umhüllung mit Zementmörtel einschließlich entsprechender Nachisolierung nach dem Verschweißen.
International wird die Größe der hergestellten Rohre (etwa ab *DN* 250) lediglich durch die Transportmöglichkeit begrenzt (bisher bis etwa *DN* 4000 bei Betriebsdrücken bis 3,5 MPa).

6.4.1.4. Asbestzement

Asbestzementrohre sind weitestgehend beständig gegen chemische, elektrochemische und biologische Angriffe und sind nicht inkrustationsgefährdet.
Das Sortiment der in der DDR hergestellten Asbestzementrohre nach TGL 22896/08 bis *PN* 1,0 MPa umfaßt die *DN*-Bereiche 80 bis 400. Die Rohrverbindung erfolgt mit AZ-Gleitmuffe (bis *DN* 300) oder Gußkupplung. Hinweise zur Beständigkeit der Asbestzementrohre enthält Abschnitt 4.2. International werden Asbestzementrohre in den Nenndurchmessern 80 bis 2000 (bis zu *PN* 1,6 MPa) hergestellt.

6.4.1.5. Plaste

Plastrohre sind wegen ihrer günstigen Verlege- und Betriebseigenschaften für die Trinkwasserverteilung prädestiniert:

- niedriges Gewicht, leichte Verlegbarkeit
- keine Korrosion und Inkrustation
- keine Gefährdung durch elektrische Ströme (Streustromkorrosion)
- sehr niedrige Rohrreibung.

Hauptsächlich angewendete Rohrwerkstoffe sind PVC-H und PE. In der DDR werden PVC-H-Rohre Typ 100 nach TGL 11689/03 bis zum Außendurchmesser 315 mm hergestellt. Das PE-Rohrsortiment reicht bei PE-ND nach TGL 21581/02 bis 125 mm, bei PE-HD nach TGL 21581/03 bis 180 mm Außendurchmesser. Sie sind je nach Durchmesser bis maximal *PN* 1,0 MPa zugelassen. Dabei ist zu beachten, daß diese Werte nur für die üblicherweise unter 20 °C liegenden Temperaturen des Trinkwassers gelten (vgl. Abschnitt 6.5.2.6.). Schwerpunktmäßig werden PE-Rohre für Anschlußleitungen, PVC-H-Rohre für Versorgungsleitungen angewendet.
Der relativ geringe Anteil der Plastrohre am gesamten Produktionsaufkommen der Rohrindustrie ist vor allem durch die angespannte Rohstoffsituation begründet. International sind PVC-H-Rohre bis zum Außendurchmesser 630 mm, PE-Rohre bis 1200 mm gebräuchlich. Für erhöhte Druckbelastungen von innen und außen werden GUP-Rohre (bis *PN* 2,5 MPa) oder Rohre aus glasfaserverstärktem Epoxidharz (bis *PN* 7,0 MPa) verwendet, wobei prinzipiell jeder beliebige Rohrdurchmesser hergestellt werden kann.
Da sich die PE-ND-Rohre auf Grund ihrer Flexibilität hervorragend den Geländegegebenheiten anpassen, werden sie international zunehmend auch für Düker eingesetzt. Das

PE-Rohr wird einzeln oder als Rohrbündel in das Dükerbett eingezogen oder eingespült. Düker können auch komplett aus GUP vorgefertigt und ähnlich wie Düker aus Stahl eingebracht werden.

6.4.1.6. Sanierung von Rohrleitungen

Die Sanierung von Rohrleitungen hat das Ziel, die ursprüngliche Leistungsfähigkeit korrodierter und inkrustierter Rohrleitungen wiederherzustellen und für eine möglichst lange Zeitdauer zu sichern.
Allgemein bewährt haben sich nur Auskleidungen mit Zementmörtel. Sanierungen mit Bitumen [6/39] sind mit den gleichen Nachteilen wie die herstellerseitigen Beschichtungen behaftet, durch Ablaufen entstehen meist ungleichmäßige Schichtdicken, die Neuinkrustierung ist wahrscheinlich.
Das **Einziehen von Plastfolien** hat sich technisch nicht bewährt und wurde deshalb eingestellt. Dem **Einziehen von Plastrohren** sind durch die derzeitige Rohstoffsituation Anwendungsbeschränkungen auferlegt.
Durch **Zementmörtelauskleidungen** (Schichtdicke etwa 4 bis 10 mm) läßt sich ein guter Korrosionsschutzeffekt bei gleichzeitiger Beseitigung der Inkrustationsgefahr erzielen. Hier gilt das **Centriline-Verfahren** gegenwärtig als das den Weltstand bestimmende Verfahren. Die ZM-Schicht wird durch Ausschleudern der Rohre erzeugt. Durch die Technologie des Ausschleuderns entsteht eine Schicht mit hoher Dichte und glatter Oberfläche, so daß trotz Querschnittsverringerung des Rohres keine hydraulischen Verluste auftreten. Das in der DDR entwickelte **Auspreßverfahren** nach TGL 34011 ist für die Nenndurchmesser 100 bis 300 anwendbar [6/40]. In das Rohr wird eine pneumatische Schlauchschalung eingebracht und anschließend der Raum zwischen Rohrwand und Schlauchschalung mit Zementmörtel verpreßt. Als Auskleidungsmaterial erwies sich PZ 45 als besonders brauchbar.
Trotz der relativ hohen Kosten der Sanierungsverfahren rechtfertigen die dadurch gegenüber Neuverlegungen erzielten Einsparungen von etwa 60 % [6/41] den großen Aufwand.

6.4.2. Rohrleitungen in Sammelkanälen

Die innere Beanspruchung von Rohrleitungen in Sammelkanälen entspricht der erdverlegter Rohrleitungen, die äußere Beanspruchung wird durch das Kanalklima bestimmt. Die durchschnittliche Temperatur liegt zwischen 10 und 25 °C, die relative Luftfeuchte kann bis zu 100 % betragen, so daß starke Schwitzwasserbelastung vorliegt.
Werkstoffeinsatz und Korrosionsschutz in Sammelkanälen sind in TGL 22769/03 geregelt, ausführliche Hinweise gibt die Komplexrichtlinie Sammelkanäle – Korrosionsschutz – [6/42].
Für **Rohrleitungen aus Stahl** werden bituminierte Rohre nach TGL 7534 eingesetzt. Zur Herstellung eines durchgängigen inneren Korrosionsschutzes dieser Rohrleitungen ist die Rohrverbindung über Vorschweißflansche am zweckmäßigsten. Vor dem Flanschen der Rohre muß der Bereich der inneren Schweißnahtzone sorgfältig mit Heißbitumen bis zur Schichtdicke der Werksisolierung beschichtet werden. Der äußere Schutz der Flanschverbindungen erfolgt mittels Bitumenbinden und Bitumenspachtelmassen. Das geschilderte Verfahren ist zeitaufwendig und verlangt hohes handwerkliches Können. Praktische Erfahrungen zeigen, daß in der Mehrzahl der Fälle die Nachisolierung nicht oder mit ungenügender Qualität ausgeführt wird. Korrosionsschäden in diesem Bereich und Unterrostungen der Werksisolierung sind die Folgen. Aus diesen Gründen muß der Einsatz von Stahl als Werkstoff für Wasserleitungen in Sammelkanälen grundsätzlich als unzweckmäßig eingeschätzt werden. Die Komplexrichtlinie Sammelkanäle – Korrosionsschutz – empfiehlt aus diesem Grunde den Einsatz der korrosionsbeständigen **PVC-H-Muffendruckrohre** Typ 100.
Wegen ihrer guten Korrosionsbeständigkeit ist weiterhin der Einsatz von **Gußrohren** in Sammelkanälen zu empfehlen. Die vom Hersteller mit einer bituminösen Grundierung gelieferten Rohre sind nach der Montage der Rohrleitung mit einem zweifachen Bitumenkaltanstrich zu behandeln. Der Einsatz von Gußrohren in Sammelkanälen wird in einer Richtlinie [6/43] geregelt.
TGL 22769/03 legt als Vorzugssortiment PVC-H-Muffendruckrohre und GGG-Rohre fest.

6.4.3. Gebäudeverlegte Rohrleitungen

Von den in Tabelle 6/5 ausgewiesenen Rohrwerkstoffen zur Gebäudeinstallation wird insbesondere auf dem Sektor des kommunalen Wohnungsbaus in immer größer werdendem Umfang Plastrohr zur Installation der Kaltwasserleitungen eingesetzt. Die Anwendung des noch vor wenigen Jahrzehnten dominierenden verzinkten Stahlrohrs wird aus vorwiegend materialökonomischen Aspekten auf bestimmte Rohrarten und spezielle Gebäudeinstallationen beschränkt.
Bei sachgemäßer Rohrinstallation (vgl. 7.2.2.1.) korrodieren kaltwasserführende Rohrleitungen nur im Inneren. Das Ausmaß der entstehenden Korrosionsschäden ist verglichen mit anderen wasserführenden Rohrleitungen relativ gering.

6.4.3.1. Aufbau des Versorgungsnetzes

Die Versorgung eines Gebäudes mit Trinkwasser erfolgt nach TGL 10697/03 über den Anschluß an kommunale Wasserversorgungsnetze (vgl. Abschnitt 6.4.1.) oder an Brunnen. Das Rohrleitungsnetz im Gebäude unterteilt sich in

- Verteilungsleitungen
- Steigleitungen
- Geschoßleitungen.

Im Typenwohnungsbau erfolgt die Verteilung des Wassers bei Verwendung vorgefertigter Installationseinheiten in der Wohnung durch eine untere Verteilung im Kellergeschoß. Bei anderen Gebäudearten wird auch teilweise die obere Verteilung angewendet. Zwischen beiden Verteilungsarten gibt es aus korrosionsschutztechnischer Sicht keine Unterschiede. Die gewählten Strömungsgeschwindigkeiten sind unabhängig von der Art der Wasserverteilung.
Ist es notwendig, in die Gebäudeinstallation eine Druckerhöhungsanlage zwischenzuschalten, so ist diese vor Korrosion zu schützen. Hierfür geeignete Korrosionsschutzmaßnahmen sind im Abschnitt 6.3.2. angegeben, wobei die Herstellerindustrie zukünftig auf den kombinierten Schutz Verzinkung bzw. Duplexsysteme/kathodischer Schutz orientieren sollte.

Für Verteilungsleitungen wurden bisher hauptsächlich verzinkte Stahlrohrleitungen eingesetzt, da Plastrohrleitungen wegen ihrer Schlagempfindlichkeit in diesem Bereich ungeeignet sind. Der Installation von plastausgekleideten Rohren (vgl. Abschnitte 6.4.2.6. und 7.2.2.7.) und Rohren aus duktilem Gußeisen (vgl. Abschnitt 6.4.1.2.) sollte zukünftig mehr Beachtung geschenkt werden, da diese Rohrqualitäten korrosionsbeständiger sind.
Steigleitungen werden vorwiegend aus PVC-H gefertigt (vgl. 6.4.2.6.); für Geschoßleitungen wird im industriellen Wohnungsbau ein spezielles Verteilerelement aus PE-ND („PE-Spinne") verwendet (Foto 17).
Für Geschoßleitungen wird außerhalb des Wohnungsbaues verzinkter Stahl, PVC oder auch plastausgekleidetes Stahlrohr eingesetzt.
Die um die Jahrhundertwende ausschließlich praktizierte Verlegung von Blei- bzw. Zinnmantelrohren darf heute nur bei Reparaturen der Altbausubstanz angewendet werden und sollte auch da gänzlich unterbleiben (vgl. Abschnitt 6.4.2.4.).
Die Anwendung von ungeschütztem unlegierten Stahl für Rohrleitungen und Behälter ist volkswirtschaftlich unvertretbar.

6.4.3.2. Forderungen für den Betrieb

Die für die Verlegung von verzinkten Stahlrohren in Abschnitt 7.2.2.1. gestellten Forderungen gelten analog auch für Kaltwasserleitungen. Verarbeitungs- und Installationsfehler führen nach längerer Zeit zu ähnlichen Schäden wie bei Warmwasserleitungen. Werden Kalt- und Warmwasserleitungen übereinander installiert, so soll die Kaltwasserleitung bei Einsatz von verzinktem Stahl als untere Leitung verlegt werden, damit abtropfendes Schwitzwasser nicht noch andere Leitungen benetzt, womit ein verstärkter korrosiver Angriff der Rohrleitungen von außen erfolgen würde. Aus gleichem Grunde wird eine Wärmeschutzisolierung mit Glaswolle empfohlen, wenn die Rohrleitung aus verzinktem Stahl durch beheizte Räume geführt wird.
PVC- und PE-Rohrleitungen müssen nach den Verarbeitungsvorschriften des Herstellers und den entsprechenden Montagerichtlinien [6/44] verlegt werden. Zusätzliche Maßnahmen sind nicht erforderlich.

Die gesamte Installation ist nach der Verlegung gründlich zu spülen, um Verunreinigungen zu entfernen. Dabei ist nach [6/44] zu verfahren.

6.4.3.3. Feuerverzinkter Stahl

Die Korrosion von feuerverzinktem Stahl in kalten Trinkwässern verläuft vorwiegend nach dem Sauerstoffkorrosionstyp gemäß folgender Bruttogleichung:

$$Zn + 1/2\, O_2 + H_2O \rightarrow Zn^{2+} + 2\, OH^- \qquad (6/7)$$

Der geschwindigkeitsbestimmende Teilschritt ist hierbei die Sauerstoffdiffusion zur Phasengrenze Zink–Wasser [6/45], [6/46]. Primärprodukt der Zinkkorrosion in Wässern ist amorphes Zinkhydroxid [6/45], welches sich durch Alterung und Folgereaktionen in Zinkkarbonate ($ZnCO_3$) und basische Zinkkarbonate [$Zn_5(OH)_6(CO_3)_2$] umlagert. Insbesondere in salzreichen Wässern werden die entsprechenden Anionen mit in die Korrosionsprodukte eingebaut [6/46], [6/47]. Nach neueren Untersuchungen von *Werner* [6/48] korrodiert zunächst die Reinzinkphase, deren Korrosionsgeschwindigkeit lediglich von der Strömungsgeschwindigkeit und vom *p*H-Wert des Wassers abhängig sein soll.
Auf die Korrosion des verzinkten Stahles in seiner Gesamtheit wirken jedoch insbesondere Chlorid-, Sulfat-, Nitrat- und Kupferionen korrosionsfördernd.
Die vorwiegend auftretende Korrosionsform ist Lochfraß durch unterschiedliche Belüftung (vgl. 2.6.2.1.).
Die Lebensdauer kaltwasserführender verzinkter Rohrleitungen liegt durchschnittlich zwischen 10 und 20 Jahren und wird in hohem Maß beeinflußt von

- der Verzinkungsqualität und dem Bearbeitungszustand der Rohre
- der Wasserqualität
- den Betriebsbedingungen

Der Einfluß der Wasserqualität auf die Korrosion feuerverzinkter Rohre ist noch am ehesten quantifizierbar. Langjährige praktische Erfahrungen lassen folgende Klassifizierung der Wässer sinnvoll erscheinen.

- Wässer, die zu einer ebenmäßigen Korrosion und damit zur Schutzschichtbildung führen
  Bedingung: $+0{,}1 > I_s > -0{,}15$
  Sauerstoffgehalt: >2 mg/l
  *p*H-Wert: $>7{,}0$
- Wässer, die zu Lochfraßkorrosion führen
  Bedingung: $I_s < -0{,}15$

Bei Molverhältnissen von

$$\frac{C(Cl) + C(1/2\, SO_4)}{\text{m-Wert}} > 3 \qquad (6/8)$$

und

$$\frac{C(Cl) + C(1/2\, SO_4)}{C(NO_3)} < 2 \qquad (6/9)$$

erhöht sich die Korrosionsanfälligkeit des verzinkten Stahles [6/49], wobei bei Bedingungen nach (6/9) vorwiegend Zinkgeriesel auftreten kann, wenn die verzinkten Bauteile Verzinkungsfehler aufweisen. Im Wasser gelöste Cu-Ionen ($C_{Cu} > 10\ \mu g/l$) erhöhen die Korrosionsgeschwindigkeit durch eine kupferinduzierte Kontaktkorrosion (vgl. 2.6.2.4.).

- Wässer, die zu $CaCO_3$-Inkrustationen führen
  Bedingung: $I_s > +0{,}1$
  KH: >150 mg CaO/l

Durch die Korrosion des verzinkten Stahles gehen auch die Begleitelemente des Zinks (vgl. 3.8.2. und T3/7) mit in Lösung. So konnten beispielsweise nach 24stündiger Standzeit Zinkkonzentrationen von 17,4 mg/l und nach 50stündiger Standzeit von 40,7 mg/l ermittelt werden [6/50]. Dies entspricht unter Berücksichtigung von Tabelle 3/7 nach 24stündiger Standzeit einem Kadmiumgehalt von 0,0017 mg/l, einem Arsengehalt von 0,0034 mg/l, einem Kupfergehalt von 0,017 mg/l und einem Bleigehalt von 0,14 mg/l. Wenn auch die Grenzwerte dieser Ionen (vgl. TGL 22433) nicht oder nur geringfügig überschritten werden, empfiehlt es sich, nach längeren Stillstandszeiten das Wasser vor Gebrauch einige Minuten ablaufen zu lassen. Obwohl eine Gefährdung durch Schwermetallkontamination im Trinkwasser nicht vorliegt (Gleichzeitigkeitsfaktor der Wasserentnahme in Neubaugebieten), ist doch ersichtlich, daß die Korrosion in wasserführenden Anlagen nicht nur ein technisches Problem darstellt.

Eine Schutzschichtbildung und damit Vermeidung von Korrosion und Inkrustation ist nach [6/48] nur durch Zugabe von Phosphatinhibitoren möglich. Die generelle Zugabe von Inhibitoren in die Kaltwassernetze ist jedoch aus ökonomischen Gründen (relativ geringe Schäden im Vergleich zu anderen wasserführenden Systemen) und speziell bei Zugabe von anorganischen Phosphaten aus Gründen des Umweltschutzes nicht zu vertreten.

Bei all den angeführten Einflüssen auf die Korrosion kaltwasserführender feuerverzinkter Stahlrohre ist unbedingt ihr Verarbeitungszustand und die Verzinkungsqualität zu berücksichtigen. Eigene Erfahrungen bestätigen die in [6/48] getroffene Feststellung, daß gravierende Korrosionsschäden fast nur in Neubauten auftreten, während in Altbauten nach wie vor keine größeren Schäden bekannt werden. Unterstützt wird dies auch durch Untersuchungen von *Friehe* und *Schwenk* [6/51], die an bis zu 33 Jahren alten Rohren eine Abtragsgeschwindigkeit von 6 bis 37 $\mu m/a$ fanden. Es konnte nachgewiesen werden, daß Rohre nach DIN 2444 mit einem glatten, dichten und geschlossenen Zinküberzug ohne bedeutende Verdickungen eine wesentlich höhere Korrosionsbeständigkeit aufweisen als solche mit einer nichtabgearbeiteten Schweißraupe, mit Aufrauhungen, Verdikkungen und dgl. im Zinküberzug.

Der größeren Bedeutung der Korrosionsschäden an Warmwasser-Versorgungsanlagen wegen wird die Problematik der Verzinkungsqualität unter Punkt 7.2.2.1. ausführlich behandelt. Gleiches gilt auch für die Montage verzinkter Rohrleitungen und für die Mischinstallation mit Kupfer. Die dortigen Ausführungen sind in vollem Umfang auf die kaltwasserführenden Rohrleitungen übertragbar.

6.4.3.4. Blei

Die Korrosion von Blei in kalten Trinkwässern verläuft im wesentlichen nach folgender Bruttoformel

$$Pb + 1/2\,O_2 + H_2O \rightarrow Pb(OH)_2 \qquad (6/10)$$

In Sekundärreaktionen mit anderen Wasserinhaltsstoffen können die verschiedensten Bleiverbindungen entstehen, die alle relativ schwerlöslich sind. Selbst in kohlensäurehaltigem Wasser, wo die größten Auflösegeschwindigkeiten zu beobachten sind, entstehen keine technisch bedeutsamen Korrosionsschäden am Blei. So sind Rohrleitungen bekannt, die über eine Zeitdauer von 50 bis 80 Jahren ohne wesentliche Störungen in Betrieb waren.

Trotz dieser günstigen Korrosionseigenschaften des Bleis und seiner guten Installationsmerkmale (weich, biegsam und lötbar) ist Blei nach den Festlegungen der TGL 10697/03 für trinkwasserführende Rohrleitungen nicht mehr zu verwenden. Die Löslichkeit der entstehenden Bleiverbindungen ist zwar technisch unbedeutend, aus hygienischer Sicht aber so hoch, daß sich der Genuß derartiger bleihaltiger Wässer verbietet. Die Löslichkeit der meisten Bleiverbindungen liegt über 0,1 mg/l, wodurch der in der TGL 22433 angegebene Grenzwert von 0,1 mg/l nicht eingehalten wird. Lediglich in harten und sehr harten Wässern bilden sich Karbonate bzw. basische Karbonate, deren Löslichkeit unter 0,1 mg/l liegt. Da sich Blei im menschlichen Körper akkumuliert, führt der ständige Genuß von bleihaltigem Wasser zu schweren Körperschädigungen. Besonders in Wässern mit einer Karbonathärte unter 20 mg/l CaO können Bleikonzentrationen auftreten, die weit über der hygienisch zulässigen liegen. Auch eine Entsäuerung ohne gleichzeitige Erhöhung der Karbonathärte bringt bezüglich der Bleilöslichkeit keine Verbesserung, da sich unter diesen Bedingungen leichtlösliche Kalziumplumbite $[Ca(Pb(OH)_3)_2]$ bilden. Daher sollten als Entsäuerungsverfahren nur solche angewendet werden, die gleichzeitig eine Aufhärtung bewirken (z. B. Decarbolith- oder Kalkverfahren).

Die gleichen Verbindungen entstehen, wenn Bleirohre in Kalkmörtel verlegt werden, wodurch das Bleirohr von außen zerstört werden kann. Hierauf ist besonders bei Reparaturarbeiten in Altbauten zu achten.

Durch die insbesondere am Weichblei zu beobachtende Rekristallisation (Bildung größerer Metallkristalle) entstehen bei mechanischer Beanspruchung und wechselnden Temperaturen zwischen den einzelnen Kristallen mikroskopisch feine Spalte, in die Wasser eindringt. Die durch die Reaktion des Wassers mit dem Blei entstehenden Verbindungen treiben infolge ihres größeren Molvolumens das Blei auseinander, so daß sogenannte Haarrisse entstehen. Durch Zulegieren von Antimon (Hartblei 4% Sb, Sparblei 1,5% Sb) wird zwar die Rekristallisationsneigung des Bleis zurückgedrängt, jedoch nicht völlig vermieden. Günstigere Verhältnisse für den Einsatz von Bleirohren sind dann gegeben, wenn ein Zinnmantel eingezogen wird (**Zinnmantelrohre**), der den Angriff des Bleis weitgehend vermindert. Nach TGL 31850 sind diese Rohre für Reparaturen an Trinkwasserleitungen in Altbauten zugelassen; für Neubauten werden sie wegen der anderweitigen Verwendung von Zinn und Blei sowie wegen der trotz des Zinnmantels möglichen Gesundheitsgefährdung (z. B. bei Verletzung des Zinnmantels) nicht angewendet.

6.4.3.5. Kupfer

Kupfer ist in kalten Trinkwässern ähnlich gut beständig wie in warmen, wenn gewisse Bedingungen bei der Werkstoffwahl und bei der Installation beachtet werden (vgl. Abschnitt 7.2.2.2.). Die durchschnittliche Lebensdauer liegt zwischen 40 und 50 Jahren. Diese Beständigkeit beruht auf der Ausbildung von Kupfer(I)-oxidschichten nach folgender Bruttogleichung:

$$2Cu^+ + 2OH^- \rightarrow Cu_2O + H_2O \qquad (6/11)$$

Die dennoch hin und wieder zu beobachtenden Korrosionsschäden, die zwar nur einen Bruchteil der an verzinkten Rohren ausmachen, sind speziell in kaltwasserführenden Anlagen in erster Linie auf herstellungsbedingte Kohlenstoffilme in den Rohren sowie auf Flußmittelreste zurückzuführen und an bestimmte Wasserqualitäten gebunden.

Das Schadensbild der durch Lochfraß zerstörten kupfernen Kaltwasserleitungen ist charakteristisch. Stets sind die Lochfraßstellen mit grün oder grün-blau gefärbten, im wesentlichen aus basischen Kupfer- und Kalziumkarbonaten bestehenden Korrosionsprodukten angefüllt, die teilweise in das Rohrinnere ragen (vgl. Foto 18).

Bisherige praktische Erfahrungen zeigen, daß bezüglich der Wasserinhaltsstoffe keine Grenzwerte angegeben werden können. Es zeichnen sich lediglich folgende Tendenzen ab [6/52]:

- je niedriger der *p*H-Wert, desto wahrscheinlicher ist die Neigung zu Lochfraß
- mit steigendem Sulfatgehalt erhöht sich die Neigung zu Lochfraß, wobei Chloridionen mit zunehmender Konzentration korrosionsfördernd wirken
- Bei Sauerstoffgehalten $>$ 0,1 mg/l nimmt die Korrosionswahrscheinlichkeit zu
- Wässer mit hohem Natriumgehalt erhöhen die Korrosionsgeschwindigkeit an Kupfer, Nitrationen wirken gegenläufig. Insgesamt ist der Einfluß beider Ionen gering.

Wichtig für die Beständigkeit kupferner Rohrleitungen sind weiterhin die Betriebsbedingungen, wobei insbesondere die indirekte Kontaktkorrosion mit unlegiertem, verzinktem Stahl wegen sich ablagernder Eisenoxidhydrate vermieden werden muß. Auch manganhaltige Wässer führen zu Korrosionsschäden an Kupfer. Besonderheiten zur Kupferinstallation sind in 7.2.2.2. beschrieben, wobei folgende Aspekte wegen ihrer Wichtigkeit hervorgehoben werden sollen:

- Verwendung von desoxidiertem Reinstkupfer nach TGL 14708
- Verwendung von Rohren, die frei von Kohlenstoffilmen und Flußmittelresten sind
- keine direkte und indirekte Mischinstallation mit verzinktem oder nichtverzinktem Stahl
- Verwendung von Verbindungselementen und Armaturen aus Rotguß oder CuZn20 Al2

Da in der DDR andere korrosionsbeständige Werkstoffe (vgl. 6.4.2.6.) zur Verfügung stehen und die Bereitstellung von Kupferrohr begrenzt ist (vgl. GBl, Teil I, Nr. 11, S. 13 vom 20. 11. 75), sollte eine Kupferinstallation im Kaltwasserbereich auch in sog. Repräsentativbauten, vermieden werden.

6.4.3.6. Plaste

Plastrohrleitungen haben gegenüber Rohrleitungen aus metallischen Werkstoffen den Vorteil, daß sie nicht korrodieren und inkrustieren, und daß sie ein geringeres spezifisches Gewicht aufweisen. Voraussetzung für den Einsatz von Plastwerkstoffen ist jedoch ihre Zeitstandfestigkeit in Abhängigkeit von der Temperatur und dem Druck. Für die Trinkwasserinstallation, insbesondere innerhalb des komplexen Wohnungsbauprogramms, werden in der DDR und auch in anderen Ländern folgende Plaste verwendet:

- Polyvinylchlorid-Hart (PVC-H)
- Polyethylen niederer Dichte (PE-ND)
- Polyethylen hoher Dichte (PE-HD).

PVC-H ist bis maximal 1,6 MPa, PE-HD und PE-ND bis maximal 1,0 MPa belastbar; alle drei Werkstoffe haben in Wasser bei 20°C eine ausreichende Zeitstandsfestigkeit für 50 Jahre Betriebsdauer. Die Zeitstandsfestigkeit ist druck -und temperaturabhängig (vgl. 7.2.2.8.). Im Wohnungsbau wird PVC-H vorwiegend als Rohrleitungsmaterial verwendet, während PE-HD für Verbindungs- und Verteilungselemente eingesetzt wird. Bekannt ist die sogenannte **PE-Spinne**. Das Bauteil hat fünf flexible Abgänge, wird an den Abzweig der Steigleitung angeschlossen und verteilt das Kaltwasser an die einzelnen Entnahmestellen (vgl. Foto 17).

Trotz der offensichtlichen Vorteile der Plastanwendung sind auch bei der Verlegung von Plastrohren und -bauteilen Maßnahmen zu treffen, die einen vorzeitigen Ausfall verhindern. So ist durch konstruktive und technologische Vorkehrungen eine mechanische Zerstörung der PVC-Rohre durch Schlag oder Stoß während des Betriebs zu verhindern. PE-Bauteile unterliegen bei Druckbeanspruchung und Einwirkung von Netzmitteln der Spannungsrißkorrosion (vgl. Abschnitt 4.4.). Zwar ist mit Ruß stabilisiertes PE weniger spannungsrißempfindlich; es ist jedoch stets darauf zu achten, daß während der Montage und später während des Betriebs keine Netzmittel, wie z. B. „Fit" und dgl., auf das PE-Bauteil gelangen.

Dennoch entstehen immer wieder Schäden an den PE-Spinnen, wenn bei einer Installation im Winter starke Druckspannungen angewendet werden, oder wenn zur Dichtheitsprüfung von Gasrohrleitungen Netzmittel verwendet werden, die auf die PE-Spinne tropfen.

Zur Verlegung von Rohrleitungen aus PVC und PE sind die Montagerichtlinien des VEB Kombinat TGA [6/42] für die Betriebe des Kombinats verbindlich und für alle anderen Bereiche empfohlen.

Außer der Anwendung von Vollplastrohren ist auch die Verlegung von **plastausgekleideten Stahlrohren** möglich. Besonders eignen sich hierzu PE-ausgekleidete Rohre, aber auch PVC-ausgekleidete, wobei letztere wegen der unumgänglichen Flanschverbindungen nur für Hauptverteilungsleitungen in Frage kommen (vgl. Abschnitt 7.2.2.7.).

Diese Installationsmöglichkeit sollte jedoch von Projektanten und bauausführenden Betrieben trotzdem nicht außer acht gelassen werden, da es installationstechnisch durchaus möglich ist, diese Rohre in Industrie-, Landwirtschafts- und Gesellschaftsbauten, mitunter auch in Wohngebäuden, erfolgreich einzusetzen.

7. Warmwasseranlagen

Zur Bereitstellung des warmen Wassers für sanitäre sowie technologische Zwecke im Wohnungs- und Gesellschaftsbau, in Industrie und Landwirtschaft wird entweder eine dezentrale oder eine zentrale Warmwasseranlage verwendet. Beide Anlagen bestehen prinzipiell aus dem **Wassererwärmer** und **Rohrleitungen**, die das erwärmte Wasser zum Verbraucher führen. Sie müssen an eine Trink- oder Betriebswasseranlage angeschlossen sein. Während bei der dezentralen Warmwasserversorgung relativ kurze Rohrleitungen 1 bis 4 Entnahmestellen versorgen, sind bei den zentralen Anlagen über ausgedehnte Rohrnetze mehrere Wohnhäuser bzw. ganze Wohngebiete angeschlossen.

Der internationale Trend in der Warmwasserversorgung geht aus vorwiegend energetischen und materialökonomischen Gründen (verstärkter Einsatz von nur zwei Energiearten – Fernwärme, Elektroenergie – gegenüber drei Energiearten – Fernwärme, Elektroenergie, Gas) zur zentralen Warmwasserversorgung. So betragen z. B. die Investitionskosten für die Versorgung von 80 Wohnungseinheiten mit Warmwasser aus einer zentralenWarmwasser-Versorgungsanlage nur etwa die Hälfte gegenüber der Warmwasserversorgung aus Durchlauf-Gaswasserheizern, wobei hierin die Betriebskosten noch nicht mit einbegriffen sind.

Bei Einsatz nicht korrosionsbeständiger Werkstoffe sind jedoch zentrale Warmwasserversorgungsanlagen weitaus störanfälliger und damit kostenaufwendiger als dezentrale Anlagen.

Bei den in der DDR errichteten Neubauwohnungen stieg der Anteil der Wohnungen mit zentraler Warmwasserversorgung von 30% (1970) auf 85% (1980) und wird 1985 95% betragen. Damit werden etwa 1,9 Mio Wohnungseinheiten (WE) in der DDR zentral mit Warmwasser versorgt. Da vom Gesetzgeber für den Wohnungs- und Gesellschaftsbau warmes Trinkwasser an den Auslaufarmaturen im Temperaturbereich von 38 °C bis 45 °C mit den Qualitätsparametern von Trinkwasser nach TGL 22433 gefordert wird, sind für Warmwasseranlagen nur Werkstoffe zu verwenden, die weitgehend vor Korrosion geschützt sind und auch anderweitig die Trinkwasserqualität nicht beeinflussen.

Dabei sind speziell die vorliegenden Betriebsbedingungen (Temperatur, Strömungsgeschwindigkeit, Wasserqualität) bei der Werkstoffauswahl und beim Zusammenbau verschiedener Werkstoffe zu berücksichtigen. Maßgebend für Projektierung, Bauausführung und Betrieb von Warmwasser-Versorgungsanlagen sind die Standards

- TGL 42182 – Gebäudeausrüstung zur Warmwasserversorgung
- TGL 10697 – Gebäudeausrüstung zur Wasserversorgung
- TGL 18771 – Korrosion und Korrosionsschutz metallischer Werkstoffe in Wässern

sowie die Projektierungsrichtlinie TGA und die nachfolgenden detaillierten Ausführungen zu den einzelnen Anlagenteilen.

7.1. Dezentrale Warmwasseranlagen

Der Werkstoffeinsatz dezentraler Wassererwärmer reicht von Glas, Keramik über feuerverzinkten, emaillierten oder duroplastbeschichteten unlegierten Stahl (zusätzliche Anwendung von Mg-Aktiv-Anoden!) bis zum hochlegierten Stahl und Kupfer. Die Rohrleitungen bis zu den Entnahmestellen werden meist aus verzinktem Stahl, Messing (CuZn30) oder Kupfer gefertigt. Korrosionsschäden durch eine kupferinduzierte Kontaktkorrosion (vgl. 7.2.2.) treten nicht auf, da das Angebot an Kupferionen zu gering ist. Bezüglich des direkten Zusammenbaues metallischer Werkstoffe gilt auch für dezentrale Warmwasseranlagen Tabelle 7/3.

7.1.1. Kohlebadeöfen

Während vor 1945 Kohlebadeöfen vorwiegend aus Kupferblech gefertigt wurden, werden heute meist kathodisch geschützte, emaillierte Kohlebadeöfen eingesetzt. In der DDR werden derart geschützte Badeöfen seit 1971 produziert. Es wird das Aktiv-Anoden-Verfahren angewendet.

Für eine 10jährige Betriebsdauer ist eine Anodenmasse von 0,32 kg erforderlich [7/1]. Als günstigste Variante der Anodenform und -halterung erwies sich ein Hohlzylinder (Bild 7/1), der auf das feuerverzinkte Fallrohr aufgezogen oder aufgegossen wird [7/2]. Somit ist auch gewährleistet, daß nach Verbrauch des Anodenmaterials ein neues Fallrohr mit Opferanode ohne Schwierigkeiten in den Badeofen eingeschraubt werden kann.

7.1.2. Elektrospeicher

Elektrospeicher werden vorwiegend aus Hartporzellan, Kupfer oder austenitischem Chrom-Nickel-Stahl gefertigt, wobei die Verwendung von letzterem in Wässern mit einem Chloridgehalt über 600 mg/l wegen der möglichen Lochfraßkorrosion problematisch werden kann (s. Abschnitt 7.2.2.3.).

Schäden an Speichern aus **Hartporzellan** sind bislang noch nicht bekannt geworden.

Die aus **Kupfer** hergestellten Speicher wurden und werden auch heute noch teilweise verzinnt, da hierdurch einer Kupferauflösung vorgebeugt werden soll. Da aber aus techno-

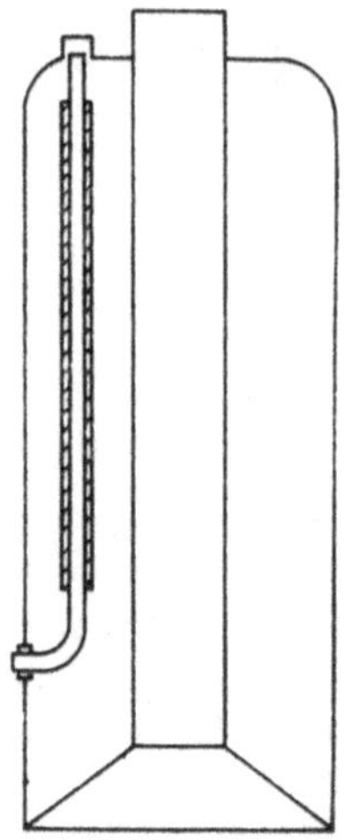

Bild 7/1
Anordnung der Magnesium-Aktiv-Anode in einem emaillierten Kohlebadeofen nach [7/1]

logischen Gründen bleihaltiges Zinn zur Verzinnung verwendet werden muß, besteht die Gefahr der Bleilösung und Gesundheitsschädigung bei Genuß dieses Wassers (s. Abschnitt 7.2.2.4.). Außerdem wird die Zinnschicht durch das herausgelöste Blei porig, so daß das Kupfer an diesen Stellen infolge Kontaktkorrosion mit Zinn zerstört werden kann [7/3]. Auch aus dem Wasser abgeschiedenes Kalziumkarbonat verstärkt die Zerstörung verzinnter Kupferspeicher. **Warmwasserberührte Bauteile aus Kupfer sollten daher nicht verzinnt werden.**

Eigene Untersuchungen an kupfernen Heizwendeln in Elektrospeichern ergaben, daß die Kupferlöslichkeit an ungebeizten Heizwendeln besonders hoch ist gegenüber an gebeizten Heizwendeln. Durch eine Vernickelung der Heizwendeln wird zwar anfänglich die Kupferlöslichkeit vermindert, mit zunehmender Betriebsdauer ist jedoch die Kupferlöslichkeit ähnlich der an nicht vernickelten Bauteilen (Tabelle 7/1), so daß auch der Aufwand des Vernickelns von Kupfer in Frage gestellt wird.

Die aus CuZn38 bestehenden Fallrohre der Elektrospeicher werden häufig durch Ent-

Oberflächenzustand	Kupferkonzentration in µg/l		
	9 Monate[1]	11 Monate[1]	12 Monate[1]
Kupfer, ungebeizt	173	450	520
Kupfer, gebeizt	79	67	130
Kupfer, vernickelt	24	83	120

Tabelle 7/1
Kupferkonzentration in 90 °C heißem Trinkwasser in Abhängigkeit vom Oberflächenzustand der Kupferbauteile und der Betriebsdauer (30 Tage, t_{WW} = 20 °C; 1 Stunde t_{WW} = 90 °C)

zinkung zerstört. Mitunter entstehen diese Schäden schon nach 5jähriger Betriebsdauer. Ursachen hierfür sind insbesondere die hohen Temperaturen (bis 80°C) und die Neigung des CuZn38 zur Entzinkung auf Grund des hohen Zinkanteils. Die Fallrohre sollten aus Kupfer gefertigt werden.
In der DDR sind 5-, 10- und 30-l-Elektrospeicher aus Hartporzellan und Kupfer, das nicht verzinnt ist, im Handel. Der außerdem im Angebot befindliche 80-l-Speicher ist aus verzinktem Stahl hergestellt und wird durch eine symmetrisch angeordnete Magnesium-Stabanode (1 kg) kathodisch geschützt. Nach einer Betriebsdauer von etwa 2 Jahren ist die Anode durch eine neue zu ersetzen, so daß bei entsprechender Wartung keine nennenswerten Korrosionsschäden zu erwarten sind.
In Wässern mit Sauerstoffgehalten unter 2,0 mg/l besteht die Möglichkeit, daß sulfatreduzierende Bakterien (vgl. Abschnitt 5.4.6.) in den Speicher gelangen, die sich in dem dort befindlichen Anodenschlamm (anaerobe Bedingungen) und bei den vorliegenden erhöhten Temperaturen gut vermehren. Diese Bakterien reduzieren gemeinsam mit dem beim katodischen Schutz stets entstehenden Wasserstoff (status nascendi) die Sulfationen im Wasser zu Schwefelwasserstoff, der hochgiftig ist und zu Geruchsbelästigungen führt. Die H_2S-Bildung wird nur dann unterdrückt, wenn der Sauerstoffgehalt des Wassers über 4,0 mg/l angehoben wird. Eine Sulfatreduktion nur durch Wasserstoff, wie es beim Guldager-Verfahren (vgl. Abschnitt 7.2.3.3.) möglich ist, wird bei Mg-Aktiv-Anoden wenig wahrscheinlich sein.

7.1.3. Durchlauf-Gaswasserheizer

Bei diesem Gerät fließt das zu erwärmende Wasser durch Kupferspiralen. Korrosionsschäden sind noch nicht bekannt geworden. Das nachgeschaltete verzinkte Stahlrohr ist nach durchschnittlich 10 bis 15 Betriebsjahren durch Korrosion zerstört.

7.2. Zentrale Warmwasseranlagen

Bei zentralen Warmwasseranlagen unterscheidet man die im Bild 7/2 dargestellten Arten und Systeme der Wassererwärmung.
Heute ist es üblich, die Aufheizung des kalten Trinkwassers indirekt in geschlossenen Anlagen durchzuführen. Als Heizmedium werden Wasser oder Dampf aus der Gebäudeheizungsanlage oder Fernheizwasser verwendet. Nach Möglichkeit sollte auf eine Wassererwärmung in Heizzentralen für große Versorgungsgebiete orientiert werden. So sind zentrale Warmwasseranlagen für 1200 Wohnungseinheiten keine Seltenheit mehr. Erfahrungsgemäß erfolgt in solchen Anlagen der Betrieb und die Wartung fachgerechter als in Anlagen, die in einzelnen Häusern installiert sind. Auch die Einsatzbedingungen für zusätzliche Korrosionsschutzmaßnahmen können günstiger gestaltet werden. Der die Anlagengröße mitbestimmende Gleichzeitigkeitsfaktor des Warmwasserverbrauchs sinkt mit zunehmender Wohnungsanzahl; damit verringern sich die Material- und Installationskosten bezogen auf die Wohnungseinheit.

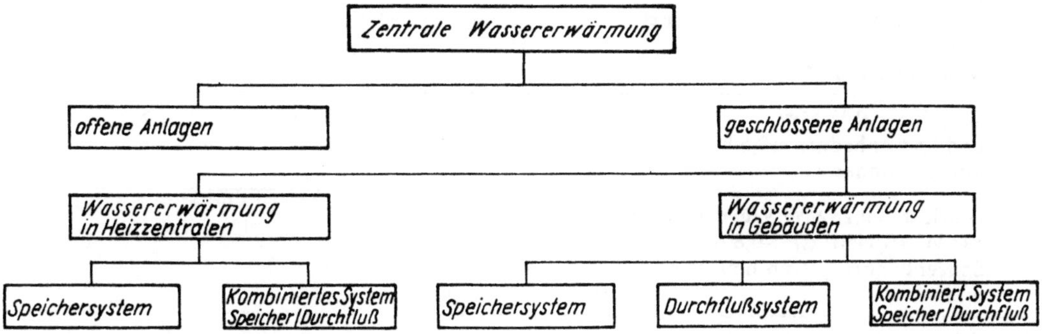

Bild 7/2
Arten und Systeme der Wassererwärmung

Bei der indirekten Wassererwärmung werden drei Systeme angewendet:

- Speichersystem
- Durchflußsystem
- kombiniertes System

Diese Systeme unterscheiden sich in energiewirtschaftlichen und versorgungstechnischen Aspekten voneinander, und es ist daher je nach Einsatzgebiet unter Berücksichtigung der TGL 190-264/04/05 ein bestimmtes System zu bevorzugen (Tabelle 7/2). Das reine Durchflußsystem ist ohne zusätzliche Maßnahmen wie Vorrangschaltung bei Kombination mit der Heizungsanlage oder Kombination mit dem Speichersystem aus Gründen der Energiebereitstellung nicht zu empfehlen.

Unabhängig vom System der Wassererwärmung sind bereits in der Phase der **Projektierung**, die den Grundstein für die Lebensdauer der Anlage legt, Korrosions- und Inkrustationsschutzmaßnahmen vorzusehen. Diese Maßnahmen, die im Bild 7/3 für die einzelnen Anlagenteile einer Warmwasseranlage dargestellt sind, müssen bei der Bauausführung eingehalten und während des Betriebs ständig beachtet werden, um die normative Nutzungsdauer von 25 Jahren zu erreichen. So sind generell Festlegungen zur Temperaturbegrenzung, zum maximalen Wasserbedarf, zur Werkstoffauswahl und zum Zusammenbau verschiedener Werkstoffe in Verbindung mit der zu erwartenden Wasserqualität zu treffen. Es sind entsprechende Korrosionsschutzmaß-

Tabelle 7/2
Vorauswahl des Anlagensystems zur Wassererwärmung aus energiewirtschaftlichen Gesichtspunkten nach [7/5]

Gebäudenutzung und Heizlast	Speicherwassererwärmung	Durchflußwassererwärmung	Durchfluß/Speicherung komb.	Durchfluß mit Vorrangschaltung vor Raumheizung
1. Wohnungsbau – individueller Wohnungsbau	×			
– Wohnungsbau 4 bis 50 WE	×			
– industrieller Wohnungsbau über 50 WE		×	×	×
2. Gebäude mit tägl. wiederkehrendem etwa gleichgroßem Spitzenbedarf – Heizlast $\leqq$0,23 MW	×			
– Heizlast >0,23 MW Wärmebedarf zur WWB/Heizlast $\leqq$0,8 · Q_{WWB} bis 0,17 MW	×			
· Q_{WWB} über 0,17 MW und Spitzenbedarf <0,5 h hintereinander		×	×	×
– Heizlast >0,23 MW Wärmebedarf zur WWB/Heizlast >0,8 oder Spitzenbedarf >0,5 h hintereinander	×	×	×	
3. Gebäude mit sehr hohem Spitzenbedarf in großen Zeitabständen			×	

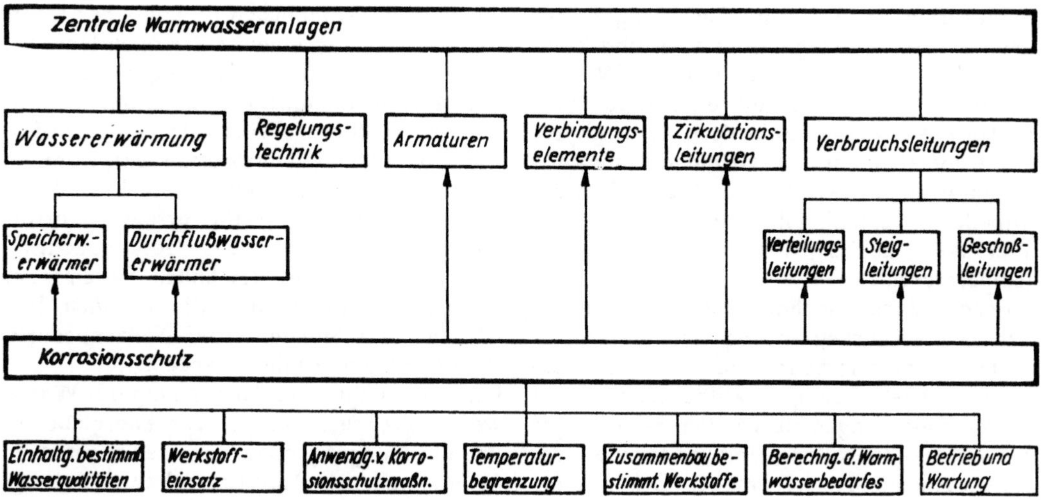

Bild 7/3
Bauteile zentraler Warmwasseranlagen und Zuordnung von Korrosionsschutzmaßnahmen

Tabelle 7/3
Zulässige und nichtzulässige Kombinationen metallischer Werkstoffe

Unzulässige Werkstoffkombinationen		Zulässige Werkstoffkombinationen	
Direkter Zusammenbau	Indirekter Zusammenbau	Direkter Zusammenbau	Indirekter Zusammenbau
Cu und sämtliche Cu-Verbindungen mit Cr-Stahl, St, StfeuZn, GG, Al	Cu, CuZn 30 mit St, StfeuZn, GG, Al	Cu und sämtliche Cu-Verbindungen mit Cr-Ni-Stahl	CuZn 20 Al 2, Cu-Ni-Leg. mit St, StfeuZn, GG
Cr-Ni-Stahl, Cr-St mit St, StfeuZn, GG, Al			Cu, CuZn 30 mit GG

nahmen in Abhängigkeit von der Wasserqualität und den Betriebsbedingungen auszuwählen und Maßnahmen für den Betrieb und die Wartung der Anlagen festzulegen.
Der Auswahl von Werkstoffen und Korrosionsschutzmaßnahmen, worauf in den folgenden Abschnitten im Detail eingegangen wird, ist die zu erwartende **Wasserqualität** für das jeweilige Bebauungsgebiet zugrunde zu legen. Der Projektant hat hierzu vom Versorgungsträger **Jahresdurchschnittsanalysen** (vgl. Tabellen 5/2 und 6/2) anzufordern, die dieser zu garantieren hat.
Bei der **Kombination verschiedener metallischer Werkstoffe** gelten generell die in Tabelle 7/3 genannten Festlegungen. Bei der gemeinsamen Installation von Kupfer und verzinktem Stahl ist außerdem Bild 7/14 zu beachten. In Warmwasseranlagen sind in der Vergangenheit vorwiegend verzinkter Stahl bzw. Temperguß eingesetzt worden. Einzelne Bauteile werden auch aus hochlegiertem Stahl, aus duroplastbeschichtetem Stahl, aus Kupfer, aus Kupfer-Zink-Legierungen und Kupfer-Nickel-Legierungen gefertigt. Der Anteil an Plastwerkstoffen und Glas ist im Ansteigen.
Aus energetischen, anlagen- und korrosionsschutztechnischen Aspekten soll die Wassertemperatur in den warmwasserführenden Rohrleitungen 45 °C nicht übersteigen. 50 °C ist die maximal zulässige Wassertemperatur. Zur Einhaltung und Kontrolle dieser Temperaturen sind sämtliche Warmwasseranlagen, deren Heizmedien-Temperatur über der Warmwasser-Austrittstemperatur liegt, mit automatischen Temperaturreglungsanlagen

auszurüsten [7/4]. Vom Rechtsträger der Warmwasser-Versorgungsanlagen sind Temperaturkontrollbücher zu führen. Werden höhere Entnahmetemperaturen, z. B. für technologische Zwecke, gefordert, so sind aus korrosionschemischen Gründen spezielle Schaltungen anzuwenden (s. Abschn. 7.2.1.3.). Tabelle 7/4 enthält die für die einzelnen Werkstoffe zulässigen maximalen Wassertemperaturen.

Im engen Zusammenhang mit der Einhaltung der Temperaturbegrenzung steht der maximale Warmwasserbedarf, der – ist er zu niedrig berechnet – häufig zu willkürlichem Temperatursteigerungen durch den Rechtsträger der Anlagen führt und damit verstärkt Korrosionserscheinungen verursacht. Die zur Ermittlung der Anlagengröße nach TGL 42182/02 notwendige Angabe des Warmwasserbedarfs unterliegt starken Schwankungen. Einen großen Einfluß darauf haben die Lebensgewohnheiten und der Komfort der Verbraucher sowie die Art der Abrechnung des Warmwasserverbrauchs. In einem 3-Personen-Haushalt schwankt nach [7/5] der Tagesverbrauch zwischen 70 bis 130 l bei gemessenem Verbrauch und steigt bis zu 350 l bei ungemessenem Verbrauch. Der mittlere Tageswarmwasserbedarf ist aus dem mittleren Trinkwasser-Tagesbedarf nach TGL 26565/02 zu berechnen. Die Angaben enthalten die Steigerungsrate durch Änderung der Nutzergewohnheiten im Laufe der Jahre, so daß z. B. für einen 3-Personen-Haushalt in einer fernbeheizten Wohnung mit zentraler Wassererwärmung, Badewanne und WC für 1980 ein mittlerer Trinkwasser-Tagesbedarf von 170 l/(d. Einw.) anzusetzen war, während es für 1990 190 l/(d. Einw.) sind. Der Warmwasserbedarf beträgt für größere Versorgungskomplexe 33 % des Gesamtbedarfes. Zur Auslegung des gewählten Systems der Wassererwärmung kann daraus nach TGL 42182/02 der Stunden- bzw. Spitzenbedarfs-Volumenstrom ermittelt werden.

Tabelle 7/4
Maximal zulässige Temperaturen in Abhängigkeit vom Werkstoff

Werkstoffe	max. Temperatur in °C
StfeuZn	60 Bei Temperaturerhöhung: Potentialumkehr am Zink
St, duroplastbeschichtet	180
Cr-Ni-Stähle	50 Bei Temperaturerhöhung: Gefahr der Spannungsrißkorrosion in Spalten
Cu und seine Legierungen	Keine Begrenzung

Eine wohnungsweise Abrechnung des Warmwasserverbrauchs könnte den Energiebedarf und die Anlagengröße positiv beeinflussen.

Maßnahmen zum **Betrieb und zur Wartung**, die die Lebensdauer der Anlage beeinflussen, sind insbesondere vor der Inbetriebnahme der Anlage (Spülen!), während und nach der Einfahrperiode (Temperaturbegrenzung!) und während der jährlichen Stillstandszeit (Sichtkontrolle des Wassererwärmers, Auswertung von Rohrproben) notwendig.

Außer der hier angeführten und im weiteren noch zu behandelnden Art der Wassererwärmung ist noch die direkte Wassererwärmung bekannt, bei der die Erwärmung bzw. Speicherung des Wassers in einem mit der Atmosphäre in Verbindung stehenden Behälter erfolgt. Aus korrosionstechnischer Sicht ist dieses Prinzip jedoch abzulehnen. Auch das in [7/6] beschriebene Prinzip, bei dem Fernheizung und Warmwasserbereitung so miteinander gekoppelt sind, daß das Fernheizwasser nach der Heizwärmeabgabe im Wärmeübertrager als Warmwasser genutzt werden kann, dürfte in den nächsten Jahren keinen Erfolg auf Anwendung haben, da dann das gesamte Wasser aufbereitet werden müßte und dies neue Verfahren der Speisewasseraufbereitung erfordert.

7.2.1. Wassererwärmer

7.2.1.1. Speicherwassererwärmer

Die typischen Merkmale dieses Systems sind:

- Gespeicherte Wärmekapazität einfach bestimmbar
- kurzzeitige Überlastbarkeit

- guter Ausgleich von Bedarfsspitzen
- regelungstechnisch gut zu beherrschen
- Ausfällung der Härtebildner des Wassers in Abhängigkeit von der Zeitdauer der Speicherung
- großer Platzbedarf
- gleichmäßige, zeitlich geringe Heiznetzbelastung
- Möglichkeit der elektrischen Beheizung für den Sommerbetrieb.

Der prinzipielle Aufbau einer Wassererwärmungsanlage nach dem Speichersystem ist in Bild 7/4 dargestellt. Das aufzuwärmende Wasser strömt in den Speicherbehälter und wird durch das Heizmedium indirekt über das Heizregister auf maximal 50 °C erwärmt. Speicherbehälter werden als stehende oder liegende Behälter gefertigt. Aus versorgungstechnischen Gründen ist es günstig, wenn die im Wassererwärmer durch das Aufsteigen des erwärmten Wassers entstehende deutliche Temperaturschichtung bestehen bleibt, da die Mischung mit nachströmendem Kaltwasser die Warmwassertemperatur reduziert und die Nachheizung verlängert. Stehende Speicher erfüllen diese Forderung besser als liegende, jedoch bestehen durch meist zu geringe Kellerhöhen oft Schwierigkeiten bei deren Aufstellung.
Das Fertigungsprogramm der Hersteller in der DDR enthält zum größten Teil liegende Speicher nach TGL 31805. Das Gesamtprogramm wird in zwei konstruktive Grundkonzeptionen aufgeteilt:

- Behälter mit einem Inhalt von 200 bis 600 l
- Behälter mit einem Inhalt von 1000 bis 5000 l

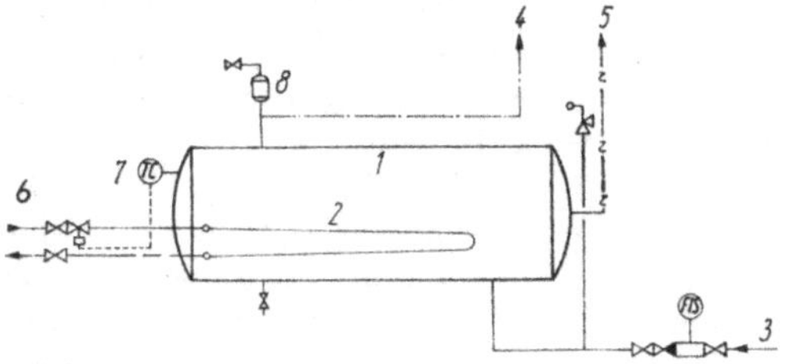

Bild 7/4
Speicher-Wassererwärmung

1 Speicherbehälter; 2 Heizregister; 3 Kaltwasserleitung; 4 Warmwasserleitung; 5 Zirkulationsleitung; 6 Heizungsvor- und -rücklauf; 7 Temperaturregelung; 8 Entlüftungseinrichtung

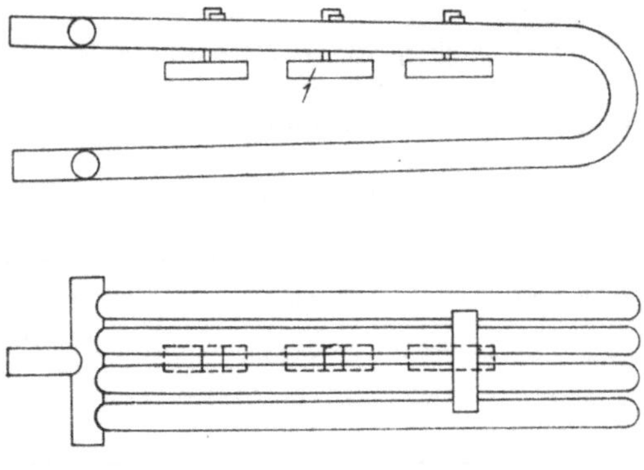

Bild 7/5
Heizregister für Speicherwassererwärmer nach TGL 31805

1 Magnesium-Aktiv-Anoden

Bei der **Montage** ist darauf zu achten, daß der Speicher zum Abgang der Warmwasserleitung hin eine Steigung von etwa 2 % aufweist, um die bei der Erwärmung des Wassers austretenden gasförmigen Bestandteile ableiten zu können. Die Anordnung eines Absperrventils in der Nennweite des Anschlußstutzens am zweiten unteren Stutzen des Wassererwärmers erleichtert eine Durchspülung zur Entfernung abgelagerter Korrosionsprodukte (vgl. TGL 42182).
Die Beheizung eines Speicherwassererwärmers erfolgt meistens über ein Heizregister (Bild 7/5). Die Anwendung einer zusätzlichen Heizung mittels Doppelmantel ist seltener anzutreffen. Die Größe des Heizregisters ergibt sich aus der Ermittlung der benötigten Heizleistung. Heizpatronen für den Sommerbetrieb werden nach [7/4] ausgewählt.
Zur Einhaltung der zulässigen Maximaltemperatur des warmen Wassers sind an die Temperatur-Regeleinrichtungen und deren Einbau folgende Forderungen zu stellen:

- Auswahl der in Tabelle 7/5 aufgeführten Bauteile in Abhängigkeit vom Heizmedium und dessen Temperatur
- Bevorzugter Einsatz von Regeleinrichtungen ohne Hilfsenergie

Vom Temperaturregler selbst ist zu fordern [7/4]:

- einstellbar auch auf $t_{WW} = 30\,°C$
- Temperaturüberschreitung des Sollwerts $\leqq 3$ K

Tabelle 7/5
MSR-Bauteile für Speicherwassererwärmer nach [7/4]

Heizmedium	Dampf bis 0,17 MPa oder Wasser bis 115 °C	Dampf bis 0,17 MPa 115 °C...150 °C	Dampf über 0,17 MPa oder Wasser 115 °C...150 °C	Elektro
MSR-Bauteile	1 Regler	1 Regler 1 Begrenzer	1 Regler 1 Sicherheitsbegrenzer	1 Regler 1 Sicherheitsbegrenzer 1 Wassermangelsicherung

- die Leckverluste des geschlossenen Stellventils dürfen nicht zu einer unzulässigen Temperaturerhöhung führen.

Und vom Temperaturbegrenzer [7/4]:

- Temperatur-Überschreitung über den Sollwert der Regelung $\leqq$5 K
- Die Ansprechgrenze muß innerhalb der Temperaturgrenze aller warmwasserführenden Anlagenteile sein.

Sicherheits-Temperatur-Begrenzer lassen bei Unterschreiten der aufgetretenen Übertemperatur die Beheizung nicht selbsttätig zu, sondern müssen von Hand entriegelt werden. Der Temperaturfühler der Regelung ist in gleicher Höhe wie das Thermometer in den Speicher einzubauen, um eine Kontrollmöglichkeit für die Funktionsfähigkeit der Regelung zu haben und evtl. eine Nachstellung vornehmen zu können.
Bei Einsatz von Stellventilen mit einer zusätzlichen Handverstelleinrichtung kann man am Stand der Spindel erkennen, ob der Aufheizvorgang bei erreichter Warmwassertemperatur beendet wird. Da alle Temperatur-Regeleinrichtungen einen bestimmten Toleranzbereich haben, sollte die Einstellung des Sollwertes auf 5 K unter der geforderten Warmwassertemperatur festgelegt werden. Die Einbauvorschriften des Herstellers sind unbedingt zu beachten, da z. B. durch einen falsch gewählten Einbauort des Fühlers ein einwandfreier Regler in kürzester Zeit unbrauchbar werden kann.
Ausgehend von den konstruktiven Unterschieden und dem technologischen Verwendungszweck ergeben sich für die einzelnen Bauteile des Wassererwärmers die nachfolgend aufgeführten Korrosionsverhältnisse und Möglichkeiten des Korrosionsschutzes.

Behälter und Heizregister unterliegen unterschiedlichen korrosiven Belastungen und erfordern daher auch unterschiedliche Korrosionsschutzmaßnahmen. So ist an den aus **feuerverzinktem Stahlblech gefertigten Behältern** meist nur eine weitverlaufende, fleckige bis narbenförmige, wenig in die Tiefe gehende Korrosion zu beobachten. An den ebenfalls aus feuerverzinktem Stahl bestehenden Heizregistern ist dagegen eine unbegrenzte, tiefe, grubenförmige Korrosion das typische Schadensbild (Foto 19).
Die Unterschiede im Korrosionsverhalten dieser aus dem gleichem Material gefertigten und durch die gleiche Wasserqualität beanspruchten Bauteile sind in erster Linie in einer unterschiedlichen Temperaturbelastung begründet. Die Temperaturen an den Behälterwänden liegen bei Wassertemperaturen von 50 °C etwa bei 35 °C, so daß einmal die relativ geringe Temperatur eine entsprechend geringere Korrosionsgeschwindigkeit bedingt und zum anderen die korrosionsstimulierenden Faktoren, wie Kalzium-Karbonatablagerungen und Luftblasenbildung, an den Behälterwänden wegen der geringen Temperaturen nicht wirksam werden.
Anders sind die Verhältnisse am **Heizregister**. Infolge der hohen Temperaturen des Heizmediums bis zu 110 °C ergeben sich bei Erreichen der Warmwassertemperatur von 50 °C an der warmwasserseitigen Oberfläche des Heizregisters Wandtemperaturen von 70 bis 80 °C, wodurch die Metalloberfläche gegenüber einer korrosiven Belastung aktiviert wird und sich durch die Richtung des Wärme-

überganges Metall → Wasser Kalziumkarbonate und Luftblasen an der Heizregisteroberfläche absetzen. Nach [7/7] entgast das Wasser am heißen Heizregister teilweise; die entstehenden Luftblasen kriechen an die obere Seite des Heizregisters, vibrieren und reißen ab, wodurch winzige Metallteilchen mit herausgerissen werden, so daß letztlich auf der oberen Seite des Heizregisters, wie an einer Schnur aufgereiht, fast kreisrunde Löcher entstehen (Foto 19). Eine Korrosion im Inneren der Heizregister ist nicht zu erwarten, wenn das Heizmedium aufbereitet ist.

Durch diese unterschiedlichen Korrosionsbedingungen ergeben sich gravierende Unterschiede in der Lebensdauer der Bauelemente. Während feuerverzinkte Behälter bei Beachtung aller Montagehinweise für Behälter und System eine durchschnittliche Lebensdauer von 15 Jahren erreichen können, wobei allerdings auch Beispiele bekannt sind, wo bereits nach 8 bis 10 Jahren Wanddurchbrüche erfolgt sind, fallen feuerverzinkte Heizregister schon nach etwa 3jähriger Betriebsdauer aus. Außer den geschilderten direkten Korrosionsschäden in Wassererwärmern entstehen oft auch unangenehme Nebenerscheinungen durch die bei der Korrosion entstehenden Eisenoxidhydrate. Insbesondere in sehr weichen Wässern und in Wässern mit hohem Chloridgehalt entstehen Korrosionsprodukte, die wenig festhaftend sind, so daß diese bei Druck- und Temperaturschwankungen leicht abgelöst und an die Entnahmestellen der Verbraucher gelangen. Das braungefärbte Wasser wird von den Nutzern nicht verwendet, fließt ungenutzt ab und führt zu erheblichen volkswirtschaftlichen Verlusten.

Die Braunfärbung des Wassers wird nicht nur durch die im Wassererwärmer entstehenden Korrosionsprodukte hervorgerufen, sondern auch durch nichtverzinkte Fittings, durch nichtverzinkte Schnittkanten der Rohre sowie durch die in den Rohrleitungen selbst gebildeten Korrosionsprodukte.

In sehr harten Wässern bilden sich am Heizregister **Krusten** aus Kalziumkarbonat, die den Wärmedurchgang am Heizregister reduzieren (Foto 20). Bei Werten der Wärmeleitfähigkeit dieser Ablagerungen von $\lambda = 0{,}7$ bis 2,3 W/m · K ergibt sich bei einer Schichtdicke von 0,1 mm bereits ein um etwa 3% verschlechterter Wärmedurchgang. Dadurch verlängert sich die Aufheizzeit des Speicherinhalts entsprechend und die stündlich bereitstehende Warmwassermenge sinkt. Wird diese Erscheinung nicht in der Projektphase berücksichtigt (Einholung der Wasseranalyse!), gleicht der Nutzer oft in Unkenntnis diesen Mangel durch Erhöhung der Wassertemperatur aus und verursacht damit verstärkt Korrosionsschäden.

Bei der Wahl von Korrosionsschutzmaßnahmen für Behälter und Heizregister sind nicht nur die unterschiedlichen thermischen Belastungen zu berücksichtigen, sondern auch der Werkstoffeinsatz der nachfolgenden Rohrleitungen. So gibt es leider genügend Beispiele, bei denen Heizregister aus Kupfer und die nachfolgenden Leitungen aus verzinktem Stahl gefertigt sind, so daß infolge **indirekter Kontaktkorrosion** (kupferinduzierte Kontaktkorrosion) (vgl. Abschnitt 7.2.2.1.) eine vorzeitige Zerstörung der Rohrleitungen die Folge ist.

International werden Wassererwärmer nach dem Speicherprinzip zum großen Teil **emailliert und zusätzlich katodisch geschützt.** Hierdurch werden Standzeiten von über 25 Jahren erreicht sowie Inkrustationen und die Braunfärbung des Wassers vermieden. Auch kupferne und mit hochlegiertem Stahl plattierte Wassererwärmer können mit Erfolg eingesetzt werden, wenn die in den Abschnitten 7.2.2.2. und 7.2.2.3. behandelten Randbedingungen beim Einsatz dieser Werkstoffe beachtet werden.

In der DDR werden Wassererwärmer vorwiegend aus **feuerverzinktem Stahl** gefertigt, wobei die Heizregister zusätzlich mit **Magnesium-Aktiv-Anoden** kathodisch geschützt werden (Bild 7/5). Die durch die Feuerverzinkung zu erreichende Standzeit der Behälter von durchschnittlich 15 Jahren rechtfertigt unter der gegenwärtigen materialökonomischen Situation nicht den generellen Einsatz anderer hochwertiger Werkstoffe bzw. Schutzverfahren.

Werden die feuerverzinkten Behälter jährlich gereinigt und mit Zementmilch behandelt, so kann auch die Braunfärbung des Wassers reduziert werden. Inkrustierungserscheinungen am Heizregister lassen sich nur durch Zugabe von Polyphosphaten oder durch eine magnetische Wasseraufbereitung vermeiden (s. Abschnitt 7.2.3.1. und 7.2.3.2.). Eine mechanische Entfernung der Krusten oder eine Behandlung mit Essig-, Wein-, Zitronensäure oder anderen Säuren ist nicht zu empfehlen, da hierdurch eine Aufrauhung der Oberfläche erfolgt, wodurch der Prozeß der Inkrustierung immer rascher erfolgt. Durch den Einsatz von Magnesium-Aktiv-Anoden wird die Lebensdauer der feuerverzinkten Heizregister verdoppelt und durch rechtzeitige Erneuerung der Aktiv-Anoden vervielfacht, so daß bei sachgemäßer Betriebsweise und Wartung Standzeiten zwischen 15 und 20 Jahren zu erwarten sind. Bei Anwendung des Aktiv-Anoden-Verfahrens sind folgende Bedingungen zu beachten, wenn eine optimale Wirksamkeit erreicht werden soll:

- Verwendung der Sonderlegierung MgAl6 Zn3 (AZ 63 S) als Anodenmaterial
- Verteilung der Anoden über die gesamte Länge des Heizregisters und zentrale Anordnung der Anoden zwischen den Heizregisterlagen
  (Stehen keine Stabanoden in der Länge des Heizregisters zur Verfügung, so können auch kürzere Anoden in Reihe angeordnet werden, wobei zu beachten ist, daß die Reichweite der Anoden etwa 25 bis 30 cm beträgt.)
- sicherer und dauerhafter Kontakt zwischen Anode und Heizregister durch Schweißverbindungen
- spezifische elektrische Leitfähigkeit des Wassers $\geqq 2 \cdot 10^{-2}$ S · m/m².

Tabelle 7/6 gibt einen Überblick über die Anzahl der notwendigen Anoden in Abhängigkeit vom Nenninhalt des Wassererwärmers und der Anzahl der Lagen des Heizregisters. Für die Festlegung der Anodenmasse in Abhängigkeit von ihrer Funktionsdauer und von der Heizfläche des Heizregisters kann als Richtwert für eine 5jährige Funktionsdauer der Anoden 3,5 kg Magnesiumlegierung pro m² Heizfläche angenommen werden.
Wird aus kathodisch geschützten Wassererwärmern längere Zeit kein Wasser entnommen (z. B. in Wochenendhäusern), so ist zu beachten, daß der beim kathodischen Schutzverfahren entstehende Wasserstoff (s. Abschnitt 3.4.) in ungünstigen Fällen zur Knallgasbildung und damit zur Explosion führen kann.

Tabelle 7/6
Anzahl der Magnesium-Aktiv-Anoden in Abhängigkeit vom Nenninhalt des Wassererwärmers und der Zahl der Heizregisterlagen nach dem Informationsblatt 025 des VEB StAG Genthin

Nenninhalt in l	Anzahl der Heizregisterlagen	Anzahl der Anoden (á 4 kg)
200	2	2
400	2	2
600	2–5	3
1000	2–5	3
1500	2–5	3
2000	2–3	3
	4	4
	5	5
3000	2–3	4
	4	5
	5	7
5000	2	4
	3	5
	4	6
	5	8

In solchen Fällen ist der kathodische Schutz nicht anzuwenden.
Der Einsatz korrosionsträger Stähle (KTS) in Wassererwärmern ist ökonomisch nicht vertretbar, da sich ihr Korrosionsverhalten vom unlegierten Stahl nur unwesentlich unterscheidet.
Vielfach werden zur Nachheizung oder zur Erwärmung des Wassers während der Sommermonate **elektrische Heizpatronen** eingesetzt. Da die Schutzhülsen dieser Heizpatronen z. Z. nur in unlegiertem Stahl oder Kupfer geliefert werden, ist bei Verwendung von Heizpatronen den Korrosionsverhältnissen besondere Aufmerksamkeit zu schenken. So sind Hülsen aus unlegiertem Stahl wegen ihrer allgemeinen Korrosionsanfälligkeit nicht einzusetzen. Der Einsatz von Kupfer-

hülsen ist in zweifacher Hinsicht problematisch. So besteht zum einen die Gefahr der indirekten Kontaktkorrosion (s. Abschnitt 7.2.2.1.) und zum anderen die der Aufhebung der Wirksamkeit der Magnesium-Aktiv-Anoden. Letztere ist dadurch bedingt, daß die Potentialdifferenz zwischen Magnesium–Kupfer sehr viel größer als zwischen Magnesium–Zink ist, so daß die ursprünglich beabsichtigte Schutzwirkung für das Zink verlorengeht. In derartigen Fällen sollten dann besser Hülsen aus unlegiertem Stahl eingesetzt werden; vorteilhafter, weil korrosionsbeständiger, wären jedoch solche aus hochlegiertem Stahl. Es sollte daher Pflicht der Heizpatronen-Hersteller sein, Heizpatronen aus hochlegiertem Stahl zu fertigen.

7.2.1.2. Durchflußwassererwärmer

Die typischen Merkmale dieses Systems sind:

- Geringer Platzbedarf
- Nicht überlastbar
- Genaue Auslegung nach Minutenspitze erforderlich
- Vorrangschaltung gegenüber der Raumheizung möglich
- Keine Elekrobeheizung möglich
- Wärmeübetrager mit Parametern der Fernheizung belastbar.

Im Vergleich zum Speicherwassererwärmer ist die Inkrustation am Rohrbündel geringer als am Heizregister, da die relativ hohen Strömungsgeschwindigkeiten – in Spitzenzeiten bis zu etwa 1 m/s – nur in sehr harten Wässern zur Inkrustierung führen. Auch die **Braunfärbung** des warmen Wassers ist geringer als beim Speicherwassererwärmer; insbesondere dann, wenn die Wasserkammern korrosionsgeschützt sind.

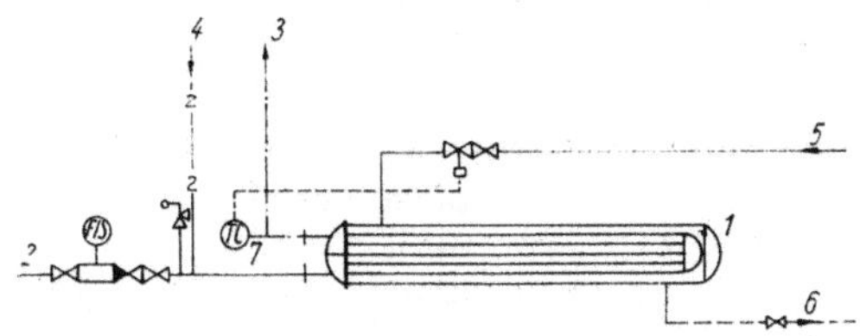

Bild 7/6
Durchfluß-Wassererwärmung

1 Rohrbündel-Wärmeübertrager; 2 Kaltwasserleitung; 3 Warmwasserleitung; 4 Zirkulationsleitung; 5 Heizungsvorlauf; 6 Heizungsrücklauf; 7 Temperaturregelung

Der prinzipielle Aufbau eines Durchflußwassererwärmers ist in Bild 7/6 dargestellt. Auf Grund des fehlenden Speichervolumens würde eine umfassende Anwendung des Systems ohne Einschränkungen jedoch besonders in Spitzenzeiten des Warmwasserverbrauches dazu führen, daß kurzzeitig eine große Wärmemenge benötigt würde und die Fernheizwerke außerhalb dieser Spitzenzeiten nur einen Teil ihrer möglichen Leistung abzugeben brauchten. Die Schlußfolgerungen dieser Überlegungen sind in die TGL 190-264 eingegangen. Es wird bei gleichzeitiger Fernwärmenutzung für Heizung und Wassererwärmung eine Kombination beider Funktionen mit Vorrangschaltung für die Wassererwärmung gefordert. Dieses Schaltungsprinzip ist in **Hausanschlußstationen** für den Wohnungsbau realisiert (Bild 7/7). Da bei der Fernwärmeerzeugung eine große Temperaturdifferenz zwischen Rücklauf- und Vorlaufwasser die Wirtschaftlichkeit erhöht, wird in TGL 190-264 auch die Ausnutzung der Wärme des Heizungsrücklaufes für die Wassererwärmung gefordert (Bauelemente Vorwärmer). Prinzipschaltbilder sind in TGL 190-264/05 vorgegeben.

Der **Wärmeübertrager**, unter Praktikern oft als Gegenströmer oder Wärmetauscher im Sprachgebrauch, ist funktionell und korrosionsschutztechnisch der Schwerpunkt der Anlage. Durch eine große Oberfläche wird in kurzer Zeit eine indirekte Wärmeübertragung vom Heizmedium auf das zu erwärmende Trinkwasser vollzogen.

Am besten geeignet sind Konstruktionen, bei denen keine Umlenkung des Trinkwassers im Rohr erfolgt, z. B. Geradrohrwärmeübertrager, da sie sich leichter reinigen lassen. In Bild 7/8 sind mögliche Bauformen dargestellt. Wärmeübertrager sind hohen Beanspruchungen bei kurzfristigem Wechsel der Betriebsbedingungen ausgesetzt. Die technischen Kennwerte liegen höher als beim Speicherwassererwärmer. Die Druckfestigkeit beträgt meist 1,0 bis 2,5 MPa; die Temperaturbelastbarkeit 130 bis 160°C.

Aus Gründen des technisch leichter zu beherrschenden Korrosionsschutzes und einer einfacheren Reinigung ist das **Warmwasser**

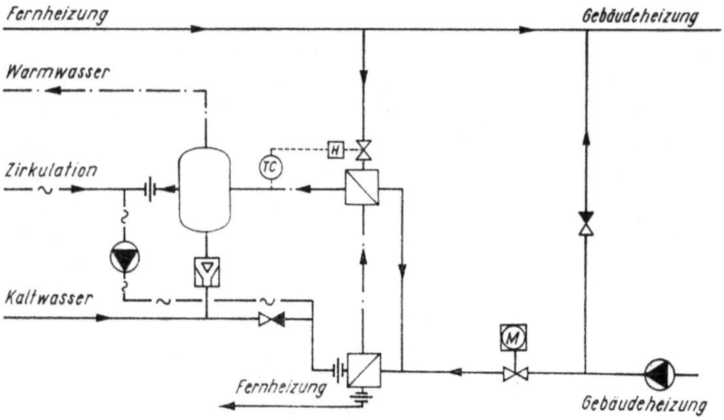

Bild 7/7
Durchfluß Wassererwärmung mit Vorrangschaltung (Vereinfachtes Schaltbild der Hausanschlußstation HA 3 des VEB Kombinat Technische Gebäudeausrüstung)

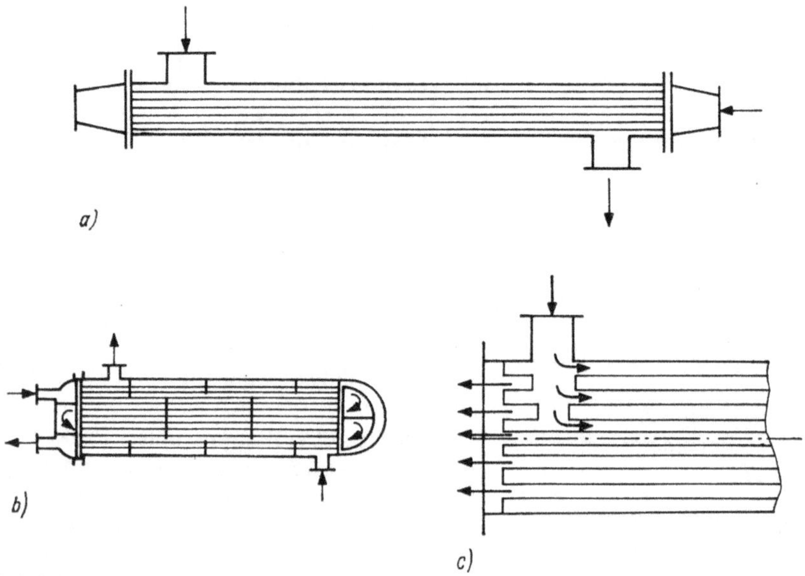

Bild 7/8
Bauarten von Wärmeübertragern zur Wassererwärmung
a) Geradrohrwärmeübertrager; b) Wärmeübertrager mit Schwimmkopf; c) Rohr-in-Rohr-Wärmeübertrager

in den Rohren des Wärmeübertragers zu führen, wie es z. B. bei Hausanschlußstationen des VEB Kombinat TGA erfolgt.
Ein anderes Strömungsprinzip kann nur zugelassen werden, wenn der Mantel des Wärmeübertragers und das Leitgestell des Rohrbündels korrosionsgeschützt ausgeführt werden und eine Spaltbildung zwischen dem Rohrboden und den Rohren vermieden wird. Werden diese Forderungen nicht erfüllt, korrodieren Mantel und Leitgestell sehr stark (Foto 21) und der Ausfall dieser Bauteile nach kurzer Betriebsdauer (Leitgestell etwa 2 bis 3 Jahre, Mantel ungefähr 5 bis 7 Jahre) sowie die Braunfärbung des Wassers sind die unausbleiblichen Folgen.
Bei Wärmeübertragern kleiner Bauart, wie z. B. Rohr-in-Rohr-Wärmeübertragern, bei denen beide Strömungsräume korrosionsgeschützt ausgeführt werden, ist der leichter zu reinigende und zu kontrollierende Raum dem Warmwasser zuzuordnen.
Die Temperaturregelung beim Durchflußsystem muß eine hohe Empfindlichkeit aufweisen. In Tabelle 7/7 sind die Bauteile aufgeführt, die zur Einhaltung der Warmwassertemperatur erforderlich sind. Es sind Temperatur-Regelungseinrichtungen mit geringer

Tabelle 7/7
MSR-Bauteile für Durchflußwassererwärmer nach [7/4]

Heizmedium	Dampf bis 0,17 MPa oder Wasser bis 115 °C	Dampf bis 0,17 MPa 115...150 °C	Dampf über 0,17 MPa oder Wasser 115...150 °C
MSR-Bauteile	1 Regler	1 Regler	1 Regler 1 Begrenzer 1 akustische Signalisierung

Totzeit vorzusehen. Die Temperaturfühler für Regelung und Begrenzung sind im Wärmeübertrager oder, wenn das nicht möglich ist, unmittelbar am Warmwasseraustritt so anzuordnen, daß sie vollständig vom Warmwasser umspült werden. Je näher der Temperaturfühler am Wärmeübertrager angeordnet ist, desto stabiler wird die Regelung und desto genauer wird der Grenzwert der Warmwassertemperatur eingehalten. Wenn eine Anlage ohne Zirkulationsleitung errichtet wird, muß der Fühler im Wärmeübertrager angeordnet werden. Es besteht dann allerdings die Gefahr, daß durch Überhitzung die Übertemperatursicherung des Thermoreglers zerstört wird. Das Stellglied zur Temperaturregelung ist unmittelbar vor dem Wärmeübertrager in den Heizungsvorlauf einzubauen und zwar so, daß bei defekter Heizfläche keine unzulässige Temperaturerhöhung auftritt. Ebenso darf die Leckwassermenge des Stellventils keine unzulässige Temperaturerhöhung verursachen. In [7/4] sind umfangreiche Anhaltspunkte zur Wahl des richtigen Stellventils aufgeführt. Die in Abschnitt 7.2.1.1. aufgeführten Forderungen an Temperaturregelungen und -begrenzungen treffen analog zu. Hinweise der Hersteller sind auch in diesem Falle mit den o. g. Forderungen in Übereinstimmung zu bringen.

Die thermischen Vorgänge verlaufen in Durchflußwassererwärmer (RWÜ) extremer und zeitlich geraffter als im Speicherwassererwärmer.

Da die Heizwassertemperatur im RWÜ bis zu 150 °C betragen kann, ist mit einer maximalen warmwasserseitigen Rohroberflächentemperatur um 100 °C zu rechnen, so daß z. B. verzinkter Stahl als Rohrwerkstoff wegen der hohen Temperaturbelastung nicht eingesetzt werden kann. Auch der kathodische Schutz mittels Magnesium-Aktiv-Anoden kann wegen der geometrischen Verhältnisse im RWÜ (z. B. 82 Rohre auf einen Mantelinnendurchmesser von 250 mm verteilt) nicht realisiert werden. So bleibt letztlich nur der Einsatz von Kupfer bzw. Kupferlegierungen, hochlegierten Stählen oder duroplastbeschichtetem unlegiertem Stahl als Rohrbündelmaterial. Unter der Voraussetzung, daß das aufzuwärmende Trinkwasser durch das Rohrbündel strömt und das Heizmedium um das Rohrbündel herumgeführt wird, sind für die einzelnen Bauteile eines RWÜ die im Bild 7/9 genannten Werkstoffe geeignet.

Durch die gewählte Medienführung – Warmwasser im Rohr, Heizwasser im Mantelraum – ergeben sich für die aus **Grauguß** bzw. unlegiertem Stahl gefertigten Bauteile (Mantel und Leitgestell) keine Korrosionsprobleme, wenn das Fernheizwasser sauerstofffrei geliefert wird.

Bei der Werkstoffwahl für die Wasserkammern sollte Grauguß der Vorzug gegeben werden, da dieser im allgemeinen bei Wasserbeanspruchung korrosionsbeständiger als unlegierter Stahl ist (vgl. 6.4.1.2.). Bei Einsatz unlegierter Stähle wird durch eine Duroplastbeschichtung ein optimaler Korrosionsschutz erreicht. Werden Wasserkammern aus ungeschütztem unlegiertem Stahl gefertigt, so entstehen zwar auf Grund der Wanddicke der Wasserkammern keine Leckagen; die sich bildenden Korrosionsprodukte tragen aber zur Braunfärbung des Wassers (vgl. 7.2.1.1.) bei und können bei Verwendung von Rohrböden aus hochlegiertem Stahl zur Bildung von Belüftungselementen (Belagskorrosion vgl. 7.2.2.3.) führen.

Wird als Rohrbündelwerkstoff Kupfer oder

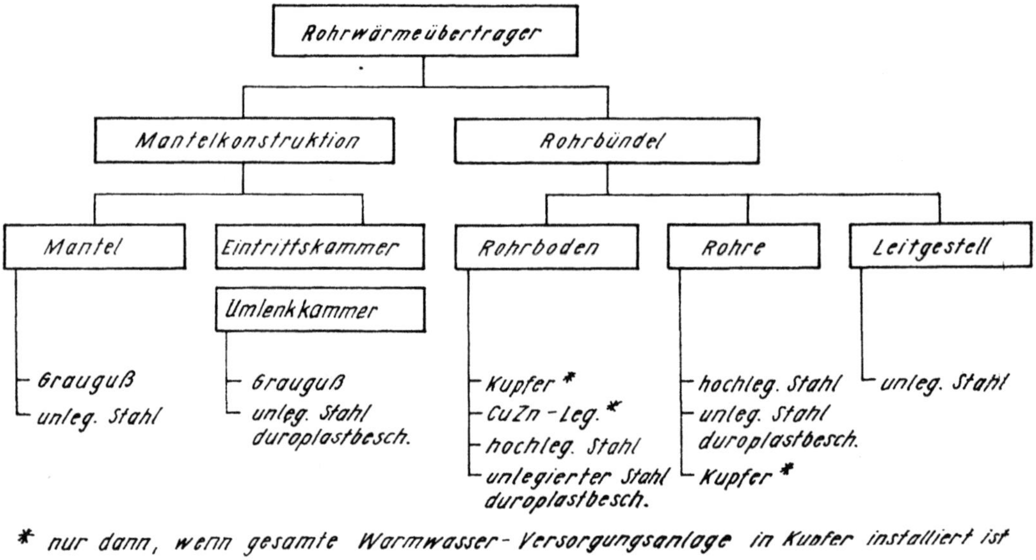

Bild 7/9
Werkstoffauswahl für die Bauteile eines Rohrbündelwärmeübertragers

Messing (CuZn 30) verwendet, so ergeben sich in den nachfolgenden Rohrleitungen aus feuerverzinktem Stahl verstärkte Korrosionserscheinungen infolge kupferinduzierter Kontaktkorrosion (vgl. 7.2.2.1.).

Beide Werkstoffe sind daher nur anzuwenden, wenn das nachfolgende Rohrleitungsnetz aus Kupfer, X8CrNiTi 18.10, Plastwerkstoffen, plastausgekleidetem Stahl oder Glas gefertigt ist.

Austenitische Cr-Ni-Stähle (z. B. X8CrNiTi 18.10 oder X8CrNiMoTi 18.11) sowie 17 %ige ferritische Chromstähle (z. B. X8Cr17, X20CrNi17, X35CrMo17) nach TGL 7143 können wegen ihrer passiven Eigenschaften (vgl. Abschnitt 2.6.) mit gutem Erfolg als Rohrbündelwerkstoff eingesetzt werden. Das Zulegieren von Molybdän erhöht generell ihre Beständigkeit.

Durch die Legierungselemente Titan bzw. Niob werden diese Stähle schweißbar, ohne daß Korrosionserscheinungen auftreten. Das gleiche wird erreicht, wenn der C-Gehalt dieser Stähle $\leqq 0{,}06\,\%$ beträgt. Die Schweißzusatzwerkstoffe sind nach TGL 7253/02 auszuwählen. Nahtlose Rohre sind wärmebehandelt und gebeizt oder blankgeglüht (R 22 nach TGL 36650), geschweißte Rohre nach Entfernung der Schweißnahtüberhöhung (R 32 nach TGL 36652) einzusetzen.

13 %ige ferritische Chromstähle sind unter Warmwasserbedingungen nicht beständig und ähneln in ihrem Korrosionsverhalten nahezu dem unlegiertem Stahl.

Trotz ihrer passiven Eigenschaften sind die hochlegierten Stähle potentiell durch Lochfraß, Spannungsrißkorrosion und Spaltkorrosion gefährdet. Unter Beachtung folgender Maßnahmen kann diese Gefährdung auf ein Minimum reduziert werden [7/8]:

- Strömungsgeschwindigkeit $\geqq 1{,}0$ m/s
- Reduzierung des Wärmestromes vom Metall zum Wasser.
  Bei Strömungsgeschwindigkeiten $\leqq 0{,}5$ m/s muß der Wärmestrom < 30 KW/m² sein.
- Wassertemperatur $\leqq 50\,°C$
- Vermeidung von Luftpolstern und Ablagerungen (Eisen- oder Manganoxide, Härtebildner)
- Vermeidung von Spalten
- Begrenzung des Chloridgehaltes im Wasser auf $\leqq 600$ mg/l bei Anwendung austenitischer Cr-Ni-Stähle, bzw. $\leqq 1\,500$ mg/l bei Anwendung austenitischerCr-Ni-Mo-Stähle.

Praktische Erfahrungen zeigen, daß 17 %ige Cr-Stähle bis etwa 400 mg/l Chlorid und 17 %ige Cr-Mo-Stähle ebenfalls bis 600 mg/l beständig sind. Diese Grenzkonzentrationen reduzieren sich drastisch, wenn Spalte, Ab-

lagerungen, Chlor (Cl_2)- bzw. Ozonkonzentrationen über 0,5 mg/l und Eisenkonzentrationen über 0,3 mg/l im System auftreten.
Sind konstruktiv bedingte Spalte bzw. Ablagerungen aus Wasserinhaltsstoffen z. B. bei Karbonathärten $\geqq$150 mg CaO/l oder durch Korrosionsprodukte unlegierter bzw. verzinkter Stähle vorhanden, genügen infolge der durch Spalten und Ablagerungen bedingten Chloridanreicherung Chloridgehalte im Wasser von $\leqq$50 mg/l, um Lochfraß bzw. Spannungsrißkorrosion hervorzurufen.
Ein besonderes Problem ergibt sich beim direkten Zusammenbau von hochlegierten und unlegierten Stählen (z. B. Rohrbündel/Rohrboden) durch Kontaktkorrosion am unlegierten Stahl. Das gleiche gilt auch bei der Kombination Kupfer, bzw. Kupfer-Zinklegierungen mit unlegiertem Stahl, während Kupferwerkstoffe mit hochlegiertem Stahl bedenkenlos zusammengebaut werden können (vgl. Tabelle 7/3).
An Schweißverbindungen ist die Kontaktkorrosionsgeschwindigkeit größer als an eingewalzten Rohren [7/8].
Kontaktkorrosionserscheinungen am Rohrboden können vermieden werden, wenn der Rohrboden aus dem gleichen Werkstoff wie das Rohrbündel hergestellt wird oder wenn der Rohrboden aus unlegiertem Stahl mit Epoxidharz EKS 125 oder mit duroplastischem Beschichtungswerkstoff Y60YE behandelt wird.
Bei Verwendung von Kupferwerkstoffen bzw. hochlegierten Stählen als Rohrbodenmaterial muß im Gegensatz zum unlegierten Stahl dem Dichtproblem besondere Aufmerksamkeit geschenkt werden.

- Die Dichtflächen müssen planparallel sein. Die Oberflächenrauhigkeit ist gering zu halten. Radialriefen sind unbedingt zu vermeiden.
- Die Dichtflächen müssen öl- und fettfrei und in ihrer Gesamtheit mit Dichtmaterial belegt sein. Spalte und ein Überstehen der Dichtung in den Wasserraum sind unbedingt zu vermeiden.
- Das verwendete Dichtmaterial muß chlorid- und graphitfrei sein, da sonst starke Lochfraßkorrosion entsteht (Foto 22).
- It-H-Dichtungen sind chloridhaltig und werden deshalb auch PTFE-ummantelt für o. g. Einsatzfälle angeboten.

Durchflußwassererwärmer mit Vorrangschaltung werden in den Hausanschlußstationen [7/9] seit etwa 10 Jahren in der DDR erfolgreich eingesetzt. Die bisher angewendete Kombination „Rohrboden: unlegierter Stahl/Rohrbündel: X8CrNi 18.10" führt zu Kontaktkorrosionsgeschwindigkeiten am unlegierten Stahl von etwa 1 mm/a (vgl. Foto 23). Diese Probleme sind mit der Verwendung von Rohrböden aus hochlegiertem Stahl bei neuentwickelten Wärmeübertragern für die Hausanschlußstationen ausgeschlossen worden. Sollen solch hochwertige Werkstoffe, wie Kupferwerkstoffe und hochlegierte Stähle, eingespart werden, können alle trinkwasserberührten Flächen mit duroplastbeschichtetem unlegiertem Stahl ausgerüstet werden. Die An-

Tabelle 7/8
Forderungen für die Duroplastbeschichtung von Rohrbündeln

Kriterien	Anforderungen
Rohrwerkstoff	Rohre nach TGL 9013, Qualität St34b-2 (TGL 9413)
Konstruktion	Konstruktive Forderungen sind einzuhalten, um eine hohe Qualität der Beschichtung zu erreichen (Werknorm 187 des VEB MAG Grimma)
Oberflächenbehandlung	Nach TGL 18730/02 sind die Rohrinnenflächen so vorzubehandeln, daß eine mittlere Rauhigkeit von 40 bis 80 µm erreicht wird
Beschichtungswerkstoff	Epoxid-Phenolharz-Kombination Y60YE, mit inerten Pigmenten, thermisch härtend (nach TGL 31958/01), als Reparaturwerkstoff ist YwYE zu verwenden (nach TGL 31958/03)
Beschichtungsart	Fluten des Wärmeübertragers (Kammern separat beschichten)
Schichtdicke	4 einzeln aufzubringende Schichten, die bei 180 °C eingebrannt werden und eine Gesamtschichtdicke von 180 µm ergeben.

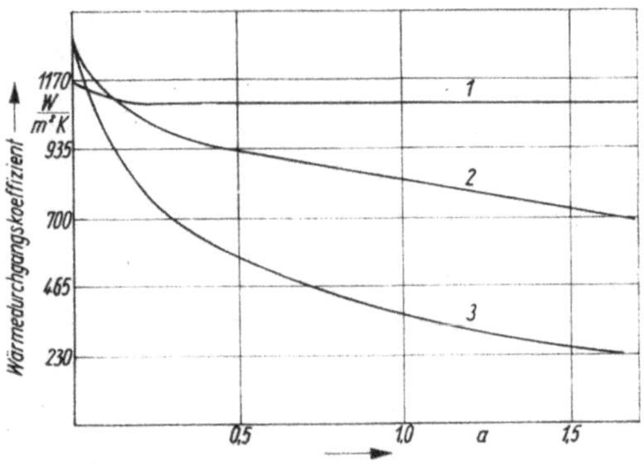

Bild 7/10
Änderung des Wärmedurchgangskoeffizienten in Abhängigkeit von der Betriebsdauer der Rohrbündel bei Duroplastbeschichtung und $CaCO_3$-Inkrustationen

1 Duroplastbeschichtung; 2 Ohne Beschichtung Sekundärmedium 100 mg/l CaO; 3 Ohne Beschichtung Sekundärmedium 240 mg/l CaO

wendung duroplastbeschichteter unlegierter Stähle für Bauteile des Durchflußwassererwärmers entspricht den materialökonomischen Forderungen unserer Zeit, da auch hiermit die normative Nutzungsdauer erreicht wird. Bei der Anwendung der Duroplastbeschichtung sind die in Tabelle 7/8 genannten Angaben zu berücksichtigen.
Die beschichteten Rohrbündel-Wärmeübertrager sind stoß-, schlag- und kratzempfindlich und erfordern besondere Vorsichtsmaßnahmen bei Transport, Lagerung und Einbau [7/10]. Die durch die Duroplastbeschichtung zu erwartende Reduzierung des Wärmedurchgangs ist nur relativ, da ohne Duroplastbeschichtung die Inkrustationsprodukte mit zunehmender Betriebsdauer in ihrer Dicke anwachsen (Bild 7/10). Beim beschichteten Wärmeübetrager ergibt sich dagegen nach kurzer Einfahrperiode eine konstante Schichtdicke, die aus der Duroplastbeschichtung und dünnschichtigen abwischbaren Ablagerungen (Schlamm) besteht, so daß sich die Duroplastbeschichtung weniger als die Inkrustationsprodukte auf die Reduzierung des Wärmedurchgangs auswirken. Ein Vergleich der Wärmeleitkoeffizienten bestätigt dies (Tabelle 7/9).

Tabelle 7/9
Wärmeleitkoeffizient in Abhängigkeit vom Zustand des Wärmeübertragers

Zustand des Wärmeübertragers	Wärmeleitkoeffizient W/mK
Inkrustiert	0,7...2,3
Duroplastbeschichtet	0,9

7.2.1.3. Kombination Durchfluß – Speicher – Wassererwärmer

Mit diesem System der Wassererwärmung ist eine Optimierung der in den Abschnitten 7.2.1.1. und 7.2.1.2. genannten Eigenschaften möglich, da die Vorteile beider Grundsysteme vereint werden können. Vorwiegend erfolgt die Kombination der Grundsysteme derart, daß ein Speicher über einen Wärmeübertrager mit warmem Wasser ($t_{WW} = 60\,°C$) „aufgeladen" wird. Die Zuführung vom Heizmedium zum Wärmeübertrager erfolgt in Abhängigkeit von der Wassertemperatur im Speicherbehälter, der selbst kein Heizregister hat. Da der gesamte Speicherinhalt auf eine festgelegte Temperatur erwärmt werden soll, muß der Temperaturfühler einen Durchschnittswert der Wassertemperatur erfassen. Die Einschraublänge des Fühlers ist entsprechend zu wählen. Bild 7/11 zeigt die o. g. Kombination, wobei auch andere Varianten ausgeführt werden können (TGL 42182).

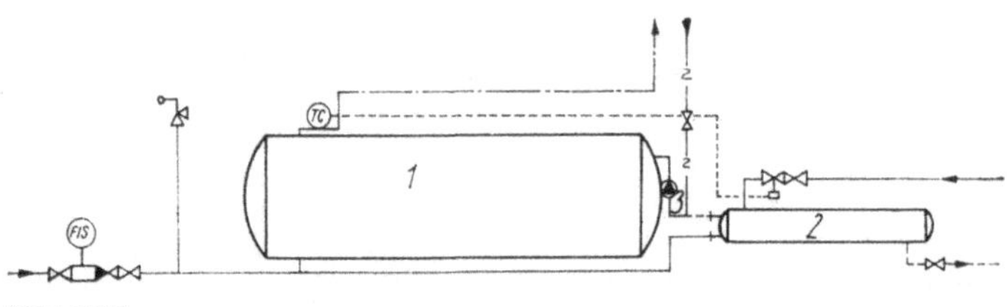

1 Speicherbehälter ohne Heizregister mit Temperaturfühler; 2 Rohrbündel-Wärmeübertrager mit Heizungsanschluß; 3 Ladepumpe

Bild 7/11
Mögliche Variante zur Kombination Wärmeübertrager-Speicher, Speicheraufladung mittels Ladepumpe

Die thermische Belastung des Wärmeübertragers ist gegenüber dem reinen Durchflußsystem ausgeglichener und dadurch verringern sich die Korrosionsprobleme. Der Speicher, der als Warmwasserbehälter fungiert, ist in feuerverzinkter Form einzusetzen und muß zusätzlich mittels Magnesium-Aktiv-Anoden kathodisch geschützt werden. Die beim Speichersystem im Wassererwärmer auftretenden Korrosionserscheinungen (Behälter, Heizregister) werden dadurch weitgehend vermieden.
Für Materialauswahl, Betrieb und Wartung gelten wiederum die Aussagen zu den Bauelementen der Grundsysteme.
Wird Warmwasser mit unterschiedlichen Temperaturen benötigt (z. B. für Waschräume $t_{WW} = 35...40\,°C$ und technologische Zwecke $t_{WW} = 70...95\,°C$), sollte eine Reihenschaltung der Einzelsysteme erfolgen. Die in Bild 7/12 dargestellte Schaltung ist korrosionsschutztechnisch und energetisch vorteilhafter als eine übermäßige Speicherwasser-Temperatur, um auf eine Nachheizung verzichten zu können.
Das kalte Trinkwasser wird im ersten Anlagenteil nach dem Speichersystem auf $t_{WW} \leq 60\,°C$ erwärmt. Diese Temperatur ist im allgemeinen ausreichend. Die Wassermenge, die eine Temperatur $t_{WW} > 60\,°C$ haben muß, wird dem Speicher entnommen und in einem Wärmeübertrager nachgeheizt. Die jeweils für die Grundsysteme gegebenen Konstruktionshinweise treffen auch für diese Reihenschaltung zu. Die Rohrleitung vom Wärmeübertrager zur Entnahmestelle ist möglichst kurz zu halten und soll aus Kupfer oder hochlegiertem Stahl gefertigt werden. Zirkulationsleitungen sind aus funktionellen Gründen für den Anlagenteil zur Nachheizung meist nicht erforderlich.

7.2.2. Warmwasserführende Rohrleitungen, Verbindungselemente und Armaturen

Das im Wassererwärmer erwärmte Trinkwasser wird im Gebäude über die sogenannten Verteilungsrohrleitungen an die Zapfstellen herangeführt. Hierbei unterscheidet man:

- Kellerverteilungsrohrleitungen
- Steigrohrleitungen
- Geschoßrohrleitungen.

Bei der Warmwasserbereitung in Heizzentralen wird das warme Wasser in kanalverlegten Versorgungsleitungen zu den Gebäuden transportiert und danach im Gebäude verteilt. An Verteilungs- und Versorgungsleitungen entstehende Korrosionsschäden sind meist nur mit großem Aufwand zu beseitigen und erfordern für kanalverlegte Rohrleitungen zusätzliche Tiefbaukapazität und für gebäudeverlegte Rohre Maurer- und Malerkapazität. Daher ist der Korrosionsschutz für warmwasserführende Rohrleitungen Schwerpunkt innerhalb der Warmwasseranlagen.
In der DDR wurden bis 1984 etwa 16000 km verzinktes Stahlrohr im kommunalen Wohnungsbau für warmwasserführende Anlagen verlegt. Da verzinkter Stahl unter den Bedingungen der Warmwasseranlagen nicht beständig ist (vgl. 7.2.2.1.), ist es nur allzu verständlich, wenn begonnen wird, korrosionsbeständige Rohrwerkstoffe einzusetzen, da die Reparaturen an verzinkten Rohren in ihrer Menge nicht mehr beherrschbar sind.
Bei der Auswahl von Werkstoffen und Korrosionsschutzmaßnahmen für derartige Leitungen sind außer Wasserqualität und Betriebsbedingungen auch allgemeingültige konstruk-

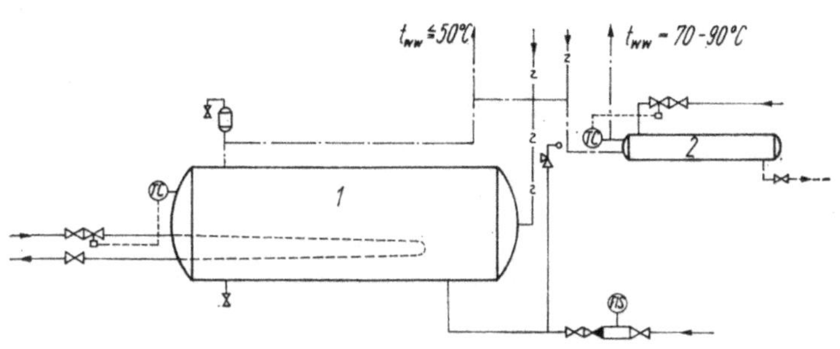

Bild 7/12
Reihenschaltung der Systeme zur Warmwasserbereitung für gleichzeitige Entnahme von Warmwasser mit verschiedenen Temperaturen

1 Speicherbehälter mit Heizregister, Kaltwasseranschluß, Warmwasserleitung und Heizungsleitung sowie Temperaturregelung; 2 Wärmeübertrager mit Temperaturregelung zur Nachheizung

tive Maßnahmen zu beachten, um einen optimalen Korrosionsschutz zu gewährleisten.
So ist eine ständige **Zirkulation** in den Rohrleitungen notwendig, um das Absetzen von wasserfremden Verunreinigungen und damit die Bildung von Belüftungselementen zu vermeiden. Entfällt die Umwälzung des Wassers, so wird es außerdem durch die bei der Abkühlung (entsprechend dem Kalk-Kohlensäure-Gleichgewicht) frei werdende Kohlensäure aggressiver. Auch verschiedene Korrosionsschutzmaßnahmen erfordern eine Zirkulation (s. Abschnitt 7.2.3.). Es sollte daher generell eine Zirkulation mittels Umwälzpumpe vorgesehen werden. Zur Umwälzung des Warmwassers sind nur dafür geeignete Pumpentypen (z. B. USp 32 GWW) zu verwenden, wobei die warmwasserberührten Bauteile aus hochlegiertem Stahl gefertigt sein müssen. In speziellen Anlagen, wie z. B. in [7/11] beschrieben, kann zumindest aus funktionellen Gründen unter Umständen auf eine Zirkulationsrohrleitung verzichtet werden, wenn eine ständige Entnahme garantiert ist.
Wenn im Rohrleitungsnetz der Warmwasserversorgung mehrere Steigrohrleitungen angeordnet werden, ist der Einregulierung der zugehörigen Zirkulationsrohrleitungen große Beachtung zu schenken, damit gleiche Wassermengen in allen Zirkulationsrohrleitungen fließen. Die Einregulierung kann durch Armaturen, Drosselscheiben oder andere geeignete Bauteile vorgenommen werden.
Eine neue Art der Wasserführung zur Zirkulation sind die sogenannten „innenliegenden Zirkulationsrohrleitungen". Dabei wird ein Plastschlauch in der Warmwasserrohrleitung angeordnet, in dem vor der letzten Zapfstelle Warmwasser als Zirkulationswasser zum Wassererwärmer zurückgeführt wird. Gegenüber bisherigen Ausführungen separater Zirkulationsrohrleitungen treten Materialeinsparungen und funktionelle Vorteile auf [7/12].
Die Rohrführung im Gebäude kann in Form der oberen oder unteren Verteilung erfolgen (Bild 7/13). Welche Verteilung gewählt wird, hängt meist von bautechnischen Gesichtspunkten ab. Bei oberer Verteilung ist mindestens ein Luftsammelgefäß einzubauen. bei unterer Verteilung wird die aufsteigende Luft ständig bei Öffnung der oberen Zapfstelle abgeführt. Die Entlüftung muß in Strömungsrichtung erfolgen, waagerechte Rohrleitungen müssen in Entlüftungsrichtung steigend verlegt werden, ein Anstieg von 2 % wird empfohlen. Werden diese Gesichtspunkte nicht beachtet, so können Luftansammlungen entstehen, die die örtliche Korrosion stimulieren.

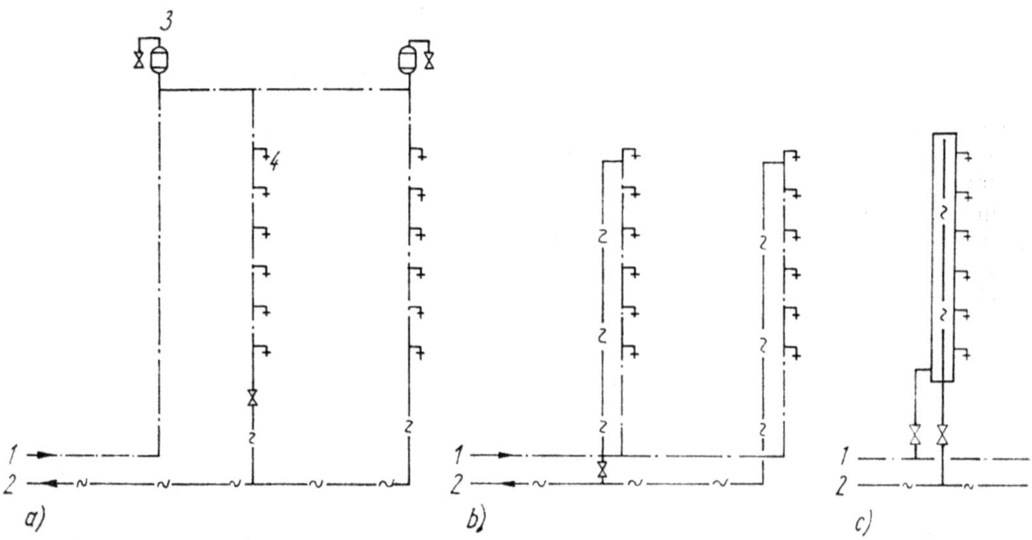

Bild 7/13
Verteilung des Warmwassers im Gebäude

a) obere Verteilung mit Luftsammelgefäßen b) untere Verteilung c) innenliegende Zirkulationsleitung
1 Warmwasserleitung; 2 Zirkulationsleitung; 3 Entlüftung; 4 Entnahmestellen

Um die Ausdehnung der Warmwasserleitungen durch Erwärmung zu kompensieren, werden bei vielgeschossigen Gebäuden **Dehnungsausgleicher** in die Steigleitung eingebaut. Gebräuchlich sind Wellrohr-Kompensatoren aus hochlegiertem Stahl, wobei die in Abschnitt 7.2.2.3. genannten wasser- und betriebsseitigen Bedingungen zu beachten sind. Auch die kostenmäßig günstigere Lösung eines U-Rohr-Bogens aus verzinktem Stahlrohr mit verzinkten Winkeln hat sich in der praktischen Erprobung bewährt. Bei verformbarem Rohrmaterial, wie z. B. Kupferrohr, ist die Anfertigung eines U-Rohr-Bogens aus gleichem Material einem Kompensator vorzuziehen. Schutzrohre verhindern bei Wand- und Deckendurchführungen die Gefahr einer Korrosion von außen.

Der Einbau von **Feinfiltern** zur Beseitigung von Verunreinigungen wie Sand, Aufschlämmungen, Eisenoxidhydrate, die u. U. vom Kaltwasser mitgeführt werden, hat sich international bewährt. In der DDR werden derartige Filter noch nicht generell eingebaut; der Einsatz eines Siebkorbfilters mit einer Maschenweite von 0,25 mm ist möglich. Dadurch werden grobdisperse Verunreinigungen zurückgehalten. Wirksamer ist der Einsatz von Kerzenfiltern aus Keramik oder Textilien.

Am Differenzdruck, zwischen den Anschlußstutzen ist zu erkennen, wann eine Reinigung des Filters erfolgen muß. Eine Umgehungsleitung ist nicht empfehlenswert, da unter Umständen durch Bequemlichkeit der Nutzer der Filter sonst nicht ständig betrieben wird und die Ablagerungen, analog dem Vorgang in einer Wasserleitung ohne Entnahme, zur Bakterienentwicklung neigen.

Zur Kontrolle des Korrosions- und Inkrustationszustandes der Rohrleitungen ist je ein **Proberohr** in die Verteilungs-, Steig- und Zirkulationsrohrleitung einzubauen und jährlich zu kontrollieren. Das etwa 30 cm lange Proberohr kann mit flachdichtenden Rohrverschraubungen eingebaut werden.

Nach Abschluß der Installation der Warmwasser-Versorgungsanlage ist die gesamte Anlage mit Kaltwasser zu **spülen**. Die höchstgelegene Zapfstelle ist dabei eine Stunde voll geöffnet zu lassen, danach sind alle anderen Zapfstellen, vom Kellergeschoß beginnend, 10 min zu öffnen. Der Speicher ist zumindest teilweise über den Ablauf zu entleeren. Dabei müssen Metallspäne, Sandkörnchen u. ä. entfernt werden, um der Bildung von Belüftungselementen vorzubeugen.

7.2.2.1. Feuerverzinkter Stahl

Die Korrosion von feuerverzinktem Stahl in warmen Trinkwässern verläuft vorwiegend nach dem Sauerstoffkorrosionstyp – s. Gl. (6/7). Der geschwindigkeitsbestimmende Teilschritt ist hierbei wie in kalten Wässern die Sauerstoffdiffusion zur Phasengrenze Zink–Wasser. Auch in warmen Wässern korrodiert zunächst die Reinzinkphase, wobei die gleichen Korrosionsprodukte wie in kalten Wässern entstehen. Diese Korrosionsprodukte sind locker und uneben auf der Rohrwand abgelagert (Foto 24).

Mit zunehmender Korrosionsdauer vermischen sich die Zinkkorrosionsprodukte mit Eisenoxidhydraten aus den Zink-Eisen-Legierungsphasen bzw. aus dem Grundmetall direkt und nach 1- bis 3jähriger Betriebsdauer überwiegen die Korrosionsprodukte des Eisens (Foto 25).

Die Rohrleitungen werden mit fortschreitender Betriebsdauer durch rotbraun aussehende festhaftende oxidische Eisenverbindungen zugesetzt (s. Foto 26). Infolge der höheren Löslichkeit der Zinkkorrosionsprodukte gegenüber der der dreiwertigen Eisenoxide lassen sich nach wenigen Jahren Betriebsdauer in den Korrosionsprodukten feuerverzinkter Rohre keine Zinkkorrosionsprodukte mehr nachweisen. Die Entstehung der Zinkkorrosionsprodukte und der oxidischen Eisenverbindungen nach den beschriebenen Korrosionsreaktionen erfolgt in warmen Wässern nicht gleichmäßig (thermisch bedingte Ablagerung von Kalziumkarbonat) und nicht langr sam genug (erhöhte Reaktionsgeschwindigs keit infolge erhöhter Temperaturen), so daß in warmen Wässern unabhängig von ihre- Zusammensetzung ohne Anwendung eine- speziellen Korrosionsschutzverfahrens **keine Schutzschichtbildung auf feuerverzinkten Bauteilen erfolgt.**

Die in diesem System vorrangig auftretende Korrosionsart ist die **ungleichmäßige Korrosion**, die unter Bildung von Narben, Gruben,

Flecken oder Punkten (vgl. Bild 2/10) nach entsprechender Expositionszeit zur Perforation der Rohrleitungen führt. Die Geschwindigkeit dieser Vorgänge ist vom Vorhandensein bzw. von der Bildung von Inhomogenitäten im Metall bzw. in der Zinkschicht und in der Grenzschicht Metall–Wasser abhängig. Wesentlichen Einfluß hierauf haben:

- die Verzinkungsqualität und der Bearbeitungszustand der Rohre
- die Wasserqualität
- die Betriebsbedingungen und die Montage der Rohrleitungen.

Selektive Korrosion und Spannungskorrosion wird an verzinkten Stahlrohren selten beobachtet. Allerdings wird neben den bereits beschriebenen Korrosionsformen sehr häufig sogenanntes **Zinkgeriesel** [7/13] festgestellt, das möglicherweise auf eine selektive Korrosion zurückzuführen ist. Das Zinkgeriesel tritt meist nur bei schlechter Verzinkungsqualität, insbesondere bei längsnahtgeschweißten verzinkten Rohren auf. Es besteht vorwiegend aus basischem Zinkkarbonat mit Resten von metallischem Zink und Zink-Eisen-Legierungsphasen.

Auch das Auftreten von rostigem Wasser und von stark rotbraun gefärbtem Wasser infolge einer Aufschwemmung grobdisperser Feststoffe, auch feindispersen Eisenoxidhydrats, ist letztlich auf die gleichen Ursachen zurückzuführen [7/14].

Trotz der aufgezeigten Korrosionsanfälligkeit feuerverzinkter Stahlrohre in warmen Trinkwässern ist es sinnvoll, in Warmwasser-Versorgungsanlagen feuerverzinkte statt nichtverzinkte Bauteile einzusetzen (s. TGL 10697/03), da die Zinkschicht infolge ihrer Eigenkorrosion und der sich bildenden Zinkkorrosionsprodukte die Korrosion des Stahls verlangsamt [7/15]. Praktische Erfahrungen der Verfasser zeigen, daß feuerverzinkte längsnahtgeschweißte Rohre etwa die zwei- bis dreifache Standzeit gegenüber nichtverzinktem Stahl aufweisen.

Unter den Bedingungen in zentralen Warmwasseranlagen des Wohnungsbaues müssen in der DDR nach durchschnittlich 10 Jahren Betriebsdauer die verzinkten Rohrleitungen rekonstruiert werden. An etwa 50 % der Anlagen wird eine Rekonstruktion schon nach 6 Jahren erforderlich, wobei erste Schäden nach zweijähriger Betriebsdauer durchaus keine Seltenheit sind.

Verzinkungsqualität und Bearbeitungszustand der Rohre

In der DDR wurden bisher nach [7/4] längsnahtgeschweißte Rohre nach TGL 14514 bzw. GOST 3262-75 im Wohnungs-, Gesellschafts- und Industriebau eingesetzt. International werden darüber hinaus nahtlose Rohre und Rohre, deren Schweißnaht mechanisch geglättet (geschabt) worden ist, eingesetzt. Die einschlägigen Normen für die Feuerverzinkung, die TGL 18733/01 sowie die DIN 2444 und die bereits genannten Normen für verzinkte Rohre fordern, daß die Zinkschicht keine Risse, Blasen und andere Unebenheiten aufweisen darf, sowie festhaftend, frei von Zinkasche und Flußmittelrückständen sein muß. Es sind vielmehr dichte, geschlossene, an allen Stellen des Rohrs gleich dicke Zinkschichten zu erreichen. Die geforderte Mindestzinkschichtdicke nach TGL 14514 und GOST 3262-75 beträgt 30 μm, die nach DIN 2444 56 μm.

Generell sollte der Installateur darauf achten, nur einwandfrei verzinkte Rohrqualitäten einzubauen. So weist auch die TGL 14514 darauf hin, daß bei Rohrqualitäten mit einer Mindestzinkschichtdicke von 30 μm zusätzliche Korrosionsschutzmaßnahmen anzuwenden sind. Eine Prüfung der Verzinkungsqualität ist daher unbedingt zu empfehlen. Schon eine einfache visuelle Prüfung gibt Auskunft über die Qualität der Rohre. Glänzende, glatte Oberflächen, die keine Warzen oder örtliche Verdickungen im Inneren der Rohre aufweisen, deuten auf eine gute Qualität; matte, graue Oberflächen mit örtlichen Abläufen zeigen das Gegenteil an.

Naturgemäß ist das **längsnahtgeschweißte Rohr** wegen der vorhandenen Schweißraupe gegenüber dem nahtlosen bzw. geschabten Rohr im Nachteil (vgl. Tabelle 7/10). Aber auch beim längsnahtgeschweißten Rohr gibt es Qualitätsunterschiede. Ungleichmäßige Zinkschichten, Zerklüftungen, Spitzen im Bereich der Schweißnaht, Einschlüsse und Risse in der Zinkschicht bewirken eine verstänkte ungleichmäßige Korrosion. Die Fotos 27 und 28 zeigen deutlich den Unterschied zwischen

Tabelle 7/10
Mittlere Lochtiefen an wasserbeaufschlagten Rohrleitungen nach 1jähriger Betriebsdauer

Rohrqualität	Maximale Lochtiefe mm
Längsnahtgeschweißt, unverzinkt nach TGL 14514	0,87
Längsnahtgeschweißt, verzinkt nach TGL 14514	0,34
Geschabt, verzinkt nach DIN 2444	0,02

einem glatten, geschabten Rohr und einem Rohr mit stark ausgeprägter, zerklüfteter Schweißraupe. An diesen zerklüfteten Stellen bilden sich infolge turbulenter Strömung bevorzugt unterschiedlich belüftete Bereiche aus, die zur Zerstörung der warmwasserführenden Rohrleitungen führen. Aus Foto 29 ist ersichtlich, daß der Bereich der Schweißnaht bereits stark korrodiert ist (Pustelbildung), während die übrige Rohroberfläche noch mit Zinkkorrosionsprodukten behaftet ist. Nach [7/15] wird das verzinkte längsnahtgeschweißte Rohr zunächst beiderseits des Schweißgrates korrodiert, so daß letztlich an Stelle des Grates grabenförmige Vertiefungen mit vereinzelten Durchbrüchen entstehen (Foto 30). Bei nahtlosen und sachgemäß geschabten Rohren sind diese Erscheinungen naturgemäß nicht zu beobachten.
Umfangreiche eigene Untersuchungen sowie die in [7/16], [7/18] beschriebenen haben ergeben, daß bei vergleichbaren Rohrqualitäten Änderungen im Aufbau der Zinkschutzschicht keine gravierenden Unterschiede in der Lebensdauer bewirken. Von Bedeutung ist lediglich das Vorhandensein der Reinzinkphase und die Zinkschichtdicke selbst. Zum Einfluß der Rohr- und Verzinkungsqualität auf die Lebensdauer warmwasserführender Rohrleitungen läßt sich zusammenfassend feststellen:

- längsnahtgeschweißte Rohre sind korrosionsanfälliger als nahtlose Rohre
- mit steigender Zinkschichtdicke bei gleichzeitiger Einhaltung der standardisierten Verzinkungsbedingungen erhöht sich die Korrosionsbeständigkeit
- Verzinkungsfehler erhöhen die Korrosionsgeschwindigkeit, wobei verzinkte Rohre unter Warmwasserbeanspruchung selbst bei Vorliegen bester Qualität nie einen volkswirtschaftlich ausreichenden Korrosionsschutz darstellen.

Nach TGL 10697/03 sind als **Verbindungselemente** für feuerverzinkte Stahlrohrleitungen feuerverzinkte **Tempergußfittings** nach TGL 13419 bis DN 80 einzusetzen. Hierbei wird in die rohe Gußhaut der getemperten Fittings Gewinde geschnitten und anschließend erfolgt die Verzinkung. Die Qualität der Verzinkung im Gewindebereich ist bei Innengewinde oft schlecht und führt dazu, daß auf der Baustelle ein Nachschneiden des Gewindes notwendig wird. Hierdurch entstehen Fittings mit nicht verzinktem Gewinde. Bei fachgerechter Installation führt dieser Mangel nicht zu Korrosionsschäden.
Duroplastbeschichtete Fittings anstelle feuerverzinkter Fittings haben sich gut bewährt, während carbonitrierte Fittings keine Verbesserung gegenüber nichtverzinkten Fittings bewirken. Die mancherorts praktizierte Anwendung von aluminiumpigmentiertem Phenolharzlack (sog. **Moutonlack**), von Kadmium- oder galvanischen Zinkschutzschichten bringt keinen Erfolg, da diese Schutzschichten in warmen Wässern unbeständig sind. Es sei an dieser Stelle auch noch darauf hingewiesen, daß der Einsatz von Kadmium gemäß Gesetzblatt I Nr. 37 vom 20. 10. 1976 in wasserbeaufschlagten Anlagen verboten ist.
Die in Warmwasseranlagen installierten Armaturen sind aus Kupfer-Zink-Legierungen (Messinge) nach TGL 8110/01 und 02 zu fertigen.
Graugußarmaturen dagegen verlieren schon nach relativ kurzer Betriebsdauer (3 bis 5 Jahre) infolge Eiseninkrustation ihre Funktionsfähigkeit.

Wasserqualität

Im Gegensatz zu den in trinkwasserführenden Anlagen (vgl. 6.4.2.3.) vorliegenden Bedingungen bilden sich auf verzinkten Rohren in Warmwasseranlagen nie korrosionsschützende Schutzschichten aus. Der korrosionsfördernde Einfluß von Chlorid-, Sulfat- und Nitrationen, wobei letztere nur als Oxydationsmittel Bedeutung erlangen, wenn der Sauerstoffgehalt $\leqq 0{,}1$ mg/l ist [7/18], ist auch unter Warmwasserbedingungen gegeben [7/19].

Hydrogencarbonationen, Phosphationen und Aluminiumhydroxide hemmen die Korrosion des verzinkten Stahles. Phosphat- und Aluminiumverbindungen werden daher dem Wasser zum Schutz des verzinkten Stahles zugegeben (vgl. Abschnitt 7.2.3.).

Quantitative Zusammenhänge zwischen Wasserqualität und Korrosionsneigung gegenüber feuerverzinktem Stahl sind bislang noch nicht bekannt. Langjährige eigene Erfahrungen lassen aber folgende Einteilung der Wässer bezüglich ihrer Aggressivität gegenüber verzinktem Stahl als sinnvoll erscheinen (vgl. Tabelle 7/11).

Von ganz besonderer Bedeutung für die Korrosion verzinkter Stahlrohre ist der Gehalt an **Kupferionen im Wasser**, da sich diese infolge der bestehenden Potentialdifferenz Cu—Zn abscheiden und an diesen Stellen zu Kontaktkorrosionen führen (s. Abschnitt 2.6.2.4.). Derartige Schäden treten besonders dann auf, wenn bei der Installation der Warmwasser-Versorgungsanlage die **Fließregel** nicht beachtet worden ist. Diese Fließregel besagt, daß in Fließrichtung des Wassers Kupfer nur nach verzinktem Stahl installiert werden darf. Wird diese Regel nicht beachtet, so besteht die Möglichkeit, daß infolge der – wenn auch geringen Eigenkorrosion der Kupferwerkstoffe- die Kupferkonzentration im Warmwasser ansteigt und mit dem Wasser an die verzinkten Bauteile gelangt. Wie praktische Erfahrungen zeigen, treten schon bedeutende Korrosionsschäden an verzinkten Rohrleitungen infolge indirekter Kontaktkorrosion auf, wenn die Kupferkonzentration über 0,05 mg/l ansteigt. Die hierdurch korrodierten Rohre zeigen das gleiche äußere Aussehen wie Rohre, die bei Abwesenheit von Kupferionen zerstört wurden (vgl. Foto 25). Nach Entfernung der Korrosionsprodukte erkennt man jedoch scharf begrenzte, fast kreisrunde Löcher im Rohrwerkstoff (Foto 31), auf deren Grund bei vorsichtiger Präparation in den Korrosionsprodukten mehrere Prozent Kupfer ermittelt werden können [7/20]. Die Intensität dieser **indirekten Kontaktkorrosion** ist natürlich auch wie die der direkten Kontaktkorrosion von sich bildenden Schutzschichten und von abgelagerten Korrosionsprodukten abhängig, wobei die Anfahrperiode der Warmwasser-Versorgungsanlage gerade für die sich bildenden Schutzschichten von ausschlaggebender Bedeutung ist. Dennoch besteht bei einem unsachgemäßen Zusammenbau von Kupfer und Zink stets die Möglichkeit einer Korrosionsverstärkung infolge indirekter Kontaktkorrosion. Da bei der Projektierung und bei Reparaturen von Warmwasseranlagen immer noch häufig in Unkenntnis der Gesetzmäßigkeiten falsche Werkstoffpaarungen gewählt werden, die dann innerhalb kurzer Zeit zu katastrophalen Korrosionsschäden führen, sind in Bild 7/14 die gebräuchlichsten Installationsarten in richtiger und falscher Ausführung dargestellt. Die Gefahr einer indi-

Tabelle 7/11
Kriterien zur Bestimmung der Aggressivität warmer Trinkwässer gegenüber feuerverzinktem Stahl

Wasserqualität	Sättigungsindex (I_s)	Karbonathärte in mg CaO/l	Chlorid in mg/l	Sulfat in mg/l	Bemerkungen
stark aggressiv	$< -0{,}5$	<50	≈ 50	≈ 100	neigt zur Braunfärbung des Wassers
	$< -0{,}5$	<50	≈ 350	≈ 400	
aggressiv	$< -0{,}5$	$100 < KH < 150$	≈ 150	≈ 250	mit steigendem Salzgehalt erhöht sich die Aggressivität
weniger aggressiv zur Inkrustation neigend	$> +0{,}2$	>150	beliebig	beliebig	

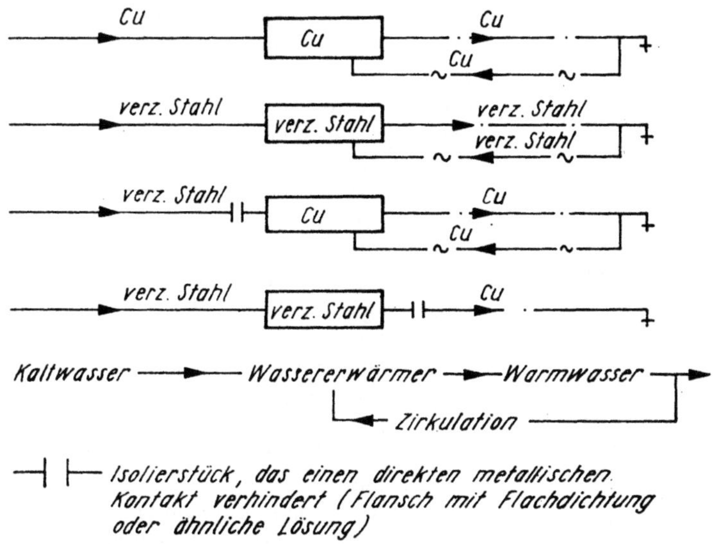

Bild 7/14
Beispiele einer nicht zur Kontaktkorrosion führenden Installation von Kupfer und verzinktem Stahl

rekten Kontaktkorrosion läßt sich nur wirkungsvoll durch Beachtung der Fließregel vermeiden, nicht aber durch den Einbau von Kupferfiltern oder gar durch die Installation von Distanzrohren oder Scheiben aus indifferentem Material, wie sie zur Vermeidung der direkten Kontaktkorrosion angewendet werden. Das Filtermaterial der Kupferfilter – basische Kalzium- und Magnesiumkarbonate bzw. Oxide – bewirkt zwar eine Reduzierung der Kupferkonzentration durch Ausfällung schwerlöslicher Kupferverbindungen; eine Minderung auf $<$0,05 mg/l Kupfer wird jedoch nicht erreicht.

Betriebsbedingungen

Die **Temperatur** hat den größten Einfluß auf die Korrosionsgeschwindigkeit. Letztere erhöht sich um etwa $^2/_3$ gegenüber der in kalten Wässern. Außerdem wird die Bildung lokaler Korrosionserscheinungen und das Entstehen von Inkrustationen bei erhöhter Temperatur gefördert.

Eine Besonderheit der Korrosion verzinkter Stahlrohre in warmen Wässern ist die sogenannte **Potentialumkehr.** Hiernach wird bei Temperaturen über 60 °C das an sich gegenüber unlegiertem Stahl unedlere Zink edler als der Stahl und verliert somit seine schützende Wirkung. Außer von der Temperatur ist der Effekt der Potentialumkehr noch von der Wasserqualität abhängig.

Der Einfluß der Wasserqualität auf die Potentialumkehr konnte bislang noch nicht quantifiziert werden. Nach [7/17, 19] wird bereits bei Temperaturen um 35 °C eine Potentialveredlung des Zinks festgestellt, die dann Lochfraß auslöst. Andererseits können wahrscheinlich die oft gegenläufigen Einflüsse der Wasser- und Rohrqualität im Zusammenhang mit der Temperatur des Wassers nicht quantifiziert werden, so daß die praktische Bedeutung der Potentialumkehr in Frage gestellt ist.

Gesichert ist jedoch, daß bei Abweichungen von der DIN 2444 bezüglich der Rohrqualität, mit steigender Temperatur und mit zunehmender Konzentration an korrosionsfördernden Wasserinhaltsstoffen die Lebensdauer verzinkter Rohre verringert wird.

Zum Einfluß der **Strömungsgeschwindigkeit** und der Strömungsart auf die Korrosionsgeschwindigkeit feuerverzinkter Rohre gilt das in Abschnitt 5.6. Gesagte. Durch Verunreinigungen bzw. eingeschwemmte Feststoffe, wie Späne, Gewindeschneidöle, Hanf, Sand und Korrosionsprodukte aus dem Wassererwärmer sowie Gasblasen infolge ungünstiger Rohrführung kann wie in kaltwasserführenden Anlagen Turbulenz hervorgerufen werden, die die an sich schon gegebenen Voraussetzungen für eine unterschiedliche Belüftung noch verstärkt. Beweis hierfür sind die stets verstärkten Korrosionserscheinungen in der Nähe der Verschraubungen.

Montage verzinkter Rohrleitungen

Bei der Verlegung verzinkter Rohrleitungen ist insbesondere darauf zu achten, daß die Qualität der Zinkschicht nicht beeinträchtigt wird, und daß an den Verbindungsstellen keine neuen Korrosionsherde geschaffen werden. Hierzu ist das Rohrende mit einem zylindrischen, kegelig auslaufenden Außengewinde zu versehen. Die durch das **Gewindeschneiden** entfernte Zinkschicht führt zu keiner zusätzlichen Korrosionsgefährdung, wenn das Rohrgewinde sachgemäß mit Dichtmaterial belegt wird. Als Dichtmaterial kann Hanf, PTFE-Band oder anderes hygienisch unbedenkliches Material verwendet werden. Auf das so vorbereitete Rohrgewinde ist der Fitting mit zylindrisch geschnittenem Innengewinde zu schrauben. Hierbei führt die Einhaltung folgender Forderungen zu einer ordnungsgemäßen Installation:

- Die Gewindelänge am Rohrende darf nur unwesentlich über der Einschraublänge des Fittings liegen. Die nach Fertigstellung der Installation freiliegenden Gewindegänge sind durch Alkydharzanstriche vor äußerer Korrosion zu schützen.
- Durch Nichteinhaltung vorgegebener Fertigungstoleranzen hat verzinktes Stahlrohr oft ungleichmäßige Wanddicken, wodurch nach dem Gewindeschneiden eine Schwachstelle in der Installation auftritt. Dieses Rohr ist in zentralen Warmwasseranlagen nicht einzusetzen. Werden solche Rohre dennoch installiert, so entstehen die im Foto 32 dargestellten Schäden, die äußerlich an den Rohrverbindungen durch bräunlich-weiße Ausblühungen zu erkennen sind.
- Die einzuschraubende Gewindelänge ist vom ersten Gewindegang an mit Dichtstoff zu belegen, um das Eindringen von Wasserinhaltsstoffen zu vermeiden. Bei Anwendung von Hanf ist z. B. das Einwirken von Wasser auf unverzinkte Gewindegänge eher möglich als bei PTFE-Band.
  Das durch unsachgemäße Installation aus den Verschraubungen austretende Wasser bewirkt eine Rohrkorrosion von außen, die besonders intensiv ist, wenn das Wasser unter die Isolation dringt, da sich Belüftungselemente bilden (Foto 33).
  Diese Erscheinungen werden speziell bei der Verlegung von Rohren mit $DN > 50$ in sogenannten Installationsgängen beobachtet, da sich infolge auftretender Schwingungen dieRohrverschraubung nach kurzer Betriebsdauer lockert. Ein Nachziehen der Verschraubungen ist daher unerläßlich, es sei denn, die gesamte Gewindelänge ist mit Dichtmaterial belegt.
- Das Biegen von verzinktem Stahlrohr ist unzulässig, da dadurch Risse in der Zinkschicht bzw. Abhebungen entstehen. Diese Erscheinungen sind im Rohrinneren nicht wieder zu beheben. Es ist, wie in TGL 10697/03 vorgegeben, daher nur ein Richten bis max. 15° bei $r \geqq 5 \times$ Nenndurchmesser zulässig.
- Der äußere Schutz der unverzinkten Gewindegänge mit einem Alkydharzanstrich ist besonders bei Langgewindeverbindungen erforderlich, da ein großer Teil des Gewindes freiliegt. Andererseits entstehen bei der Fertigung von Langgewinden eher ungleichmäßige Wanddicken als bei normalem Rohrgewinde, so daß nach relativ kurzer Betriebsdauer (3 bis 4 Jahre) die im Foto 34 dargestellten Schäden auftreten können. Langgewindeverbindungen sollten daher besser vermieden werden.
- Die Rohrgewinde sind ohne Grat zu schneiden. Die dabei verwendeten Schneidemulsionen müssen wasserlöslich sein, um Reste davon beim Spülen der Anlage entfernen zu können.
- Das Dichtungsmaterial darf durch das Verschrauben nicht in das Rohrinnere gedrückt werden.
- Bei Installationen über NW 65 sind die mit Flanschen gefertigten Rohrelemente komplett zu verzinken. Konstruktive Forderungen für eine qualitätsgerechte Verzinkung sind einzuhalten (TGL 18733/01).
- Um die bei der Erwärmung des Wassers frei werdenden Gase schon vor Eintritt in das Rohrleitungsnetz ableiten zu können, sollten automatische Rohrentlüfter oder andere Entlüftungseinrichtungen nahe am Wassererwärmer installiert werden (vgl. Bild 7/12).
- Verzinkter Stahl darf nicht „unter Putz" verlegt werden, da er bei den in den Baumaterialien vorliegenden hohen *p*H-Wer-

ten von außen korrodiert und die vorhandenen Chloride insbesondere bei Durchfeuchtung der Baustoffe korrosionsfördernd wirken.

Es sei hier auch noch auf eine Tatsache hingewiesen, die hin und wieder zu einer Fehleinschätzung bei der Beurteilung von Korrosionsschäden führt. An sämtlichen in der Hausinstallation verlegten metallischen Rohrleitungen wird ein **Potentialausgleich** angestrebt, indem die Rohrleitungen metallisch leitend miteinander verbunden und geerdet werden. Mitunter werden in solchen Leitungen Ströme von mehreren Ampere gemessen. Man ist bei Fehlen entsprechender Kenntnisse geneigt, die im Inneren der Rohrleitungen auftretenden Korrosionsschäden mit den in den Rohrleitungen fließenden Strömen zu erklären. Hierzu ist eindeutig festzustellen, daß die Rohrinnenkorrosion nichts mit Streuströmen zu tun hat, es sei denn, an irgendeiner Stelle liegen Rohrverbindungen mit hohen Übergangswiderständen vor. Solange aber die elektrischen Widerstände in den Rohrleitungen gering sind, fließt der Strom im Metall und tritt nicht in das Wasser aus. Sollte infolge hoher Übergangswiderstände (z. B. Isolierscheiben) dennoch Strom aus dem Metall in das Wasser austreten, so erfolgt der Metallabtrag nur an der Stromaustrittsstelle und nicht über das gesamte Rohrsystem verteilt, wie das üblicherweise der Fall ist.
Das dargestellte Korrosionsverhalten feuerverzinkter Stahlrohre in warmen Trinkwässern gebietet nicht nur aus materialökonomischen, sondern auch aus **hygienischen Gründen** die Anwendung zusätzlicher Korrosionsschutzmaßnahmen (vgl. Abschnitt 6.4.2.3. und [6/49]).

7.2.2.2. Kupfer

Kupfer wird seit Jahrzehnten mit sehr gutem Erfolg zur Installation von Warmwasser-Verbrauchsleitungen eingesetzt, da Kupfer von den gebräuchlichen metallischen Werkstoffen selbst bei Temperaturen über 60°C am besten resistent unter Warmwasserbeaufschlagung ist und sich außerdem leicht installieren läßt. So ist es keine Seltenheit, daß warmwasserführende Rohrleitungen, die vor 60 Jahren installiert wurden, heute immer noch im Betrieb sind. Allerdings muß in der DDR die Verwendung von Kupfer in Warmwasseranlagen eingeschränkt werden, da das Aufkommen an Kupfer weltweit zurückgegangen ist und damit die Preise für Halbzeuge aus Kupfer in gleichem Maße angestiegen sind. Zwar liegen die Kosten für die Versorgung einer Wohnungseinheit mit Warmwasser, bezogen auf die Standzeit der Rohrleitungen, immer noch um etwa 50% niedriger als die Installationskosten bei Verwendung von längsnahtgeschweißten verzinkten Rohren; die gegenwärtig bedingte Verfügbarkeit verbietet in der DDR jedoch eine generelle Anwendung von Kupfer für die Installation von Warmwasseranlagen. So regelt in der DDR das Gesetzblatt Teil I Nr. 1 S. 13 vom 20. 11. 1975 die Anwendung von Kupfer für derartige Zwecke.
Trotz seiner allgemein guten Beständigkeit kann auch Kupfer unter Warmwasserbeaufschlagung korrodieren, wobei betont werden muß, daß die dabei entstehenden Schäden nur einen Bruchteil der Schäden in verzinkten warmwasserführenden Rohrleitungen betragen [7/21]. Kupferrohrleitungen korrodieren im allgemeinen nicht, wenn die in Tabelle 7/12 genannten Forderungen eingehalten werden.
Lochfraß an Kupferrohrleitungen wird begünstigt durch:

- Kohlenstoffilme, die als Rückstände beim Produktionsprozeß entstanden sind
- Flußmittelreste, die als Rückstände von der Installation im Rohrnetz verbleiben
- Ablagerungen, die durch das Wasser in das Leitungssystem eingespült worden sind, insbesondere Eisen- und Manganverbindungen.

Auch die Verwendung von Elektrolytkupfer anstelle des desoxidierten Reinkupfers (DR-Cu nach TGL 14708) führt zu einer leichten Erhöhung der Lochfraßanfälligkeit, da der im Elektrolytkupfer noch vorhandene Sauerstoff zu lochfraßneigenden Inhomogenitäten beiträgt.
Die Stimulierung der Lochfraßkorrosion an Kupfer durch Ablagerungen ist besonders dann zu beobachten, wenn dem kupfernen Rohrleitungsnetz verzinkte Wassererwärmer oder andere Bauteile aus verzinktem oder unlegiertem Stahl vorgeschaltet sind. Diese

Tabelle 7/12
Korrosionsbeständigkeit von Kupfer, Grenzwerte von Wasserinhaltsstoffen

Kriterium		Beständigkeitsbereich
pH-Wert		6–9
Karbonathärte	mg CaO/l	$\leqq$150
Chlorid	mg/l	$\leqq$350
Sulfat	mg/l	$\leqq$400
Sulfid	mg/l	nicht nachweisbar
Nitrat	mg/l	$\leqq$150[1])
Ammonium	mg/l	$\leqq$ 5
Σ Eisen		
Mangan	mg/l	$\leqq$ 2
Abfiltrierbare Stoffe	mg/l	$\leqq$ 30

[1]) bei $CO_2 \geqq 3$ mg/l

Bauteile, sind sie nicht zusätzlich korrosionsgeschützt, korrodieren grundsätzlich unter Warmwasserbedingungen und im besonderen noch durch die indirekte Kontaktkorrosion Kupfer-Zink, so daß in kurzer Zeit und in großen Mengen Eisenoxidhydrate entstehen, die in das nachfolgende Rohrleitungsnetz aus Kupfer gespült und abgelagert werden können.

Aus zweifachem Grund – Vermeidung der indirekten Kontaktkorrosion an unlegiertem oder verzinktem Stahl und Vermeidung von Lochfraß am Kupfer durch eingespülte Korrosionsprodukte – sind daher bei der Installation einer Warmwasseranlage aus Kupfer auch die Wassererwärmer aus kupferplattiertem oder Chrom-Nickel-Stahlplattiertem Material bzw. aus reinem Kupfer oder Chrom-Nickel-Stahl zu fertigen.

Phosphate in Konzentrationen, wie sie dem Wasser zum Zweck der Schutzschichtbildung auf verzinkten Rohren zugegeben werden (vgl. 7.2.3.1.), bewirken auf Kupfer keine Schutzschichtbildung, sondern erhöhen noch [7/22] die Korrosicn.

Die normalerweise zu beobachtende sehr gute Beständigkeit des Kupfers unter Warmwasserbeaufschlagung ist genau wie in kalten Wässern auf die Bildun von Kupfer(I)-oxid zurückzuführen. Die Bildung und Erhaltung dieser Schichten ist nur dann möglich, wenn Kupferionen in Lösung gehen. Dieses Inlösunggehen ist für die Beständigkeit des Kupfers selbst technisch unbedeutend und verringert sich auch mit zunehmender Betriebsdauer, ist aber insbesondere bei neuinstallierten Warmwasseranlagen die Ursache für das Entstehen der indirekten Kontaktkorrosion, wenn die Anlage in Mischinstallation Kupfer/verzinkter Stahl ausgeführt ist. In diesem Zusammenhang muß darauf hingewiesen werden, daß bei der Installation von Warmwasseranlagen aus Kupfer nicht nur die Werkstoffauswahl der nachgeschalteten Anlagenteile, sondern auch die von Geräten und Einrichtungen, die mit Warmwasser gereinigt, gespült oder betrieben werden sollen, zu berücksichtigen ist. So können z. B. Spülen, Küchengeräte oder medizinische Einrichtungen aus Aluminium oder verzinktem Stahl innerhalb kurzer Zeit zerstört werden, wenn kupferhaltiges Wasser ständig mit diesen in Berührung kommt.

Ein besonderes Problem bei der Kupferinstallation stellt die Werkstoffauswahl der **Armaturen und Verbindungselemente** dar. Während in verzinkten Leitungssystemen Armaturen aus CuZn 38 bis 42 einer geringen Entzinkung unterliegen, ist bei der Installation dieser Werkstoffe in Form von Armaturen und Verbindungselementen in Kupferleitungen schon nach etwa 3jähriger Betriebsdauer mit Entzinkung zu rechnen. Die Ursache für die Erscheinungen ist in erster Linie auf den in Kupferleitungen natürlich bedingten erhöhten Kupfergehalt im Wasser zurückzuführen, wobei auch hier alle anderen die Entzinkung fördernden Faktoren den Prozeß beschleunigen [7/23]. Für die Kupferinstallationen sind daher Gußlegierungen aus Sondermessing oder aus Rotguß nach TGL 8110/02 als Armaturen- und Verbindungswerkstoffe zu verwenden.

Montage kupferner Rohrleitungen

Da die Installation kupferner Rohrleitungen nach 1945 in der DDR nur in wenigen Fällen durchgeführt wurde, in letzter Zeit aber bei besonders kritischen Wasserqualitäten für Spezialbauten (Krankenhäuser, Hotels und dgl.) wieder häufiger erfolgt, soll an dieser Stelle ausführlich auf die nur noch von wenigen Fachkräften beherrschte Installationstechnik für Kupfer eingegangen werden. Hierbei gilt als oberster Grundsatz:

Wird eine Warmwasseranlage in Kupfer installiert, so ist sie komplett in Kupfer zu verlegen. Der Einsatz von Bauteilen aus kupferhaltigen Werkstoffen und hochlegiertem Stahl ist zulässig, wobei die entsprechenden Randbedingungen (vgl. Tabelle 7/12 und Abschnitt 7.2.2.3.) zu beachten sind. Die gleichzeitige Verwendung von unlegiertem, verzinktem oder niedriglegiertem Stahl ist verboten. Bei der Verlegung der Anlage ist auf äußerst sauberes Arbeiten zu achten.

Das für die Installation zu verwendende DR-Kupfer wird in den Qualitäten „weich", „halbhart" und „hart" nach TGL 10759 gefertigt. Kupferrohre der Qualitäten „halbhart" und „hart" werden als Stangenmaterial mit Fertigungslängen bis zu 5 m geliefert, bei „weichen" Rohren ist bis zu einem Durchmesser von 22 mm die Lieferung in Ringen mit einer Gesamtlänge bis zu 60 m üblich. Weiches Rohr eignet sich besonders zur Verlegung bei verdeckter Installation und kann verlustfrei installiert werden. Zu beachten ist, daß dieses Rohr geringere Festigkeitswerte hat. Zur Verbindung der Kupferrohre wird ausschließlich das Lötverfahren angewendet. Diese Verbindungsart ist dadurch gekennzeichnet, daß das Lot eine niedrigere Schmelztemperatur als der Kupferwerkstoff hat. Die zu verbindenden Teile werden auf die Schmelztemperatur des Lots erhitzt. Dadurch fließt das Lot in die Verbindungsstelle. Nach der Art der Wärmezuführung unterscheidet man das Kolbenlöten, Flammlöten und Widerstandslöten, wobei letzteres Verfahren das modernste ist.

Temperaturabhängig werden die Lötverfahren in Weichlöten und Hartlöten unterschieden.

Weichlöten:

Alle Lötverfahren mit Arbeitstemperaturen unter 450°C gehören zum Weichlöten. Die Einstecktiefe der Rohre muß etwa 70% des Rohrdurchmessers betragen, um die erforderliche Zugfestigkeit zu erreichen. Lötfittings werden vom Hersteller entsprechend dimensioniert und erfordern das Einstecken des Rohres bis zum Anschlag.

Als Werkstoff wird LPb Ag 3 empfohlen.

Tabelle 7/13
Lötwerkstoffe zum Verbinden von Kupferrohren

Lötverfahren	Lötwerkstoff	Arbeitstemperatur °C
Weichlöten	Zinn—Blei	210
	Zinn—Silber	230
	Zinn—Kupfer	240
	Kadmium—Zink	280
	Blei—Silber	300
Hartlöten	Silberlot 40%	610
	Phosphor—Kupfer—Silber	700
	Kupfer—Phosphor	740
	Messing	880

Hartlöten:

Bei Arbeitstemperaturen über 450°C wird das Lötverfahren als Hartlöten bezeichnet. Die Einstecktiefen der Rohre sind mit 5 mm ausreichend gewählt. Durch die hohen Arbeitstemperaturen wird das Kupferrohr ausgeglüht und hat an dieser Stelle nur noch die Festigkeitswerte der Qualitätsstufe „weich".

Für beide Lötverfahren sind in Tabelle 7/13 mögliche Lötwerkstoffe mit den entsprechenden Arbeitstemperaturen angegeben [7/24]. Hierbei sind Silberlote korrosionsbeständiger als Messinglote, da Messinglote entzinken. Bei nicht sachgemäßem Löten können im Lot Spalte und Blasen entstehen, die die Entzinkung fördern. (Vgl. auch TGL 14908/02 bis /04). Empfohlen werden LAg 15 P und L Cu P8.

Für beide Lötverfahren werden **Flußmittel** benötigt; Aufgabe des Flußmittels ist es, beim gereinigten Rohr die durch Erwärmung entstehende Oxidschicht chemisch aufzulösen und eine metallisch reine Oberfläche zu schaffen. Für die Installation an Trinkwasserleitungen müssen die Flußmittel hygienisch unbedenklich sein. In diesem Zusammenhang wird auf TGL 14907 verwiesen.

Flußmittel können korrosionsfördernd wirken. Wenn sie in zu großer Menge verwendet werden und im Rohrinneren verbleiben, kann Lochfraßkorrosion am Kupferrohr entstehen. Von den möglichen flüssigen, pastenförmigen, pulverförmigen und gasförmigen Flußmitteln sind die pastenförmigen am geeignetsten. Die Paste ist bereits im kalten Zustand aufzubringen, da dann beim Erwärmen des Rohres bereits ein Schutzfilm entsteht. Die wirksame Temperatur des Flußmittels muß etwa 50°C bis 100°C unter der Arbeitstemperatur des Lots liegen. Beim Weichlöten ist Lötfett zu verwenden, das frei von Ammoniumchlorid sein muß. Bei Anwendung von Silberlot wird ein Flußmittel aus Borverbindungen und komplexen Fluoriden benutzt. Kupfer-Phosphor-Silber-Lot benötigt zur Verarbeitung kein Flußmittel, da der Phosphoranteil diese Funktion übernimmt.

Alle Flußmittel sind auf die gereinigte Außenseite des einzusteckenden Rohres aufzutragen und die auf der Rohraußenfläche verbleibenden Flußmittelreste nach dem Lötvorgang gründlich abzuwischen. Im Rohrinneren werden Flußmittelreste durch das Spülen der Anlage entfernt.

Um eine ordnungsgemäße Verbindung von Rohrelementen bzw. zwischen Rohr- und Armatur zu erreichen, sind folgende Arbeitsgänge notwendig:

Trennen Rechtwinkliges Abschneiden des Rohres mit einem Rohrabschneider. Bei Verwendung einer Säge sind die entstehenden Späne vollständig aus dem Rohr zu entfernen.

Entgraten Sauberes Entgraten verhindert später das Zurückhalten von Flußmittelresten. Feile oder Dreikantschaber sind herkömmliche Werkzeuge, modern sind Spezialentgrater für Innen- und Außenentgratung.

Kalibrieren Beim Trennen wird Kupferrohr meist leicht deformiert. Besonders bei der Anwendung von Lötfittings kommt es auf einen exakten Kreisquerschnitt an, um den geforderten Kapillarspalt zu erhalten, in den das Lot hineingesaugt wird. Ein Ring korrigiert den Außendurchmesser, ein danach eingeschlagener Dorn den Innendurchmesser.

Reinigen Vor dem Verbinden der Rohre sind die Rohrenden zu reinigen, auch wenn in der Gebrauchsanweisung für mache Lötmittel dieser Arbeitsgang als überflüssig bezeichnet wird. Die Reinigung, z. B. mit feiner Stahlwolle oder einer Spezialbürste, hat unmittelbar vor dem Lötvorgang zu erfolgen.

Löten Der Lötvorgang erfolgt nach Erwärmung der Lötstelle auf Arbeitstemperatur und vorherigem Aufbringen des entsprechenden Flußmittels durch Fließen des Lots in den Kapillarspalt bei Lötfittings oder in den vorbereiteten Kelch bei konventioneller Technik. Die Verbindungsstelle darf bis zum Erstarren des Lots nicht bewegt werden.

Werden **Verschraubungen** eingebaut, müssen Schrauben, Überwurfmuttern, Klemmringe u. ä. aus Gründen der Entzinkung und Kontaktkorrosion aus arseninhibiertem Messing gefertigt werden. Kupferrohr ohne Ummantelung darf nicht unter Putz verlegt werden, da bei *p*H-Werten über 10 Kupfer korrodiert.

Blitzschutzableitungen sowie Potentialausgleichsstellen sind nicht aus Aluminium oder verzinktem Stahl zu fertigen, da auch bei warmwasserführenden Rohrleitungen während Stillstandszeiten durchaus Schwitzwasser auftreten kann, so daß Kontaktkorrosionsschäden an den unedleren Werkstoffen entstehen können.

7.2.2.3. Hochlegierter Stahl

Die Anwendung hochlegierter Stähle zur Installation von Warmwasserleitungen nimmt auch international einen relativ geringen Umfang ein. In der DDR sind nur wenige Anwendungsbeispiele bekannt, die Rohstoffsituation verbietet eine generelle Verwendung. Zu den hochlegierten Stählen zählen alle austenitischen und ferritischen Stähle mit mindestens 16 Masse-% Chrom. Besonderheiten und Ein-

satzgrenzen dieser Stähle sind in Abschnitt 7.2.1.2. beschrieben.
17 %ige ferritische Cr-Stähle haben im Vergleich zu den Austeniten folgende Vorteile:

- geringere Neigung zu Spannungsrißkorrosion und zur Kaltverfestigung
- höhere Streckgrenze
- bessere Wirtschaftlichkeit auf Grund niedrigerer Legierungskosten

Der Einfluß von Ablagerungen ist bei Rohrleitungen aus hochlegiertem Stahl wegen des fehlenden Wärmeüberganges geringer als am Rohrbündel aus hochlegiertem Stahl. Im allgemeinen führen Wassertemperaturen von über 90°C an Rohrleitungen zu keinen Problemen.
Bei der Verlegung hochlegierter Stahlrohre ist darüber hinaus noch zu beachten, daß sie nicht mit chloridhaltigem Baumaterial in Berührung kommen dürfen, da bei durchfeuchtetem Baumaterial die Rohre durch Lochfraß von außen zerstört werden können. Decken- und Wanddurchbrüche sind daher mit Rohrhülsen auszuführen.

7.2.2.4. Blei

Die Verwendung von Blei als Material für Warmwasser-Rohrleitungen ist nach TGL 10697/03 untersagt. Dieses Verbot ist in erster Linie aus medizinischen Aspekten ausgesprochen worden, da Warmwasser in noch viel stärkerem Maß als Kaltwasser Blei auflöst und die Löslichkeit der entstehenden Bleiverbindungen bei erhöhten Temperaturen höher liegt (vgl. Abschnitt 6.4.2.4.).

7.2.2.5. Aluminium

Warmwasser-Rohrleitungen aus Aluminiumwerkstoffen werden gegenwärtig im Wohnungs- und Gesellschaftsbau noch nicht angewendet. Dies mag vor allem darin seine Ursachen haben, daß das infolge der sich ausbildenden oxidischen und hydroxidischen Schichten an sich beständige Aluminium durch eine Anzahl von Wasserinhaltsstoffen lochfraßartig zerstört werden kann, und spezielle Aluminiumlegierungen auf ihre Beständigkeit in definierten Wasserqualitäten noch nicht ausreichend untersucht worden sind. Andererseits müßte eine spezielle Verbindungstechnologie für die Verlegung von Aluminiumrohren noch entwickelt werden.
Nach bisherigen Erkenntnissen wirken insbesondere Kupfer-, Eisen(III)-ionen und Chloride lochfraßfördernd, wobei $AlMg_3$ von den gebräuchlichen Aluminiumlegierungen am beständigsten unter Warmwasserbedingungen zu sein scheint.

7.2.2.6. Glas

In der Vergangenheit war die Anwendung von Industriegläsern als Rohrleitungsmaterial für Warmwasser-Verbrauchsleitungen in der DDR nicht üblich. In den Bereichen der chemischen Industrie und auch der Lebensmittelbranche wurden und werden sie jedoch in zunehmendem Maße eingesetzt. Vorteilhaft ist ihre thermische Dauerbelastbarkeit bis zu 250°C bei einer Temperaturwechselbeständigkeit von 80 bis 100 K.
Die aufwendige Verbindungstechnik durch Schweißen oder Flanschverschraubungen sowie die zu geringe Druckbelastbarkeit hielten den Glasrohreinsatz in Grenzen. Der allgemeine Trend, aus der gegebenen Materialsituation heraus nichtmetallische Werkstoffe einzusetzen, führte zu Versuchsbauten, deren Sanitärinstallation zum Teil aus Glas bestand. Die hierbei gewonnenen Erkenntnisse über den Rohrwerkstoff Glas ermöglichen nun auch eine Anwendung im Wohnungsbau der DDR [7/25]. International werden Glasrohre für Sanitärinstallationen noch nicht eingesetzt.
Die vom VEB Kombinat TGA nach TGL 23044 vorgefertigten Sanitärinstallationen für den Wohnungsbau werden seit 1984 auch in einer Variante mit Glasrohr als Warmwassersteigrohrleitung geliefert. Zum Einsatz kommt Geräteglas 320 nach TGL 7209 mit der Markenbezeichnung „Rasotherm". Der Einbau erfolgt auf der Baustelle. Als Verbindungstechnik werden Plastschraubverbindungen mit Hutmanschette eingesetzt. Maximale Einsatzparameter der verwendeten Rohre mit *DN* 40 sind:

- Betriebstemperatur 60°C
- Betriebsdruck 0,8 MPa
- Prüfdruck 1,1 MPa

Auch bei diesen Rohren wird das System der innenliegenden Zirkulation eingesetzt (vgl. Bild 7/13), indem ein flexibler PE-Schlauch im Glasrohr geüfhrt wird. Sicherlich bleibt noch abzuwarten, inwieweit sich Glasrohrleitungen im Wohnungsbau bewähren. Transport und Installationsfragen, Fragen der Sicherheit bei möglichen Schalenbrüchen durch Eigenspannungen bzw. Fremdeinwirkungen, Abschirmung der Rohrleitungen von UV-Strahlung wegen sich bildender Algen und Bakterienstämme sind Probleme, die in den nächsten Jahren Beachtung finden müssen.

7.2.2.7. Plastauskleidung

Plastausgekleidete Stahlrohrleitungen vereinen zwei wichtige Rohreigenschaften in sich: die **Korrosionsbeständigkeit** durch den eingesetzten Plast und die **Druckfestigkeit** durch das Stahlrohr. Dieses System des Korrosionsschutzes ist jedoch erst dann voll wirksam, wenn auch die Verbindungselemente wie die Nahtstellen an der Verbindung korrosionsgeschützt sind. Der Verbindungstechnologie ist daher größte Aufmerksamkeit zu schenken. International werden plastausgekleidete Rohrleitungen nur in geringem Umfang eingesetzt. In der DDR werden zwei Rohrtypen produziert, die für den Einsatz als warmwasserführende Leitung geeignet sind:

- Nahtloses Stahlrohr mit Polyethylen-Innenbeschichtung und Außendünnbeschichtung nach TGL 42103 und
- PVC-ausgekleidetes Stahlrohr nach TGL 36011.

PVC-ausgekleidete Stahlrohre werden in den Nennweiten 25 bis 150 hergestellt, wobei das PVC-Rohr in das Stahlrohr eingezogen und angeformt wird. Als Rohrmaterial wird nahtloses Stahlrohr der Qualitäten St35hb-2 und St35-b-2 eingesetzt, als Plastwerkstoff PVC hart, Typ 60. Die durchschnittliche Einsatztemperatur ist mit 50°C angegeben, kurzzeitig sind auch Temperaturen bis 70°C möglich. PVC-ausgekleidete Rohre können nur geflanscht verlegt werden. Durch das Verschrauben der Flansche wird die bis auf den Flansch gezogene Auskleidung arretiert. Die vorgegebene Verbindungstechnik beschränkt den Einsatz auf Verteilungsleitungen im Kellergeschoß (Industrie- und Gesellschaftsbau) und auf kanalverlegte Versorgungsleitungen, wenn die Wassererwärmung in Heizzentralen erfolgt. Das Rohrmaterial wird in Festlängen produziert und kann auf der Baustelle nicht gekürzt werden.
Die wesentlichsten Nachteile des PVC-ausgekleideten Stahlrohrs sind:

- beschränkte Anwendung in der Gebäudeinstallation
- Temperaturbegrenzung auf 50°C
- Bruchgefahr des PVC bei Transport, Lagerung und Installation, insbesondere in der kalten Jahreszeit
- keine Reparaturmöglichkeit
- keine innige Verbindung zwischen Rohr- und Plastwerkstoff.

Die Nachteile des PVC-ausgekleideten Stahlrohrs können durch die Anwendung von **Polyethylen als Beschichtungswerkstoff** kompensiert werden. Durch das Aufschmelzen von PE-Pulver auf den Rohrwerkstoff wird eine gut haftende Verbindung zwischen Metall und Plast hergestellt. Die Schichtdicke beträgt je nach Nennweite des Rohres 0,8 bis 1,6 mm. Die Grenzfläche Stahl/Polyethylen ist die am meisten gefährdete Stelle im gesamten System der Installation. Durch Anformung eines speziellen Endenschutzes am Rohrende soll gesichert werden, daß später keine Unterrostungen entstehen, die zum Ablösen der PE-Schicht führen können. Dieser Endenschutz wird durch thermoplastische Verformung der Innenbeschichtung nach [7/26] erreicht. Wenn die Verlegung nach den Vorschriften des Herstellers erfolgt, werden folgende Einsatzbedingungen genannt:

- Temperaturbeanspruchung (langzeitig) 65°C
- Temperaturbeanspruchung (insgesamt bis 3 Monate) 90°C
- Innendruck 1,0 MPa
- Nutzungsdauer ≈ 25 Jahre

Das Rohrmaterial, hergestellt in den Nenndurchmessern 15 bis 80 aus Stb-2 oder Sthb-2 mit dem Beschichtungswerkstoff PE-B 13 KBW nach TGL 29979/22, ist nicht geeignet zum Biegen, Aufweiten und Querfalten. Ebenso sind Trennverfahren mit starker Wärmeentwicklung in der Trennzone unzulässig. Trennschleifen ist nur bedingt möglich. Geeignet zur Verbindung der Rohre sind duroplastbeschichtete Fittings nach TGL 42104 oder bezüglich des Korrosionsschutzes gleichwertige Formstücke.

Sofern die Montage dieses Rohrwerkstoffes auf der Baustelle fachgerecht erfolgt, stellt er eine Alternative mit hohem volkswirtschaftlichem Nutzen gegenüber dem verzinkten Stahlrohr dar.

7.2.2.8. Plast

Rohrleitungen aus Plast haben auf dem Gebiet der Warmwasserverteilung noch keine lange Tradition. Der Grund dafür ist die ungenügende Zeitstandfestigkeit der am leichtesten verfügbaren Werkstoffe. Über mehrere Jahre sind die Einsatzbedingungen – Innendruck 0,6 bis 1,0 MPa und Temperaturbeanspruchung 50 bis 60°C – zu gewährleisten. Von den bisher bekannten sowie technisch beherrschbaren Plastwerkstoffen weisen nur

- nachchloriertes Polyvinylchlorid (C-PVC)
- Polypropylen (PP)
- Polyvinylidenfluorid (PVDF)
- Polybuten (PB) und
- vernetztes Polyethylen (VPE)

Eigenschaften auf, die einen Einsatz unter bestimmten Bedingungen rechtfertigen. Außer der zu fordernden Zeitstandfestigkeit spielen mögliche Verbindungstechnologien sowie Verfügbarkeit und nicht zuletzt ökonomische Aspekte eine wesentliche Rolle. Die Zeitstanddiagramme werden in mehrjährigen und dadurch aufwendigen Versuchen ermittelt und geben eine Verknüpfung der Parameter Druck, Temperatur und Haltbarkeit an. In [7/27] wurde geprüft, wie verläßlich bekannte zeitraffende Prüfmethoden sind. Danach bestehen weiterhin Unsicherheiten in einigen Aussagen zum Langzeitverhalten verschiedener Plastwerkstoffe.

In Bild 7/15 sind Aussagen zum Langzeitverhalten einiger Plastwerkstoffe beim Einsatz als Warmwasserleitung mit einer Betriebstemperatur von $t_{WW} = 60\,°C$ zusammengestellt. Die Angaben dazu wurden den im Standardverzeichnis aufgeführten Normen TGL 21581/02/03/04, DIN 8077, DIN 8079, DIN 16969 und [7/27] entnommen. Für einige Werkstoffe werden noch Untersuchungen für den Zeitraum 10 bis 50 Jahre geführt, so daß die einfache grafische Extrapolation noch unter Vorbehalt gilt.

In der DDR hat das **strahlenvernetzte PE (VPE)** besondere Bedeutung erlangt. Ausgehend von der PE-Kaltwasserverteilung im

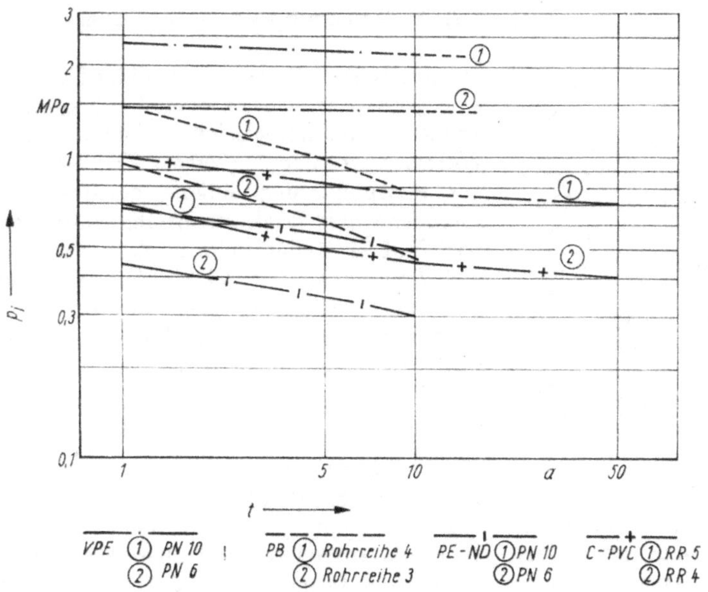

Bild 7/15
Zeitstandsdiagramm einiger Plastwerkstoffe bei einer Warmwassertemperatur von $t_{WW} = 60\,°C$

Typenwohnungsbau (vgl. Foto 17) entstand für den Warmwasserbereich eine Geschoß-Verteilung aus VPE [7/28], die seit 1983 serienmäßig im Wohnungsneubau eingesetzt wird. Gegenüber dem PE-Ausgangsmaterial verbessern sich durch die Vernetzung folgende Eigenschaften

- Temperaturbeständigkeit
- Spannungsrißbeständigkeit
- Zeitstandverhalten

Da VPE nur bedingt schweißbar ist und nicht geklebt werden kann, ist vor der Vernetzung die Installation fertigzustellen. Die z. Z. in der DDR mögliche Bestrahlungs-Technologie gestattet nicht die Vernetzung großer Rohrelemente, so daß nur die Warmwasserverteilungen (PE-„Spinne") nach diesem Verfahren hergestellt werden können. International ist die chemische Vernetzung von Polyethylen durch Peroxide gebräuchlich. Bedingt durch den gekoppelten technologischen Prozeß der Extrusion können damit größere Elemente der Verteilungsleitung eingesetzt werden.
Nachchloriertes PVC (C-PVC) befindet sich in der DDR z. Z. in der verfahrenstechnischen Entwicklung, wobei bereits seit Jahrzehnten prinzipiell bekannt ist, daß durch Erhöhung des Chlorgehaltes die Wärmebeständigkeit des PVC-M verbessert werden kann. Die mechanischen Eigenschaften des PVC-H bleiben dabei voll erhalten, so daß es wie ein Metall bearbeitet werden kann und eine Verbindung durch Schweißen und Kleben möglich ist. In [7/25] wird von mehreren Experimentalbauten berichtet, die bereits mehr als ein Jahr bei 50°C und 0,4 MPa bzw. 60°C und 0,6 MPa ohne Beanstandung betrieben werden. Ebenso haben Schweiß- und Klebeversuche gute Ergebnisse nachgewiesen. Ausländische Zeitstanduntersuchungen sind in Bild 7/15 enthalten, in der DDR laufen Prüfungen bereits über 10000 h erfolgreich. Der heutige Erkennnisstand läßt erwarten, daß C-PVC eine bevorzugte Stellung als Werkstoff für Warmwasserleitungen einnehmen wird, da die Montagetechnologie annähernd den Vorstellungen der Installationsbetriebe und das Zeitstandverhalten umfassend den Forderungen der Betreiber entspricht. International erfolgt der Einsatz des Werkstoffes in geringem Umfang, da korrosionsfeste metallische Rohrleitungen eine starke Konkurrenz darstellen.

7.2.3. Wassernachbehandlungsverfahren

Von den in Abschnitt 7.2.2. behandelten Rohrwerkstoffen sind Kupfer und dessen Legierungen, hochlegierte Stähle sowie Plastwerkstoffe unter Beachtung bestimmter Grenzwerte in warmen Trinkwässern weitgehend korrosionsbeständig und neigen auch nicht oder nur in geringem Umfang zur Inkrustation durch Kalziumkarbonat. Demzufolge werden diese Werkstoffe ohne zusätzliche Wasseraufbereitungsverfahren mit Erfolg eingesetzt und erreichen bzw. überschreiten die normative Nutzungsdauer.
Anders sind die Verhältnisse bei Verwendung von feuerverzinktem Stahl. Hier sind **Wassernachbehandlungsverfahren** notwendig, um die normative Nutzungsdauer zu erreichen. Diese Aufbereitungsverfahren beruhen im wesentlichen darauf, daß ausgewählte, dem Wasser zugegebene Ionen bzw. chemische Verbindungen eine Schutzschichtbildung auf den feuerverzinkten Rohren bewirken oder daß durch Veränderung der physikalisch-chemischen Parameter des Wassers die Ausfällung der Härtebildner verhindert wird.

7.2.3.1. Dosierung von Inhibitoren

Für das System Wasser – verzinkter Stahl sind eine große Anzahl wirksamer Inhibitoren bekannt. Aus physiologischen Gründen sind für Warmwasseranlagen (warme Trinkwässer!) nur Phosphate und Silikate geeignet. Entsprechend den Trinkwassergütebedingungen nach TGL 22433 dürfen im Trinkwasser maximal 7 mg/l PO_4^{3-} und 40 mg/l SiO_2 enthalten sein. Die wirksame Konzentration dieser Inhibitoren liegt zwischen 2,0 und 7,0 mg/l PO_4^{3-} bzw. 12 und 40 mg/l SiO_2.

Phosphate

Als Phosphatinhibitoren werden Natriumorthophosphate ($Na_3PO_4 \cdot 12\,H_2O$) und Polyphosphate mit der allgemeinen Formel $(NaPO_3)n$ verwendet. Seit etwa 1940 ist bekannt, daß Orthophosphate Schutzschichten auf verzinkten Stahlrohren bilden und Polyphosphate den Ausfall von Härtebildnern verhindern.

Die **Orthophosphate** wirken hierbei in diesen Konzentrationen als kathodische Inhibitoren. Die vorliegenden HPO_4^{2-}-Ionen, die in der Nähe der katodischen Bereiche durch die dort entstehenden OH-Ionen in PO_4^{3-}-Ionen umgewandelt werden, reagieren mit den Kalzium- und Eisenionen unter Bildung schwerlöslicher Salze, wie etwa $Ca_3(PO_4)_2$, $Ca_5(PO_4)_3OH$, $Fe_3(PO_4)_2$. Die sich hieraus bildenden Schutzschichten hemmen die Diffusion des Sauerstoffs zur Metalloberfläche und vermindern damit die Korrosionsgeschwindigkeit (Foto 35).

Polyphosphate hingegen bewirken in diesen Konzentrationen in erster Linie eine Härtestabilisierung, d. h. die im Wasser vorhandenen Kalzium- und Magnesiumverbindungen führen bei Temperaturerhöhung in Gegenwart von Polyphosphaten nicht zur Inkrustierung der Rohrleitungen. Auch im Wasser vorhandene Eisen- und Manganoxide werden durch Zugabe von Polyphosphat maskiert, so daß die unangenehme Braunfärbung des Wassers in derart behandelten warmen Wässern nicht auftritt. Bereits in den Rohrleitungen vorhandene Eisenoxide werden durch Polyphosphate langsam abgebaut, jedoch nur bis zu einem gewissen Grad.

Die in Wassererwärmungsanlagen wirksamen Polyphosphate sind Oligophosphate mit der allgemeinen Zusammensetzung $[Me_n^I\ H_2(P_nO_{3n+1})]$ mit Kettenlängen über 12.

Es kann angenommen werden, daß die Wirksamkeit der Polyphosphate auf einer Störung der Kristallkeimbildung der Kalzium- bzw. Eisen- und Manganverbindungen beruht. Aber auch die bei den Polyphosphaten nachgewiesenen ionenaustauschenden Eigenschaften, wonach höherwertige Kationen (z. B. Ca, Fe, Mn) stärker gebunden werden als einwertige (z. B. Na, K), sind für die Härtestabilisierung und Eisen- bzw. Manganmaskierung mit verantwortlich. Darüber hinaus unterliegen Polyphosphate auch einer natürlichen Hydrolyse, wobei Orthophosphate entstehen, die ebenso wie die dem Wasser zugegebenen Orthophosphate in der oben beschriebenen Weise eine Schutzschichtbildung auf den verzinkten Rohrleitungen bewirken. Die Härtestabilisierung durch Polyphosphate bedeutet keine Enthärtung von Trinkwasser.

Die in der Praxis vorkommenden Wässer erfordern meist den Einsatz von **Phosphatgemischen**, wobei das Mischungsverhältnis vom Sättigungsindex, der Karbonat- und Nichtkarbonathärte abhängig ist [7/29].

Von den entwickelten Dosierverfahren

- Blendendosierung
- Stauscheibendosierung
- Dosierung mittels Schleusen
- Pumpendosierung

hat sich nur letztere im großen Maß durchgesetzt.

Blenden- und Staubscheibendosierung werden heute wegen ihrer zu geringen Dosiergenauigkeit nicht mehr angewendet.

Dosierschleusen (Bild 6/10) werden insbesondere in der ČSSR und in westlichen Ländern in Warmwasseranlagen von Einfamilienhäusern zur Härtestabilisierung eingesetzt. Als Dosierchemikalien werden stückige, langsam lösliche Phosphate (Phosphatgläser) benötigt. Diese werden in den Schleusen von dem zu inhibierenden Wasser umspült und entsprechend der Temperatur und der Verweilzeit des Wassers aufgelöst. Bei diesen wartungsarmen und betriebssicheren Verfahren können jedoch Dosierfehler auftreten, wenn die Schütthöhe in der Schleuse nicht auf die Temperatur und die Löslichkeit der Phosphate nicht auf die Konstruktion und Geometrie der Schleuse abgestimmt sind.

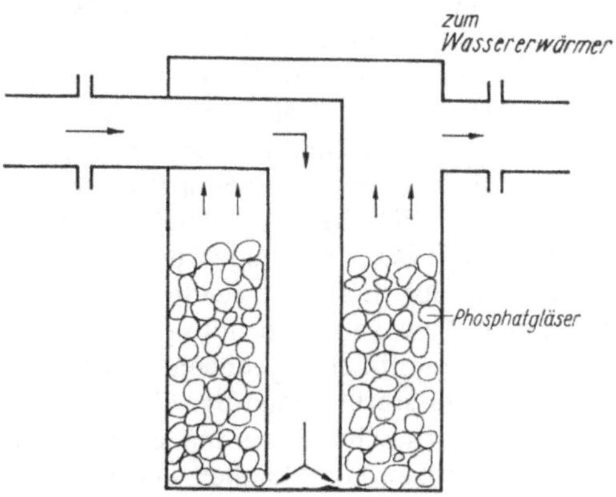

Bild 7/16
Dosierschleuse für langsamlösliche Phosphatgläser (Prinzipdarstellung)

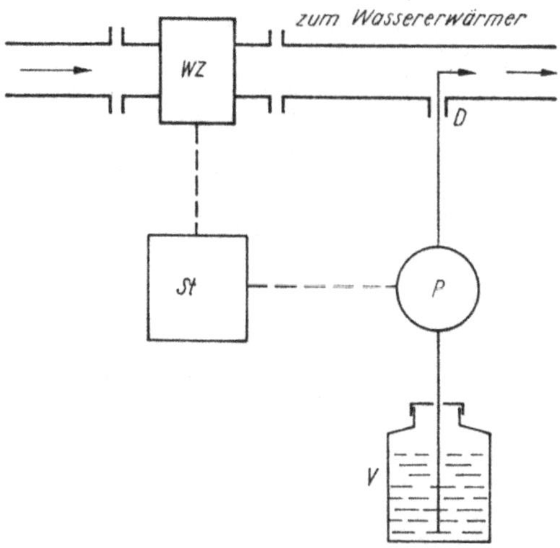

Bild 7/17

Prinzipschaltbild für die Dosierung flüssiger Phosphate mittels Pumpe

WZ Wasserzähler; St Steuerteil; D Dosierstück; P Dosierpumpe; V Vorratsbehälter für Dosierchemikalien

Bei der **Pumpendosierung** (Bild 7/17) werden leichtlösliche Phosphate verwendet. Diese sind in einem Vorratsbehälter aufgelöst und werden entsprechend der Wasserentnahme über einen Impulsgeber gesteuert dem Wasser vor dem Wassererwärmer zugegeben. Diese volumenstromabhängig gesteuerte Zugabe der Inhibitoren ist notwendig, um eine gleichmäßige Schutzschicht zu erreichen. Von den Herstellern der Dosieranlagen wird angestrebt, die Dosierung je 1 l Wasserentnahme vorzunehmen, wenn die Gesamtwasserentnahme unter 10 m^3/h liegt. Bei höherem Wasserverbrauch wird die Inhibitorzugabe aller 10 l bzw. 100 l Wasserentnahme gesteuert. Da der Wasserverbrauch in Warmwasser-Versorgungsanlagen zwischen null und maximal schwankt, die Inhibitorkonzentration im Wasser aber möglichst ständig zwischen 2,0 und 7,0 mg/l PO_4 betragen muß, keinesfalls aber 7,0 mg/l PO_4 übersteigen darf, sind entsprechend gut funktionierende und exakt arbeitende Steueranlagen notwendig.

Die Wirksamkeit der zugegebenen Phosphate wird noch verstärkt, wenn der Dosieranlage **Feinfilter** vorgeschaltet werden, die Schwebeteilchen und dgl. zurückhalten und somit die Bildung von Belüftungselementen verhindern. Die **Auswahl der Inhibitoren** entsprechend der Wasserqualität erfolgt nach TGL 18770/01 (s. Tabelle 7/14). Werden verschiedene Wasserqualitäten eingespeist, so ist die Inhibitorauswahl entsprechend dem Mittelwert der Jahresdurchschnittsanalysen vorzunehmen. Entsprechen diese Werte nicht den in Tabelle 7/15 angegebenen Grenzwerten, so ist die Wirksamkeit der zugegebenen Inhibitoren vermindert. Zusammenfassend kann zur Wassernachbehandlung durch Dosierung von Phosphatinhibitoren festgestellt werden:

- Mit der Phosphatdosierung hat der Betreiber von Warmwasseranlagen ein Verfahren zur Verlängerung der Lebensdauer der verzinkten Verbrauchsleitungen in der Hand, das sich seit Jahrzehnten bewährt hat.
- Voraussetzungen für die Anwendung dieses Verfahrens sind in der TGL 18770/01 genannt.
- Eine Standzeitverlängerung der verzinkten Rohre um mindestens das Dreifache ist gesichert.
- Die Wirksamkeit der Phosphate als Schutzschichtbildner ist am größten, wenn das Verfahren bei neuinstallierten Anlagen angewendet wird, da nach [7/17] die Wirksamkeit der Phosphate an das Vorliegen der Reinzinkphase gebunden ist.
- Die Wirksamkeit der Phosphate als Härtestabilisatoren sowie als „Bindemittel" für Eisen- und Manganoxide ist unabhängig von der Betriebsdauer der Warmwasseranlagen.

Obwohl in der DDR das Dosierprinzip und seine Technologie bekannt sind, werden serienmäßig keine Dosieranlagen produziert. Dadurch sind in den letzten 20 Jahren die in 7.2.2. geschilderten Probleme aufgetreten.

Da trotz des verstärkten Einsatzes korrosionsbeständiger Rohrwerkstoffe (vgl. 7.2.2.6. bis 7.2.2.8.) auch weiterhin verzinktes Stahlrohr zur Anwendung kommen wird, ist eine Bereitstellung von Phosphatdosieranlagen in der DDR nach wie vor notwendig. Einzelne Betreiber von Warmwasseranlagen bauen Dosieranlagen für den Eigenbedarf.

Silikate

Nach Untersuchungen von [7/30] bis [7/32] u. a. wirken auch Silikate inhibierend auf die Korrosion von verzinktem Stahl. Die Inhibi-

Tabelle 7/14
Auswahl von Phosphatinhibitoren in Abhängigkeit von der Wasserqualität nach TGL 18770/1

Sättigungsindex	Wasserhärte mg/l CaO	Inhibitoren
$I_s \geqq 0$	$60 \leqq KH \leqq 200$	B
$I_s < 0$	$0 \leqq KH \leqq 30$ $NKH \leqq 60$	A
$I_s < 0$	$0 \leqq KH \leqq 30$ $NKH \geqq 60$	B: A = 2:1 berechnet als PO_4
$I_s < 0$	$30 \leqq KH \leqq 100$	B:A = 2:1 berechnet als PO_4
$I_s < 0$	$100 \leqq KH \leqq 200$	B:A = 3:1 berechnet als PO_4

A Trinatriumphosphat
B Natriumpolyphosphat (*Grahamsches* Salz)

Tabelle 7/15
Grenzwerte von Wasserinhaltsstoffen zur Durchführung der Phosphatdosierung

Kriterium	Einheit	Grenzwert
Temperatur	°C	$4 \leqq T \leqq 20$
pH-Wert	—	$6{,}0 \leqq pH \leqq 9{,}0$
Gesamthärte	mg/l als CaO	$\leqq 450$
Karbonathärte	mg/l als CaO	$\leqq 200$
Kalkhärte	mg/l als CaO	$\leqq 450$
Eisengehalt	mg/l	$\leqq 0{,}2$
Mangangehalt	mg/l	$\leqq 0{,}2$
Eisen + Mangan	mg/l	$\leqq 0{,}2$
Kupfergehalt	mg/l	$\leqq 0{,}2$
Chloridgehalt	mg/l	$\leqq 150$
Sulfatgehalt	mg/l	$\leqq 300$
Nitratgehalt	mg/l	$\leqq 20$
Sauerstoffgehalt	mg/l	$\geqq 6{,}0$
Kaliumpermanganat-verbrauch	mg/l	$\leqq 20$

tion wird kathodisch kontrolliert, wobei zwei Wirkmechanismen denkbar sind:

- Negativ geladene Silikationen reagieren mit Zink- bzw. Eisenionen oder mit den Korrosionsprodukten dieser Metalle
- Adsorption kolloidaler Siliziumdioxidmicellen an den Korrosionsprodukten, dadurch bedingte Barrierenbildung.

In der Praxis wird Natriumwasserglas mit den Hauptbestandteilen Na_2SiO_3 und $Na_2Si_2O_5$ eingesetzt, wobei sich die Anionen der Metakieselsäure im Gleichgewicht mit dem kolloidalen Siliziumdioxid und den Polykieselsäuren befinden. Für Wässer mit einem *p*H-Wert $\geqq 6$ sollte Wasserglas mit einem Molverhältnis Na_2O:3,3 SiO_2, für Wässer mit einem *p*H-Wert < 6 sollte Wasserglas der Zusammensetzung Na_2O:2,1 SiO_2 eingesetzt werden. Nach [7/29] ist die Schutzwirkung der Silikate jedoch geringer als die der Phosphate und ihr Einsatz scheint nur in sehr weichen Wässern sinnvoll zu sein.

In der Praxis sind nur wenige Beispiele des Silikateinsatzes bekannt; in der DDR wird er nicht praktiziert. Manche Inhibitorhersteller verkaufen Phosphat-Silikatmischungen, deren Wirksamkeit in erster Linie auch wieder auf den Phosphaten beruht.

7.2.3.2. Magnetische Wasseraufbereitung

Nach ersten Arbeiten von Vermeiren [7/3] war bewiesen worden, daß ein **starkes Magnetfeld** unter bestimmten Bedingungen die **Eigenschaften natürlich vorkommender Wässer verändert.** Weitere Arbeiten auf diesem Gebiet ergaben, daß durch eine Magnetisierung des Wassers z. B. Inkrustationsvorgänge in Warmwasseranlagen vermieden werden können.
Die zur Magnetisierung des Wassers verwendeten Geräte bestehen aus einem zylindrischen Hohlkörper, in dem konzentrisch angeordnete starke Permanentmagnete mit einer Gesamtfeldstärke von 7957,7 bis 79577 A/m eingebaut sind. Diese Geräte werden zur Vermeidung von Inkrustationsvorgängen in die Kaltwasserzuleitung des Wassererwärmers eingebunden und das zu behandelnde Wasser muß infolge der gewählten Anordnung der Magnete durch Kraftfeldschlitze strömen. Hierdurch werden die Kraftlinien des Magnetfeldes senkrecht geschnitten und eine höchstmögliche Felddichte im Reaktionsraum erzielt.
Der genaue Mechanismus der Magnetisierung des Wassers sowie die entsprechenden Randbedingungen sind noch nicht vollständig erforscht. Bisherige Untersuchungen lassen den Schluß zu, daß die hohe magnetische Felddichte die Kristallgitter der im Wasser gelösten Salze und die Wassermolekel selbst in Schwingungen versetzt, wodurch statische und dynamische Winkelveränderungen der Valenzkräfte und letztlich auch Veränderungen im Dipolmoment hervorgerufen werden.
In einer KDT-Empfehlung zur „Anwendung der magnetischen Behandlung von Wasser" aus dem Jahre 1969 wird an Hand von durchgeführten Untersuchungen festgestellt, daß eine Magnetisierung des Wassers die Korrosivität des warmen Wassers nicht vermindert, die Neigung zur Inkrustierung in bestimmten Fällen jedoch stark herabsetzt. Ein erfolgreicher Einsatz der magnetischen Wasseraufbereitungsgeräte kann wegen der noch nicht bis ins Detail geklärten Einsatzbedingungen nicht vorausgesagt werden. Vorversuche sind daher notwendig.
Geräte zur magnetischen Wasseraufbereitung werden in der UdSSR, in der ČSSR und in Belgien gefertigt.

In der DDR werden innerhalb der Arbeitsgruppe „Magnetische Wasserbehandlung" im KDT-Fachausschuß „Wasserwirtschaft" seit 1983 Anwendungsgebiete und Einsatzbedingungen für die magnetische Wasseraufbereitung untersucht sowie die Produktion solcher Geräte vorbereitet. Obwohl diese Magnetisierungsapparate absolut wartungsfrei arbeiten und infolge ihrer totalen Remanenz eine quasi unbegrenzte Lebensdauer aufweisen, bei allen Druckverhältnissen und bis zu Temperaturen von 120°C einsetzbar sind, ist ihre Anwendung zur Inkrustationsverminderung in Warmwasseranlagen der DDR begrenzt, da hier das Wasser in Warmwasseranlagen Trinkwasser nach TGL 22433 sein soll und damit dem Lebensmittelgesetz unterliegt. Möglicherweise bewirkt aber „magnetisches Wasser" physiologische Veränderungen im menschlichen Körper, so daß das Verfahren nur in nichttrinkwasserführenden Anlagen eingesetzt werden sollte. International werden an das Wasser in Warmwasseranlagen keine Qualitätsanforderungen für Trinkwasser gestellt.

7.2.3.3. Guldager-Verfahren

Dieses Verfahren ist eine **spezielle Anwendungsform des kathodischen Innenschutzes** mit fremdstromgespeisten Aluminiumanoden. Die Besonderheit liegt darin, daß zusätzlich zum katodischen Schutz schwerlösliches wasserhaltiges Aluminiumhydroxid entsteht, welches in den nachfolgenden verzinkten Rohrleitungen über kolloidchemische Reaktionen mit den Korrosionsprodukten des Eisens und des Zinks festhaftende Schutzschichten bildet. Hierzu werden Anoden aus Al 99,7 über die gesamte Länge des Wassererwärmers und elektrisch isoliert von der Behälterwand installiert. Eine Gleichstromanlage erzeugt kathodische Stromdichten, die etwa über 300 % höher als die für den katodischen Schutz erforderlichen Stromdichten liegen. Hierbei entstehen anodische Stromdichten von etwa 1 bis 2 A/m², so daß in ausreichender Menge kolloidales Aluminiumhydroxid entsteht, das die Rohrleitungen, für die die Reichweite des kathodischen Schutzes zu gering ist, durch Schutzschichtbildung vor einem weiteren kor-

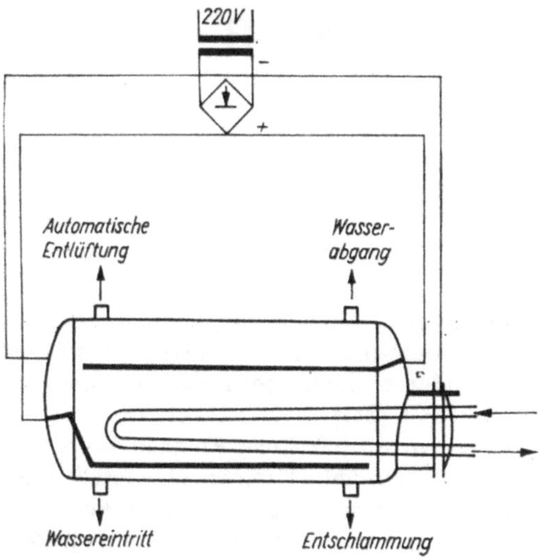

Bild 7/18
Prinzipschaltbild des Guldager-Verfahrens nach [7/34]

rosiven Angriff schützt. Hierzu ist eine Mindestverweilzeit im elektrischen Gleichstromfeld von 20 Minuten und eine ständige Zirkulation des warmen Wassers notwendig [7/34].
In Bild 7/18 ist der prinzipielle Aufbau des *Guldager*-Verfahrens für liegende Wassererwärmer dargestellt, Rohrbündelwärmeübertrager können wegen ihrer konstruktiven Gestaltung nicht durch das *Guldager*-Verfahren geschützt werden.
Für eine erfolgreiche Anwendung des Verfahrens sind bestimmte konstruktive, wasser- und werkstoffseitige Bedingungen zu beachten. Bei der elektrolytischen Auflösung von Aluminium im Wasser entsteht Wasserstoff, der – wird er mit Luftsauerstoff gemischt – zu explosivem Knallgas führen kann. Aus sicherheitstechnischen Gründen sind daher am Wassererwärmer automatische Entlüftungseinrichtungen anzubringen, die den entstehenden Wasserstoff aus dem Installationsraum in die Atmosphäre ableiten. Hierzu müssen die Wasserabgänge etwa 50 mm in den Behältern gezogen werden, um eine effektive Entlüftung zu gewährleisten. Bei Öffnung des Behälters, was z. B. bei Reinigungsarbeiten oder zur Erneuerung der Aluminiumanoden notwendig ist, sind offene Feuerstellen unbedingt fernzuhalten. Da nicht das gesamte entstehende Aluminiumhydroxid in die nachfolgenden Rohrleitungen gelangt, sind am Wassererwärmer entsprechende Entschlammungsvorrichtungen anzubringen.
Das *Guldager*-Verfahren ist unabhängig von der Wasserqualität (spezifische elektrische Leitfähigkeit $\geqq 2 \cdot 10^{-2}$ S · m/m²) und auch bei Wassertemperaturen über 60 °C erfolgreich einsetzbar, wenn der *p*H-Wert zwischen 6,0 und 8,5 liegt, da bei höheren bzw. niedrigeren *p*H-Werten die Löslichkeit des Aluminiumhydroxids zu hoch wird und sich keine Schutzschichten auf den verzinkten Rohrleitungen bilden können. In stark sulfathaltigen Wässern kann es zur Bildung von Schwefelwasserstoff kommen, der zur Geruchsbelästigung führt. Dies wurde insbesondere dann beobachtet, wenn die Stromstärke entsprechend dem Wasserdurchfluß zu groß bemessen worden ist und sich im Anodenschlamm (anaerobe Bedingungen!) sulfatreduzierende Bakterien bilden [7/34].
Auch in bereits korrodierten Anlagen bewirkt das *Guldager*-Verfahren eine Korrosionshemmung, da nach [7/17] die entstehenden Aluminiumhydroxide auch an den Zn-Fe-Phasen und nicht nur an der Reinzinkschicht zur Schutzschichtbildung führen.
Magnesiumhydroxide bewirken dagegen keinerlei Schutzschichtbildung.
Das Verfahren sollte jedoch nicht angewendet werden, wenn das Warmwassersystem Bauteile aus CuZn42 bis 38 enthält, da es dann infolge der Aluminiumhydroxid-Ablagerungen zur Entzinkung der Messingteile kommen kann. So müssen auch bei Anwendung des *Guldager*-Verfahrens die Armaturen aus arseninhibiertem Messing gefertigt werden.
In der DDR wird dieses Verfahren gegenwärtig nur in geringem Umfang angewendet, da die erforderlichen Schutzstromanlagen nicht zur Verfügung stehen.

8. Betriebswasserführende Anlagen

Die für Haushalt, Industrie und Landwirtschaft wichtigsten Betriebswasserarten sind im Bild 5/3 angegeben. Im folgenden sollen speziell **Heizungsanlagen**, unterteilt in Wasser- und Dampfheizungen, sowie **kühlwasserführende Anlagen** bezüglich ihrer korrosionsschutzgerechten Gestaltung, der notwendigen Wasseraufbereitung sowie ihrer technologischen Besonderheiten im Hinblick auf die Anwendung optimaler Korrosionsschutzmaßnahmen besprochen werden. Die Probleme des Korrosionsschutzes in Kraftwerksbetrieben und Betrieben der Fernwärmeerzeugung sind nicht mit einbezogen, da diese bereits ausführlich an anderer Stelle behandelt worden sind [8/1], [8/2], [8/3].

Betriebswasserführende Anlagen werden in vielen Fällen mit Trinkwasser gefüllt; aber auch Flußwasser wird mechanisch aufbereitet in Anlagen mit großem und sehr großem Wasservolumen bzw. -verbrauch verwendet. Aus technologischen und korrosionschemischen Gründen ist meist eine vorherige Wasseraufbereitung notwendig. Außer der Was-

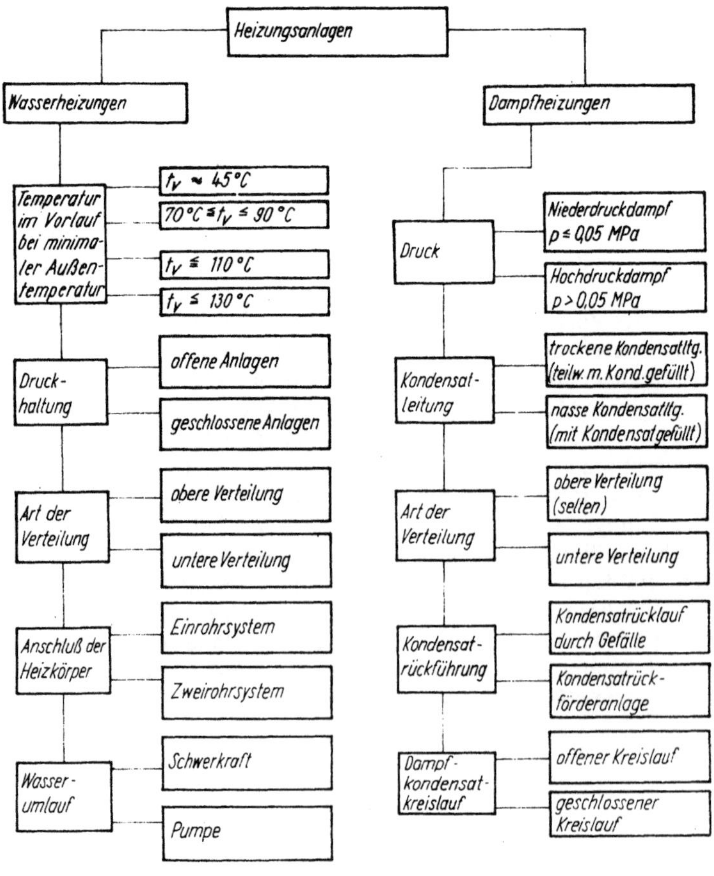

Bild 8/1
Anlagenarten und Systeme der Heizungstechnik

seraufbereitung zur Entfernung korrosionsfördernder Bestandteile des Wassers sind in betriebswasserführenden Anlagen insbesondere Wassernachbehandlungsverfahren und konstruktive Maßnahmen zum Zwecke des Korrosionsschutzes gebräuchlich. Die Anwendung katodischer Schutzverfahren, der Schutz durch Anstriche und auch durch Einsatz korrosionsbeständiger Werkstoffe ist aus konstruktiven, technologischen und ökonomischen Gründen weniger üblich.

Der in betriebswasserführenden Anlagen vorwiegend verwendete Werkstoff ist unlegierter Stahl; für spezielle Anlagenteile werden auch Kupfer bzw. seine Legierungen, hochlegierte Stähle und Aluminium verwendet.

8.1. Wasserheizungen

Wasserheizungen bestimmen den gegenwärtigen Entwicklungsstand in der Heizungstechnik. Ihre Vorteile gegenüber der Dampfheizung liegen in der besseren Regelbarkeit, in der physiologisch günstigeren Wärmeabgabe und in einem einfacheren Anlagenaufbau. Einen Überblick über die derzeit bekannten und in der Praxis angewendeten Heizungsanlagen bzw. Heizungssysteme gibt Bild 8/1.

Die Ausführungen gelten für den Sekundärteil von Fernheizungsanlagen entsprechend Bild 8/2, d. h. für das gesamte Netz nach der Wärmeübertragerstation bzw. für das Netz der Gebäudeheizung sowie für Gebäudeheizungsanlagen mit eigener direkter Wärmeerzeugung.

Die volkswirtschaftlich bedeutenden Korrosionsprobleme der Sekundärnetze bzw. der Gebäudeheizungsanlagen mit direkter Wärmeerzeugung sind gleichrangig und werden anhand der Bauteile dieser Netze betrachtet. Das sind im wesentlichen.

- direkte und indirekte Wärmeerzeuger
- Rohrleitungen
- Heizkörper
- Ausdehnungs- und Druckgefäße
- Armaturen und Pumpen.

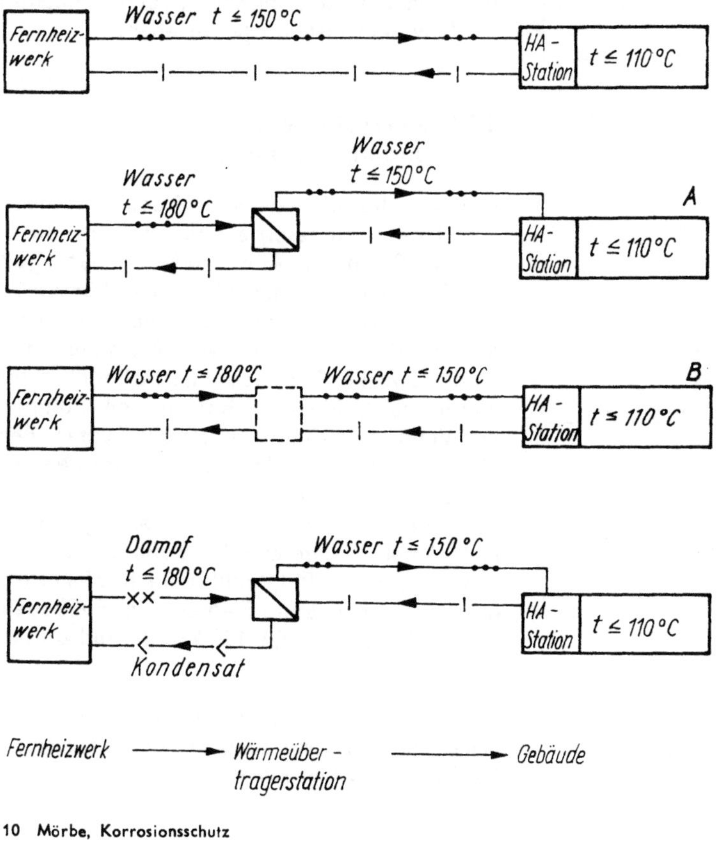

Bild 8/2
Schematische Darstellung der Kombinationsmöglichkeiten Fernheizung – Gebäudeheizung
A mit Wärmeübertragerstation
B mit Station für direkte Einspeisung

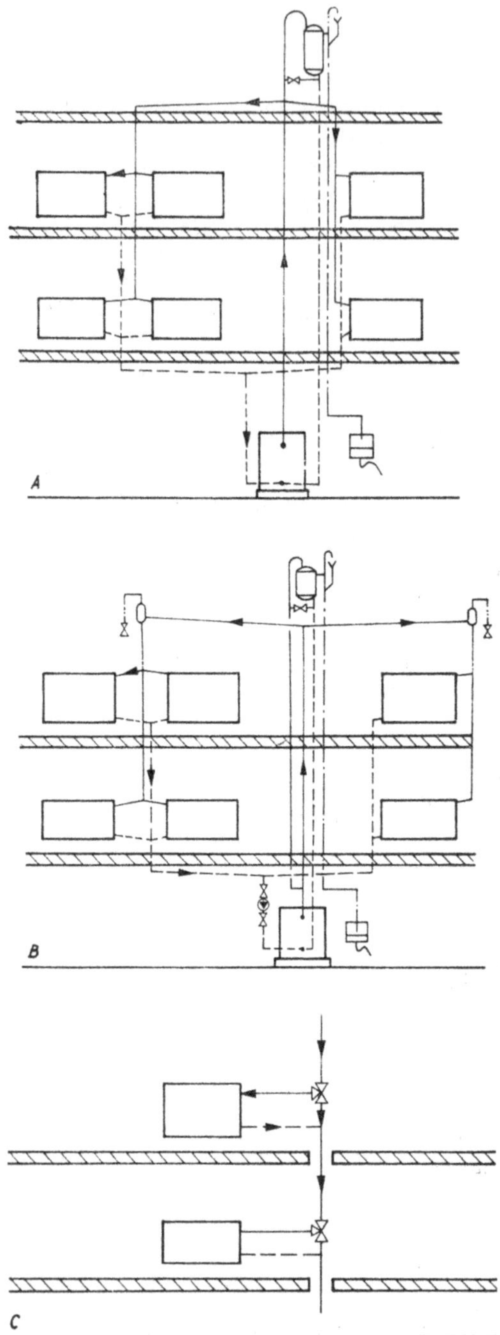

—— *Vorlaufleitung*
- - - - *Rücklaufleitung*

A Schwerkraftheizung, Zweirohrsystem, obere Verteilung;
B Pumpenheizung, Zweirohrsystem, obere Verteilung
C Anschluß der Heizkörper bei senkrechter Einrohrheizung

Das im Wärmeerzeuger erwärmte **Heizwasser** gelangt durch thermischen Umtriebsdruck (Schwerkraftheizung) oder durch Förderung mittels Umwälzpumpe (Pumpenheizung) in die Heizkörper zur Wärmeabgabe an die Umgebung und anschließend zurück (Bild 8/3). Dieser Kreislauf kann mit der Atmosphäre in Verbindung stehen (offene Anlagen) oder von dieser getrennt sein (geschlossene Anlagen). In geschlossenen Anlagen wird der notwendige Anlagendruck durch ein Dampf- oder Gaspolster (statische Druckhaltung) bzw. durch Druckhaltepumpen (dynamische Druckhaltung) realisiert. Bei einer Vorlauftemperatur $t_v \leqq 90\,°C$ (meist $\Delta t = 20$ K) können offene Ausdehnungsgefäße verwendet werden. Vorlauftemperaturen von $t_v \leqq 110\,°C$ für Anlagen mit senkrechter Einrohrheizung im industriellen Wohnungsbau der DDR (meist $\Delta t = 40$ K) oder $t_v \leqq 130\,°C$ im Industriebau bedingen geschlossene Druckhaltesysteme.
Heizungstechnisch bestehen zwischen den Anlagenarten nur geringfügige Unterschiede, die hier nicht diskutiert werden sollen. Die Wahl einer geeigneten Anlage wird aus funktionellen und ökonomischen Gründen empfohlen bzw. teilweise vorgeschrieben.

8.1.1. Korrosionsprozesse und ihre Ursachen

Der zur Installation von Wasserheizungen vorwiegend eingesetzte Werkstoff ist **unlegierter Stahl**. Die Anwendung von Grauguß als Konstruktionsmaterial für Heizkörper ist heute nur noch in relativ geringem Umfang zu finden; die Anwendung von Aluminium für diese Zwecke hat sich international nicht durchgesetzt. Einzelne Bauteile an Pumpen und Ventilen werden mitunter aus Kupfer oder Messing, in jüngster Zeit auch aus hochlegiertem Stahl gefertigt.
Als Rohrwerkstoff im Wärmeübertrager wird meist Kupfer eingesetzt. Bei Fußbodenheizungen werden PE-, PP-, Stahl- oder Kupferrohre als wärmeabgebende Elemente im Fußboden verwendet. Nach TGL 190-255/01 sind an die

Bild 8/3
Prinzipieller Aufbau einer Gebäudeheizungsanlage, dargestellt mit direktem Wärmeerzeuger, für das Heizmedium Wasser

Qualität des Füll-, Zusatz- und Umlaufwassers von Wärmeerzeugungsanlagen, also auch an die **Qualität des Heizwassers** von Wasserheizungen, Forderungen zu stellen, die jederzeit einen störungsfreien Betrieb gewährleisten. Hiernach ist für Wasserheizungen als Füll- und Zusatzwasser aufbereitetes Wasser zu verwenden, mit folgenden Eigenschaften:

- Gesamthärte $\leqq$1,0 mg/l CaO
- Sauerstoffgehalt $\leqq$50 μg/l
- *p*H-Wert $\geqq$8,3.

Bei Einhaltung dieser Forderungen, insbesondere der der Sauerstoffkonzentration, ist unlegierter Stahl korrosionsbeständig. Für die Praxis bedeutet das:

- Verwendung von Fernheizwasser zur Füllung und Nachspeisung von Wasserheizungsanlagen oder
- Installation dezentraler Wasseraufbereitungsanlagen (Enthärtung, Entgasung)
- kein Eindringen von Sauerstoff in die Heizungsanlage während des Betriebs bzw. in Stillstandszeiten.

Jeder Projektant und Betreiber von Wasserheizungsanlagen sollte wissen, daß durch die Einhaltung der Qualitätsanforderungen an Heizwässer nach TGL 190-255/01 eine optimale Lebendsauer seiner Heizungsanlagen erreicht wird. Er sollte aber auch wissen, daß sich bei Überschreitung der Sauerstoffkonzentration im Umlaufwasser durch betriebsbedingtes Eindringen von Sauerstoff die Korrosionsgefahr an den Bauteilen aus unlegiertem Stahl im Vergleich zu härtehaltigem Wasser vervielfacht. Daher sind zur Realisierung der in der TGL 190-255/01 genannten Forderungen, konstruktive und technologische Veränderungen an den Heizungsanlagen vorzunehmen, die ein Eindringen von Sauerstoff verhindern. Andererseits sind auch die wärmeübertragenden Elemente in Wassererwärmern sicher vor Korrosion zu schützen (vgl. Abschnitt 7.2.1.), da das Fernheizwasser oftmals zur Bereitung von Warmwasser verwendet wird. Hierbei kann infolge defekter oder korrodierter Wärmeübertragungselemente (Heizregister, Rohrbündel) Trinkwasser in das Fernheizwasser gelangen und dieses für den Kraftwerksbetrieb unbrauchbar machen.

Bei höherem Druck des Fernheizwassers (das ist meist der Fall) gelangt dieses in das Warmwasserverteilungsnetz (Trinkwasser!) und verunreinigt es mit Substanzen, wie z. B. Hydrazin, die als Trinkwasserbestandteil nicht zulässig sind. Die sich hieraus ergebenden Schlußfolgerungen sind:

- standortbezogene Abstimmung der gewählten Heizungs- und Wassererwärmungssysteme einschließlich der gewählten Werkstoffe und Korrosionsschutzmaßnahmen
- Spezifizierung der TGL 190-255/01 bezüglich des Anwendungsbereiches und der Grenzwerte für Härte und *p*H-Wert.

Oftmals wird zur Füllung und Nachspeisung von Wasserheizungen auch noch Trinkwasser aus dem öffentlichen Versorgungsnetz verwendet, da nicht in jedem Fall Fernheizwasser zur Verfügung gestellt werden kann bzw. die sonst notwendigen dezentralen Wasseraufbereitungsanlagen hohe und auch nicht in jedem Fall gerechtfertigte Investitionskosten verursachen würden. Bei Verwendung von Trinkwasser zur Füllung der Wasserheizungen hat das Heizwasser zunächst Trinkwasserqualität nach TGL 22433. In den ersten Tagen nach der Inbetriebnahme einer Heizungsanlage sind daher die Korrosionsverhältnisse ähnlich denen in Warmwasser-Versorgungsanlagen. Das bedeutet: Unlegierter Stahl korrodiert in Abhängigkeit von der Wasserqualität und den Betriebstemperaturen (vgl. auch die Abschnitte 5.4.1., 5.4.5. und 5.5.).

Grauguß ist beständiger als unlegierter Stahl. Alle anderen Werkstoffe sind bei Einhaltung der in Abschnitt 5. und 7. genannten Randbedingungen beständig.

Da in Heizungsanlagen das aggressive Medium im Kreislauf geführt wird, verbraucht sich der ursprünglich vorhandene Sauerstoff infolge Korrosion, die technisch unbedeutend ist. Durch diese **Sauerstoffzehrung**, die nach wenigen Tagen abgeschlossen ist, entstehen auch am unlegierten Stahl keine Korrosionsschäden, sofern dem Heizwasser während des Betriebs und in Stillstandszeiten kein weiterer Sauerstoff zugeführt wird. Es ist zu garantieren, daß die Sauerstoffkonzentration ständig unter 0,1 mg/l liegt.

Die vorhandenen Neutralsalze sind bei Sauerstoffmangel ohne Einfluß; die Härtebildner des Trinkwassers fallen infolge der erhöhten Temperaturen an den wasserberührten Heiz-

flächen der Wärmeerzeuger als Kalziumkarbonat bzw. -sulfat aus und sind ebenfalls ohne Einfluß auf die Korrosion. Nur aus Gründen konstanter Wärmeübertragung ist es in bestimmten Fällen notwendig, Füll- und Nachspeisewasser zu enthärten (vgl. Abschnitt 8.1.2.1.).
Kann die Forderung nach einem sauerstofffreien Heizumlaufwasser nicht erfüllt werden, korrodiert unlegierter Stahl in Heizungsanlagen entsprechend der vorhandenen Sauerstoffkonzentration, der Konzentration an Neutralsalzen und den noch nicht ausgeschiedenen Härtebildnern (vgl. Abschnitt 5). Ausgefallene Härtebildner begünstigen sekundär die örtliche Korrosion. Die Aggressivität des Heizwassers ist dann dem von weichem bis mittelhartem, sauerstoff- und kohlendioxidhaltigen Wasser in Warmwasser-Versorgungsanlagen gleichzusetzen. Bei Mischinstallation mit Kupfer bzw. Messing erhöht sich infolge indirekter Kontaktkorrosion (vgl. Abschnitt 2.6.2.4.) wie in allen wasserführenden sauerstoffhaltigen Anlagen die Korrosionsgeschwindigkeit des unlegierten Stahls.
Während bei ordnungsgemäß betriebenen Heizungsanlagen (Sauerstofffreiheit oder Sauerstoffmangel) vorwiegend schwarz aussehende Fe_3O_4-Schichten nach Gl. (8.1. und 8.3) entstehen, bilden sich bei reichlichem Sauerstoffangebot $Fe(OH)_3$- und FeOOH-Verbindungen (vgl. Gl. (2.12)) mit bräunlicher Farbe, unter denen Lochfraß entstehen kann.

$$3Fe + 4H_2O \rightarrow Fe_3O_4 + 4H_2 \quad (8/1)$$

(bei Temperaturen um 200°C mit merklicher Geschwindigkeit)

$$Fe + H_2O + 1/2\,O_2 \rightarrow Fe(OH)_2 \quad (8/2)$$

$$3Fe(OH)_2 \rightarrow Fe_3O_4 + H_2 + 2H_2O \quad (8/3)$$

(bei Temperaturen zwischen 50°C und 100°C mit merklicher Geschwindigkeit – *Schikorr*-Reaktion).

Fe_3O_4-Schichten schützen den unlegierten Stahl weitgehend vor Korrosion. Ist jedoch die Schichtbildung gestört, können nach Gl. (8/1) und (8/3) größere Mengen Wasserstoff entstehen, der bei der Entlüftung der Anlagen entweicht [8/4]. Korrosionsschäden bzw. ein merklicher Anteil von Wasserstoff (50 bis 60 %) sind also ein sicheres Zeichen dafür, daß **konstruktive und technologische Mängel** vorliegen, die ein Eindringen von Sauerstoff in die Heizungsanlage ermöglichen. Solche Mängel sind vorwiegend:

- falsch eingebaute bzw. unsachgemäß betriebene oder gewartete Ausdehnungs- und Druckhaltegefäße, Pumpen, Armaturen
- zu große und nicht aufbereitete bzw. nachbehandelte Nachspeisewassermengen.

Hierauf zurückzuführende Korrosionsschäden sind in den letzten 10 Jahren speziell in Neubaugebieten stark angestiegen. Sichtbar werden diese Schäden besonders durch defekte Heizkörper, wobei Heizkörper aus dünnwandigem Stahl und mit konstruktiv bedingten Spalten (z. B. Plattenheizkörper) anfällig sind.
Der **Sauerstoffzutritt über Ausdehnungsgefäße** offener Anlagen wird ermöglicht, wenn das Heizwasser durch das Ausdehnungsgefäß zirkuliert. Konstruktive Änderungen beseitigen diese Gefahr (vgl. Abschnitt 8.1.3.3.) Besonders wichtig ist hierbei, den Sicherheitsrücklauf als einzelne Leitung zu verlegen und ihn zwischen Umwälzpumpe und Wärmeerzeuger in die Rücklaufleitung einzubinden.
Wird bei der **statischen Druckhaltung** das Druckhaltegefäß statt mit Stickstoff mit Preßluft aufgelastet, so gelangen insbesondere bei Nachtlastabsenkung durch erhöte Aufnahmefähigkeit des Heizwassers große Mengen Sauerstoff in die Anlage. Die Anwendung von Wassernachbehandlungsverfahren ist notwendig, der generelle Einsatz von Stickstoff jedoch günstiger.
Bei der **dynamischen Druckhaltung** ist durch konstruktive Maßnahmen am Ausgleichgefäß und durch Anwendung von organischen Sperrschichten der Sauerstoffzutritt zu reduzieren.
Zu große **tägliche Nachspeisewassermengen**, d. h. über 0,5 % des Wasserinhalts der Heizungsanlage werden insbesondere dann notwendig, wenn

- die Heizungsanlage schrittweise erweitert wird (Neubaugebiete!)
- große Leckverluste an Heizkörpern, Pumpen, Armaturen entstehen
- das Heizwasser zweckentfremdet verwendet wird

- infolge falscher Ausführung der Heizungsanlage häufig und unkontrolliert entlüftet wird (ungeschultes Bedienungspersonal).

Durch entsprechende organisatorische und konstruktive Maßnahmen kann der Sauerstoffzutritt zum Heizwasser verhindert bzw. die tägliche Nachspeisewassermenge reduziert werden.
Werden die genannten konstruktiven Forderungen an den Heizungsanlagen nicht erfüllt, sind dem Nachspeisewasser Inhibitoren zuzugeben. Gelangt der Sauerstoff ausschließlich über das Nachspeisewasser in die Anlage und liegt die Menge über dem angegebenen Grenzwert, so ist zwischen einer Entgasung und Inhibitorzugabe zu entscheiden. Konstruktive Maßnahmen an den Bauteilen einer Wasserheizungsanlage, die Anwendung physikalisch-chemischer Verfahren zur Vermeidung des Sauerstoffzutritts über die Druckhalte- bzw. Ausgleichsgefäße sowie der Einsatz von Wasseraufbereitungs- und nachbehandlungsverfahren sind stets unter Berücksichtigung des Korrosionsschutzes der gesamten Anlage und im Zusammenhang zu sehen.

8.1.2. Korrosionsschutz durch Wasseraufbereitung und Wassernachbehandlung

8.1.2.1. Enthärtung

Eine Enthärtung des Heizungswassers ist notwendig, wenn

- das Füll- bzw. Nachspeisewasser vor seinem Einsatz entgast werden soll
- die Karbonathärte über 200 mg/l CaO liegt.

Bei Karbonathärten unter 200 mg/l CaO ist die Enthärtung abhängig von

- der Karbonathärte des Füll- bzw. Nachspeisewassers
- dem Wasserinhalt des Heizungssystems
- der Leistung des Wärmeübertragers bzw. Kessels oder
- der wasserberührten Heizfläche.

Die Zusammenhänge zwischen diesen Parametern sind graphisch in den Bildern 8/4 und 8/5 dargestellt.

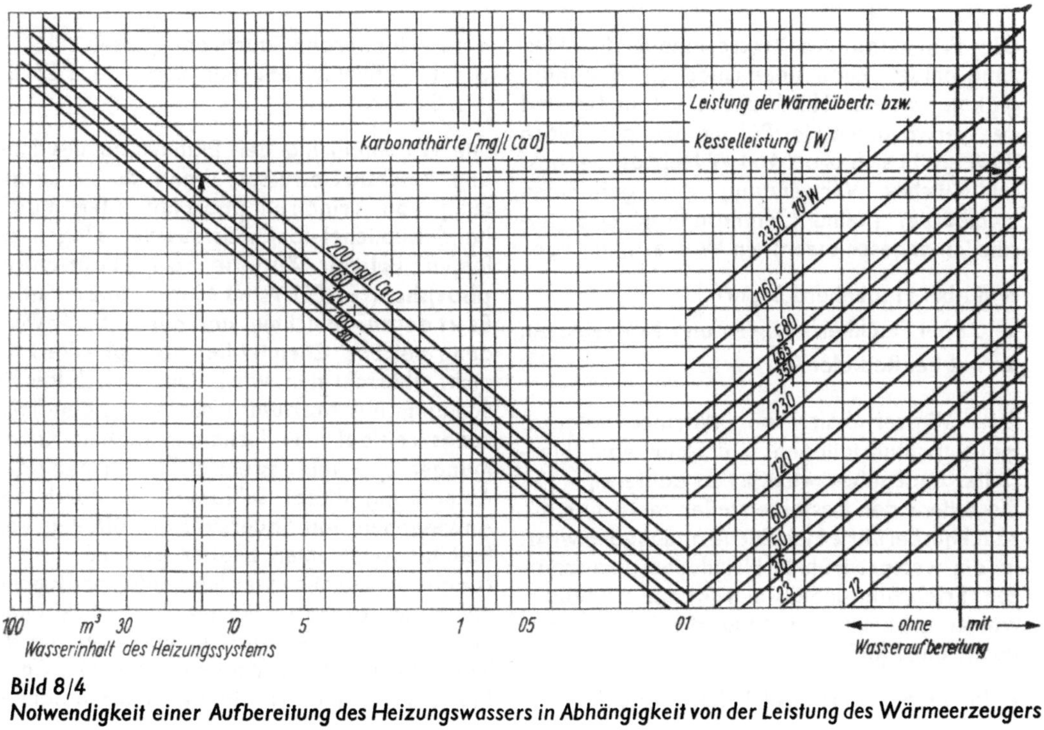

Bild 8/4
Notwendigkeit einer Aufbereitung des Heizungswassers in Abhängigkeit von der Leistung des Wärmeerzeugers

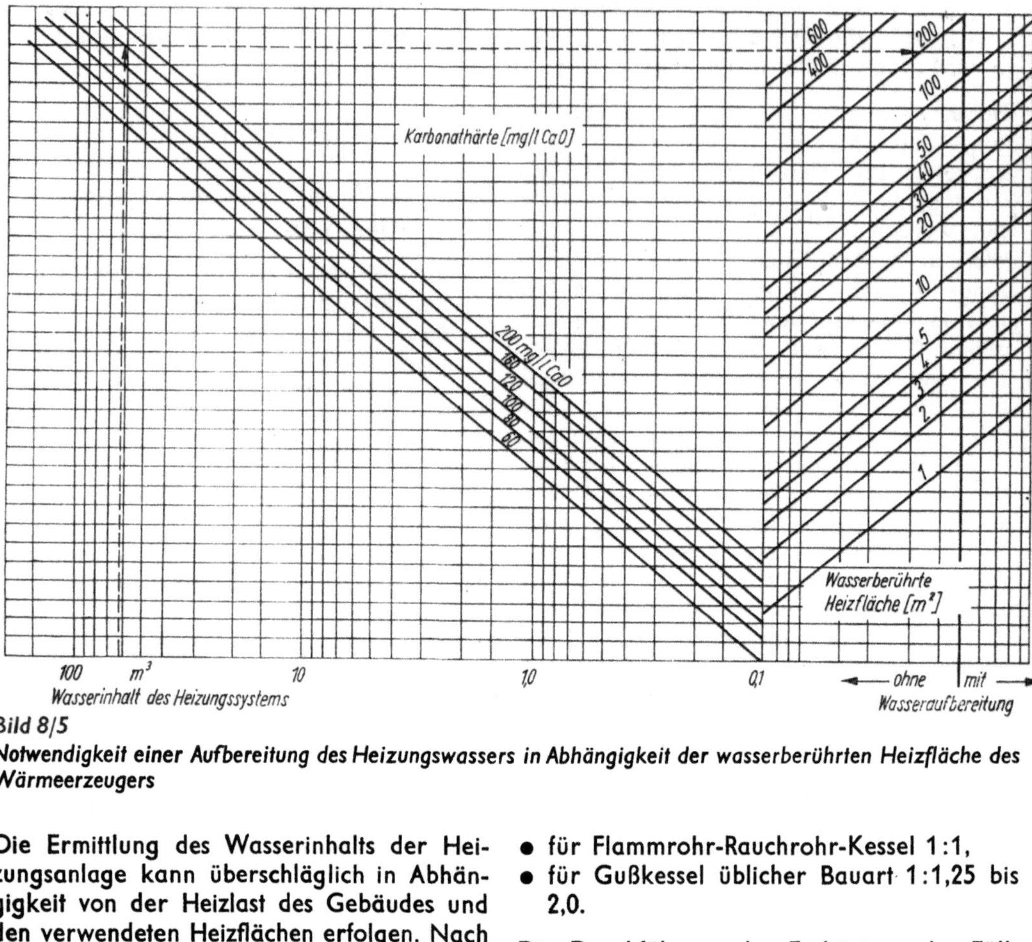

Bild 8/5
Notwendigkeit einer Aufbereitung des Heizungswassers in Abhängigkeit der wasserberührten Heizfläche des Wärmeerzeugers

Die Ermittlung des Wasserinhalts der Heizungsanlage kann überschläglich in Abhängigkeit von der Heizlast des Gebäudes und den verwendeten Heizflächen erfolgen. Nach [8/4] ergibt sich pro 1,16 kW Heizlast bei ausschließlicher Verwendung der genannten Heizkörper (keine Lüftungsanlage o. ä. zusätzlich angeschlossen) ein Wasserinhalt von

- 8 l bei Plattenheizkörpern
- 6 l bei Flachheizkörpern und Konvektoren
- 14 l bei Radiatoren.

Der Wasserinhalt von Wärmeerzeugern, Hausanschlußstationen u. ä., der vom Hersteller angegeben wird, ist zu addieren.
Da seitens der Kesselhersteller meist nur die rauchgasberührte Heizfläche angegeben wird, ist die wasserberührte Heizfläche abzuschätzen. Erfahrungsgemäß beträgt das Verhältnis wasserberührter zu rauchgasberührter Heizfläche nach [8/5]:

- für Rippenrohrkessel 1:1,5 bis 2,0
- für Flammrohr-Rauchrohr-Kessel 1:1,
- für Gußkessel üblicher Bauart 1:1,25 bis 2,0.

Die Durchführung der Enthärtung des Füll- und Nachspeisewassers kann durch Dosierung von Trinatriumphosphat oder mittels handelsüblicher Ionenaustauscheranlagen erfolgen. Bei der **Zugabe von Trinatriumphosphat** (Na_3PO_4) sind 40 g/m³ anzuwenden Es ist darauf zu achten, daß durch die Anwendung solcher Chemikalien der *p*H-Wert 10 nicht überschritten wird. Der sich bildende Schlamm aus Kalziumsalzen ist aus dem Heizungskreislauf zu entfernen. In Spalten, Krümmungen und dgl. besteht die Möglichkeit der Ablagerung dieses Schlamms, wodurch bei Anwesenheit von Sauerstoff die Bildung von Belüftungselementen begünstigt wird.
Ionenaustauscher werden heute vorwiegend auf Kunstharzbasis hergestellt und können entsprechend ihres Aufbaus entweder die im Wasser befindlichen Kationen, z. B. H^+, Ca^{2+}, Mg^{2+}, Fe^{2+}, Na^- (Kationite) oder Anionen,

z. B. OH^-, Cl^-, SO_4^{2-} (Anionite) gegen solche, die im Ionenaustauscher gebunden sind, austauschen. Da die Ionentauscher nach Beladung oder Erschöpfung durch Hindurchleiten entsprechender Lösungen (für Kationite, HCl oder NaCl, für Anionite NaOH) regeneriert werden können, besitzen sie eine hohe Lebensdauer und Wirtschaftlichkeit. Voraussetzung hierfür ist jedoch, daß die Anlagen nur mit schwebstofffreiem Wasser beaufschlagt werden. Organische Verunreinigungen, Öle, kolloidale Substanzen und größere Eisen- und Mangangehalte beeinträchtigen die Wirksamkeit der Ionentauscher. Für die Aufbereitung des Heizwassers genügt der Austausch der Härtebildner. Die hierbei stattfindenden chemischen Reaktionen sind schematisch im Bild 8/6 dargestellt.

Wird enthärtetes Wasser als Wärmeträger in Wasserheizungen verwendet, so ist besonders darauf zu achten, daß während des Betriebs kein Sauerstoff in die Heizungsanlage gelangt, da enthärtete Wässer gegenüber unlegiertem Stahl bei Sauerstoffanwesenheit stark aggressiv sind (vgl. Abschnitt 5.4.3.). Gleiches gilt auch, wenn zur Nachspeisung Rücklaufkondensat verwendet wird. Daher sind an Heizungsanlagen, die eine Wasserenthärtung erfordern, unbedingt Maßnahmen durchzuführen, die ein ständiges Eindringen von Sauerstoff über Ausdehnungs-, Druckhalte- und Ausgleichsgefäße verhindern. Sind große Nachspeisemengen erforderlich, ist eine Entgasung des Nachspeisewassers vorzunehmen oder Inhibitoren zu dosieren. Der *p*H-Wert des Heizungswassers muß grundsätzlich über 8,3 aber unter 9 liegen.

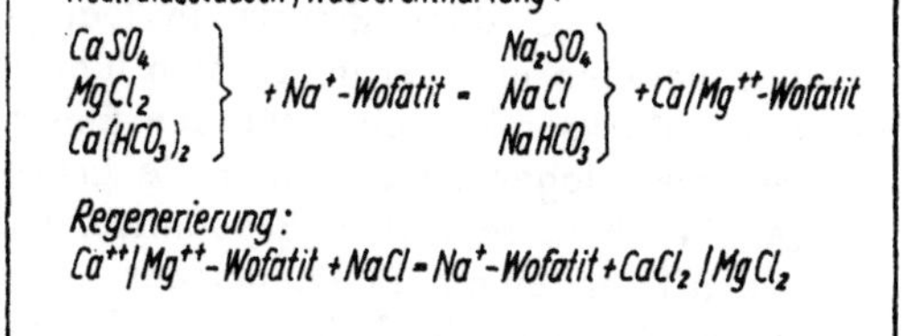

Bild 8/6
Chemische Reaktionen (schematisch) bei der Wasserenthärtung

8.1.2.2. Entgasung

Zur Entgasung des Heizungswassers können thermische oder chemische Verfahren angewendet werden.

Bei der **thermischen Entgasung** ist darauf zu achten, daß das zu entgasende Wasser vorgewärmt wird, und daß die Betriebstemperatur stets bei etwa 102 bis 105°C liegt, um eine vollständige Entgasung zu gewährleisten. Das läßt sich mittels Elektroenergie oder Dampf durchführen, jedoch ist eine derartige Entgasung insbesondere im kommunalen Sektor meist nur schwer zu realisieren, da zum einen oft kein Dampf zur Verfügung steht und zum anderen die Verwendung von Elektroenergie für solche Zwecke aus volkswirtschaftlichen Gründen nicht vertretbar ist. Die Anwendung von Inhibitoren stellt unter solchen Gegebenheiten einen Lösungsweg dar.

Die **chemische Entgasung** wird in der Regel nur bei sauerstoffarmen Wässern oder zur Restsauerstoffbindung nach der thermischen Entgasung oder bei kleinen bis mittleren Nachspeisemengen angewendet, wenn über Druckhalte- oder Ausgleichsgefäße kein Sauerstoff in die Anlage gelangen kann. Diese Einschränkungen sind notwendig, um den Chemikalienverbrauch in wirtschaftlich vertretbaren Grenzen zu halten.

Beträgt z. B. die Druckluftauflastung 0,45 MPa und die tägliche Volumenschwankung des Heizwassers 4,5 m^3 infolge Abschaltung der Heizungsanlage über Nacht (Heizwassertemperatur 20 bis 30°C), so müssen 611 g/m^3 Na_2SO_3 bzw. 76,4 g/m^3 N_2H_4 dem Wasser zur Sauerstoffbindung zugegeben werden. Für derartige Fälle ist eine chemische Entgasung abzulehnen.

Die klassischen Verfahren der chemischen Entgasung sind das Hydrazin- und das Natriumsulfitverfahren. Neuerdings können auch Ionenaustauscher zur Sauerstoffentfernung angewendet werden.

Bei der Entgasung mittels **Hydrazin** wird Sauerstoff zu Wasser reduziert und Hydrazin zu Stickstoff oxydiert.

$$N_2H_4 + O_2 \rightarrow H_2O + N_2 \qquad (8/4)$$

Bei Zimmertemperatur verläuft diese Reaktion relativ langsam, kann jedoch durch Temperaturerhöhung oder Katalysatoren be-

schleunigt werden. Die in Wasserheizungsanlagen vorliegenden Temperaturen garantieren die Reaktion des Hydrazins mit Sauerstoff in angemessener Geschwindigkeit, wobei zur Reduktion von 1 mg Sauerstoff 1 mg Hydrazin benötigt wird. In der Praxis wird meist handelsübliches 24%iges Hydrazinhydrat mit einem Gehalt von 15% N_2H_4 eingesetzt, so daß beispielsweise zur Entfernung von 1 mg/l im Wasser gelösten Sauerstoffs 7 mg/l 24%iges Hydrazinhydrat dosiert werden muß. Die VDI-Richtlinie 2035 [8/6] empfiehlt z. B. die Zugabe von 200 g 24%igem N_2H_4 pro m^3 Wasser und im folgenden so viel, daß im Heizwasser ständig ein geringer Überschuß an Hydrazin nachweisbar ist.
Obwohl die Anwendung von Hydrazin zur Sauerstoffentfernung im Heizwasser eine elegante Methode darstellt (es entstehen nur gasförmige Nebenprodukte), kann die Hydrazindosierung nicht generell empfohlen werden. **Hydrazin ist eine den menschlichen Körper schädigende Verbindung.** Wenn Anlagen zur Erwärmung von Trinkwasser mit hydrazinhaltigem Heizwasser beheizt werden sollen, muß der Druck auf der Warmwasserseite größer als der Druck im Heizungssystem sein, um bei Korrosionsschäden an den wärmeübertragenden Flächen eine Hydrazinzuführung zum Warmwasser sicher zu unterbinden (Trinkwasser!). Kann diese Garantie nicht gegeben werden, darf Hydrazin bei derartigen Anlagen nicht zur Sauerstoffbindung verwendet werden.
Bei der Entgasung mittels **Natriumsulfit** entsteht nach folgender Gleichung Natriumsulfat als Reaktionsprodukt:

$$Na_2SO_3 + 1/2\, O_2 \rightarrow Na_2SO_4 \qquad (8/5)$$

Die hierdurch sich ständig erhöhende Elektrolytkonzentration kann sich nachteilig auf die gesamte Heizungsanlage auswirken, da sich zum einen die Reaktivität des Wassers erhöht, wenn doch einmal Sauerstoff in das Heizwasser gelangt bzw. nicht vollständig gebunden wird, und zum anderen die entstehenden Sulfationen mit den im Wasser vorhandenen Kalziumionen zu Schlammablagerungen bzw. Kesselstein führen.
Auch die Reaktionsgeschwindigkeit dieser Sauerstoffreduktion ist temperaturabhängig und erhöht sich mit steigender Temperatur bzw. durch Anwendung von Katalysatoren. Entsprechend [Gl. (8.5)] werden zur Reduktion von 1 mgO_2 8 mgNa_2SO_3 benötigt. Praktisch ist jedoch bei einer Wassertemperatur von 80°C ein 100%iger Überschuß notwendig.

8.1.2.3. Wassernachbehandlungsverfahren

Die Wassernachbehandlung des Heizwassers mittels Inhibitoren wird erst seit wenigen Jahren erprobt und ist gegenwärtig, auch international, weitaus weniger gebräuchlich als zum Beispiel die Inhibierung von warmem Trinkwasser oder Kühlwasser. Die größere Ausdehnung der Heiznetze, der umfangreiche Einsatz der wesentlich dünnwandigeren Plattenheizkörper und das teilweise unkontrollierte Eindringen von Sauerstoff, führten dazu, den Wassernachbehandlungsverfahren heute ebensolche Aufmerksamkeit wie der Enthärtung und Entgasung zu schenken. Bisher wurden die im allgemeinen als gute Inhibitoren gegenüber unlegiertem Stahl bekannten Verbindungen Natriumnitrit, Natriumphosphat, Natriumborat, Natriumkarbonat und Triäthanolamin in unterschiedlichen Mischungsverhältnissen eingesetzt.
Die Anwendung erfolgt nur an Einzelstandorten, so daß allgemeingültige Einsatzbedingungen nicht abgeleitet werden konnten. Einen breiten Umfang lassen die bisherigen erfolgreichen Einsätze von Oktadezylamin (ODA, Handelsname „Hydrosin") erwarten. Die Wirkung dieser chemischen Verbindung, einem höherkettigen Fettamin, beruht darauf, daß 0,1 bis 0,5 mg/l ODA auf den wasserberührten Metalloberflächen einen korrosionsschützenden hydrophoben Film ausbilden.
Erfahrungen aus dem Einsatz in Dampferzeugeranlagen und Fernheiznetzen führten dazu, die Wirksamkeit auch für den Einsatz in Heizungsanlagen zu prüfen. Erste Erprobungen brachten sehr gute Ergebnisse, wie im Foto 8/1 an einem Plattenheizkörper zu erkennen ist. Optimale Bedingungen für die Dosierabstände, die Dosiermenge, den günstigsten Temperaturbereich u. ä. werden z. Z. noch untersucht. Ein Vorteil für den Praxis-

einsatz ist sicher die jetzt schon abzuschätzende nur zweimal im Jahr erforderliche Dosierung. Auf jeden Fall entbindet der Einsatz von Hydrosin nicht davon, das Heizungswasser den Erfordernissen entsprechend vorzubehandeln, sondern es übernimmt die Funktion eines zusätzlichen Schutzes. Ebenso laufen Untersuchungen, diese Verbindungen auch für den temporären Korrosionsschutz von Anlagenteilen einzusetzen, die mit Wasser druckgeprüft werden.
Unabhängig von der Art der zugegebenen Chemikalien ist darauf zu achten, daß der *p*H-Wert des Heizwassers den Wert 9 nicht übersteigt, da sonst Kupferwerkstoffe korrodieren.

8.1.3. Korrosionsschutzgerechte Konstruktion und Anlagengestaltung

8.1.3.1. Wärmeerzeuger

Direkte Wärmeerzeuger sind Bauelemente, in denen durch Verbrennung eines festen, flüssigen oder gasförmigen Brennstoffs Wärme erzeugt wird. Die bekanntesten sind die Heizungskessel. Sie werden entweder aus gußeisernen Einzelgliedern oder aus unlegiertem Stahl in Schweißkonstruktion hergestellt. International sind auch solche aus hochlegiertem Stahl bekannt. Die direkte Wärmeerzeugung ist dadurch gekennzeichnet, daß enthärtetes, mitunter auch entgastes Trinkwasser (vgl. 8.1.2.) dem Wärmeerzeuger zugeführt und als Heizwasser direkt durch die Heizflächen zur Wärmeabgabe geleitet wird; das zurückfließende Wasser gelangt ohne weitere Wasseraufbereitung in den Kessel zurück (s. Bild 8/3).
Die Notwendigkeit einer Enthärtung ist aus den Bildern 8/4 und 8/5 zu entnehmen. Werden vom Kesselhersteller zusätzliche Forderungen erhoben, so sind diese einzuhalten. Dies gilt besonders für den Einsatz von Gebläsebrennern oder bei Verbrennung gasförmiger Brennstoffe unterhalb des Rostes, da hierfür die Aussagen des Bildes 8/4 nicht anwendbar sind.
Schäden an Heizungskesseln können durch örtliche Überhitzungen infolge von Kalziumkarbonat- bzw. -sulfatinkrustationen oder durch Verstopfungen einzelner Kesselglieder entstehen, wenn bei einer Enthärtung durch Zugabe von Na_3PO_4 eine ungenügende Entschlammung erfolgt.
Über rauchgasseitig auftretende Korrosionsschäden z. B. durch Taupunktunterschreitung soll an dieser Stelle nicht berichtet werden, da dies nicht Aufgabe dieses Buches ist.
Während im kommunalen Wohnungsbau die direkten Wärmeerzeuger immer mehr von den indirekten verdrängt werden, haben sie weiterhin große Bedeutung in Eigenheimen und Einzelobjekten im industriellen und gesellschaftlichen Bereich. Dazu gehören Heizungskessel für alle Brennstoffarten, Etagenheizkessel und auch Gasumlaufwasserheizer.
Werden Wasserheizungen mit jeweils einem Heizungskessel oder 2 bis 3 Gasumlaufwasserheizern ausgerüstet, ist eine Wasserenthärtung bei Karbonathärten über 200 mg CaO/l zu empfehlen, wenn vom Hersteller keine anderen Forderungen erhoben werden. Andere zusätzliche Wasseraufbereitungs- bzw. Nachbehandlungsverfahren sind meist nicht notwendig, wenn die Nachspeisewassermenge gering gehalten wird und das Ausdehnungsgefäß nicht in die Zirkulation mit einbezogen ist. Zur Vermeidung der Einfriergefahr können dem Heizwasser handelsübliche Frostschutzmittel (Focosin hat sich bewährt) zugegeben werden.
Heizhäuser und Kesselhäuser mit mehreren Kesseln unterliegen den Forderungen an die Wasserqualität entsprechend Bild 8/4 bzw. 8/5 und erfordern den Einsatz spezieller Wasserbehandlung (vgl. Pkt. 8.1.2.1., 8.1.2.2. und 8.1.2.3.)
Indirekte Wärmeerzeuger werden von einem Primärmedium (Fernheizwasser, Dampf) gespeist und erwärmen das Sekundärmedium (Heizwasser der Gebäudeheizung).
In der Heizungstechnik werden meist Rohrwärmeübertrager, international teilweise auch Plattenwärmeübertrager, für diese Aufgaben vorgesehen. Indirekte Wärmeerzeuger werden eingesetzt, wenn

- das Primärmedium in den Parametern Druck bzw. Temperatur nicht der Gebäudeheizung angepaßt werden kann
- die Trennung in zwei Wasserkreisläufe erforderlich ist (z. B. verschiedene Wasserqualitäten)

Tabelle 8/1
Qualitätsanforderungen an Fernheizwasser (Auszug aus der TGL 190-255/01)

Wasserinhaltsstoffe	Einheit	Qualität des Füll-, Zusatz- und Umlaufwassers
Gesamthärte	mg CaO/l	$\leqq 1{,}0$
*p*H-Wert	—	$\geqq 8{,}3$
Sauerstoff während des Betriebs	µg/l	$\leqq 50$
Chlorid bei Installation austenitischer Chrom-Nickel-Stähle	mg/l	$\leqq 50$
$KMnO_4$-Verbrauch	mg/l	$\leqq 25$
Oktadezylamin	mg/l	$\leqq 3$
Aussehen	—	farblos, klar, frei von mechanischen und kolloidalen Verunreinigungen

- ein Unterschied in den Medien besteht (z. B. primär Dampf, sekundär Wasser).

Im Wohnungsbau wird häufig die direkte Einspeisung vom Fernheizwasser (Primärmedium) in das Gebäudenetz über Hausanschlußstationen vorgesehen. Bezüglich der Aufbereitung des Füll- und Nachspeisewassers im Sekundärnetz wird auf Abschnitt 8.1.2. verwiesen.

Fernheizwasser, das in seiner Qualität der TGL 190-255/01 zu entsprechen hat, ist auf Grund der geforderten Sauerstoffkonzentration von 50 µg/l (vgl. Tabelle 8/1) gegenüber unlegiertem Stahl nicht aggressiv. Eine zusätzliche Dosierung von Oktadezylamin (vgl. Abschnitt 8.1.2.3.) gewährleistet eine hohe Standzeit der Fernwärmeleitungen. Die dennoch an Fernwärmeleitungen in oft erheblichem Umfang auftretenden Korrosionsschäden entstehen ausnahmslos durch eine von außen angreifende Korrosion.

Entsprechend der Verlegearten von Fernwärmeleitungen

- unterirdisch kanallos
- oberirdisch
- unterirdisch in Kanälen

werden in der ZKS-Richtlinie 12/78 [8/7] Korrosionsschutzmaßnahmen, technologische und organisatorische Hinweise gegeben, deren Durchführung bzw. Beachtung eine Korrosion der Fernwärmeleitungen von außen minimiert.

Bei Anschluß einer Hausanschlußstation an das Fernheiznetz kann das Rohrbündel des **Wärmeübertragers** aus unlegiertem Stahl gefertigt sein, wenn garantiert ist, daß das sekundärseitige Heizmedium ebenfalls sauerstofffrei ist. Da diese Qualität des Heizwassers oftmals nicht gewährleistet werden kann, werden die Rohrbündel aus Kupfer oder hochlegiertem Stahl hergestellt, wobei beim Einsatz von Kupfer in Gegenwart von Sauerstoff die Möglichkeit der indirekten Kontaktkorrosion an den Rohrleitungen und Heizflächen gegeben ist. Rohrböden, Leitbleche und Stützrohre bestehen aus unlegiertem Stahl, Mantel und Wasserkammern teilweise auch aus Grauguß. Korrosionsschäden an diesen Bauteilen sind bei ordnungsgemäßem Betrieb nicht zu erwarten.

Wärmeübertrager haben gegenüber direkten Wärmeerzeugern den Vorteil, daß es i. d. R. keine örtlich überhitzten Stellen der Heizfläche gibt. Dadurch bilden sich Inkrustationen mit relativ gleichmäßiger Schichtdicke auf der Heizfläche, wodurch die Möglichkeit der durch Inkrustationen induzierten Korrosionsschäden vermindert wird.

Bei einer Härte des Wassers von 10 mg/l CaO beträgt der Ausfall der Härtebildner 17,8 g/m³ Wasser. In Abhängigkeit von der Zusammensetzung der Inkrustationen reduziert sich die Wärmeübertragungsleistung bei einer Schichtdicke von 0,1 mm um etwa 3 bis 5 %. Auch bei der indirekten Wärmeerzeugung ist die Notwendigkeit einer Enthärtung des Heizwassers auf der Sekundärseite nach den Bildern 8/4 und 8/5 zu ermitteln.

Rohrbündelwärmeübertrager werden meist auf der Mantelraumseite mit dem Gebäudeheizwasser beaufschlagt. Diese Seite der Heizfläche ist besonders schwer zu reinigen, weshalb eine ordnungsgemäße Fahrweise dringend empfohlen wird. Auf der Fernwärmeseite sind keine Korrosionsprobleme zu erwarten, wenn dieses Medium in seiner Qualität TGL 190-255/01 entspricht.

Auch **Wärmepumpen** sind zu den indirekten Wärmeerzeugern zu rechnen. Ihr Anteil zur Erzeugung von Heiz- und Warmwasser ist in den letzten Jahren stark angestiegen, da durch die weltweit aufgetretenen Probleme der Energiebereitstellung das seit über 100 Jahren bekannte Prinzip der Wärmepumpe nun auch ökonomische Effekte erzielt.

Bild 8/7 zeigt das Schaltschema einer Wärmepumpenanlage, die aus der Wärmepumpe und der Wärmequellenanlage sowie den notwendigen Rohrleitungen besteht und für Wärmenutzungsanlagen Energie liefert.

Sofern erforderlich, wird eine Kälte- und/oder Wärmespeicheranlage hinzugeschaltet.

Eine Wärmepumpe ist eine Einrichtung, die unter Aufwendung höherwertiger Energie (z. B. Elektroenergie) einen Wärmestrom niederer Temperatur in einem Verdampfer aufnimmt und die Summe beider Energieströme als Wärmestrom höherer Temperatur in einem Verflüssiger zur Nutzung abgibt.

Als Wärmequelle werden Stoffe bezeichnet, denen Wärme entzogen werden kann (z. B. Luft, Gase, Grundwasser, Oberflächenwasser, Uferfiltrat, Abwasser, Kühlwasser).

Als Wärmenutzer kommen vorwiegend Heizungs- sowie Warmwasseranlagen für sanitäre und technologische Zwecke in Frage.

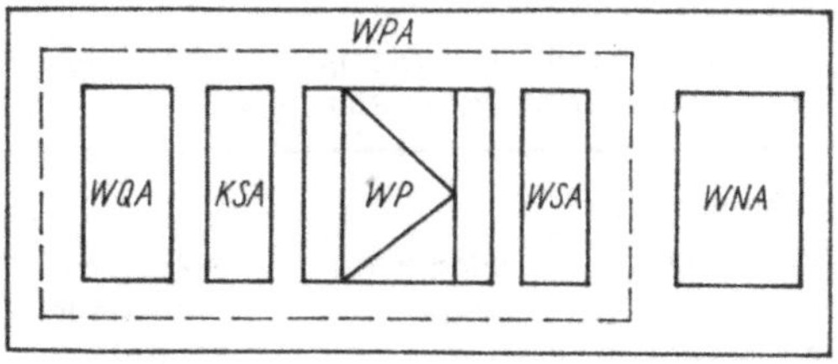

Bild 8/7
Schaltschema für Wärmepumpenanlagen

WPA Wärmepumpenanlage; WP Wärmepumpe, Wärmepumpengerät; WQA Wärmequellenanlage; WSA Wärmespeicheranlage; WNA Wärmenutzungsanlage; KSA Kältespeicheranlage

Notwendige Hinweise zum Werkstoffeinsatz und zu Korrosionsschutzmaßnahmen sowie zur Wartung und zum Betrieb von Wärmepumpenanlagen sind in einer Richtlinie der Zentralstelle für Korrosionsschutz [8/8] enthalten.

Bezüglich des Werkstoffeinsatzes und des Korrosionsschutzes in diesen Anlagen sind die Aussagen der Abschnitte 7 und 8.1. zutreffend.

Der Konstrukteur von Wärmepumpenanlagen muß jedoch besonderes Augenmerk auf die indirekte Mischinstallation (Kupferwerkstoffe/verzinkter und unlegierter Stahl) legen, da die Verflüssiger in den meisten Fällen aus Kupferwerkstoffen gefertigt werden und die Wärmenutzungsanlagen aus unlegiertem oder feuerverzinktem Stahl bestehen.

Der Werkstoffeinsatz für Verdampfer in Abhängigkeit von der Wasserqualität sowie die für jeden Verdampferwerkstoff zulässigen Rohrleitungswerkstoffe sind in Tabelle 8/2 enthalten.

Werden als Wärmequelle offene Rückkühlkreisläufe verwendet, so sind die Hinweise in 8.3.3.1. zu beachten, wobei besonders hervorgehoben werden muß, daß bei Anwesenheit von Kupfer oder CuZn30 im Kühlwasserkreislauf eine Inhibierung mit Zinkpolyphosphaten keinen Erfolg bringt.

Werden Glykol-Wassermischungen als Kältemittel eingesetzt, so darf das nur in Verbindung mit Inhibitoren erfolgen (z. B. Focosin). Diese Inhibitoren müssen Borate enthalten, die den pH-Wert im Neutralbereich halten. Dies ist wichtig, da die Glykole bei Anwesenheit von Oxidationsmitteln zu den entsprechenden Säuren oxidieren und damit korrosionsfördernd wirken.

Tabelle 8/2
Werkstoffauswahl für Verdampfer in Abhängigkeit von der Wasserqualität und Zuordnung von Rohrleitungswerkstoffen in Abhängigkeit vom Verdampferwerkstoff

Pos.	1	2	3	4	5
Werkstoff / Kriterien	unlegierter Stahl	unlegierter Stahl, feuerverzinkt	unlegierter Stahl, duroplastbeschichtet	X8 CrNiTi 18.10 (V2A)	X8 CrNiMoTi 18.11 (V4A)
T_{max} in °C	$\leqq 18$	$\leqq 18$	$\leqq 180$	$\leqq 50$	$\leqq 50$
V_A in m/s	1,8	1,8	3,0	4,8	4,8
V_{max} in m/s	2,0	2,0	6,0	5,0	5,0
V_{min} in m/s	0,5	0,5	0,5	0,5	0,5
pH	7,0–8,5	7,0–8,5	3,0–12,0	o. B.	o. B.
CaH in °dH	$>2{,}8$	$>2{,}8$	$\leqq 20$	o. B.	o. B.
KH in °dH	$\leqq 15$	$\leqq 15$	$\leqq 50$	$\leqq 8/>8 \leqq 15$	$\leqq 15$
I_s	$-0{,}15 \ldots 0{,}1$	$-0{,}15 \ldots 0{,}1$	o. B.	o. B.	o. B.
O_2 in mg/l	$\geqq 3$	$\geqq 3$	$\leqq 5$	o. B.	o. B.
Cl^- in mg/l	$\leqq 150$	$\leqq 150$	$\leqq 30\,000$	$\leqq 600/\leqq 1\,000$	$\leqq 1\,500$
SO_4^- in mg/l	$\leqq 300$	$\leqq 300$	$\leqq 400$	o. B.	o. B.
S^{--} in mg/l	n. n.	n. n.		$\leqq 10{,}0$	$\leqq 10{,}0$
NO_3^- in mg/l	o. B.	*)		o. B.	o. B.
NH_4^+ in mg/l	o. B.	o. B.	$\leqq 150$	o. B.	o. B.
Fe + Mn in mg/l	$\leqq 2$	$\leqq 2$	o. B.	$\leqq 2$	$\leqq 2$
abfiltrierbare Stoffe in mg/l	n. n.	n. n.	o. B.	$\leqq 30$	$\leqq 30$
Rohrleitungswerkstoff **) 4)		unlegierter Stahl; PVC-H-100	Stahl feuZn; PVC-H-100	CrNi-Stahl (V2A) PEI; Cu; PVC-H-100; Glas; PVCl	CrNiMo-Stahl (V4A) PEI; Cu; PVC-H-100; Glas; PVCl

o. B. — ohne Bedeutung
n. n. — nicht nachweisbar
PEI — PE-innenbeschichtetes Stahlrohr
PVCl — PVC-innenausgekleidetes Stahlrohr

1) $CO_2 \geqq 3$ mg/l, dann $C_{NO_3} \leqq 150$ mg/l
2) für As-legiertes CuZn30 $Cl^- \leqq 600$ mg/l, $SO_4^{--} \leqq 800$ mg/l
für Sn-legiertes CuZn30 $Cl^- \leqq 2000$ mg/l, $SO_4^{--} \leqq 2000$ mg/l
CuZn30 neigt zur Entzinkung
3) für CuZn30 und CuZn20Al2 < 5 mg/l NH_4^+ bei Gesamtsalzgehalten $\geqq 100$ mg/l
4) Bei PVC-H-100
PVCl
PEI darf die Temperatur 50 °C nicht übersteigen

*) $\frac{C_{(Cl^-)} + C_{(^1/_2 SO_4^{--})}}{C_{(NO_3^-)}} \leqq 2$

C: Konzentration in mol/m³

**) wird anstelle der in den Positionen 3–11 genannten Rohrleitungswerkstoffe unlegierter oder feuerverzinkter Stahl eingesetzt, muß mit verstärkter Korrosion gerechnet werden.

8.1.3.2. Heizkörper

Als serienmäßig gefertigte Heizkörper sind in der DDR

- Plattenheizkörper mit und ohne Sekundärheizfläche
- Flachheizkörper
- Konvektoren und Konvektortruhen sowie Radiatoren

im Einsatz.

Die auch international erkennbaren Bestrebungen zur Verringerung des Materialeinsatzes und zur rationelleren Fertigung durch produktive Technologien führten dazu, daß

6	7	8	9	10	11
DR-Cu 99,5	CuZn30 (Messing)	CuZn20Al2 (Sondermessing)	CuNi10Fe1Mn	CuNi20Mn1Fe	CuNi30Mn1Fe
o. B.	o. B.	o. B.	o. B.	o. B.	o. B.
1,0	1,8	2,3	3,2	3,7	4,2
1,2	2,0	2,5	4,0	4,5	5,0
0,7	1,0	1,0	1,0	1,4	1,8
6,0–9,0	6,0–9,5	6,0–9,5	6,0–10	6,0–10	6,0–10
o. B.	o. B.	o. B.	o. B.	o. B.	o. B.
≦15	≦15	≦15	≦15	≦15	≦15
o. B.	o. B.	o. B.	o. B.	o. B.	o. B.
o. B.	o. B.	o. B.	o. B.	o. B.	o. B.
≦350	≦200[2])	≦25000	≦30000	≦30000	≦30000
≦400	≦500	≦3000	≦3000	≦3000	≦3000
n. n.	n. n.	≦1,0	≦1,0	≦5,0	≦10
≦150[1])	≦150[1])	≦150[1])	≦150	≦150	≦150
≦5	≦10[3])	≦10[3])	≦15	≦15	≦15
≦2	≦2	≦2	≦2	≦2	≦2
≦30	≦30	≦30	≦50	≦50	≦50
Cu; PEI; PVC-H-100 Glas; CrNi-Stahl (V2A)	PEI; PVCl PVC-H-100 Glas; CrNi-Stahl (V2A)	PEI; PVC-H-100; Glas; PVCl CrNi-Stahl (V2A)	PEI; PVC-H-100; Glas; Cu; PPCl CrNi-Stahl (V2A)	PEI; PVC-H-100; Glas; Cu; PVCl; CrNi-Stahl (V2A)	PEI; PVC-H-100; Glas; Cu; PVCl; CrNi-Stahl (V2A)

Berechnung des Sättigungsindex I_s

s = pH gemessen – pH Gleichgewicht

$pH_{Gleichgewicht} = f - \lg C_{CaO} - \lg (0{,}785 \cdot KH)$

KH berechnet als mg/l CaO

Wassertemp. in C°	4	6	8	10	12	14	16	18
f	11,82	11,78	11,74	11,70	11,66	11,61	11,57	11,52

Plattenheizkörper im Produktionsprogramm den ersten Platz einnehmen und gußeiserne Radiatoren einen immer geringeren Prozentsatz an der Gesamtfertigung ausmachen. Die Lebensdauer der Heizflächen verhält sich im entgegengesetzten Verhältnis. Während gußeiserne Radiatoren bis zu 60 Jahren Lebensdauer erreichen, ist bei Einsatz von dünnwandigem Stahlblech und sauerstoffhaltigem Heizwasser eine weitaus geringere Lebensdauer zu erwarten. Für gußeiserne Radiatoren sind aus Gründen des Korrosionsschutzes keine speziellen Hinweise zu beachten.

International werden Heizkörper teilweise auch aus Aluminium-Werkstoffen gefertigt. Voraussetzung für ihren Einsatz ist die Begrenzung des pH-Wertes des Heizwassers auf maximal 8,5. Schwermetallionen begünstigen bei Anwesenheit von Sauerstoff die Korrosion der Al-Werkstoffe.

Plattenheizkörper nach TGL 26751/01 sind durch die konstruktiv bedingten Spalte im Bereich der Punktschweißungen anfällig gegen Korrosion, wenn das Heizungswasser Sauerstoff enthält. In diesen Spalten erhöht sich erstens die Konzentration der im Wasser gelösten Salze und zweitens bilden sich bevorzugt Belüftungselemente, die Lochfraß zur Folge haben. Die Fotos 37 und 38 zeigen Beispiele derart korrodierter Plattenheizkörper. Die begünstigende Wirkung der Spalte ist deutlich erkennbar. Bei Einsatz von Plattenheizkörpern sollte das Heizwasser unbedingt die Forderungen der TGL 190-255/01 erfüllen.

Durch Dosierung von Hydrosin wird der korrosionsfördernde Einfluß der Spalte reduziert (vgl. Foto 36).

Auch bei der Herstellung der Plattenheizkörper (Druckprobe) ist es empfehlenswert, dem Prüfwasser Hydrosin zuzugeben, wodurch ein temporärer Korrosionsschutz für Transport und Lagerung der Heizkörper erreicht wird. Plattenheizkörper sind auch gegen äußere Korrosion zu schützen. Dazu wird auf die nach der Fertigung aufgebrachte Grundierung Heizkörperfarbe auf Alkydharzbasis eingesetzt. Wird dies vernachlässigt, so können insbesondere bei undichten Verschraubungen oder Armaturen Korrosionsschäden auftreten. Bei **Flachheizkörpern** nach TGL 26750/01 und **Konvektortruhen** nach TGL 26755/01 durchströmt das Heizwasser relativ dickwandige Rohre. Korrosionsschäden sind an derartigen Heizkörpern seltener als an Plattenheizkörpern. Dennoch besteht auch hier zu Recht die Forderung nach sauerstofffreiem Heizwasser. Die zur Erzielung der Wärmeleistung angebrachten dünnwandigen Stahlbauteile kommen mit dem Heizwasser nicht in Berührung.

Generell ist der Wahl von geeignetem **Dichtungsmaterial für Verschraubungen und Armaturen** Aufmerksamkeit zu schenken, da bei Verwendung ungeeigneter Dichtungen Heizwasser verdunstet und Sauerstoff „geschnüffelt" werden kann. Geeignet sind It-H-Dichtungen für den Anschluß von Armaturen am Heizkörper und PTFE-Band. Hanf zeigt bei Temperaturen >80 °C nach längerer Zeit Zersetzungserscheinungen.

Wie notwendig eine geeignete Abdichtung des Ventiloberteiles bei Heizkörperarmaturen ist, zeigt Foto 8/4, wobei auch hier die Wartung der Anlage Schäden vermeiden kann.

8.1.3.3. Ausdehnungsgefäße

Offene Ausdehnungsgefäße stehen über die Entlüftungsleitung ständig mit der Atmosphäre in Verbindung. Eine Reduzierung der Vorlauftemperatur wie z. B. bei intermittierendem Heizbetrieb bewirkt ein Absinken des Wasserspiegels im Ausdehnungsgefäß und damit ein Nachsaugen von Luft. Aus funktionellen Gründen läßt sich das Prinzip nicht verändern, daher muß die Sauerstoffaufnahme an der ständigen Kontaktstelle Heizungswasser–Atmosphäre so gering wie möglich gehalten werden. Wie aus Bild 8/8 er-

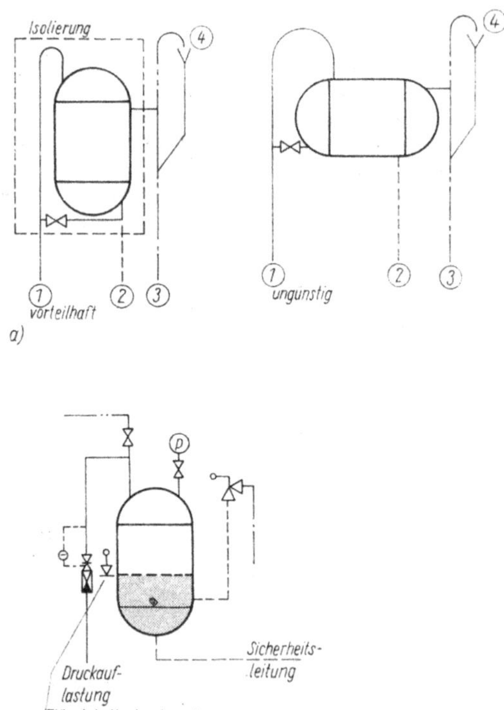

Bild 8/8
Anordnung von Ausdehnungsgefäßen

a) offenes Ausdehnungsgefäß;
b) geschlossenes Ausdehnungsgefäß
1 Sicherheitsvorlauf; *2* Sicherheitsrücklauf; *3* Überlauf;
4 Be- und Entlüftung

sichtlich ist, kann durch stehende Anordnung des Ausdehnungsgefäßes die Kontaktfläche klein gehalten werden. Die Anschlußstutzen der Ausdehnungsgefäße gestatten bei ausreichender Raumhöhe auch die stehende Anordnung des Gefäßes. Um das Einfrieren des Wasserinhalts im Winter zu vermeiden, ist eine geringe Zirkulationsmenge notwendig. Korrosionsschutztechnisch günstig erfolgt die Verbindung von Sicherheitsvorlauf und -rücklauf dicht unter dem Gefäß. Dadurch wird die Rückführung von sauerstoffhaltigem Wasser in die Anlage vermieden.

Die Wärmeleitung in den Rohrleitungen verhindert bei ordnungsgemäßer Isolierung das Einfrieren.

Die bisher übliche Verbindung von Sicherheitsvorlauf und Ausdehnungsgefäß ist aus den genannten Gründen abzulehnen.

Eine weitere Möglichkeit, den Zutritt von Sauerstoff zu reduzieren, ist die Ausbildung der **Entlüftungsleitung** in Form eines langen Rohrs mit geringem Durchmesser.

Bei der Dimensionierung von Heizungsanlagen mit **Umwälzpumpe** ist zu beachten, daß das Ausdehnungsgefäß nicht an der Zirkulation beteiligt sein darf. Die erforderliche Höhe über dem höchsten Heizkörper ist bei der Projektierung zu ermitteln und darf nicht unterschritten werden (vgl. Abschnitt 8.1.3.4.).

Geschlossene Ausdehnungsgefäße arbeiten mit einer Druckauflastung. Auflastmedien sind

- Dampf
- Stickstoff
- Druckluft (Sonderfall).

Die **Verwendung von Druckluft** ist nur als Havarieschutz vertretbar, da bei Dauerbetrieb die im Abschnitt 8.1.1. beschriebenen Korrosionsschäden eintreten. Oft werden allerdings Anlagen generell mit Druckluft beaufschlagt, wodurch alle anderen Korrosionsschutzmaßnahmen an der Heizungsanlage in ihrer Wirkung eingeschränkt bzw. zunichte gemacht werden.

Bei Auflastung von **Stickstoff** diffundiert ein Teil des Gases in das Heizwasser und wird an hochliegenden Stellen der Heizungsanlage wieder ausgeschieden. Dadurch besteht ein ständiger Verbrauch des Auflastmediums.

Bei Einsatz von **Dampf** erfolgt eine zusätzliche Aufheizung des Ausdehnungswassers und die Dampfbereitstellung muß ständig gesichert sein.

Die Nachteile der Beaufschlagung der Heizungsanlage mit einem zusätzlichen Druckmedium bei statischer Druckhaltung (vgl Bild 8/9) können durch Anwendung der **dynamischen Druckhaltung** (Bild 8/10) vermieden werden. Der erforderliche Anlagen-

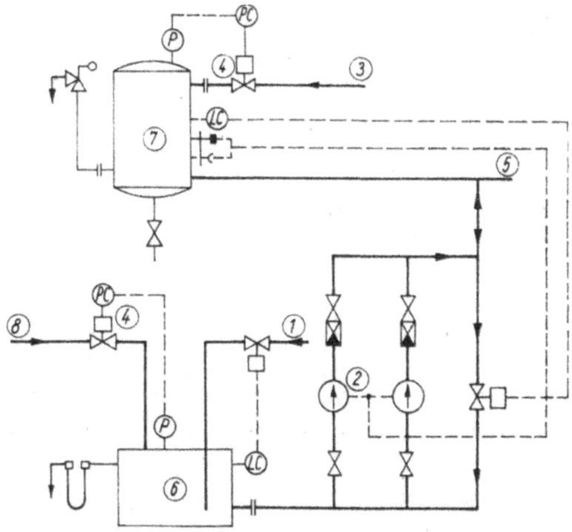

Bild 8/9

Statische Druckhaltung, Schema in korrosionsschutzgerechter Gestaltung nach [8/4]

1 Nachspeiseleitung, 2 Füllpumpen; 3 Stickstoffauflastung; 4 Auflast-Druckregelung; 5 Ausgleichleitung; 6 Füllgefäß; 7 Ausdehnungsgefäß; 8 Dampfauflastung

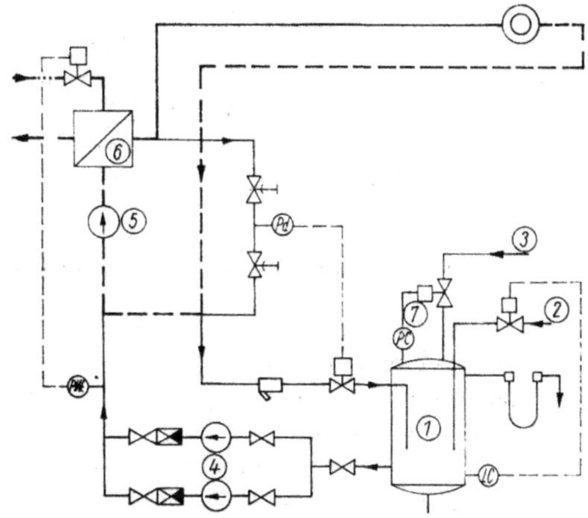

Bild 8/10

Dynamische Druckhaltung, Schema in korrosionsschutzgerechter Gestaltung nach [8/4]

1 Füllgefäß; 2 Fülleitung; 3 Stickstoff der Dampfauflastleitung; 4 Druckhaltepumpen; 5 Umwälzpumpe; 6 Wärmeübertrager; 7 Auflast Druckregelung

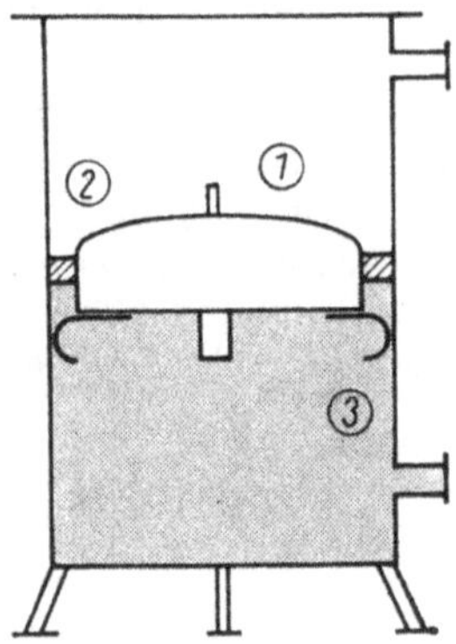

Bild 8/11
Gasdichtes Abdecken der Wasseroberfläche in Behältern nach [8/8], Patentschrift Nr. 132029
1 Schwimmkörper; 2 Silikonöl; 3 Führungselemente

druck wird dabei durch Druckhaltepumpen in Verbindung mit Überstromreglern erzeugt. Hierfür sind Füllbehälter angeordnet, die ebenfalls gegen Sauerstoffzutritt zu schützen sind.

Die **Abdeckung** der Berührungsfläche Wasser – Auflastmedium ist in jedem Falle anzustreben. Eine Möglichkeit ist in [8/11] dargestellt (Bild 8/11). Die Abdeckung des verbleibenden Spalts erfolgt mit einer Sperrflüssigkeit. Empfohlen wird Silikonöl NM 1-1000, das physiologisch unbedenklich ist. Diese Art der Abdeckung von Wasseroberflächen eignet sich auch für offene Behälter sowie Druckgefäße. Der tiefste Wasserstand im Behälter darf dabei jedoch nur oberhalb des unteren Stutzens liegen. Reine Silikonölabdeckungen sind auch möglich, bringen jedoch bei bewegten Wasseroberflächen Probleme.

8.1.3.4. Rohrleitungen, Umwälzpumpen

Beim Verlegen der **Rohrleitungen** ist in vorgesehener Entlüftungsrichtung eine Steigung von ungefähr 0,5 % vorzusehen, um sowohl beim Füllen der Anlage als auch beim Anheizen ausgeschiedene Gase (Sauerstoff, Kohlendioxid) aus der Anlage zu entfernen. Zentrale Entlüftungsleitungen, z. B. bei Anlagen mit unterer Verteilung, sollten absperrbar sein, um eine unbeabsichtigte Zirkulation über diese Leitungen zu vermeiden, wenn der Umtriebsdruck an dieser Stelle zu hoch ist. Die Rohrführung entscheidet auch über die unbeabsichtigte Einbeziehung des Ausdehnungsgefäßes in die Zirkulation der Anlage.

Die hauptsächliche Verbindungstechnik ist Schweißen. Da Gewindeverbindungen die Gefahr der Undichtigkeit mit sich bringen, sollte die Anwendung auf notwendige Fälle beschränkt bleiben. Bei Wand- und Deckendurchführungen sind Schutzrohre zu verwenden. Durch Erhöhung des Vorfertigungsgrades von Heizungsanlagen ergeben sich Probleme des temporären Korrosionsschutzes von Anlagenteilen, die nach der Vorfertigung einer Funktions- bzw. Dichtheitsprobe unterzogen werden müssen und bis zum Einbau unter atmosphärischen Bedingungen gelagert werden. Nach [8/10] verringern sich korrosive Erscheinungen in diesen Fällen stark, wenn dem zur Probe zu verwendenden Wasser als Inhibitor Natriumnitrit ($NaNO_2$) zugegeben wird. Eine zweiprozentige Lösung bringt optimale Ergebnisse. Bedingung ist, daß nachfolgend eine bodenfreie Lagerung und Schutz vor Regen- und Spritzwasser erfolgt.

Heizungsumwälzpumpen werden für eine max. Temperatur des Fördermediums von 110 °C bis etwa 120 °C konzipiert. Damit bleibt der Einsatzort in der Heizungsanlage, Vorlauf- oder Rücklaufleitung, dem Projektanten überlassen. Bei Anordnung im Heizungsrücklauf wird der Saugbereich der Pumpe zu Lasten des Druckbereichs stark erhöht. Bei Außerachtlassen des Druckverlaufs in der Heizungsanlage besteht die Gefahr von Unterdruckbildung gegenüber der Atmosphäre, besonders in dem Teil der Anlage, der am weitesten von der Pumpe entfernt ist und am höchsten liegt. Sind in diesem Bereich Heizkörper angeordnet, besteht an Dichtungen, Stopfbuchsen von Heizkörperventilen sowie an automatischen Entlüftern die Möglichkeit des Nachsaugens von Luft, wenn Undichtigkeiten auftreten. Bei Anordnung der Pumpe im Rücklauf muß daher rechnerisch überprüft werden, ob Unterdruckbereiche auftreten können. Wenn diese Anordnung gewählt werden kann, darf die Pumpe nicht an der tiefsten Stelle des Systems angeordnet werden, da sich dort Korrosionsprodukte, wie z. B. Magnetit u. ä., sammeln und zur Funktiansunfähigkeit der Pumpe durch Verstopfungen führen können.

1

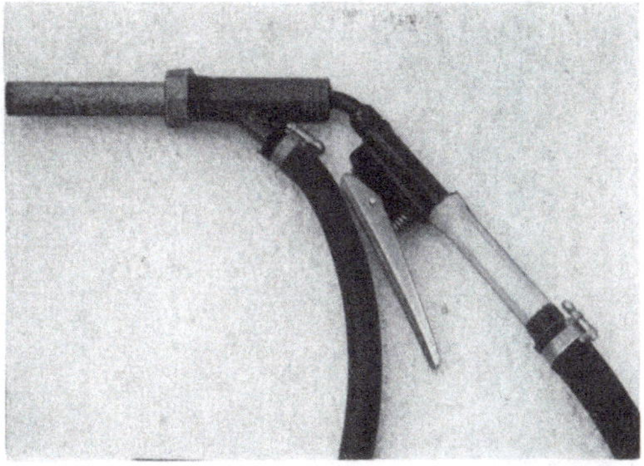

4

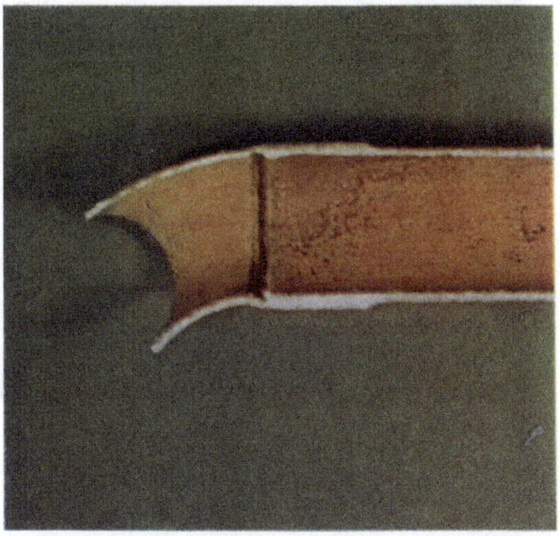

2

5

3

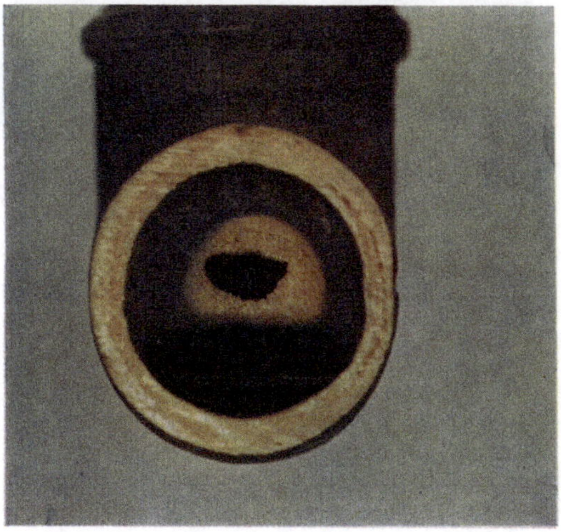

Foto 1
Durchrostung von Chlorkautschuk-Anstrichen auf Stahlfilterelementen bei der Brunnenwasserversorgung infolge Salzsäurebildung durch γ-Strahlung

Foto 2
Erosionskorrosion an warmwasserführenden Kupferrohren bei Strömungsgeschwindigkeiten von $v_w = 2$ m/s

Foto 3
Kavitationskorrosion an Rotgußarmaturen, die mit Dampf beaufschlagt wurden

Foto 4
Injektorstrahlpistole

Foto 5
Feuerverzinkte Rohrgitterkaskade

6

8

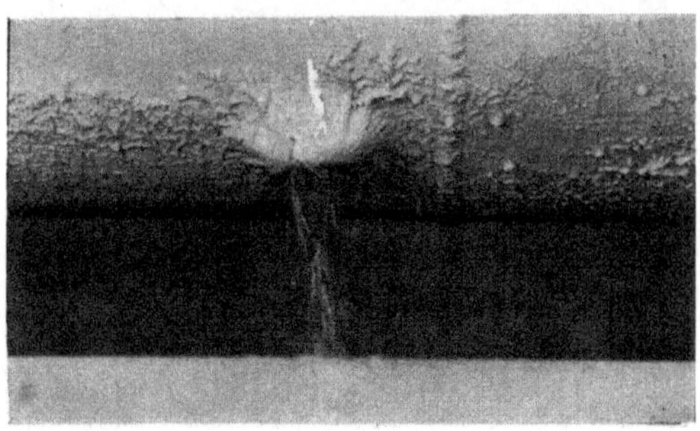

9

7

Foto 6
Korrosionsbeständige Rohrgitterkaskade aus GUP

Foto 7
Lagerbehälter für hochaggressive $FeCl_3$-Lösung aus GUP

Foto 8
Luftentfeuchtungsgerät im Einsatz in einer Trinkwasseraufbereitungsanlage

Foto 9
Zustand eines Ölanstrichs bei ständiger Schwitzwasserbeanspruchung nach einer Standzeit von zwei Jahren. Unter dem aufgequollenen Anstrich fließt das eingedrungene Schwitzwasser auf die Rohrunterseite und bildet dort wassergefüllte Blasen.

10

12

11

13

Foto 10
Ein fünfschichtiger CPVC-Anstrich nach einer Standzeit von fünf Jahren bei starker Schwitzwasserbeanspruchung in einer Trinkwasseraufbereitungsanlage befindet sich noch in einwandfreiem Zustand.

Foto 11
Wickelbehälter mit großflächigen Abplatzungen der Betonüberdeckung und freiliegenden, stark korrodierten Spanndrähten infolge ungenügender oder ungleichmäßiger Dicke der Spritzbetonschicht

Foto 12
Rekonstruktionsarbeiten an einem Hydroglobus

Foto 13
Trinkwasserbehälter aus GUP nach dem Schlauchbandwickelverfahren während der Erdverlegung

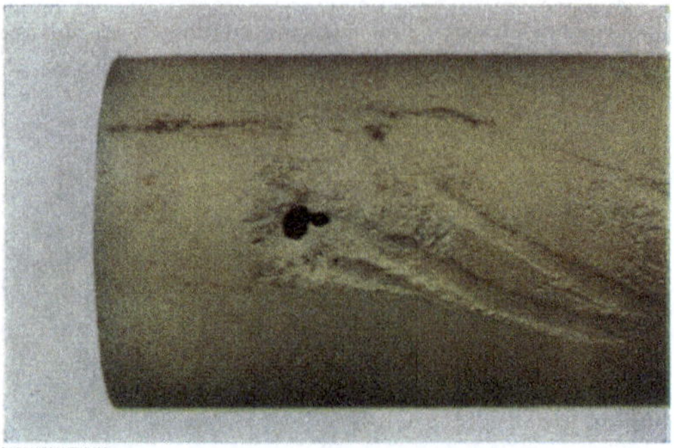

14

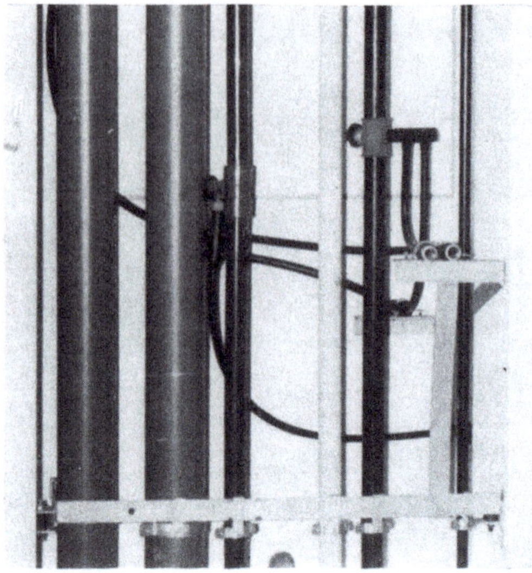

17

15

16

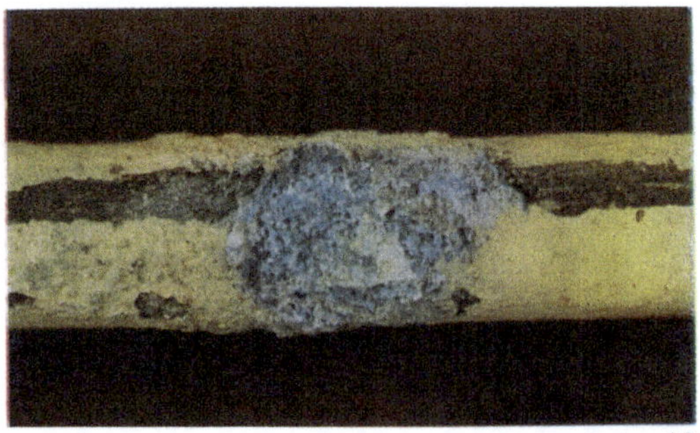

18

Foto 14
Unlegiertes Stahlrohr durch Streuströme von außen korrodiert

Foto 15
Abfließen der Innenbituminierung infolge unzulässig hoher Erwärmung der Rohre während der Lagerung

Foto 16
Mit Ringaktivanoden geschützte Stumpfschweißverbindung einer bituminierten Stahlrohrleitung (Demonstrationsmodell)

Foto 17
Verteilungselemente für Kaltwasser (PE-HD) und Warmwasser (VPE) im Typenwohnungsbau

Foto 18
Durch Lochfraß zerstörtes Kupferrohr nach 40jährigem Einsatz zur Trinkwasserversorgung in Gebäuden

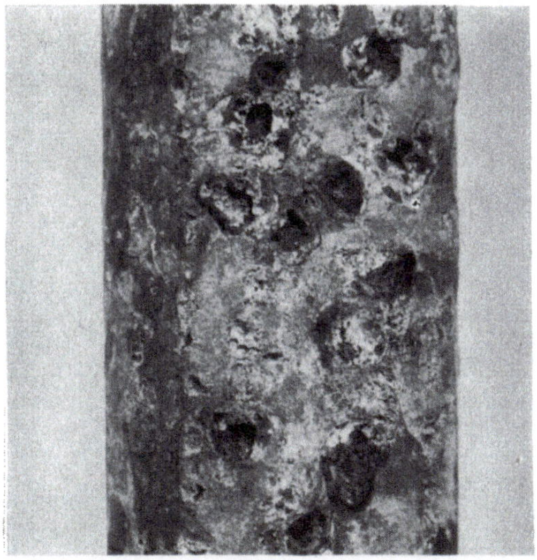

19

20

21

22

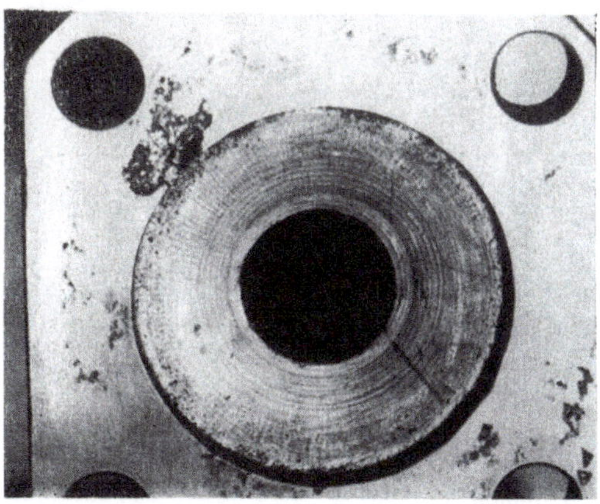

Foto 19
Korrosionsschäden an einem verzinkten Heizregister

Foto 20
Kalziumkarbonatkrusten

Foto 21
Korrodiertes Leitgestell in einem Rohrbündelwärmeübertrager nach 2jähriger Betriebsdauer

Foto 22
Lochfraßkorrosion durch Verwendung chloridhaltiger Dichtungen an Flanschverbindungen aus hochlegiertem Stahl nach 3jähriger Betriebsdauer

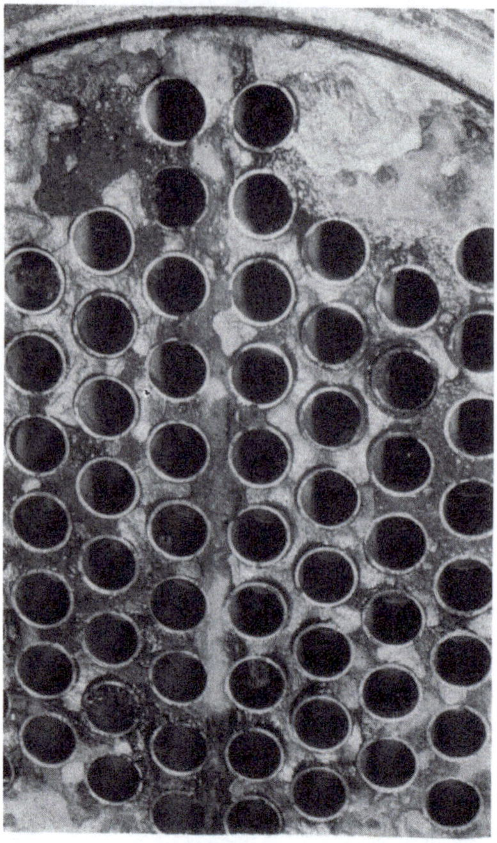

23

25

24

26

Foto 23
Kontaktkorrosionsschäden durch eingewalzte Rohre aus hochlegiertem Stahl an einem Rohrboden aus unlegiertem Stahl (Ausschnitt)

Foto 24
Rohrhalbschale aus verzinktem Stahl nach 9monatiger Betriebsdauer unter Warmwasserbedingungen

Foto 25
Rohrhalbschale aus verzinktem Stahl nach 2,5jähriger Betriebsdauer; Zinkkorrosionsprodukte sind mit Rostpusteln durchsetzt.

Foto 26
Warmwasserführende verzinkte Rohrleitung nach 5jähriger Betriebsdauer

27

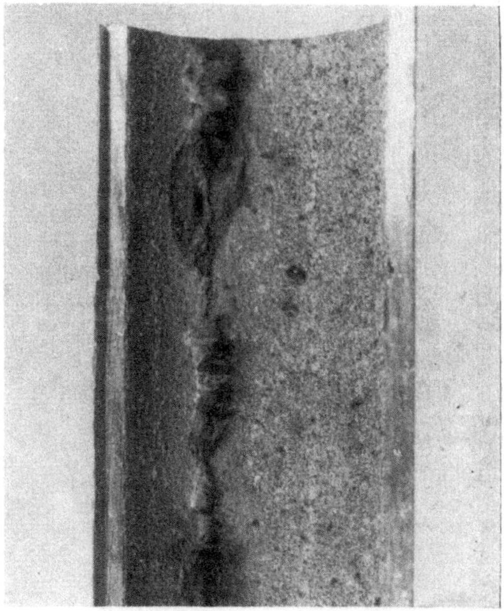

29

28

30

Foto 27
Rohrhalbschale eines verzinkten Rohrs ohne Schweißraupe (geschabt) vor Beaufschlagung mit Warmwasser

Foto 28
Rohrhalbschale eines verzinkten längsnahtgeschweißten Rohrs vor Beaufschlagung mit Warmwasser

Foto 29
Rohrhalbschale eines längsnahtgeschweißten verzinkten Rohrs nach 2jähriger Betriebsdauer

Foto 30
Korrodierter Schweißnahtbereich eines längsnahtgeschweißten Rohrs nach Entfernung der Korrosionsprodukte

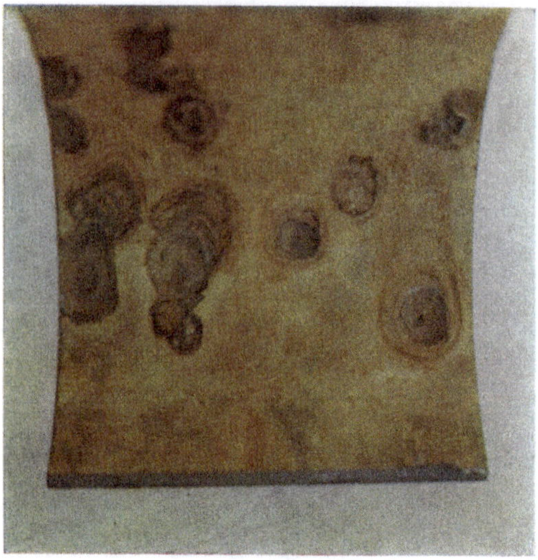

31

33

32

34

Foto 31
Gebeizte Rohrhalbschale, durch Kupferionen korrodiert

Foto 32
Korrodierte Rohrverschraubung

Foto 33
Von außen korrodiertes feuerverzinktes Rohr; Belüftungselemente durch entweichendes Wasser aus dem System in Verbindung mit Isolierbinden.

Foto 34
Korrodiertes Langgewinde

35

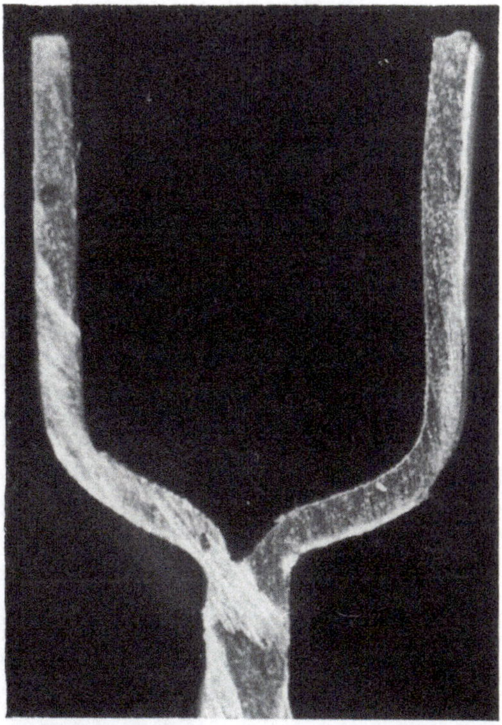

37

36

38

Foto 35
Phosphatschutzschicht in einem warmwasserführenden verzinkten Rohr (Halbschale)

Foto 36
Plattenheizkörper
A: mit sauerstoffhaltigem Heizwasser beaufschlagt
B: mit Hydrosin beaufschlagt

Foto 37
Spaltbildung an einem Plattenheizkörper

Foto 38
Beginnender Lochfraß im Spaltbereich des Plattenheizkörpers

39

Foto 39
Korrosion an einem Heizkörperventil durch defekte Abdichtung am Ventiloberteil

Foto 40
Kühlwasserrohr nach 1jähriger Betriebsdauer, Inhibierung mit Grahamschem Salz

Foto 41
Instandsetzung der durch Kavitationskorrosion geschädigten Abwasserpumpenlaufräder
a) korrodiertes Laufrad nach der Vorbehandlung durch Strahlen
b) durch Laminieren instand gesetztes Laufrad

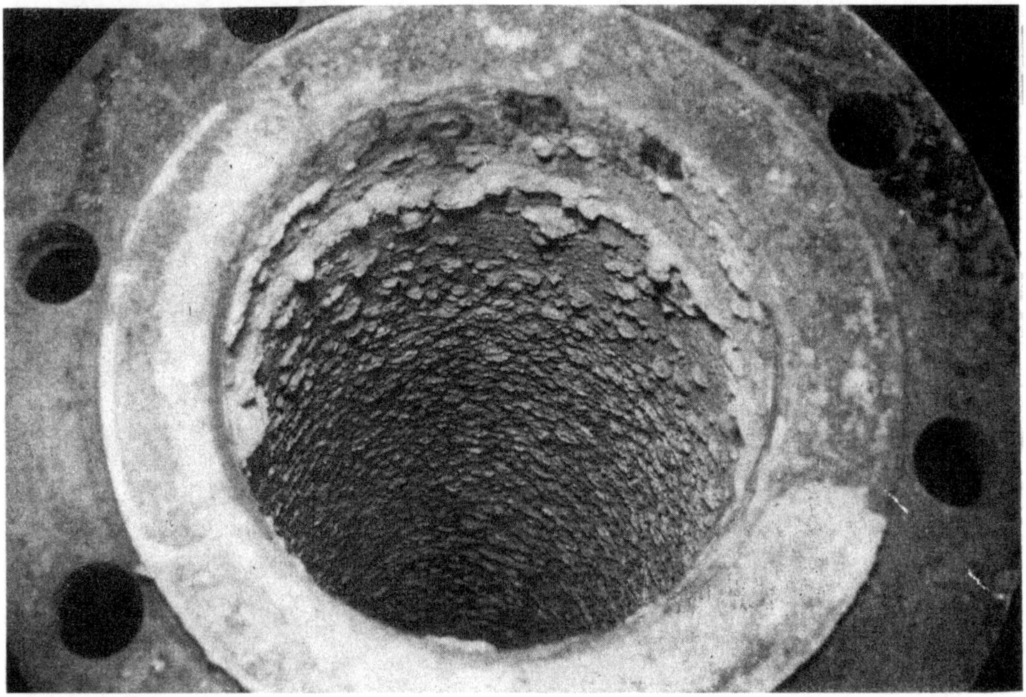

40

41

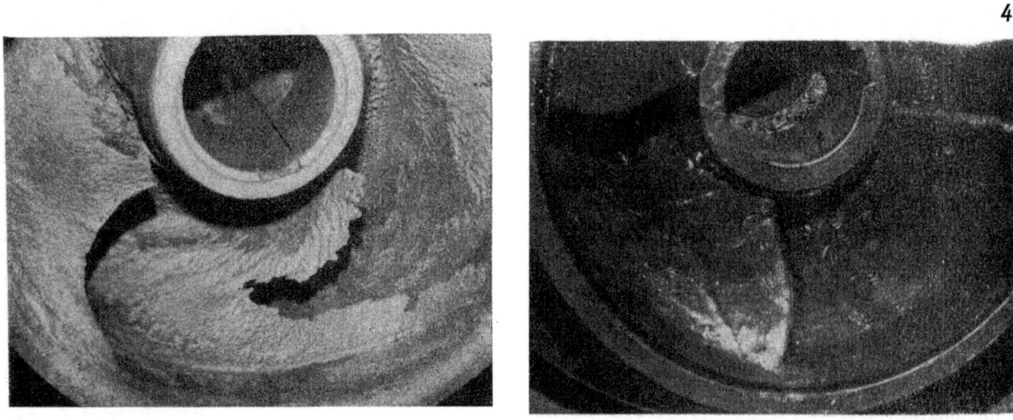

42

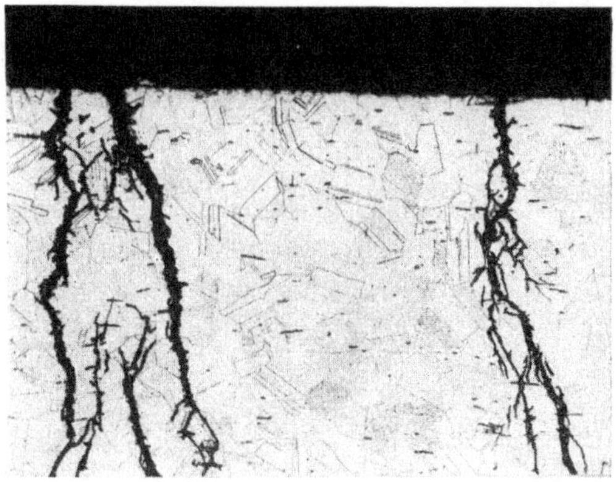

44

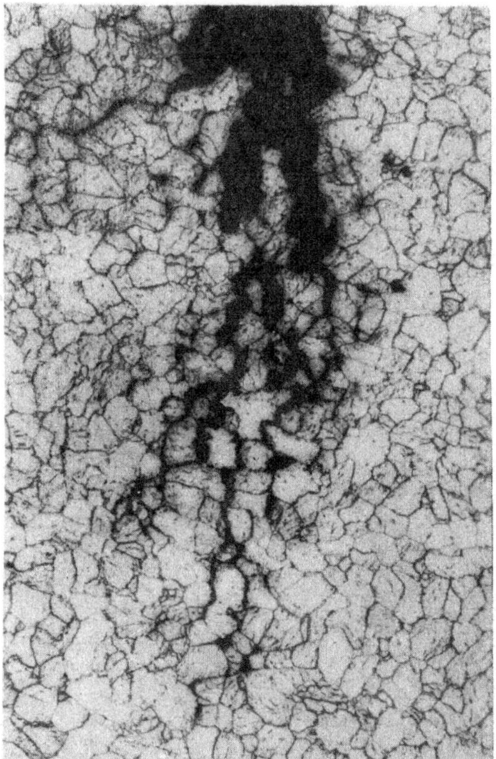

43

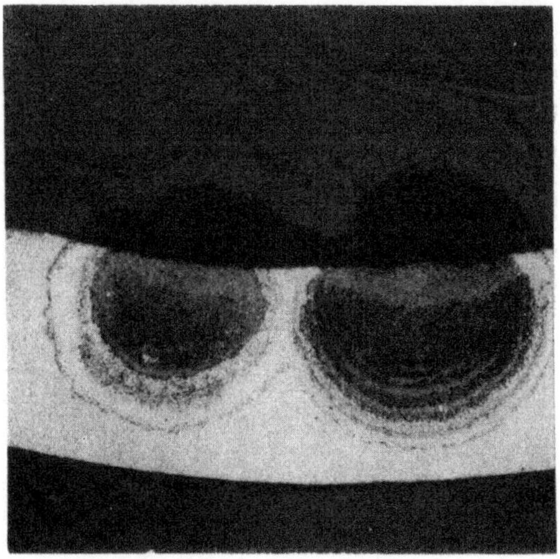

45

Foto 42
Spongiose an Grauguß GGL 20/25
200:1 ungeätzt

Foto 43
Interkristalline Spannungsrißkorrosion an einem Kesselblech aus unlegiertem Stahl
200:1 geätzt mit 30%iger alkoholischer Salpetersäure

Foto 44
Transkristalline Spannungsrißkorrosion an X5CrNi 18.10
200:1 elektrolytisch geätzt mit 10%iger Oxalsäure

Foto 45
Pfropfenentzinkung an einem Messingrohr
10:1 ungeätzt

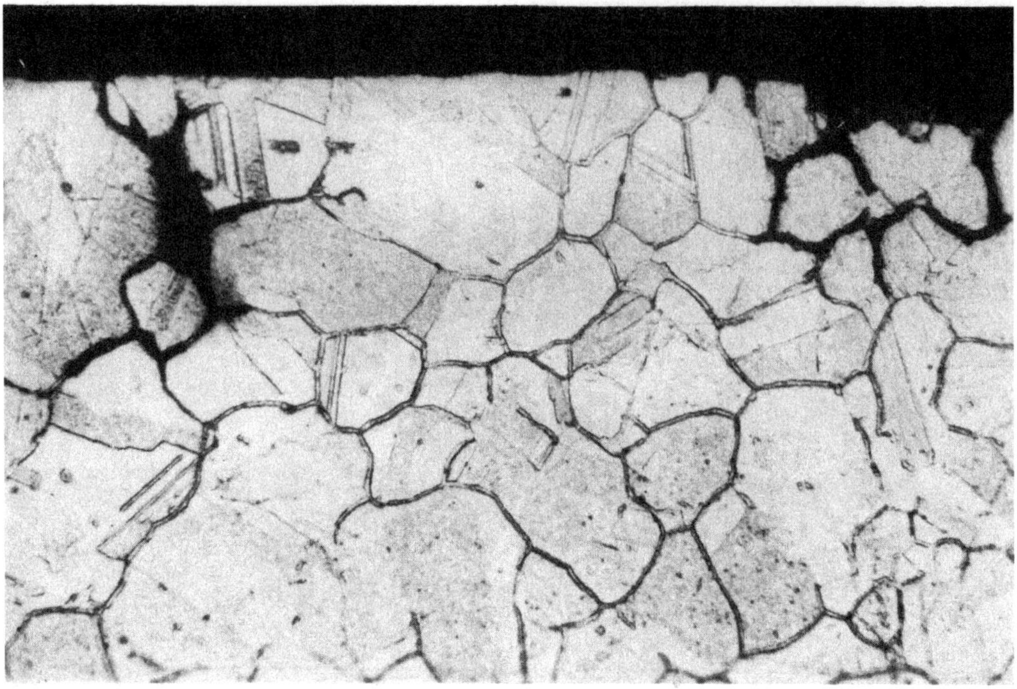

46

47

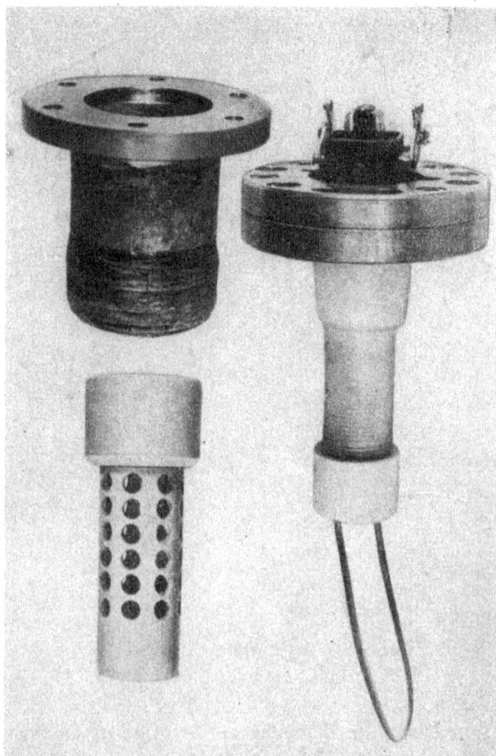

Foto 46
Interkristalline Korrosion an SoMs 76
500:1 geätzt mit NH_4OH

Foto 47
Sonde für elektrische Widerstandsmessung

8.1.3.5. Inbetriebnahme und Wartung

Für eine hohe Lebensdauer von Wasserheizungsanlagen ist auch eine sachgemäße Inbetriebnahme und Wartung von großer Bedeutung. **Vor** der ersten **Inbetriebnahme** ist die Heizungsanlage zu **spülen**. Tritt an der höchstgelegenen Entlüftungsleitung Spülwasser aus, ist die gesamte Anlage am tiefsten Punkt zu entleeren. Der Vorgang ist zu wiederholen, wenn größere Mengen Verunreinigungen herausgespült werden. Vorgefertigte Stationen dürfen erst nach Spülen des Gebäudenetzes angeschlossen werden.

Das Füllen der Anlage erfolgt an ihrem tiefsten Punkt bei gleichzeitiger Entlüftung. Die Aufheizung soll gleichmäßig mit langsamer Steigerung erfolgen, damit im Heizwasser eventuell vorhandene Härtebildner gleichmäßig auf die gesamte Anlage verteilt ausgeschieden werden. Nach 4 bis 5 Stunden Anheizzeit sind alle Verschraubungen nachzuziehen. Entlüftungsleitungen sind in größeren Abständen nochmals zu öffnen. Bei offenen Anlagen sind häufige An- und Abheizvorgänge wegen der möglichen Sauerstoffaufnahme zu vermeiden.

Zu einer sachgemäßen **Wartung** der Heizungsanlage gehören Kontrollen der Sauerstoffkonzentration im Heizwasser und *p*H-Wertuntersuchungen in Anlehnung an die TGL 190-255/02. *p*H-Wertuntersuchungen sind nach TGL 190-89/02, Sauerstoffkonzentrationsbestimmungen nach TGL 190-89/16 durchzuführen.

Der von Wassererwärmungsanlagen bekannte Einbau eines Proberohrs kann auch bei Heizungsanlagen Hinweise über eventuelle Korrosionsvorgänge geben.

Bei Wiederinbetriebnahme einer Heizungsanlage im Herbst sind alle Schraubverbindungen zu prüfen und evtl. nachzuziehen. Die Entlüftung der Anlage ist nur bis zum ersten Austreten von Wasser aus der Entlüftungsleitung durchzuführen.

Die Heizungsanlage darf nur aus zwingenden Gründen entleert werden, da Luft, die in das System nachgesaugt wird, korrosionsfördernd wirkt. Bei längeren Betriebsunterbrechungen sind Heizungsanlagen völlig mit Wasser zu füllen.

ie Kontrolle der Funktionsfähigkeit von Druckhalteanlagen dient auch dem Korrosionsschutz, wobei auf das Vorhandensein des Gaspolsters oder der Abdeckung von Behältern mit Silikonöl o. ä. geachtet werden muß.

8.2. Dampfheizungen

In der Heizungstechnik haben Dampfheizungen vor Jahrzehnten den dominierenden Rang eingenommen. Schnelle Betriebsbereitschaft, geringe Trägheit und fehlende Einfriergefahr gegenüber der Schwerkraftwasserheizung waren dafür ausschlaggebend. Die technische Entwicklung und das Komfortbedürfnis beschränken die Anwendung der Dampfheizung heute fast ausschließlich auf den Bereich des Industriebaus.

Dampfheizungen bestehen im wesentlichen aus:

- direktem oder indirektem Wärmeerzeuger
- Rohrleitungen für Dampf und Kondensat
- Heizkörper
- Kondensatgefäßen oder Kondensatrückförderanlagen in Abhängigkeit vom Anlagenaufbau.

Die vorwiegend eingesetzten Werkstoffe sind unlegierter Stahl und Grauguß. Die prinzipielle Anlagengestaltung ist im Bild 8/12 dargestellt. Das im Wärmeerzeuger befindliche Wasser wird bis zur Dampfbildung erwärmt. Der Dampf gelangt nach kurzer Zeit in die Heizflächen und gibt dort bei gleichzeitiger Kondensation seine Wärme ab. Das Kondensat fließt entweder selbständig zum Wärmeerzeuger zurück oder wird nach Sammlung in einem Behälter mit einer Kreiselpumpe zurückgefördert. Bei Beendigung des Heizprozesses, z. B. über Nacht oder an Wochenenden, gelangt über den Be- und Entlüfter bzw. das Wrasenrohr Luft in die Anlage, wobei insbesondere an den kondensatführenden Rohrleitungen starke Korrosionsschäden entstehen. Das härtefreie sauerstoffhaltige Kondensat besitzt infolge des Kohlendioxids aus der Luft einen *p*H-Wert um 4 und korrodiert unter diesen Bedingungen unlegierten Stahl gleichförmig mit hoher Geschwindigkeit (vgl. Abschnitt 2.6.1.).

Weitere Möglichkeiten der Sauerstoffaufnahme können sich durch offene Kondensat-

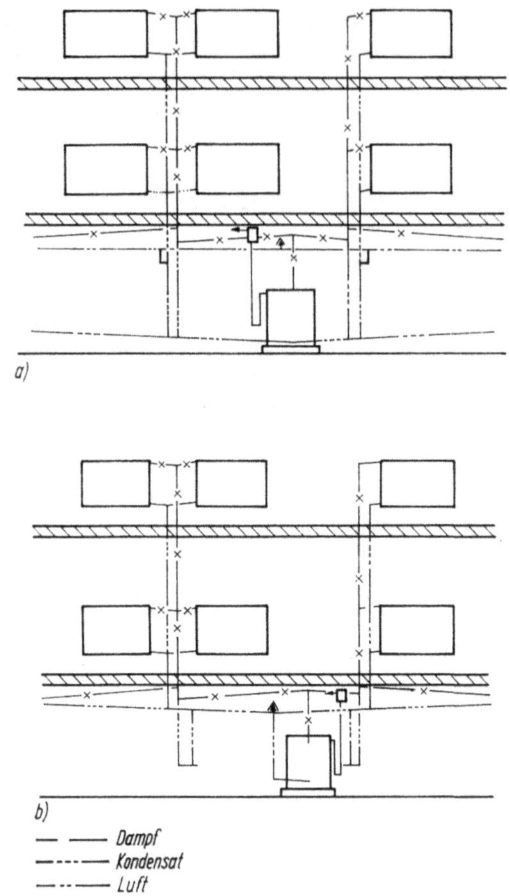

Bild 8/12
Prinzipieller Aufbau einer Gebäudeheizungsanlage, dargestellt mit direktem Wärmeerzeuger, für das Heizmedium Niederdruckdampf

a) Niederdruckdampfheizung untere Verteilung, nasse Kondensatleitung;
b) Niederdruckdampfheizung untere Verteilung, trockene Kondensatleitung

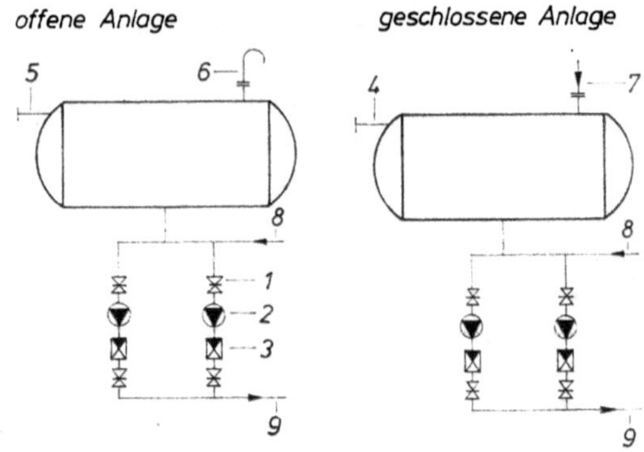

1 Muffenschieber
2 Pumpe
3 Rückschlagventil
4 Anschluß für Sicherheitseinrichtung
5 Überlauf
6 Wrasenleitung
7 Auflastmedium
8 Kondensatzufluß
9 Kondensatabfluß

Bild 8/13
Schematischer Aufbau einer Kondensatrückförderanlage

rückförderanlagen und unter den im Abschnitt „Wasserheizungen" beschriebenen Bedingungen ergeben. So ist auch in Dampfheizungsanlagen das Auftreten von Korrosionsschäden ein sicheres Zeichen für das Eindringen von Sauerstoff.

In Bild 8/13 ist das Funktionsschema einer serienmäßig hergestellten Kondensatrückförderanlage dargestellt. Diese Anlagen dienen zum Sammeln des Kondensats und der Rückförderung mittels Pumpe zum Wärmeerzeuger, wenn wegen der räumlichen Ausdehnung der Heizungsanlage das freie Gefälle dazu nicht ausreicht. Der Luftzutritt zum Kondensat wird verhindert, indem der Behälter mit Dampf beaufschlagt wird.

Durch eine korrosionsschutzgerechte Konstruktion (geschlossene Anlagen) und Betriebsweise (Dauerbetrieb) sowie die Anwendung von Korrosionsschutzmaßnahmen (Inhibitoren, Werkstoffeinsatz) kann auch in Dampfheizungsanlagen eine Sauerstoffaufnahme weitestgehend vermieden und damit ein korrosionsfreier Betrieb gewährleistet werden. Die dabei stattfindenden Reaktionen sind in Abschnitt 8.1.1. beschrieben. Die vorwiegend entstehenden Magnetitschichten verhindern eine starke Korrosion des unlegierten Stahls.

Da die in Abschnitt 8.1. getroffenen Aussagen bezüglich der Wasseraufbereitung, -nachbehandlung und konstruktiven Gestaltung generell auch für Dampfheizungsanlagen gelten, sollen im folgenden nur notwendige Ergänzungen bzw. Abweichungen zur Wasserheizung dargestellt werden.

8.2.1. Dampferzeuger

Bei Dampferzeugern ist die Belastung der Heizflächen wesentlich größer als bei Wärmeerzeugern für Wasserheizungen. Der Wasserqualität, speziell der Härte und dem Sauerstoffgehalt, ist daher besondere Aufmerksamkeit zu schenken. In Abhängigkeit vom Dampferzeugertyp sind in TGL 190-99 Qualitätsanforderungen an das Füll- und Nachspeisewasser genannt. Bei direkten Wärmeerzeugern mit einer Wärmeleistung $\leqq$500 kW werden vom Kesselhersteller spezielle Hinweise zur Wasseraufbereitung angegeben. So wird z. B. bei einer einmaligen Füllung und minimaler Nachspeisung eine Gesamthärte von 80 bis 120 mg/l CaO zugelassen [8/14]. Auftretende Kesselschäden sind dann in jedem Fall auf eine Nichtaufbereitung des Kesselspeisewassers zurückzuführen. Bei größeren Wasserverlusten bzw. häufiger Nachfüllung der Anlage ist unbedingt aufbereitetes Wasser nach TGL 190-99 zu verwenden.

Direkte Dampferzeuger werden bevorzugt aus Gußeisen gefertigt. Bei **indirekten Dampferzeugern** erfolgt die Dampfbildung im Mantelraum, der meist aus unlegiertem Stahl hergestellt wird. Das Rohrbündel besteht aus Kupfer. Wie bei Wärmeerzeugern für Wasserheizungen sind Abschlämmeinrichtungen vorzusehen.

Während der Betriebspause im Sommerhalbjahr ist der gesamte Dampfraum der Wärmeerzeuger mit Wasser zu füllen.

8.2.2. Heizkörper

Für Dampfheizungsanlagen sind als Heizflächen nur **gußeiserne Radiatoren, Flachheizkörper oder Radiatoren** aus unlegiertem Stahl geeignet. Aus Gründen der Korrosionsgefahr ist die Anwendung von Plattenheizkörpern verboten. Als Dichtungsmaterial für Flachdichtungen ist It 400 geeignet. Undichte Verbindungen begünstigen die äußere Korrosion der Heizflächen und ermöglichen beim Abfahren der Heizungsanlage das Eindringen von Sauerstoff.

8.2.3. Rohrleitungen

In Dampfheizungsanlagen unterscheidet man zwischen dampfführenden Rohrleitungen und Kondensatleitungen. Die Verbindung der Rohrleitungen erfolgt durch Schweißen.

Dampfführende Rohrleitungen werden aus unlegiertem Stahl gefertigt. Aus der Sicht des Korrosionsschutzes bestehen keine speziellen Forderungen an die Installationstechnik.

Kondensatleitungen aus unlegiertem Stahl unterliegen einer starken Korrosion, wenn das Kondensat sauerstoff- und kohlendioxidhaltig ist. Kupferionen verstärken durch indirekte Kontaktkorrosion die Werkstoffzerstörung. Für waagerecht installierte Leitungen ist der sogenannte Rinnenfraß typisch (vgl. Bild 2/9). Lebensdauer von 10 bis 30 Monaten sind keine Seltenheit.

Offene Dampfheizungsanlagen sollten deshalb nach Möglichkeit nicht ausgeführt werden. Ist Sauerstoffzutritt unvermeidbar, können für die Kondensatführung Rohre aus X8CrNiTi 18.10 eingesetzt werden. Auch die Dosierung von Oktadezylamin in einer Konzentration von etwa 0,5 mg/l hat sich bewährt. Geschlossene Kondensatrückförderanlagen erhöhen ebenfalls die Lebensdauer von Dampfheizungsanlagen. Die Abdeckung von Kondensatsammelbecken mit reinem Silikonöl kann problematisch sein, da durch Einleitung des Kondensats die Sperrschicht ständig aufgerissen wird. Die bekannten Maßnahmen (vgl. auch Abschnitt 8.2.4.) sind entsprechend den örtlichen Gegebenheiten und ökonomischen Möglichkeiten auszuwählen.

8.2.4. Inbetriebnahme und Wartung

Eine der wichtigsten Voraussetzungen für einen störungsfreien Betrieb von Dampfheizungsanlagen ist ihre sachgemäße Inbetriebnahme und Wartung.

Die **Inbetriebnahme** beginnt mit dem Spülen und kann nach [8/12] mit der Druckprüfung verbunden werden. Anschließend wird der Kessel ausgekocht. Nach [8/11] wird folgender Verfahrensweg empfohlen:

- Füllen des Heizkessels bis zur Wasserstandsmarke und langsames Anheizen bis zum Kochen.
  Nach wenigen Betriebstagen werden alle Schmutzteilchen und Ölreste in den Kessel gespült.
- Schließen der Kondensatleitungen, Dampfstutzen nach unten drehen und Abflußrinne anbringen.
- Kessel gleichmäßig hochheizen und über die Speiseleitung langsam Wasser nachfüllen.

Das ölhaltige Wasser läuft aus dem Kessel ab.

- Einstellung der Beheizung nach 2 bis 3 Stunden und Ablassen des gesamten Wassers.
- Der Kessel kann nach erneutem Füllen in Betrieb genommen werden.

Häufige Betriebsunterbrechungen sollten vermieden werden (Sauerstoffeintritt.) Koksfeuerung ermöglicht ein langsameres Abfahren der Anlage als beispielsweise Gas- oder Ölfeuerungen, so daß bei ersterer das Eindringen von Sauerstoff vermindert wird. Sind Betriebsunterbrechungen unvermeidbar, empfiehlt es sich, durch Einsatz einer thermostatischen Regelung der Temperatur des Kesselwassers auf etwa 90 bis 95°C eine ständige Wrasenbildung zu sichern und damit Lufteinfall auszuschließen. Wird die Anlage mehrere Tage nicht betrieben, ist es aus Gründen der Energiekosten günstiger, die Anlage durch **Überfluten** zu schützen. Dabei wird der Dampfraum der Anlage bis in Höhe der Be- und Entlüftung mit aufbereitetem Wasser gefüllt. Über eine Füllpumpe ist aufbereitetes Nachspeisewasser aus einem in Kesselhöhe befindlichen Behälter in die Anlage zu pumpen. Die Absenkung des Wasserstandes auf Betriebshöhe kann dann im freien Auslauf in den Behälter erfolgen. Die Zusammensetzung des Wassers im Behälter ist regelmäßig zu prüfen und durch Aufbereitung den Erfordernissen anzupassen. Die Abdeckung des Flüssigkeitsspiegels im Behälter kann nach Abschnitt 8.1.3.3. erfolgen, um Sauerstoffeintritt zu vermeiden.
Wichtigstes Anliegen der **Wartung** ist es, Dampf- und Kondensatverluste zu vermeiden. Dazu ist es z. B. notwendig, auch schwer zugängliche Stellen der Anlage auf Dichtheit zu prüfen. Ebenfalls sind in regelmäßigen Abständen Dampf- bzw. Stickstoffpolster auf Speisewasserbehältern und Kondensatsammelgefäßen, die Beweglichkeit der Schwimmdeckel sowie deren Abdichtung mit Silikonöl und die thermostatische Regelung zur Sicherung einer ständigen Wrasenbildung in die Wartung einzubeziehen.
Werden auf der wasserseitigen Heizfläche des Kessels Ablagerungen aus Kalziumkarbonat bzw. -sulfat festgestellt, so sind diese von Spezialbetrieben für Kesselreinigung zu entfernen.

8.3. Kühlwasseranlagen

Kühlwasseranlagen dienen zur Abführung der bei technologischen Verfahren entstehenden Wärme. Je nach Art der Wasserführung und Anlagengestaltung werden folgende Kühlsysteme unterschieden:

- Durchflußkühlung
- Geschlossene Kreislaufkühlung
- Offene Kreislaufkühlung (Rückkühlanlagen)

Während für die Durchflußkühlung ein einmaliger Durchfluß des Wassers charakteristisch ist, erfolgt bei der Kreislaufkühlung eine mehrfache Nutzung des Wassers.
Die im letzteren Fall erforderliche Rückkühlung des erwärmten Wassers wird bei den geschlossenen Anlagen indirekt, z. B. über den Wärmeübertrager, bei den offenen Anlagen dagegen direkt durch Verdunstungskühlung in Kühltürmen oder -teichen vorgenommen.
Der in den Kühlwassersystemen am häufigsten verwendete Werkstoff ist **unlegierter Stahl**. Daneben werden insbesondere in geschlossenen Kühlsystemen noch Grauguß, verzinkter Stahl, Aluminium, Blei, Kupferwerkstoffe und PVC eingesetzt. Die Rohrbündel von Wärmeübertragern werden aus unlegiertem Stahl, Kupferwerkstoffen oder hochlegierten Stählen gefertigt. Die Einsatzgrenzen dieser Materialien sind bereits in vorangegangenen Abschnitten dargelegt worden (vgl. Tabelle 8/2). Je nach der Konzentration der Härtebildner und dem Verschmutzungsgrad der Kühlwässer empfiehlt es sich, insbesondere bei Rohrbündeln aus Chrom-Nickel-Stählen, eine kontinuierliche Rohrreinigungsanlage [8/13] oder Härtestabilisatoren und Dispergiermittel anzuwenden.
Generelle Hinweise zur Konstruktion und zum Betrieb von Rohrbündelwärmeübertragern sind in [8/16] gegeben.
Die Durchflußkühlung verliert immer mehr an Bedeutung, da aus wasserwirtschaftlichen Gesichtspunkten eine mehrfache Nutzung des Wassers angestrebt werden muß. Geschlossene Kreislaufsysteme sind vor allem bei der Wasserkühlung von Wärmekraftmaschinen wichtig. Eine herausragende Stellung nehmen die offenen Kühlwassersysteme ein. Deshalb sollen Fragen des Korrosionsschutzes und In-

Tabelle 8/3
Grenzwerte für Kühlwässer
(Auszug aus der TGL 190-74)

Wasserinhaltsstoffe	Grenzwert
Abfiltrierbare Stoffe >2 mm	nicht vorhanden
Abfiltrierbare Stoffe ≦2 mm bei Flußgeschwindigkeit des Kühlwassers an der Kühlfläche · 0,5...1,0 m/s · >1 m/s	 ≦5 mg/l ≦30 mg/l
Eisen, gelöst	≦0,3 mg/l
CaH	≦700 mg/l CaO
KH · Mindestwert für Kühlwasserleitungen aus unlegiertem Stahl	≧20 mg/l CaO
· Höchstwert bei Abwesenheit von Härtestabilisatoren	≦60 mg/l CaO
· Höchstwert bei Anwesenheit von Härtestabilisatoren auf der Basis anorganischer Phosphate	≦80 mg/l CaO
· Höchstwert bei Anwesenheit organischer Härtestabilisatoren	Festlegung durch Untersuchungen
*p*H-Wert	6,5...8,5

krustationsschutzes sowie des Schutzes vor biologischem Bewuchs in diesen offenen Kreisläufen im Mittelpunkt der Betrachtungen stehen.

8.3.1. Durchflußkühlung

Für die Durchflußkühlung gelten die gleichen Qualitätsanforderungen wie für die offene Kreislaufkühlung (vgl. Tabelle 8/3). Durchlaufkühlsysteme benötigen große Mengen Wasser. In diesen Systemen ist ein Kühlwasserbehandlungsprogramm, das die Anwendung von Inhibitoren, Härtestabilisatoren u. ä. vorsieht, infolge der erforderlichen Mengen aus ökonomischen Gründen sowie wegen der Belastung der Gewässer (Umweltschutz) nicht zu empfehlen.
In der Regel wird das Rohwasser nur filtriert. In Ausnahmefällen können bei kleineren Systemen zur Vermeidung von Ablagerungen Härtestabilisatoren (Polyphosphate oder Organophosphate in einer Konzentration bis 2,0 mg/l [8/14] oder organische Dispergiermittel [8/15] zugesetzt werden.

8.3.2. Geschlossene Kreislaufkühlung

In den geschlossenen Anlagen kommt das Kühlwasser kaum mit der Atmosphäre in Berührung. Es erfolgt keine Verdunstung oder Verunreinigung des Wassers. Auf Grund der daraus resultierenden geringen Wasserverluste können diese Systeme mit weitgehend härte- und salzfreiem Wasser auf- bzw. nachgefüllt werden. Dadurch spielen Inkrustationen und Probleme infolge biologischen Bewuchses keine Rolle.
Beträgt die Sauerstoffkonzentration des Kreislaufwassers ≦0,05 mg/l sind alle üblichen metallischen Werkstoffe beständig, wenn:

- die tägliche Nachspeisemenge ≦0,5 % des Füllvolumens beträgt
- der Kreislauf mit Stickstoff aufgelastet wird.

Eine Dosierung von Inhibitoren ist nicht erforderlich [8/16]. Ist die Sauerstoffkonzentration im Kreislaufwasser ≧0,05 mg/l, sind bei Korrosionsgeschwindigkeiten am unlegierten Stahl von $V_K > 0{,}1$ g $m^{-2}h^{-1}$ zusätzliche passive Korrosionsschutzmaßnahmen, z. B. Y60YE, (bei $T > 50$°C) PVC, PE bzw. die Zugabe von Inhibitoren vorzusehen [8/16].

Bei der Anwendung von Inhibitoren sind technische, ökonomische und ökologische Gesichtspunkte zu beachten.
Hierfür stehen eine Vielzahl von Stoffen zur Verfügung, deren Auswahl aber infolge des insbesondere in Kühlanlagen von Verbrennungskraftmaschinen notwendigen Zusammenbaus unterschiedlicher metallischer Werkstoffe erschwert ist.
Chromate kommen in Form von Natriumchromat oder -dichromat zum Einsatz. Außer Blei werden alle übrigen Metalle ausreichend geschützt. Die erforderliche Konzentration beträgt in der Regel über 500 mg/l und muß mit zunehmender Chloridkonzentration erhöht werden. So ist bei ca. 300 mg/l Chlorid mindestens 1 g/l Natriumchromat einzusetzen [8/17]. Nach neueren Angaben genügen bereits 200 bis 250 mg/l Natriumchromat [8/18]. In Kombination mit Polyphosphat, Orthophosphat und/oder Zinksalzen kann der Chromatgehalt bis unter 100 mg/l vermindert werden. Nachteile des Einsatzes von Chromat sind

- Gefahr des Lochfraßes bei ungenügender Konzentration
- Reduktion des Chromats durch organische Stoffe, Schwefeldioxid, Öle u. ä.
- physiologische Bedenklichkeit.

Natriumnitrit schützt Stahl, Gußeisen und Aluminium gut, während bei Messing, Blei, Lotwerkstoffen und bei höheren Temperaturen auch bei Zink eine Korrosionsverstärkung erfolgt [8/15].
Die erforderliche Natriumnitritkonzentration liegt in der Regel bei 300 bis 500 mg/l. Sie soll der Chloridkonzentration entsprechen und 250 bis 500 mg/l größer als die Sulfatkonzentration sein [8/18]. Zwischen diesen Konzentrationen gilt folgender Zusammenhang [8/19]

$$c_{NaNO_2} = [1,32 + 0,00014\, c_{SO_4^{2-}}]\, c_{Cl^-} + 1,63\, c_{SO_4^{2-}} \qquad (8/6)$$

Bei der Verwendung von Nitrit ist der *p*H-Wert immer über 6,5 zu halten. Ansonsten erfolgt eine Zersetzung des Nitrits, wodurch die inhibierende Wirkung verloren geht und sich Stickoxid bilden kann. Nitrit ist auch für die Inhibierung der Metallkorrosion in Kühlflüssigkeiten mit Gefrierschutzmitteln geeignet, da es im Gegensatz zum Chromat nur eine geringe Neigung besitzt, mit diesen Mitteln zu reagieren. Zur Erhöhung der Wirksamkeit wird auch dieser Inhibitor häufig in Kombination mit anderen Stoffen eingesetzt. Die wichtigsten Kombinationen sind:

- 3 × K-0 (enthält Natriumnitrit und -silikat). Die Konzentration dieses flüssigen Inhibitors soll im Wasser 5 Vol.-% betragen
- Natriumnitrit (10 g/l) und Natriumbenzoat (15 g/l)
- Natriumnitrit (50 Masse-%) und Borax (50 Masse-%)
  in Wässern, die über 150 mg/l Chlorid enthalten, sind 10 g/l dieses Inhibitors einzusetzen; bei geringeren Chloridgehalten genügen 5 g/l [8/17]
- Natriumnitrit (30 Masse-%), Natriumbenzoat (30 Masse-%) und Borax (40 Masse-%)
  die Anwendung erfolgt mit einer Konzentration von 7 bis 10 g/l [8/17]
- Natriumnitrit (2 g/l) und Natriumborat (2 g/l)
  mit dieser Mischung werden beispielsweise 80 bis 85 % aller Großdieselmotoren inhibiert [8/15].

Nachteile des Einsatzes nitrithaltiger Inhibitoren sind

- Gefahr des örtlichen Angriffs bei ungenügender Konzentration
- unbedingte Einhaltung eines *p*H-Wertes über 6,5
- physiologische Bedenklichkeit.

Natriumbenzoat ist ein guter Inhibitor für unlegierten Stahl. Dagegen werden Aluminium, Lotwerkstoffe und Gußeisen nicht geschützt [8/15]. In entlüfteten Medien ist Benzoat unwirksam. In sauerstoffhaltigen Medien wird für eine erfolgreiche Inhibierung ein bestimmter Mindest-*p*H-Wert verlangt. Dieser erhöht sich mit steigender Benzoatkonzentration und sinkendem Sauerstoffgehalt [8/20]. In luftgesättigter Lösung errechnet er sich nach [8/21]:

$$pH = 1,70 + 1,07 \lg c_{Natriumbenzoat} \qquad (8/7)$$

c in mg/l

Die erforderliche Konzentration beträgt etwa 10 bis 15 g/l. Benzoat wird hauptsächlich in Mischungen mit Nitrit eingesetzt.

Molybdate sind in lufthaltigen Wässern ebenfalls gute Inhibitoren. Die erforderliche Konzentration von Natriummolybdat ($Na_2MoO_4 \times 2H_2O$) beträgt über 500 mg/l [8/22]. Neben Natriummolybdat werden auch Heteropolymolybdate mit Phosphor oder Silizium verwendet, z. B. $Na_3PMo_{12}O_{40} \cdot xH_2O$ oder $Na_4SiMo_{12}O_{40} \cdot xH_2O$ [8/23]. Soll mit geringeren Konzentrationen gearbeitet werden, ist eine Vorbehandlung mit Molybdatkonzentrationen bis 1000 mg/l durchzuführen oder eine Mischung von Molybdat, Polyphosphat und Zinksalz zu verwenden [8/23]. Natriummercaptobenzthiazol, Benzotriazol und Tolyltriazol sind ausgezeichnete Inhibitoren für Kupfer und Kupferlegierungen. Bei Natriummercaptobenzthiazol beträgt die erforderliche Konzentration etwa 2 g/l [8/16].

Phosphate und Silikate werden in geschlossenen Kreisläufen hauptsächlich als Mischungen mit Chromat eingesetzt. Ihre Bedeutung liegt insbesondere auf dem Gebiet der offenen Kreisläufe, weshalb sie auch dort besprochen werden sollen. **Wolframate** [8/24] und **Pertechnate** [8/25] besitzen noch keine praktische Bedeutung. Von den hier aufgeführten Inhibitoren haben vor allem die nitrithaltigen Mischungen eine große Bedeutung bei der Inhibierung geschlossener Kühlkreislaufsysteme erlangt. Mit ihnen ist es möglich, viele Korrosionsprobleme zufriedenstellend zu lösen.

8.3.3. Offene Kreislaufkühlung

In den offenen Kreisläufen treten durch die Verdunstungskühlung Verdunstungs- (0,8 bis 1 %) und Sprühverluste (bis 2,5 %) auf. Infolge dieser Wasserverluste ist ein ständiger Zusatz von Frischwasser zur Ergänzung des Kreislaufwassers erforderlich, wodurch im Gegensatz zu den geschlossenen Kreisläufen ein Betrieb mit weitgehend härte- und salzfreiem Wasser aus ökonomischen Gründen kaum realisierbar ist. Deshalb wird in der Regel unaufbereitetes Rohwasser, das über Filteranlagen und Absetzbecken gereinigt wurde, zugesetzt.

Die Kühlwasserqualität für Elektroenergie-Erzeugnisanlagen wird durch die TGL 190-74 (Tabelle 8/3) festgelegt. Die darin enthaltenen Grenzwerte können für Kühlkreisläufe in anderen Industriezweigen als Richtwerte angenommen werden, wobei stets die jeweiligen spezifischen Bedingungen der einzelnen Kühlanlagen zu berücksichtigen sind. Probleme bei der offenen Kreislaufkühlung können sich bei hohen Karbonathärten im Umlaufwasser durch Inkrustation der Wärmeübertrager ergeben; aber auch zu hohe Feststoffanteile im Wasser (Korrosionsprodukte, Schwebstoffe und dgl.) führen zu Ablagerungen und damit zu Betriebsstörungen im Wärmeübertrager bzw. in den Produktionsanlagen.

Werden die Kühlwasserrohrleitungen aus unlegiertem Stahl oder aus feuerverzinktem Stahl gefertigt, so muß zusätzlich noch mit Korrosion dieser Werkstoffe gerechnet werden, insbesondere bei $DN \leqq 150$.

Eine erhöhte Korrosionsgefahr dieser Werkstoffe kann durch kupferinduzierte Kontaktkorrosion (vgl. 7.2.2.1.) entstehen, wenn die Wärmeübertrager aus Kupfer oder CuZn30 gefertigt sind. Bei Verwendung von CuZn20 Al12 oder Cu-Ni-Legierungen ist die kupferinduzierte Kontaktkorrosion unbedeutend.

Insbesondere bei kleineren Kühlwasseranlagen sollten daher Rohrleitungen aus Plast, Glas oder plastausgekleideten Stahl verlegt werden.

In jeder offenen Rückkühlanlage sollte aus wasserwirtschaftlichen Aspekten eine dreifache **Eindickung** des Zusatzwassers angestrebt werden, sofern es die Wasserinhaltsstoffe des Zusatzwassers ermöglichen (vgl. 8.3.3.1. und 8.3.3.2.). Die Eindickungszahl EZ berechnet sich aus dem Verhältnis der maximal zulässigen Konzentration im Kreislaufwasser c_{max} zur Konzentration im Zusatzwasser c_{ZW}.

$$EZ = \frac{c_{max}}{c_{ZW}} \qquad (8/8)$$

Wichtig sind die Eindickungszahlen für

- Karbonathärte EZ_{KH}
- Gesamthärte EZ_{GH}
- Chloridgehalt $EZ_{c_{Cl^-}}$
- Sulfatgehalt $EZ_{c_{SO_4^{--}}}$

Die Berechnung erfolgt nach Gl. (8/8).

Die niedrigste dieser Eindickungszahlen ist dabei die maximal zulässige Eindickungszahl.

Unter Beachtung der maximal zulässigen Eindickungszahl ergibt sich die Absalzwassermenge ($\dot{V}_{AW}$) und die Zusatzwassermenge ($\dot{V}_{ZW}$) zu:

$$\dot{V}_{AW} = \dot{V}_{VW} \cdot \frac{1}{EZ-1} - (\dot{V}_{Sp} + \dot{V}_{LW}) \qquad (8/9)$$

$$\dot{V}_{ZW} = \dot{V}_{VW} + \dot{V}_{AW} + \dot{V}_{SpW} + \dot{V}_{LW} \qquad (8/10)$$

$\dot{V}$ mittlere Wassermenge pro Zeiteinheit
VW Verdunstungswasser
SpW Sprühwasser
LW Leckwasser

Unter den genannten Bedingungen ist für die meisten offenen Rückkühlanlagen die Durchführung eines Kühlwasserkonditionierungsprogrammes notwendig, um Betriebsstörungen zu vermeiden.
Hierbei sind wiederum technische, ökonomische und ökologische Aspekte zu berücksichtigen und die Zustimmung der zuständigen Oberflußmeisterei einzuholen. Die nachfolgenden Ausführungen geben Hinweise für die erfolgreiche Durchführung eines Kühlwasserbehandlungsprogrammes, das Korrosions- und Inkrustationsschutzmaßnahmen sowie Maßnahmen gegen biologische Verunreinigungen umfassen muß.

8.3.3.1. Korrosionsinhibitoren

Die offenen Kühlsysteme sind im allgemeinen sehr ausgedehnte Anlagen, so daß aus ökonomischen Gründen als Rohrwerkstoff hauptsächlich **unlegierter Stahl** in Betracht kommt. Auch bei der Verwendung eines Gleichgewichtswassers ist eine im gesamten System gleichmäßige Kalk-Rost-Schutzschichtbildung infolge der bestehenden Temperaturunterschiede und der sich verändernden Wasserqualität wenig wahrscheinlich. Zur Erzielung einer angemessenen Lebensdauer des Kühlsystems ist deshalb der Einsatz von Korrosionsinhibitoren erforderlich. Unter den Bedingungen des offenen Kreislaufs existiert für unlegierten Stahl noch kein idealer Inhibitor. Bei der Auswahl sind folgende Anforderungen und Faktoren zu berücksichtigen:

- hohe Schutzwirkung bei möglichst geringer Konzentration
- wirksam bis Temperaturen von etwa 60 °C
- keine Beschleunigung der Korrosion anderer Werkstoffe
- keine Krustenbildung auf den Metallflächen
- Preis und Beschaffbarkeit
- Anforderungen des Umweltschutzes
- gleichzeitige biozide und dispergierende Wirkung wäre günstig.

Dieser Zielstellung kann in der Regel nur die kombinierte Anwendung verschiedener Stoffe nahekommen.
Die **Wirksamkeit der Inhibitoren** wird beeinflußt durch

- Wasserqualität
- Strömungsgeschwindigkeit
- Temperatur
- Oberflächenzustand der Rohrleitungen.

Ablagerungen anorganischer und organischer Natur vermindern stark die Wirkung von Inhibitoren. In Kühlkreisläufen, die teilweise kathodisch geschützt werden, geht die Wirkung der Inhibitoren auf Nitritbasis, der Amine und der emulgierbaren Korrosionsschutzöle verloren [8/26]. Zu den einzelnen Inhibitorklassen läßt sich folgendes ausführen.
Chromate sind von der Wirksamkeit her am besten. Infolge ihrer Giftigkeit genügen sie nicht den Bestimmungen des Umweltschutzes und können deshalb nicht in offenen Kühlkreisläufen eingesetzt werden.
Nitrite sind ebenfalls sehr gute Inhibitoren. Nachteilig ist die neben ihrer Giftigkeit und ihrer Zerstörung bei *p*H-Werten $<6{,}5$ bestehende Möglichkeit des Abbaus durch Bakterien vom Typ Nitrobakter agilis. Diese Bakterien sind in der Lage, innerhalb weniger Tage Nitrit völlig zu Nitrat zu oxydieren. Aus diesen Gründen ist der Einsatz von Inhibitoren auf Nitritbasis in offenen Kreisläufen nicht zu empfehlen.
Orthophosphate bilden nur locker aufgebaute Schutzschichten mit mäßig inhibierender Wirkung [8/27]. Bei der alleinigen Anwendung sind in der Regel 500 bis 1 000 mg/l Orthophosphat erforderlich. Durch die gleichzeitige Anwendung von Chromat und Polyphosphat kann die Orthophosphatkonzentration auf etwa 100 mg/l gesenkt werden [8/28]. Nach [8/29] genügen in einem sehr harten und salzreichen Grubenwasser bereits 50 mg/l PO_4^{3-} bei gleichzeitigem Ansäuern zur Ver-

minderung der Abscheidungen um 96% und der Korrosion um 98%.

Polyphosphate werden als Tripolyphosphat, *Grahamsches* Salz oder langsamlösliche Polyphosphate eingesetzt. Die Konzentration beträgt 10 bis 100 mg/l. Die Anwesenheit von Kalziumsalzen und fließendes Wasser sind hier Voraussetzung. Ansonsten werden Konzentrationen über 100 mg/l benötigt. Die üblicherweise angewendete Polyphosphatkonzentration beträgt im Zusatzwasser 25 bis 40 mg/l, wobei im Kreislaufwasser dann meistens nur noch etwa die Hälfte dieser Konzentration ermittelt werden kann [8/30]. Häufig ist der alleinige Einsatz von Polyphosphat nicht ausreichend. So wurde nach eigenen Untersuchungen in einem weichen Kreislaufwasser, dessen Temperatur 30°C nicht übersteigt, mit einer Konzentration an *Graham*schem Salz von etwa 10 mg/l kein ausreichender Korrosionsschutz erzielt. Wie durch Foto 40 belegt wird, ist trotz eines P_2O_5-Gehalts der Korrosionsprodukte von etwa 10% nach 1jähriger Betriebsdauer ein pustelförmiger Angriff zu verzeichnen. Die vor dieser Behandlung an den Wärmeübertragerflächen auftretenden Eisenoxidablagerungen konnten dagegen zuverlässig verhindert werden.

Da sich die inhibierende Wirkung von Polyphosphat außerdem mit steigender Temperatur und zunehmenden Chlorid- und Sulfatgehalten vermindert, ist eine **kombinierte Anwendung mit Zinksalzen** erfolgversprechender. Bei normalen Kühlwassertemperaturen genügt eine Mischung mit 1 bis 2 mg/l Zn als Zinksalz [8/31]. Eine sich über mehrere Tage erstreckende Vorbehandlung mit höheren Konzentrationen ist günstig, da die sich dadurch rasch bildende Schutzschicht mit den nachfolgend angewendeten geringeren Konzentrationen nur noch aufrechterhalten zu werden braucht. Der *p*H-Wert sollte 6 bis 7 betragen, da bei höheren Werten ein starker Phosphat- und Zinkschwund auftritt, wodurch insbesondere bei niedrigen Konzentrationen überhaupt kein Inhibitor im Kreislaufwasser mehr nachgewiesen werden kann [8/13]. Mischungen aus Polyphosphat, Zinksalz und Ferrozyanid [8/32] sind ebenfalls bereits mit Erfolg in Kühlsystemen eingesetzt worden. Nachteilig ist die Hydrolyse der Polyphosphate. Diese nimmt zu mit

- steigender Temperatur
- zunehmendem Salzgehalt
- abnehmendem *p*H-Wert.

Beispielsweise sind nach 30 Tagen bei Raumtemperatur 10% und nach 6 Stunden bei 99°C 40% hydrolysiert. Das bei der Hydrolyse als Endprodukt entstehende Orthophosphat besitzt eine geringere Wirksamkeit als das Polyphosphat.

Polyphosphat/Zinksalzmischungen erscheinen derzeitig auch unter Berücksichtigung des Preises und der Beschaffbarkeit als Inhibitoren für offene Kühlwassersysteme am geeignetsten.

Die bisher damit gesammelten Erfahrungen sind in [8/16] zusammengefaßt. Danach ist für eine erfolgreiche Inhibierung folgende Verfahrensweise erforderlich:

- Voruntersuchung zur Konditionierung
- Vorbehandlung der Kühlkreislaufsysteme
- Erstdosierung
- Dauerdosierung
- Überwachung der Dosierung und der Wirksamkeit der Konditionierung

Die Voruntersuchung umfaßt hauptsächlich Wasseruntersuchungen und die experimentelle Ermittlung der maximal möglichen Phosphatkonzentration im Kreislaufwasser. Bei der Vorbehandlung erfolgt eine Säuberung und Spülung der Kreislaufsysteme sowie das Füllen mit Zusatzwasser und die Inbetriebnahme des Systems bei Stillstand der Produktionsanlagen (kein Wärmeübergang). Die Erstdosierung ist bei noch außer Betrieb befindlichen Produktionsanlagen mit 2 mg/l Zinkionen ($\triangleq$ 9 mg/l $ZnSO_4 \cdot 7H_2O$) und 50 mg/l P_2O_5 ($\triangleq$ 75 mg/l *Grahamsches* Salz) durchzuführen. Eine Verminderung der Phosphatkonzentration unter 50 mg/l P_2O_5 ist durch weitere Phosphatzugabe auszugleichen. Nach der Beendigung der Erstdosierung, was nach Konstantbleiben der Phosphatkonzentration, spätestens aber nach einer Woche erfolgen soll, werden die Produktionsanlagen in Betrieb genommen. Sinkt der Phosphatgehalt des Kreislaufwassers unter die experimentell ermittelte Phosphatkonzentration für die Dauerdosierung ab, ist mit dieser zu beginnen. Dabei werden entsprechend der täglichen

Absalzwassermenge 2 mg/l Zinkionen und die für die Dauerdosierung berechnete Phosphatmenge zugegeben. Die Kontrolle erstreckt sich auf die analytische Überwachung des Kreislaufwassers und auf die jährliche Begutachtung von im Bypass eingebauten Rohrproben des Vor- und Rücklaufes.
Als Grenzwerte für die Dosierung von Zinkpolyphosphatinhibitoren werden in [8/16] für das Umlaufwasser angegeben·

- KH: <150 mg CaO/l
- GH $\leqq$ 700 mg CaO/l
- $c_{Cl^-} \leqq$ 600 mg/l
- $c_{SO_4^{--}} \leqq$ 1200 mg/l, unter Beachtung der TGL 33408 bei Betonbauten

Sind Wärmeübertrager aus Kupfer oder CuZn30 in den Kühlwasseranlagen, so ist der Inhibierungseffekt durch Zinkpolyphosphate gemindert, da diese Inhibitoren die kupferinduzierte Kontaktkorrosion nicht inhibieren [8/33]. Silikate werden in Form von Natriumsilikatlösungen oder als festes Natriumsilikat eingesetzt. Die Silikatkonzentration liegt im Bereich von 8 bis 60 mg/l. Die inhibierende Wirkung ist nicht mehr vorhanden bei

- Wassergeschwindigkeiten über 2 bis 2,5 m/s [8/15]
- Magnesiumgehalten über 60 mg/l.

Silikate sind insbesondere in weichen, salzarmen Wässern wirksam. Bei den in der Regel stark salzhaltigen Kühlwässern der offenen Systeme erscheint ihre Wirksamkeit fraglich. Wird in diesen Kühlwässern eine höhere Silikatkonzentration verwendet, ist mit der Bildung harter, schwer entfernbarer Silikatablagerungen zu rechnen. So wurde in Laborversuchen mit Saalewasser bei einer Anfangsbehandlung mit 200 mg/l Silikat und einer sich anschließenden Dauerbehandlung mit 40 mg/l die Korrosionsgeschwindigkeit um 50 bis 70 % vermindert, aber bei der praktischen Erprobung traten im starken Maße Silikat- und Karbonatablagerungen auf [8/34]. Zur Verbesserung der Wirkung erfolgt häufig eine Kombination mit Polyphosphat. Die Silikatkonzentration beträgt dann 15 bis 40 mg/l und die Polyphosphatkonzentration 2 bis 5 mg/l.
Organische Inhibitoren werden in steigendem Maße in Kühlkreisläufen eingesetzt. Sie sind in der Regel nichttoxische und umweltfreundliche Inhibitoren. Es kommt eine Vielzahl von Substanzen in Frage. Die wichtigsten sind Amine, Amide, Pyridine, Karboxylsäuren, Ester, Merkaptane [8/17], Polyelektrolyte Chelate, z. B. Hydroxychinolin [8/35], und organische Phosphorverbindungen, z. B. Aminomethylenphosphat [8/36]. Die organischen Inhibitoren können auch bei *p*H-Werten über 7 eingesetzt werden. Die Konzentration beträgt in der Regel 50 bis 100 mg/l. Ihre inhibierende Wirkung ist jedoch im allgemeinen nicht besonders gut, weshalb sie vielfach gemeinsam mit anorganischen Inhibitoren wie Polyphosphat und Zinksalz angewendet werden. So genügen von einer Mischung aus Aminomethylenphosphonat und Zinksalz (40 % Aminomethylenphosphonat +60 % Zinksalz) bereits 2 bis 3 mg/l für einen guten Korrosionsschutz [8/37].

8.3.3.2. Härtestabilisatoren

In Kühlsystemen wird durch entstehende Ablagerungen

- der Wärmeübergang vermindert
- die hydraulische Leistungsfähigkeit des Systems herabgesetzt
- die Wirksamkeit von Inhibitoren vermindert
- die Bildung von Belüftungselementen gefördert.

Ein sehr wichtiger Faktor des Kühlwasserbehandlungsprogramms ist deshalb die **Verhinderung derartiger Ablagerungen.** Diese können aus Kalziumkarbonat, -sulfat, -silikat und -phosphat sowie aus Eisen- und Manganverbindungen bestehen. Bei *p*H-Werten über 9 sind noch Ablagerungen aus Magnesiumverbindungen möglich. Voraussetzung für die Bildung von Ablagerungen ist die Überschreitung des Löslichkeitsprodukts dieser Stoffe. Infolge vieler Einflußfaktoren, wie das Fehlen einer festen Salzphase oder die Veränderung der Löslichkeit durch Fremdionen, ist eine nur geringe Überschreitung des Löslichkeitsprodukts für eine Fällung nicht ausreichend. So müssen die Konzentrationen von

- Kalziumsulfat etwa das 5- bis 90fache
- Kalziumkarbonat etwa das 35fache
- Kalziumphosphat etwa das 1000fache

der betreffenden Löslichkeitsprodukte betragen, bevor Fällungen auftreten [8/38]. Bei 20°C lösen sich in Wasser ungefähr 2 g/l Kalziumsulfat bzw. 15 mg/l Kalziumkarbonat. In CO_2-gesättigtem Wasser erhöht sich die Löslichkeit des Kalziumkarbonats infolge der Umwandlung in Hydrogenkarbonat auf etwa 700 mg/l [8/39]. Silikate und vor allem Phosphate des Kalziums besitzen noch eine beträchtlich geringere Löslichkeit als Kalziumkarbonat.

Zur Vermeidung der Ablagerungen sind prinzipiell 3 Varianten möglich:

- Verwendung von enthärtetem oder teilenthärtetem Wasser. Dadurch wird gewährleistet, daß die zur Bildung der Ablagerungen führenden Konzentrationen nicht erreicht werden. Diese Variante ist für offene Kreisläufe nur in wenigen Fällen ökonomisch.
- Säurezusatz

  Diese Variante wird gegenwärtig oft angewendet. Dadurch wird der für die Kalziumkarbonatabscheidung maßgebliche kritische *p*H-Wert nicht erreicht bzw. ein negativer Sättigungsindex eingestellt. Durch die *p*H-Wert-Absenkung wird auch die Gefahr der Bildung von Kalziumphosphatablagerungen vermindert. Es muß jedoch darauf geachtet werden, daß beim Zusatz von Schwefelsäure keine Kalziumsulfatfällungen auftreten.
- Anwendung von Härtestabilisatoren

  Die Härtestabilisatoren hemmen das Kristallwachstum der ablagerungsbildenden Stoffe, so daß auch bei Überschreitung der für eine Fällung erforderlichen Konzentration keine Ablagerungen gebildet werden.

Von diesen Varianten ist der Einsatz von Härtestabilisatoren am ökonomischsten, da eine Säuredosierung ganz oder teilweise entfallen kann bzw. eine meist unökonomische Wasserenthärtung nicht erforderlich ist. Die Palette der Härtestabilisatoren ist groß, weshalb hier nur auf die wichtigsten Vertreter eingegangen werden kann.

- **Polyphosphate** verhindern wirksam Kalziumkarbonat- und Eisenoxidablagerungen. Gegenüber Kalziumsulfatablagerungen sind sie weniger wirksam [8/40]. Die gebräuchliche Konzentration beträgt 3 bis 5 mg/l *Graham*sches Salz und ist damit viel geringer als die für den Korrosionsschutz erforderliche Konzentration. Für eine komplexe Bindung des Kalziums sind dagegen Konzentrationen von etwa 150 mg/l *Graham*sches Salz pro 10 mg/l CaO erforderlich. Die härtestabilisierende Wirkung des Polyphosphats bleibt bis zu Temperaturen von 80 bis 90°C erhalten. Bei längeren Verweilzeiten macht sich die Hydrolyse des Polyphosphats bemerkbar, wodurch die härtestabilisierende Wirkung verlorengeht. In Kreisläufen sollte deshalb bei der Härtestabilisierung mit Polyphosphat die Wassertemperatur 50 bis 60°C nicht übersteigen. Dann können Karbonathärten um 80 mg/l CaO stabilisiert werden.
- **Organische Phosphorverbindungen** werden ebenfalls mit großem Erfolg zur Vermeidung von Ablagerungen eingesetzt. Sie sind den anorganischen Polyphosphaten überlegen, da sie auf Grund ihrer Hydrolysebeständigkeit auch bei höheren Temperaturen und längeren Verweilzeiten ihre Wirksamkeit behalten und außerdem von im Wasser vorhandenen Feststoffen weniger adsorbiert werden. Die Konzentration beträgt 5 bis 30 mg/l, wodurch Kalziumkarbonat-, Kalziumsulfat- und Eisenoxidfällungen zuverlässig verhindert werden. Typische Vertreter dieser Stoffklassen sind:

Phosphat [8/42]

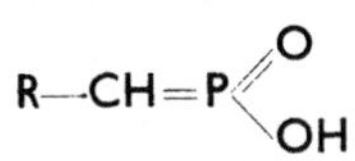

Diphosphonat [8/41]

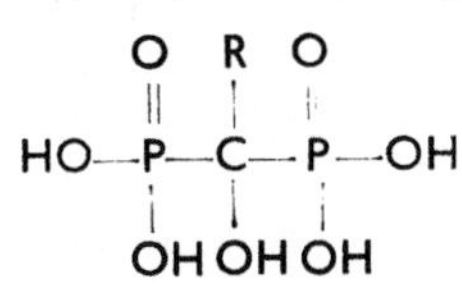

Aminomethylenphosphonat [8/41]

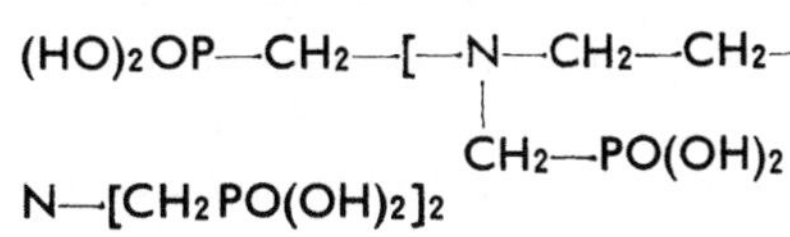

$N-[CH_2PO(OH)_2]_2$

Phosphatester (Aminophosphat) [8/41]

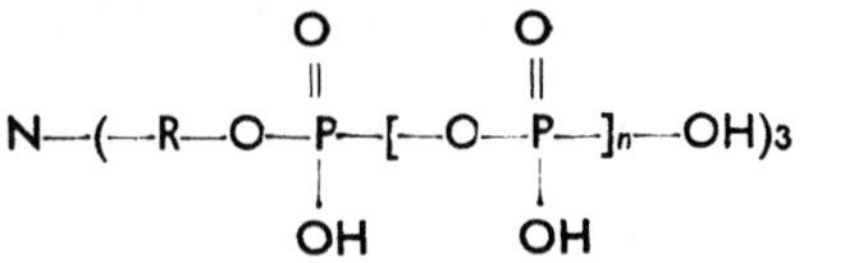

Der über Sauerstoff an Phosphor gebundene Wasserstoff kann auch gegen Metall oder Ammoniak ausgetauscht sein.

In der DDR erfolgt der Einsatz des auf organische Phosphorverbindungen basierenden Härtestabilisators Cublen KL. Dem Kreislaufwasser sind 15 mg/l Cublen KL zuzugeben, was 14 Tage lang entsprechend der Absalzwassermenge zu wiederholen ist. Für den Dauerbetrieb wird die Konzentration an Cublen KL im Kreislaufwasser (≧5 mg/l) über die Eindickungszahlen für Kalziumionen und Chlorid optimiert. Die Cublen KL – Konzentration kann schrittweise abgesenkt werden, solange die Eindickungszahl für Kalziumionen der Eindickungszahl Chlorid, also $EZ_{C_{Ca^{++}}} = EZ_{C_{Cl^-}}$, entspricht [8/16]. Die Anwendung von Cublen KL ist bei Karbonathärte ≧ 80 mg CaO/l notwendig und kann sicher bis zu Karbonathärten ≦ 150 mg CaO/l durchgeführt werden. Bei höheren Karbonathärten ist nur mit einem Teilerfolg zu rechnen.

- **Polyelektrolyte** sind ebenfalls in der Lage, Ablagerungen zu verhindern. Die natürlichen Polyelektrolyte, wie Lignin- und Tanninderivate, werden in Konzentrationen von 5 bis 30 mg/l angewendet [8/42]. Eventuell auftretende Fällungen sind nicht fest haftend und können aus diesem Grunde leicht entfernt werden. Durch ihre Kopplung mit Polyphosphat wird der Anwendungsbereich erweitert. Synthetische Polyelektrolyte sind z. B. Abkömmlinge von Akrylamid, Akrylsäure, Akrylonitril und Methakrylsäure [8/42]. Sie wirken bei Konzentrationen um 10 mg/l ebenfalls ausgezeichnet. So werden durch Polyakrylat Kalziumkarbonat- und Kalziumsulfatablagerungen zuverlässig verhindert, während es gegen Eisenoxidablagerungen weniger wirksam ist. Bei Polyakrylat spielt auch die Kettenlänge eine Rolle. Bei einer Kettenlänge $n = 10$ werden sehr gute, bei $n = 25$ weniger gute und bei $n = 50$, 100 sehr schlechte Stabilisierungseffekte erzielt [8/41]. Diese Polyelektrolyte scheinen auch gegen Silikatablagerungen wirksam zu sein [8/43].

Zur richtigen Auswahl der Härtestabilisatoren ist bei bereits in Betrieb befindlichen Systemen eine Analyse der Ablagerungen wichtig, da dadurch die Quelle bzw. Ursache dieser Ablagerungen und ihre Art ermittelt werden kann.
Von den genannten Härtestabilisatoren werden vor allem die organischen Phosphorverbindungen zunehmende Bedeutung erlangen.

8.3.3.3. Biozide

Ein Teil der in Kühlkreislaufsystemen auftretenden Korrosionserscheinungen ist auf die Wirkung biologischer Verunreinigungen zurückzuführen. Folgende Stoffe kommen in Betracht:

- Algen
- Bakterien
- Pilze
- eingeschleppte Vegetationen.

Algen sind die Erstbesiedler eines Kühlkreislaufs. Sie sind in der Lage, die Kühlturmleistung bis zu 20 % zu vermindern [8/44]. Die abgestorbenen Algen können aus dem Kühlturm in das Kreislaufsystem eingeschleppt werden, wo ihre Zerfallsprodukte neben anderen organischen und anorganischen Stoffen als Nährstoffquelle für Bakterien und Pilze dienen.
Bakterien können sich unter günstigen Wachstumsbedingungen sehr schnell vermehren. Sie sind insbesondere durch ihre Schleimbildung gefürchtet. Dadurch wird der Wärmeübergang vermindert, die Wirksamkeit von Inhibitoren herabgesetzt und eventuell sogar das Rohrnetz verstopft. Unter diesen Schleimschichten können auch korrosionsfördernde Bakterien gedeihen. So verstärken sulfatreduzierende Bakterien die Korrosion des Eisens in Salzwasser um 66 % [8/45]. Eisenbakterien, die gelöstes 2wertiges Eisen zu 3wertigen unlöslichen Eisenverbindungen oxydieren, können die Verockerung von Filtern und Sieben speziell von Brunnen bewirken.
Korrosionsinhibitoren sind gegen diese mikrobiologischen Angriffe nicht wirksam [8/46].

Pilze wirken vor allem als Holzzerstörer. Für einen störungsfreien Kühlwasserbetrieb ist deshalb neben der Korrosionsinhibierung und der Härtestabilisierung ein **biologisches Kontrollprogramm** erforderlich. Hierfür steht wieder eine Vielzahl von Stoffen zur Verfügung:

- **Chlor** ist das verbreitetste Biozid. Es wird in einer Konzentration von 1 bis 2 mg/l zugegeben, wobei im Rücklauf noch etwa 0,1 mg/l nachweisbar sein sollen. Da eine kontinuierliche Dosierung zu einem Wirkungsverlust führen kann, wird häufig eine Stoßchlorung empfohlen, die, und das ist wichtig, in regelmäßigen Abständen zu wiederholen ist [8/47]. Diese Stoßchlorung wird mit etwa 10 mg/l durchgeführt. Anstelle der Anwendung von Chlor ist für die Chlorung die Verwendung von Natriumhypochloridlösung wegen des Personenschutzes günstiger. Infolge des Trends, Kühlwässer mit höheren *p*H-Werten zu verwenden, wird die Bedeutung des Chlors geringer, da bei der alkalischen Fahrweise die Anwendung von Chlor weniger ökonomisch und in einigen Fällen sogar nicht wünschenswert ist. Chlor kann sich dabei rasch mit organischen Substanzen oder Ammoniak verbinden, wodurch biologisch weniger aktive und für die Umgebung schädliche Stoffe, z. B. Chloramin, entstehen können. Weiterhin sind stark verschmutzte Systeme mit einem hohen Anteil an Schleimbakterien durch eine Chlorung nicht mehr zu säubern [8/44].
- **Quarternäre Ammoniumverbindungen** sind sehr wirksam.
- **Chlorierte Phenole** sind ebenfalls wirksam, ergeben jedoch eine starke Geruchsbelästigung.
- **Kupfersalze** sind weniger günstig, da gewisse Mikroorganismen mit der Zeit immun werden.
- **Organische Thiozyanate**, sind nach Literaturangaben die modernsten Biozide. Ihre Wirksamkeit wird durch Öle und ähnliche Verunreinigungen nicht gestört [8/41].
- **Ozonisierung** und **UV-Entkeimung** sind sehr wirksam, werden aber wegen der hohen Kosten und technischen Probleme (Fachpersonal) keine weite Verbreitung finden [8/47].
- **Radioaktive Bestrahlung (^{60}Co)** soll äußerst wirksam besonders gegen Verockerung von Brunnenfiltern sein [8/48].

Neben den angeführten Bioziden ist der Einsatz von organischen Zinn-, Halogen- und Schwefelverbindungen, Akrollin und tertiärem Buthylhydrogenperoxid möglich. Als Grundlage für die Auswahl dient die Identifizierung der biologischen Verunreinigungen. Die Biozide werden entweder einzeln oder als Kombination mehrerer Stoffe eingesetzt. Zur Überwachung der Biozidbehandlung kann die Keimzahlbestimmung herangezogen werden.

8.3.3.4. Dispergiermittel

Dispergiermittel können Ablagerungen verhindern und alte Ablagerungen abbauen. Sie stellen selbst Härtestabilisatoren bzw. eine sinnvolle Ergänzung der Härtestabilisatoren dar und erhöhen durch die Schaffung sauberer Oberflächen die Wirksamkeit von Inhibitoren. Dispergiermittel sollten deshalb in keinem Kühlwasserbehandlungsprogramm fehlen. Sie umfassen Fettamine, natürliche Dispergiermittel, wie Lignine, Tannine, Zellulose und Stärkeprodukte sowie synthetische Dispergiermittel, wie Polyakrylate und Polyakrylamide. Für die Reinigung verschmutzter Systeme muß eine höhere Konzentration als für die normale Betriebsdosierung verwendet werden.

In [8/42] wird angegeben:

	Betriebsdosierung
Ligninderivate	20 bis 100 mg/l
Fettamine	10 bis 50 mg/l
synthetische Dispergiermittel	2 bis 10 mg/l
	Reinigungsdosierung
Ligninderivate	100 bis 300 mg/l
Fettamine	50 bis 150 mg/l
synthetische Dispergiermittel	10 bis 50 mg/l

Der Einsatz dieser Dispergiermittel ist insofern etwas problematisch, da ihre Wirksamkeit von der Art der Trübstoffe abhängt und auch über den Reinigungseffekt nicht ohne weiteres eine Voraussage möglich ist [8/32]. Der Abtrag bereits gebildeter Schichten kann sich über viele Monate erstrecken, erspart aber einen Stillstand der Anlage.

9. Abwasserführende Anlagen

Trink- und Betriebswasser werden durch ihre Nutzung in Industrie, Landwirtschaft und Haushalten verunreinigt. Den zulässigen Verschmutzungsgrad für die Einleitung der entstehenden Abwässer in die öffentliche Kanalisation regeln die Abwassereinleitungsbedingungen [9/1], für deren Einhaltung die Bedarfsträger verantwortlich sind. Die gegebenenfalls vorgereinigten Abwässer gelangen über die Kanalisation in die Abwasserbehandlungsanlage, wo die Verunreinigungen weitestgehend entfernt werden. Einen Überblick über die einzelnen Stufen der Abwasserbehandlung gibt Bild 9/1.

Die Beschaffenheit der Abwässer ist je nach ihrer Herkunft so vielfältig, daß die in der Kanalisation und in den Abwasserbehandlungsanlagen verwendeten Werkstoffe den unterschiedlichsten korrosiven Angriffen ausgesetzt sind. Einzelheiten zu den Korrosionsvorgängen durch spezielle Abwasserinhaltsstoffe können den Abschnitten 2., 4. und 5. entnommen werden.
Der in Abwasserbehandlungsanlagen dominierende Werkstoff ist **Beton**. Fachgerecht hergestellter Beton ist gegen die meisten Abwässer beständig und bedarf keiner zusätzlichen und kostenaufwendigen Beschichtungen.

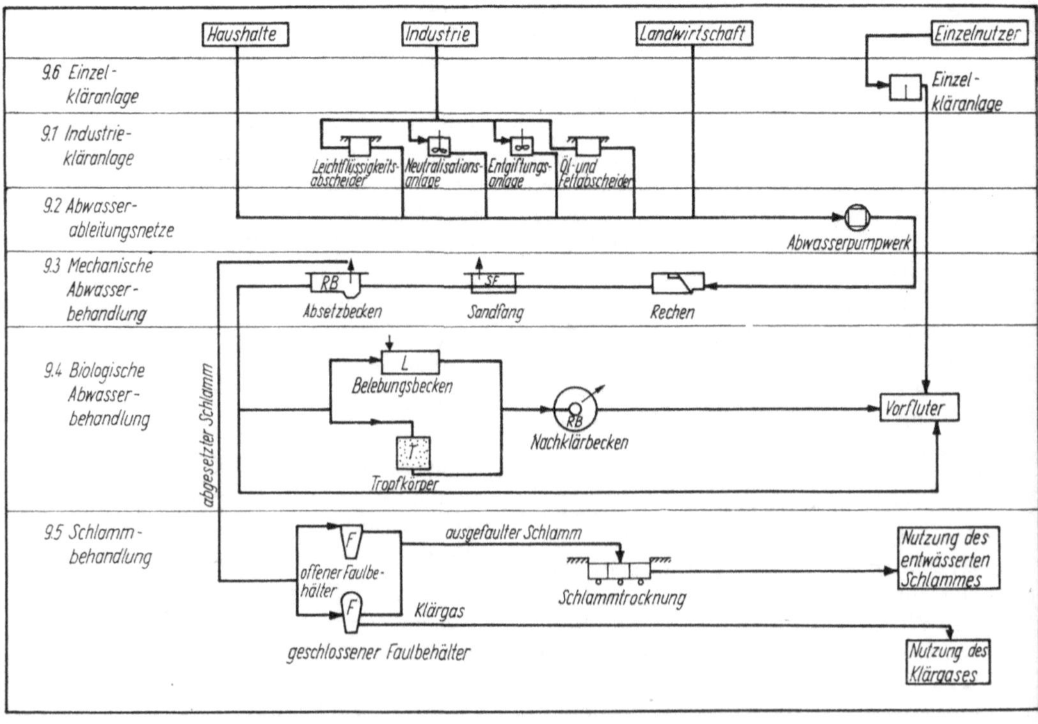

Bild 9/1
Prinzipieller Aufbau einer Abwasserbehandlungsanlage

Schutzschichten sind nur bei erhöhten aggressiven Beanspruchungen bzw. als Verfahren der Sanierung anzuwenden (vgl. Abschnitt 4.1.).
Unlegierter Stahl ist in ungeschütztem Zustand wegen seiner Korrosionsanfälligkeit in abwasserführenden Anlagen grundsätzlich nicht einzusetzen. Die notwendigen passiven Schutzmaßnahmen sind sorgfältig auszuwählen und fachgerecht aufzubringen. International werden mitunter auch hochlegierte Stähle und Aluminium angewendet.
Im folgenden werden schwerpunktmäßig die Schutzverfahren für Beton und unlegierten Stahl beschrieben, die nach dem gegenwärtigen Stand der Technik den optimalen Schutz der jeweiligen Anlagen ermöglichen. Obwohl prinzipiell möglich, hat sich dieser Stand meist aus Kapazitätsgründen noch nicht in allen Bereichen in der DDR durchsetzen können. Aber auch in diesen Fällen wird aus materialökonomischen Gründen und im Hinblick auf den volkswirtschaftlichen Nutzen der bewährte internationale Stand zur Anwendung empfohlen.

9.1. Industrieklärenlagen

Industrieabwässer, die in die öffentliche Kanalisation eingeleitet werden sollen, müssen zur Einhaltung der jeweils geltenden Abwassereinleitungsbedingungen in Industrieklärenlagen behandelt werden. Tabelle 9/1 gibt einen Überblick über die hauptsächlich in diesen Anlagen zu beseitigenden Abwasserinhaltsstoffe.
Durch die **Industrieabwasserbehandlung** wird gleichzeitig die Korrosionsaggressivität des Abwassers gegenüber den Werkstoffen der Kanalisation und den kommunalen Abwasserbehandlungsanlagen herabgesetzt. Die weitestgehende Beseitigung beton- und stahlaggressiver Abwasserinhaltsstoffe ist die ökonomischste und sicherste Methode, Korrosionsschäden vor allem in der Kanalisation möglichst gering zu halten. Es kommt vor allem darauf an, saure Abwässer zu neutralisieren und die Bildung von Schwefelwasserstoff (H_2S) in den Kanälen zu verhindern.

Tabelle 9/1
Behandlung von Industrieabwässern

Art der schädigenden Inhaltsstoffe	Beispiele für Herkunft	Behandlung
Treibstoffe, organische Lösungsmittel	Tankstellen, Waschanlagen Betrieb der chemischen Reinigung	*Leichtflüssigkeitsabscheider*; die gegenüber Wasser spezifisch leichteren Flüssigkeiten schwimmen auf und können so entfernt werden
Öle Fette	Großküchen, Fleischwarenbetriebe, Hersteller und Verarbeiter von Speiseölen und -fetten	*Fettabscheider*; Prinzip wie bei Leichtflüssigkeitsabscheider
starke Säuren starke Laugen	Beizereien, galvanische Betriebe	*Neutralisationsanlagen*; Neutralisation mit geeigneten Alkalien (z. B. NaOH) bzw. Säuren (z. B. HCl), *Ionenaustauscher*
Giftstoffe (Schwermetallionen, Cyanide, Nitrite, Chromsäure)	Betrieb der chemischen Oberflächenbehandlung von Metallen	*Entgiftungsanlage*; chemische Umsetzung zu ungefährlicheren Verbindungen durch Oxydation (Cyanid → Cyanat, Nitrit → Nitrat) oder Reduktion (Chromsäure → Cr(III)-Verbindungen); *Ionenaustauscher*

9.1.1. Leichtflüssigkeits- und Fettabscheider

Die Hauptelemente der Leichtflüssigkeitsabscheider nach TGL 11399 und der Fettabscheider nach TGL 11079/01 bestehen aus Betonfertigteilen für Schächte nach TGL 9386 in wasserundurchlässiger Qualität. Für die Zulaufleitungen sind bevorzugt Steinzeug- oder Asbestzementrohre, für Verbindungs- und Ablaufleitungen PE-Rohre zu verwenden.

Die Betonflächen sollen mineralölundurchlässig und möglichst glatt sein. Anhand des Beanspruchungsgrades nach TGL 33408/01 ist über die Notwendigkeit zusätzlicher Beschichtungen zu entscheiden.

Korrosionsbeständig und auch international üblich sind Abscheider mit Keramikauskleidungen [9/2]. Auf eine flüssigkeitssperrende Schutzschicht aus glasfaserverstärktem Epoxidharz wird ähnlich wie bei säurefesten Auskleidungen die Nutzschicht aus Keramikfliesen oder säurefesten Ziegeln in lösungsmittelbeständigen Reaktionsharzkitten verlegt (vgl. Tabelle 9/2).

Die optimale Lösung stellen Abscheider dar, die komplett aus korrosionsbeständigen Werkstoffen, wie Polyesterbeton oder GUP, gefertigt sind [9/3, 9/4], da hier keine aufwendigen Auskleidungsarbeiten notwendig sind.

9.1.2. Neutralisationanlagen

Um Anlagen zur Neutralisation stark saurer bzw. alkalischer Abwässer zuverlässig zu schützen, sind Maßnahmen des Säureschutzes erforderlich.

Werkstoffe für Neutralisationsbecken sind

- Beton
- unlegierter Stahl
- Plast
- Steinzeug (nur für kleine Abwassermengen).

Während die zwei letztgenannten Werkstoffe ungeschützt verwendet werden können, müssen Beton und unlegierter Stahl, die am häufigsten eingesetzten Werkstoffe, unbedingt chemisch beständige und flüssigkeitsdichte Schutzschichten erhalten (Bild 9/2). Bei Beginn der Säureschutzmaßnahme muß der Untergrund in der vor Beschichtungen üblicherweise zu fordernden Qualität vorliegen (s. Abschnitt 3.6. und 4.1.3.). Die beim Säureschutzbau spezifischen Besonderheiten sind in TGL 32324/02 geregelt.

Für die Säureschutzmaßnahmen nach Bild 9/2 sind die technisch und ökonomisch am besten geeigneten Werkstoffe auszuwählen. Die für die Ausführung von Säureschutzverkleidungen (Zweischichtsystem) anwendbaren Werkstoffe und Materialien sind in Tabelle 9/2 zusammengestellt. Die Schutzschicht muß flüssigkeitsdicht und gegen die zu erwartende chemische Beanspruchung beständig sein, sie wird unmittelbar auf den zu schützenden Untergrund aufgebracht. Die Nutzschicht muß gegen die zu erwartende Beanspruchung chemisch und thermisch beständig sein, sie schützt die Schutzschicht vor mechanischen Beschädigungen.

Die geeigneten Reaktionsharze für die Säureschutzbeschichtungen sind nach TGL 32324/06 und /07 auszuwählen.

Für untergeordnete, vor allem geringe me-

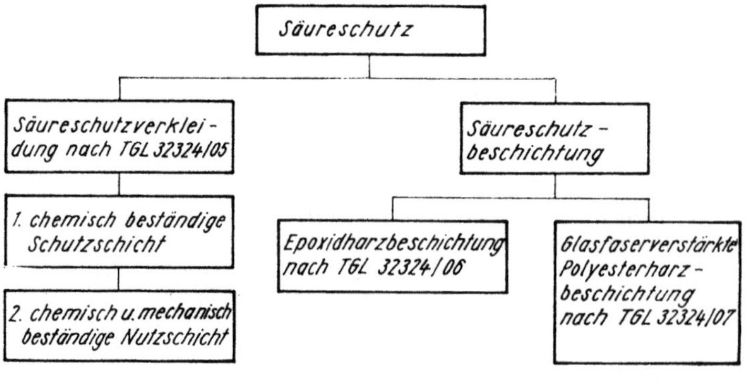

Bild 9/2
Übersicht über Möglichkeiten zum Schutz von Neutralisationsanlagen durch Säureschutzmaßnahmen

Tabelle 9/2
Werkstoffe und Materialien für Säureschutzverkleidungen

Schutzschicht	Nutzschicht Keramisches Material	Säurekitte
PVC-S-weich-Bahn nach TGL 28905/02	Säurebeständige Steine nach TGL 4325	Phenolharzkitte
Polyisobutylenfolie	Steinzeugplatten nach TGL 22831/03	Wasserglaskitte
Gummierung	Kohlenstoffplatten nach TGL 132-001	Epoxidharzkitte
Bleiblech nach TGL 8108, 14726/02, 14728	Porzellanplatten nach TGL 7838/02	Polyesterharzkitte
Bitumenspachtel	Natursteinplatten	

chanische Beanspruchungen können neben den Verfahren nach Bild 9/2 auch Plastfolienauskleidungen und Gummierungen angewendet werden. Für kleinere und mittlere Anlagen werden international auch Behälter aus GUP verwendet [9/5]. Diese Behälter sind bei gleich guter Korrosionsbeständigkeit bedeutend weniger aufwendig in der Herstellung.

Der **Schutz der Zuleitungen** zur Neutralisationsanlage muß auf ähnliche Weise erfolgen wie der Schutz der Neutralisationsbecken und -behälter selbst:

- Rohrleitungen aus PVC, PE, PP, GUP oder gummiertem Stahl
- Gerinne und Kanäle aus Beton mit Säureschutz nach Bild 9/2.

Die **Lagerbehälter** für Säuren und Alkalien werden immer häufiger aus korrosionsbeständigen Plastwerkstoffen hergestellt (PVC, PE, PP, GUP). Stahlbehälter für Säuren müssen beständige Auskleidungen erhalten, beispielsweise:

- Gummierung
- lose Einbringung gleichgeformter PVC-H-Behälter
- Auskleidung mit PVC-W-Bahnen.

Die in der DDR gefertigten **Ionenaustauscher** nach TGL 39503 sind innen gummiert; international werden daneben Beschichtungen aus PVC-PVDC-Copolymerisaten verwendet. Neuerdings ist für kleinere Anlagen auch die Fertigung aus GUP gebräuchlich. Als Werkstoffe für Rohrleitungen werden gummierter Stahl, PVC, PP, PE, GUP, bei größeren Nenndurchmessern epoxidharzbeschichteter Beton bzw. Reaktionsharzbeton eingesetzt.

Einzelheiten zum Schutz von Neutralisationsanlagen sind in der Spezialliteratur [9/6], [9/7] ausführlich enthalten.

9.1.3. Entgiftungsanlagen

Entgiftungsanlagen können ebenso wie die Neutralisationsanlagen durch keramische Auskleidungen und die Beschichtung mit Plastwerkstoffen geschützt werden. Während bei den Keramikauskleidungen von Oxydationsbecken bituminöse Spachtel- und Verlegemassen empfohlen werden, sind für Reduktionsbecken Polyesterharzkitte zu verwenden, da Bitumen gegen Chromsäure nicht beständig ist.

9.2. Abwasserableitungsnetze

Das gegebenenfalls vorgereinigte industrielle sowie das kommunale Abwasser werden über die Kanalisation der zentralen Abwasserbehandlungsanlage zugeführt. Das Industrieabwasser wird unter Umständen auch direkt in den Vorfluter geleitet. Ist ein ausreichend freies Gefälle nicht vorhanden, müssen Abwasserpumpwerke errichtet werden.

Neben mechanischen Beanspruchungen durch mitgeführte Feststoffe (z. B. Sand) wird die Kanalisation in erster Linie chemisch durch die in den Abwässern enthaltenen Säuren, Salze und organischen Verunreinigungen beansprucht. Die Gefahr von Korrosionsschäden ist in den Anschlußkanälen mit in der Regel höheren Gehalten an aggressiven Stoffen größer als im Abwasserkanal, wo eine mehr oder weniger große Verdünnung stattfindet.

Korrosionsangriffe von außen können durch aggressives Grundwasser und aggressive Böden stattfinden.

9.2.1. Kanäle

Die am häufigsten für Abwasserkanäle eingesetzten Werkstoffe sind Beton, Steinzeug, Asbestzement und Plaste. Die Einsatzmöglichkeiten der einzelnen Werkstoffe werden weitestgehend vom Beanspruchungsgrad nach TGL 33408/01 bestimmt (Tabelle 9/3). Die eingesetzten Verbindungs- und Dichtungsmassen müssen ebenfalls für die vorliegenden Beanspruchungen zugelassen sein.
Für größere Profile und besonders aggressive Beanspruchungen (Industriekläranlagen) ist Klinkermauerwerk gebräuchlich.
Auf diese Werkstoffe wird im folgenden näher eingegangen. Einzelheiten zum DDR-Sortiment der Rohre und deren Hersteller sind dem Werkstandard Wapro 1.11 zu entnehmen.

9.2.1.1. Beton

Die in der DDR lieferbaren Nut-, Falz- und Glockenmuffenrohre nach TGL 26721/01 werden durch Rütteln bzw. nach dem Rüttel-Preßverfahren in den Nenndurchmessern 150 bis 1200 mm hergestellt.

Für den Transport saurer und sulfathaltiger Abwässer sind unter Verwendung kalkarmer, hochsulfatbeständiger Zemente (vorzugsweise PZ 2/35 nach TGL 28101/01) hergestellte Betonrohre geeignet. Die Betonklasse der Betonglockenmuffenrohre nach TGL 26721/03 liegt bei mindestens Bk 25 [9/8].
In größeren Dimensionen, für die keine Betonrohre lieferbar sind, werden Kanäle aus Ortbeton, Betonfertigteilen oder auch aus Klinkermauerwerk (s. Abschnitt 9.2.1.5.) errichtet.
Die Betonkanäle sind nach Tabelle 9/3 gegen Beanspruchungen bis BG IV – darunter fallen die kommunalen Abwässer – beständig. Werden dagegen stark saure oder zu biogener Korrosion neigende Abwässer abgeleitet, müssen zusätzliche Maßnahmen ergriffen werden. Dazu sind zunächst die Möglichkeiten des aktiven Korrosionsschutzes durch

- Einsatz korrosionsbeständigerer Werkstoffe
- Änderung der Abwasserzusammensetzung

zu untersuchen.

Aktive Schutzmaßnahmen gegen biogene Korrosion bestehen darin, die die Entstehung von H_2S begünstigenden Faktoren (vgl. Abschnitt 4.1.1.) weitestgehend zu eliminieren. Besonders gefährdet sind Kanalabschnitte, in die Druckleitungen einmünden, da H_2S besonders im Bereich turbulenter Strömungen aus dem Abwasser entweicht. Bei Konstruktion und Betrieb von Abwassernetzen sind

Tabelle 9/3
Einsatzkriterien für Kanalisationswerkstoffe nach TGL 24892/09

Beanspruchungsgrad	Rohre						Schächte		
	Beton		Steinzeug		PVC-H	Asbestzement¹)	Fertigteile		Mauerziegel
	TGL 26721		TGL 22835/01		TGL 28904	Werkstandard BAS 31-3/02	TGL 33507	TGL 9386	TGL 22821
	Form A + B	Form E	Sorte 1	Sorte 2					
BG I	×	×	×	×	×	×	×	×	×
BG II	×	×	×	×	×	×	×	×	×
BG III	–	×	×	–	×	×	×	–	×
BG IV	–	×²)	×	–	×	×²)	×¹)	–	×
BG S	–	–	–	–	×²)	–	–	–	×

¹) Rohre der Druckstufe 0, mit PZ 4
²) Nachweis nach TGL 33408/01 erforderlich

folgende Maßnahmen zur Verminderung der H_2S-Bildung zu beachten:

- Druckrohrleitungen so kurz wie möglich
- geringe Turbulenz in Krümmungen u. ä.
- einwandfreier Abfluß in Schächten
- hohe Fließgeschwindigkeit
- Belüftung des Abwassers mit Sauerstoffanreicherung O_2-Gehalt $\geqq$ 0,5 mg/l
- Kanaltemperatur möglichst unter 25°C
- regelmäßige Reinigung.

Durch Verbesserung der Betonqualität kann die Widerstandsfähigkeit des Betons erhöht, eine Dauerbeständigkeit gegen Schwefelsäure jedoch nicht erzielt werden. Auch besonders sorgfältig zusammengesetzter und nachbehandelter Beton kann diesen Angriffen nicht ungeschützt widerstehen.
Reichen die genannten aktiven Schutzmaßnahmen nicht aus, muß der Beton zusätzlich passiv geschützt werden. Das ist möglich durch

- Beschichtungen, die aus der flüssigen Phase durch Spritzen oder Spachteln auf den Beton aufgebracht werden und dort aushärten
- Auskleidungen durch Halbzeuge (Platten, Folien, Rohre), die im Beton verankert werden.

Neben der Forderung nach hoher chemischer und Verschleißbeständigkeit sollen die Schutzschichten gut haften sowie absolut dicht und porenfrei sein. Als **Beschichtungsmaterial** werden hauptsächlich Reaktionsharze auf Basis Erpoxidharz eingesetzt. Ein wirksamer Schutz der Betonflächen kann nur erreicht werden, wenn die Schichtdicke mindestens 1 mm, besser jedoch 2 bis 3 mm beträgt. Dünnere Beschichtungen verzögern zwar die Zerstörung, halten sie jedoch nicht auf.
Die Beschichtung wird in zwei Schritten aufgetragen. Auf den vorbehandelten Beton wird zunächst ein geeigneter Einlaßgrund als Haftvermittler aufgetragen, darauf kommt die eigentliche Beschichtung. Wesentlich ist, daß die verwendeten Beschichtungsstoffe lösungsmittelfrei sind.
Lösungsmittelhaltige Beschichtungsstoffe führen zwangsläufig zu Poren in der Beschichtung. Diese Fehlstellen bieten in entsprechendem Milieu gute Ansiedlungsmöglichkeiten für Bakterien und ermöglichen darüber hinaus den Korrosionsangriff des Abwassers auf den Beton. Ähnlich sind die Beschichtungen einzuschätzen, die mittels wäßriger Epoxidharzdispersionen [9/9] hergestellt werden. Durch die Vielzahl der bei der Beschichtung von Betonoberflächen mit Reaktionsharzen und ihrem späteren Einsatz wirkenden Einflußfaktoren kommt es in der Praxis bei nicht völlig fachgerechter Verarbeitung zu Ablösungserscheinungen der Schutzschichten. Sie können u. a. bedingt sein durch:

- unzureichende Vorbehandlung der Betonoberfläche
- Mängel bei der Einlaßgrundierung
- zu geringe oder ungleichmäßige Schichtdicke
- Grundwassereinwirkung von außen
- Gas- oder Flüssigkeitsdiffusion durch die Schutzschicht.

Alle geschilderten Haftungsprobleme nachträglicher Beschichtungen werden durch im Beton verankerte **Auskleidungen** vermieden. Hierbei werden herkömmliche Betonrohre auf der Innenfläche mit einem korrosions- und verschleißbeständigen Werkstoff (Steinzeug, PVC, Reaktionsharzbeton) fest verbunden. Bild 9/3 zeigt ein Verbundrohr Stahlbeton/PVC-H. Das gerippte PVC-H-Material wird eingebracht, wenn der frische Beton noch weich ist. Die auf diese Weise

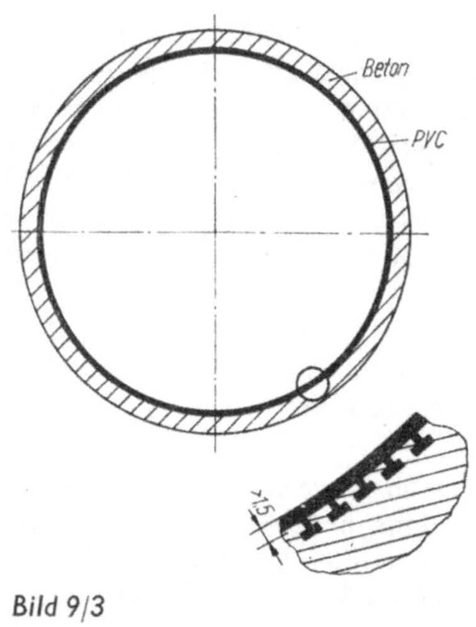

Bild 9/3
Verbundrohr Stahlbeton PVC-H nach [9/1]

erzielte Haftung ist äußerst fest. Bisher liegen gute Erfahrungen über einen Zeitraum von 20 Jahren vor. Nach dem gegenwärtigen Stand der Erkenntnisse wird eine Lebensdauer von mindestens 100 Jahren erwartet [9/10].
Sohlschalen aus Polyesterbeton können zum Schutz der stark beanspruchten Sohlen in Ortbetonkanälen und Betonrohren eingesetzt werden. Sie sind auch hervorragend für die Sanierung zerstörter Rohrsohlen und die Auskleidung von Schächten geeignet. Es lassen sich jedoch auch Rohre größeren Nenndurchmessers vollständig aus Reaktionsharzbeton herstellen. Bestimmte Baugruppen von Abwasserleitungen werden international bereits serienmäßig aus Reaktionsharzbeton hergestellt. Stellvertretend seien hier Hausanschlüsse, Senkkästen, Straßenablaufschächte und Revisionsschächte genannt.
Steigeisen in Schächten stellen hohe Forderungen an Korrosions- und Trittsicherheit, die Anstriche nur bedingt erfüllen können. Vorzugsweise sind Steigeisen aus Gußeisen einzusetzen. Eine gute, im Ausland angewandte Lösung sind längsgerillte PE-Überzüge. Längere Zeit in Betrieb befindliche Betonrohre, die infolge von Korrosionsvorgängen oder aus anderen Gründen Schäden aufweisen, können auf elegante Weise durch das Einziehen von **PE-Rohren** (*Relining*-Verfahren) saniert werden.
Voraussetzung ist, daß die statische Funktionsfähigkeit der alten Leitung noch gewährleistet ist und der aggressive Charakter des Abwassers den Einsatz von PE ökonomisch rechtfertigt. Mit dem Verfahren können bis zu 90 % der bei Rohrauswechslungen erforderlichen Tiefbaukapazitäten eingespart werden. Das *Relining*-Verfahren ist dann besonders effektiv, wenn die zugehörigen Schächte gleichzeitig rekonstruiert werden, beispielsweise durch Auskleiden mit PE-HD-Tafelmaterial [9/12].

9.2.1.2. Asbestzement

Asbestzementrohre weisen im Vergleich zu Betonrohren eine höhere chemische Widerstandsfähigkeit auf (vgl. Abschnitt 4.2.). Die im Abschnitt 6.4.1.4. beschriebenen Asbestzementrohre können gleichermaßen für die Abwasserableitung verwendet werden (Abwasserdruckrohrleitungen). Für Freispiegelleitungen sind die AZ-Rohre nach Werkstandard BAS 31-3/02 in den Nenndurchmessern 80 bis 300 zu verwenden.
International werden drucklose Kanalrohre in den Nenndurchmessern 100 bis 2500, Abwasserdruckleitungen in den Nenndurchmessern 80 bis 2000 bei Druckstufen bis zu *PN* 1,0 MPa verwendet. Schächte sind bis zur *DN* 2500 für Anschlußnenndurchmesser bis 1600 herstellbar [9/13].
Häufig erhalten diese Rohre herstellerseitige Beschichtungen (Bitumen, Teerpech, Epoxidharz). Gegen aggressive Böden und Grundwässer ist die so erreichte Resistenz völlig ausreichend. Sollte die Widerstandsfähigkeit gegen hochaggressive Abwässer nicht genügen, sind beständigere Rohrwerkstoffe zu verwenden (Plast, Steinzeug) bzw. passive Schutzmaßnahmen wie bei Betonrohren durchzuführen.

9.2.1.3. Steinzeug

Steinzeug ist als Werkstoff praktisch gegen alle Abwässer beständig, so daß Korrosionsschäden an Steinzeug-Rohrleitungen nicht auftreten. Für die Ableitung heißer sowie stark lösungsmittelhaltiger Abwässer sind sie weniger geeignet, da das als Vergußmasse für die Muffenverbindung verwendete Heißbitumen gegen diese Beanspruchungen empfindlich ist. Hier bieten sich neue Verbindungsmöglichkeiten wie

- PUR-Steckmuffen,
- Elbit-D-Ringe,
- Porige Elbit-S-Ringe

an.

Einen ausführlichen Vergleich zwischen Steinzeug und Beton bezüglich Eigenschaften und Einsatzmöglichkeiten als Kanalisationsmaterial ziehen Haage und Tatschink [9/14]. In der DDR werden Kanalisationssteinzeug-Rohre in den Nenndurchmessern 100 bis 600 produziert, international sind sie bis etwa *DN* 1200 bekannt. Der hauptsächliche Anwendungsbereich liegt in den *DN* 250 bis 400.

9.2.1.4. Plastwerkstoffe

Kanalisationsrohre aus Plastwerkstoffen setzen sich auf Grund

- geringen Gewichts
- günstiger Verlegeeigenschaften
- Resistenz selbst gegen hochaggressive Abwässer
- glatte Innenwandung

zunehmend durch.

Das **PVC-H-Kanalrohr- und -Formstücksortiment** nach TGL 28904 umfaßt derzeit die Außendurchmesser 110 bis 400 mm. Bei der Verlegung von PVC-H-Kanalrohren werden die traditionellen Einsteigschächte aus Mauerwerk bzw. Beton schrittweise durch Funktionselemente ersetzt, die aus PVC-H-Rohren und -Formstücken zusammengebaut werden (PVC-H-Rohrschacht). Vorteilhaft ist hierbei der Einsatz eines einheitlich durchgängigen korrosionsbeständigen Rohrwerkstoffs sowie die Steigerung der Arbeitsproduktivität bei der Rohrverlegung [9/15]. PVC-Kanal-Rohre werden international in Durchmessern bis 700 mm hergestellt, wobei hauptsächlich Durchmesser von 400 und 500 mm eingesetzt werden. Für die Ableitung warmer Abwässer

$t > 60°C$ bei $d = 100$ mm bis 200 mm

$t > 40°C$ bei $d = 250$ mm bis 500 mm

sind PVC-H-Kanalrohre nicht geeignet.

PE-HD-Kanalrohre werden international im Extrusionsverfahren bis 1600 mm, im Wickelverfahren bis 3000 mm Durchmesser hergestellt. Die Länge ist nur durch die Transportmöglichkeit begrenzt und kann bis zu 100 m betragen (Transport als Ringbunde oder gestreckt auf Eisenbahnzügen). Die Verlegung erfolgt bevorzugt in unwegsamem Gelände (z. B. Steilhänge), bei hoher Bodenaggressivität und bei hohen Anforderungen an die Dichtheit der Leitung (Durchquerung von Trinkwasserschutzgebieten, Düker). Schächte werden entweder komplett aus PE-HD-Rohrmaterial vorgefertigt oder man verwendet Betonschächte mit PE-Auskleidung. PE-Kanalrohre werden in der DDR aus werkstoffökonomischen Gründen nicht hergestellt; sie müssen bei begründetem Bedarf importiert werden.

Für besonders extreme Beanspruchungen (heiße aggressive Abwässer unter Druck, Untergrundbewegungen, starke Verkehrslasten) sind Rohre aus Polypropylen und Polybutylen sowie aus GUP einsetzbar.
Kansy [9/16] beschreibt die Verlegung von GUP-Rohren bei außerordentlich schwierigen Baugrundverhältnissen. Bei extremen Druckbeanspruchungen (bis *PN* 2,0 MPa) sind **glasfaserverstärkte Epoxidharzrohre** geeignet.
Diese Rohre sind jedoch in der DDR noch nicht verfügbar.

9.2.1.5. Sonstige Werkstoffe

Größere Kanalprofile wurden früher häufig (neben Beton) aus **Klinkermauerwerk** hergestellt. Diese an sich bewährte Technologie ist jedoch ökonomisch und arbeitskräftemäßig sehr aufwendig und wird deshalb kaum noch angewendet. Die Korrosionsbeständigkeit der Kanalklinker resultiert wie die der Steinzeugrohre aus dem Grundstoff Ton.
Unlegierter Stahl wird für Abwasser-Druckrohrleitungen sowie bei großer statischer und dynamischer Belastung, beispielsweise für Düker eingesetzt. Fragen des Korrosionsschutzes von Dükern sind im Abschnitt 6.4.1.1. erörtert. Ein Beispiel für den Schutz eines Abwasserdükers ist in [9/17) erläutert.

9.2.2. Abwasserpumpwerke

Pumpwerke sind Anlagen zum Heben von Abwasser, wenn eine Ableitung im freien Gefälle nicht möglich ist.
Die Beanspruchungen der wasserberührten Flächen sind die gleichen wie in den Abwasserableitungsnetzen. Die nichtwasserberührten Flächen sind vor allem Schwitzwasser und aggressive Gasen, z. B. H_2S, ausgesetzt.
Der **Beton des Sammelbehälters** muß bei starker chemischer Beanspruchung zusätzlich passiv geschützt werden [9/18]:

- Klinkerung oder Fliesung
- Beschichtung mit Reaktionsharzen
- Auskleidung mit PVC.

Abwasserführende Rohrleitungen sind je nach Aggressivität des Abwassers innen mit

Bitumen- oder Reaktionsharzbeschichtungen einzusetzen. Leitungen kleineren Nenndurchmessers sind vorteilhaft aus PVC oder PE zu fertigen.
Nichtwasserberührte Teile aus unlegiertem Stahl wie Pumpen, Rohre, Geländer, müssen einen chemikalienbeständigen Anstrich (Epoxidharz, Vinylharz, Chlorkautschuk) bzw. ein entsprechendes Duplexsystem erhalten [9/19]. Die abwasserberührten Flächen der **Pumpen** sind neben der Korrosion auch starken Angriffen durch Verschleiß und Kavitation ausgesetzt. Genügen die üblichen Stahl- und Gußwerkstoffe den korrosiven Beanspruchungen nicht mehr, sind beständigere Werkstoffe einzusetzen (z. B. Bronze, legierte Stähle, keramische Werkstoffe) bzw. Pumpen mit geeigneten Auskleidungen (z. B. Hartgummi, Plaste, Emaille) zu verwenden.
Bei starken Verschleißbeanspruchungen sind hochlegierte Stähle, Werkstoffe mit hoher Härte und Gummibeschichtungen sowie Emaillierungen und EP-Schutzschichten günstig. Kavitationsschäden kann durch Verbesserung der Betriebsbedingungen und Verwendung geeigneter Werkstoffe (Chromstähle) vorgebeugt werden. Ungünstig sind spröde Werkstoffe. Bei der Auswahl ist in jedem Falle eine Beratung durch den Pumpenhersteller zu empfehlen.
Besonders starken Angriffen durch Korrosion, Verschleiß und Kavitation sind die Laufräder der Pumpen ausgesetzt. Ein in der Wasserwirtschaft der DDR entwickeltes Verfahren [9/20] gestattet es, verschlissene Abwasserpumpenlaufräder durch Laminieren mit Epoxidharz wieder zur Funktionstüchtigkeit instand zu setzen (Foto 9/1).

9.3. Mechanische Abwasserbehandlungsanlagen

Schweb-, Schwimm- und Sinkstoffe werden auf mechanischem Wege aus dem Abwasser entfernt.
Rechenanlagen halten die groben Verunreinigungen zurück, im Sandfang setzen sich grobe, vorwiegend mineralische Sinkstoffe, wie Sand, Kies u. ä., in den Absetzbecken feine, vorwiegend organische Sinkstoffe ab.
Die mechanischen Abwasserbehandlungsanlagen bestehen aus Betonbecken und -gerinnen in unterschiedlichen Bauformen sowie Ausrüstungen hauptsächlich aus Stahl. Die Stahlausrüstungen dienen in erster Linie der Räumung der aus dem Abwasser entfernten Verunreinigungen aus den Becken.

9.3.1. Betonbauwerke

Grundsätzlich müssen die Becken und Gerinne aus **wasserundurchlässigem Beton** hergestellt werden. Bei der **Fertigteilbauweise** ist eine zuverlässige Abdichtung der Fugen zu sichern. Zur Erreichung einer ebenen Lauffläche für die Räumeinrichtungen ist es in der Regel erforderlich, montagebedingte Höhenunterschiede der einzelnen Fertigteile durch Aufbeton auszugleichen. Der Aufbeton erreicht in den meisten Fällen nicht die erforderliche Haftung auf den Fertigteilen sowie deren Wasserundurchlässigkeit.
Bei der **monolithischen Betonbauweise** treten die genannten Probleme der Fertigteilbauweise nicht auf. Hier besteht die wichtigste Aufgabe darin, unter Baustellenbedingungen die Forderungen hinsichtlich der Herstellung eines wasserdichten Qualitätsbetons (vgl. Abschnitt 4.1.2.) zu erfüllen. Für derartige Arbeiten sollten grundsätzlich nur erfahrene Spezialbetriebe gebunden werden. Da die Betonbecken in der Regel jahrzehntelang ohne die Möglichkeit einer Sanierung dauernd mit dem Abwasser in Kontakt stehen, empfiehlt sich bei hoher Aggressivität des Abwassers eine zusätzliche **Beschichtung**.
Eine bedeutende Rolle als Beschichtungsmaterial spielen die Epoxidharze. Durch ihre hohe Haftfestigkeit und hervorragenden Schutzeigenschaften (vgl. Tabelle 9/4) sind sie als Schutzschichtmaterial für Betonflächen in der Abwasserbehandlung besonders geeignet. Das beweisen Erfahrungen in der Wasserwirtschaft der DDR sowie zahlreiche Veröffentlichungen, in denen über Epoxidharzbeschichtungen von Absetzbecken, Nachklärbecken, Gerinnen, Einlauf- und Verteilerbauwerken berichtet wird [9/21], [9/22].
Der Erfolg der Beschichtungen hängt maßgeblich von der Wahl des geeigneten Beschichtungsstoffes und der Beachtung der Verarbeitungsbedingungen ab (s. Abschnitt 9.2.1.1.).

Tabelle 9/4
Beschichtungen auf Basis Teerepoxidharz

Vorteile	Nachteile
Besonders in den Schutzschichteigenschaften	**Besonders in der Verarbeitung TGL 36425**
↓	↓
Hohe Härte und Abriebbeständigkeit, gute Beständigkeit gegen aggressive Wässer, gute Haftung, glatte Oberfläche	Giftige Dämpfe, Verätzungen bei Haut- und Augenkontakt, Explosionsgefahr, begrenzte Witterungsbeständigkeit

9.3.2. Stahlausrüstungen

Für den Schutz der Stahlausrüstungen in Anlagen der mechanischen Abwasserreinigung haben sich einige wenige Systeme allgemein durchgesetzt. Es handelt sich zum einen um Zinkschutzschichten und zum anderen um organische Schutzschichten auf Basis Teer- und teermodifizierter Epoxidharze sowie die Kombination beider in Form von Duplexsystemen. So haben sich z. B. Teerpechanstriche seit über 25 Jahren bewährt.
Der Korrosionsschutz der im VEB Kombinat Wassertechnik und Projektierung Wasserwirtschaft hergestellten Anlagen für die mechanische Abwasserbehandlung entspricht im wesentlichen dem geschilderten Stand der Technik. Räumgeräte für Sandfänge und Absetzbecken erhalten im Überwasserteil chemikalienbeständige CPVC-, im Unterwasserteil vorzugsweise Teerepoxidharzanstriche.
In Kläranlagen der chemischen Industrie der DDR haben sich die genannten Systeme ebenfalls bewährt. Rundräumer und Schlammleitungen werden nach einer 200 μm dicken Spritzverzinkung mit einem vierschichtigen Teerepoxidharzanstrich (Mindestschichtdicke 250 μm) oder nur mit dem genannten Anstrich versehen, bzw. es werden Rohre aus PE-HD ($DN \leqq 100$) und PVC-H ($DN \leqq 300$) eingesetzt (vgl. [9/23]).
Bild 9/4 zeigt im Überblick bewährte Schutzsysteme, die bisher erfolgreich angewendet worden sind [9/24, 9/25]. Daraus geht hervor, daß hauptsächlich Metallschutzschichten und Duplexsysteme im Vergleich zu den einfachen Anstrichen angewendet werden.
Neben entsprechend geschütztem unlegierten Stahl werden für die Ausrüstungen international auch Aluminium-Werkstoffe ohne zusätzliche Beschichtung erfolgreich eingesetzt (z. B. Rechenanlagen, Räumerbrücken) [9/26].

9.4. Anlagen für die biologische Abwasserbehandlung

Die biologische Reinigungsstufe dient der Entfernung biologisch abbaubarer Stoffe aus dem Abwasser. Die Verunreinigungen werden durch Mikroorganismen in Gegenwart von Sauerstoff zu absetzbarem Schlamm umgewandelt und abgebaut. Man unterscheidet das Belebungsverfahren und das Tropfkörperverfahren:

- Belebungsverfahren:
  in einem künstlich belüfteten Becken werden die organischen Abwasserinhaltsstoffe durch belebten Schlamm umgewandelt. Der Sauerstoffeintrag erfolgt durch Druckluft oder Einsatz von Kreiseln und Walzen.

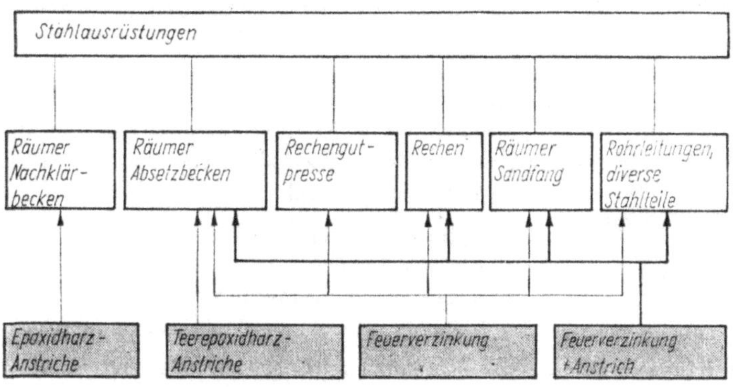

Bild 9/4
Passive Korrosionsschutzsysteme für die Stahlausrüstungen in der mechanischen Abwasserbehandlung

- Tropfkörperverfahren:
  In einem mit Brockenmaterial gefüllten Körper werden die organischen Abwasserinhaltsstoffe während des Durchrieselns unter Luftzufuhr durch Mikroorganismen auf dem biologischen Rasen (Bewuchs auf dem Tropfkörperfüllmaterial) umgewandelt.

Die korrosiven Beanspruchungen der Anlagen in der biologischen Reinigungsstufe sind durch die Zwangsbelüftung und die Anwesenheit von Mikroorganismen höher als in der mechanischen Reinigungsstufe. Die Kreisel und Walzen zum Eintragen der Luft in die Belebungsbecken sind außerdem durch Spritzwasser und durch Verschleiß stark beansprucht.

9.4.1. Belebungsbecken

Die Verfahren des Korrosionsschutzes entsprechen im wesentlichen denen, wie sie bei den Anlagen zur mechanischen Abwasserbehandlung üblich sind (vgl. Abschnitt 9.3.1.). Bei gegebenenfalls erforderlichen Beschichtungen sind auf Grund der stärkeren Beanspruchungen oft höhere Schichtdicken zweckmäßig. So sind bei **Epoxidharzschutzschichten auf den Betonflächen** der Belebungsbecken im Bereich der Kreiselbrükken, die durch die Rotation der Belüftungskreisel ständig chemischen und abrasiven Belastungen ausgesetzt sind, Schichtdicken von etwa 3 bis 4 mm erforderlich. Hier haben sich Schichten aus Epoxidharzmörtel bewährt.
Ein besonderes Korrosionsschutzproblem stellen die hauptsächlich aus **unlegiertem Stahl** bestehenden Einrichtungen zum Eintragen der Luft in die Belebungsbecken (Walzen, Kreisel u. ä.) dar. Für die Teile mit ständiger Abwasserbeanspruchung (z. B. Wurfrad) werden chemikalienbeständige CPVC-Anstriche den an die Haltbarkeit zu stellenden Mindestforderungen gerecht. Eine höhere Haltbarkeitsdauer wird mit Teerepoxidharzanstrichen, die sich für diese Anwendungsfälle allgemein durchgesetzt haben, erreicht. Die übrigen Teile sind durch CPVC-Anstriche zu schützen.
Auf Grund der begrenzten Haltbarkeitsdauer von Anstrichschichten empfiehlt sich gerade bei diesen überdurchschnittlich beanspruchten Teilen eine Substitution durch korrosionsbeständige Werkstoffe. So wird in der chemischen Industrie bereits erfolgreich GUP als Werkstoff für die rotierenden Belüftungsaggregate eingesetzt. Auch die mitunter noch anzutreffende Bauweise, Brücken und Tischbauwerke für die Belüftungskreisel aus unlegiertem Stahl anstelle von Beton zu fertigen, ist vom Standpunkt des Korrosionsschutzes abzulehnen.
Filterrohre und -platten für die Belüftung in Druckluftbecken bestehen aus Plast (z. B. PVC) oder keramischem Material nach TGL 31-5001/01; unlegierter Stahl muß verzinkt oder mit Teerepoxidharzanstrichen geschützt sein.

9.4.2. Tropfkörper

Tropfkörper bestehen bei der herkömmlichen Bauweise aus Beton. Es gibt jedoch im internationalen Maßstab Bestrebungen, dieses traditionelle Verfahren durch Werkstoffe und Bauformen zu ersetzen, die zum einen korrosionsbeständiger sind, zum anderen einen schnelleren Baufortschritt ermöglichen sowie eine geringere Masse besitzen:

- Zylinder oder Polygon aus GUP-Fertigteilen [9/27]
- Stahlskelettbauweise, innen mit PVC-Wellbahnen behängt, außen mit Asbestzement-Polystyrol-Asbestzement-Kombinationsplatten verkleidet [9/28].

Für die Ausrüstungen zur Verrieselung des Abwassers auf den Tropfkörpern (**Drehsprenger**) sind verzinkte, auch epoxidharzbeschichtete Stahlprofile zu verwenden. Als **Füllmaterial** für die Tropfkörper werden gebrochenes Gestein, (Granit, Basalt usw.), Schlacken, Koks und keramisches Material eingesetzt.
Neuerdings wird auch Tropfkörperfüllmaterial aus Plastwerkstoffen, vorzugsweise PVC-H, eingesetzt. Durch

- hohe Lebensdauer
- geringe Masse
- großes Hohlraumvolumen

dieser Füllelemente können die Aufwendungen für Transport und Einbau gesenkt werden.

9.5. Schlammbehandlungsanlagen

Der in den Absetzbecken anfallende Frischschlamm ist aus hygienischen (enthaltene Krankheitskeime, übler Geruch) und wirtschaftlichen Gründen (Wassergehalt etwa 95%) nicht vertretbar. Ziel der Schlammbehandlung ist es, diese Nachteile auszuschalten und eine Nutzbarkeit der Produkte zu erreichen. Zu diesem Zweck wird der Frischschlamm in Schlammeindickern eingedickt und in offenen oder geschlossenen Faulbehältern durch anaerobe Bakterien ausgefault. Der im Ergebnis des Prozesses entstehende Faulschlamm besitzt nur noch etwa 8% des ursprünglichen Volumens und kann landwirtschaftlich genutzt werden.

Die korrosive Beanspruchung der **Schlammeindicker** aus unlegiertem Stahl richtet sich nach der Herkunft des Schlamms innerhalb des technologischen Prozesses der Abwasserbehandlung. Vorzugsweise sind Teerepoxidharzanstriche einzusetzen, mit chemikalienbeständigen CPVC-Anstrichsystemen können Mindestforderungen erfüllt werden. Zur Erzielung eines langjährigen, instandhaltungsarmen Korrosionsschutzes der Schlammeindicker werden in der chemischen Industrie potentialgesteuerte Schutzstromanlagen angewendet [9/29]. Die erforderliche Schutzstromdichte beträgt etwa 50 mA/m² bei einer spezifischen Leitfähigkeit des Schlammwassers von 6,5 mS/cm. Zusätzlich zur Schutzstromanlage sind im Bereich des mechanisch stark belasteten Krählwerkes Magnesium-Aktivanoden angeordnet. Eine Prinzipdarstellung ist aus Bild 9/5 ersichtlich.

Die während der Schlammfaulung u. a. entstehenden Abbauprodukte

- Kohlendioxid
- Schwefelwasserstoff
- Ammoniak

bestimmen die korrosive Wirkung des Mediums in den Faulbehältern. Bei den **geschlossenen Faulbehältern** ist hinsichtlich der Korrosionsgefährdung zwischen dem Bereich des Faulwassers einerseits und dem Bereich der Schwimmschlammschicht und des Gasdomes andererseits zu unterscheiden. In der Faulwasserzone liegt – einen normalen technologischen Betriebsverlauf vorausgesetzt – ein schwach alkalisches Medium vor, Sauerstoff ist nicht vorhanden. Entsprechend seiner Zusammensetzung und vorhandener praktischer Erfahrungen [9/30] kann das Schlammwasser als nicht stahl- und betonaggressiv eingeschätzt werden. Dagegen ist das im Gasraum bei Unterschreitung des Taupunktes anfallende Kondensat des Faulgases (H_2S- und CO_2-haltig) infolge seiner sauren Reaktion (pH-Wert etwa 4) stahl- und betonaggressiv. Bei Stahlbehältern besteht zusätzlich die Gefahr der Spannungsrißkorrosion.

Die geschlossenen Faulbehälter werden überwiegend aus Stahlbeton bzw. Spannbeton hergestellt. Bei Herstellung eines wasserundurchlässigen Betons benötigt der Beton der Faulwasserzone keine zusätzliche Beschichtung.

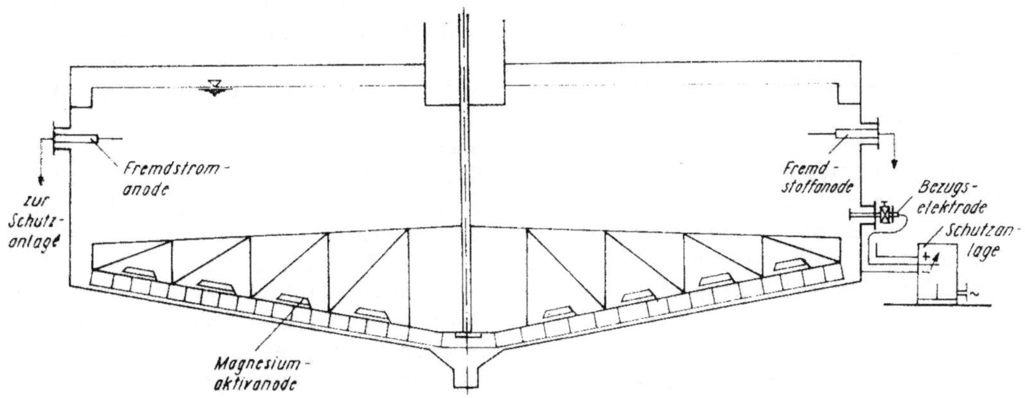

Bild 9/5
Querschnitt durch einen Schlammeindicker mit potentialgesteuerter Schutzstromanlage

In diesem Fall ist nur eine Beschichtung der am meisten gefährdeten Bereiche (wechselnder Schlammspiegel, Gasraum) erforderlich. Als Schutzmaßnahmen haben sich Beschichtungen auf Basis Epoxidharz bewährt. Auf die Grundierung aus ungefülltem, lösungsmittelhaltigen Harz werden lösungsmittelfrei etwa vier Deckschichten aufgetragen. Die Gesamtschichtdicke soll zwischen 1,5 und 3 mm liegen.

Besteht durch anfallende Industrieabwässer die Gefahr des Umkippens des Behälterinhalts in den sauren Bereich oder wurde keine Wasserdichtigkeit des Betons erreicht, ist eine vollständige Innenbeschichtung aufzubringen. Werden diese Hinweise nicht beachtet, kann es nach kurzer Zeit zu schwerwiegenden Schäden kommen, die die Funktionstüchtigkeit der Anlage in Frage stellen. So sind Fälle bekannt, wo nach einer Betriebsdauer von fünf Jahren der Beton bereits bis in eine Tiefe von etwa 20 mm zerstört war [9/31].

Zur Erreichung der Wasserdichtigkeit undichter Behälter muß der gesamte Faulraum mit Spritzbeton und Epoxidharz-Spachtelungen unter hohem ökonomischen Aufwand beschichtet werden.

Neben der herkömmlichen Betonbauweise sind z. T. auch **geschlossene Faulbehälter aus unlegiertem Stahl** gebräuchlich. Im Bereich der Faulwasserzone kann Stahl im allgemeinen ungeschützt eingesetzt werden. Für den Gasraum sind Teerepoxidharz-Beschichtungen bzw. Duplexsysteme vorzusehen. Besteht die Gefahr erhöhter Korrosionsaggressivität infolge unregelmäßiger Betriebsführung (Anfall von Industrieabwässern), ist der gesamte Behälterraum zu beschichten. Durch zusätzliche Anwendung des kathodischen Schutzes können Einbauten und Behälterwände aus unlegiertem Stahl auch unter diesen aggressiven Bedingungen auf Jahre hinaus sicher geschützt werden. *Pynn* [9/32] beschreibt den Schutz der Stahleinbauten in einem Faulbehälter aus Beton, bei dem drei platinierte Titananoden im Winkel von 12° zueinander durch das Dach in den Behälter geführt werden.

Die **offenen Faulbehälter** werden als Beton- oder als Erdbecken ausgebildet. Für den Schutz bei Betonbauweise gilt das für geschlossene Behälter Gesagte. Um eine Gefährdung des Grundwassers durch versickerndes Schlammwasser auszuschließen, empfiehlt sich für Erdfaulbehälter eine Abdichtung. Ein gutes Beispiel ist die Auslegung eines Erdbeckens mit GUP-Bahnen [9/33]. Die Beckenauskleidung und Abdichtung erfolgt auf einem 10-cm-Kiesbett. Die einzelnen Bahnen werden zusammenlaminiert. Metallische Rohrdurchführungen werden nach entsprechender Vorbehandlung ebenfalls mit einlaminiert.

9.6. Einzelkläranlagen

Unter Einzelkläranlagen sollen hier Kleinkläranlagen nach TGL 7762 und Kleinbelebungsanlagen nach TGL 22767 und TGL 35772/02 verstanden werden. Sie dienen der Abwasserbehandlung von Bedarfsträgern, die auf Grund ihrer territorialen Lage nicht an zentrale Abwasserbehandlungsanlagen angeschlossen werden können (Einzelgebäude, kleine Siedlungen, Ferienheime u. ä.). Einzelheiten zu Bauformen, konstruktiver Gestaltung und Wirkungsweise vermittelt [9/34].

Die Anlagen aus **Beton bzw. Stahlbeton** werden aus Betonfertigteilen oder in Ortbeton errichtet. Um das Versickern von Abwasser in den Erdboden und in das Grundwasser zu verhindern, muß der Beton wasserundurchlässig sein. Für die Kleinkläranlagen nach TGL 7762 ist als aktiver Korrosionsschutz der Betonformsteine die Betonklasse Bk 25 sowie eine Betondeckung der Stahleinlagen von 30 mm vorgesehen. Die aus den Betonformsteinen hergestellten Umfassungswände erhalten einen 25 mm dicken wasserundurchlässigen Putz sowie zum Schutz vor den chemischen Angriffen des Abwassers eine 1 bis 1,5 mm dicke Beschichtung auf Basis Bitumen.

Kleinbelebungsanlagen aus **unlegiertem Stahlblech** werden vom Hersteller komplett vorgefertigt. Die erdboden- und abwasserbeanspruchten Flächen der Anlagen nach TGL 35772/02 erhalten einen 200 μm dicken bituminösen Anstrich, welcher jedoch Forderungen nach langer Haltbarkeitsdauer nicht erfüllen kann. Hier sind Beschichtungen auf Teerepoxidharzbasis zweckmäßiger, für die erforderlichen Einbauten sollten weitestgehend Plastwerkstoffe (z. B. Rinnen, Entlüftungsrohre aus PVC) verwendet werden. Die atmosphärisch beanspruchten Flächen (Geländer) werden mit einem CPVC-Anstrich geschützt. Um die Korrosionsprobleme, die bei den Anlagen aus Beton oder Stahl auftreten, zu vermeiden, geht die Tendenz zum Einsatz korrosionsbeständiger Werkstoffe. Im Ausland werden bereits Einzelkläranlagen aus GUP bzw. Reaktionsharzbeton hergestellt.

10. Korrosionsprüfung

Die Korrosionsprüfung ist ein Spezialgebiet des Korrosionsschutzes. Mit ihrer Hilfe sind vorrangig folgende Aufgaben zu lösen:

- prophylaktische Ermittlung der Einsatzgrenzen von Werkstoffen unter den jeweiligen Bedingungen
- Auswahl von Korrosionsschutzverfahren und Festlegung ihrer Einsatzgrenzen
- Überwachung von Korrosionsprozessen und Kontrolle der Wirksamkeit angewendeter Korrosionsschutzverfahren
- Ursachenforschung bei aufgetretenen Korrosionsschäden.

Insbesondere wird der betrieblichen Korrosionsüberwachung und der Kontrolle der Wirksamkeit von Korrosionsschutzmaßnahmen gegenwärtig noch zu wenig Aufmerksamkeit geschenkt. Da jedoch die Auswahl optimaler Korrosionsschutzverfahren nur mit Hilfe einer exakten Korrosionsprüfung möglich ist, muß dieses Aufgabengebiet sowie die Entwicklung geeigneter Prüfmethoden und -geräte zukünftig eine weitaus größere Unterstützung erfahren.
Verantwortlich für die Anwendung bekannter Prüfverfahren sind Hersteller und Betreiber wasserführender Anlagen. Die Bauakademie der DDR, Dienststellen des ASMW sowie die Zentralstelle für Korrosionsschutz unterstützen Hersteller und Betreiber von Anlagen bei der Durchführung von Prüfungen.
Im folgenden sollen für die Hauptkonstruktionsmaterialien in wasserführenden Anlagen – metallische Werkstoffe, Beton und Plaste – sowie für Schutzschichten auf metallischen Werkstoffen und für den kathodischen Schutz bekannte Auswerteverfahren genannt sowie Hinweise und Anregungen für ihre Durchführung gegeben werden.
In wasserführenden Anlagen ist speziell die **Couponmethode** als Prüfverfahren geeignet. Die hierfür einzusetzenden Probenarten (Coupons) sind von dem jeweiligen Auswerteverfahren abhängig und können Bleche, speziell angefertigte Probekörper, Rohre, Sonden sowie im übertragenen Sinn das gesamte wasserführende System sein.
Im Labor sollte die Korrosionsprüfung unter möglichst praxisnahen Bedingungen erfolgen. Beim Einbau von Coupons in Betriebsanlagen ist vorzugsweise eine **Bypaßschaltung** zu wählen (Bild 10/1), wodurch das Einbringen, Auswechseln und Entnehmen von Proben ohne Betriebsstörungen möglich ist.

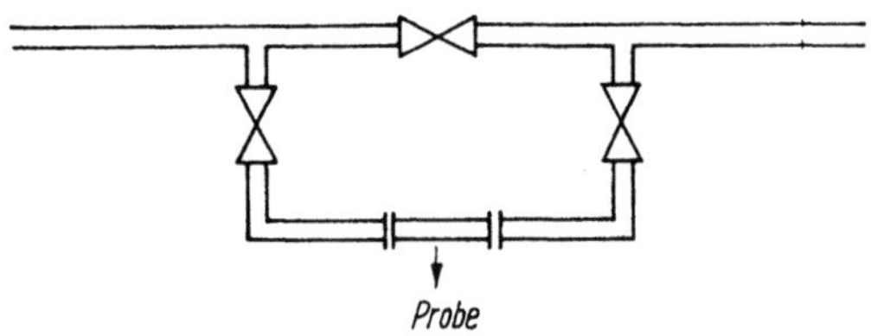

Bild 10/1
Bypaßschaltung

10.1. Prüfung metallischer Werkstoffe

In diesem Komplex sollen in erster Linie die Beständigkeit metallischer Werkstoffe unter bestimmten Betriebsbedingungen, die möglichen Erscheinungsformen der Korrosion sowie die Ursachen für aufgetretene Schäden ermittelt werden.
Die Korrosionsprüfung an metallischen Werkstoffen ist gegenwärtig am weitesten entwickelt und wird auch am ehesten zur Betriebs wachung angewendet. Hierfür sind eine Reih von Auswerteverfahren bekannt, die in Abhängigkeit von der zu lösenden Aufgabe auszuwählen sind.

10.1.1. Visuelle Auswertung

Die Auswertung umfaßt die Begutachtung der Metalloberfläche **vor und nach der Entfernung der Korrosionsprodukte.** Die Reinigung der Metalloberfläche erfolgt mittels Beizlösungen nach TGL 18752. Bei örtlichen Korrosionserscheinungen wird die Tiefe des örtlichen Angriffs mittels Meßuhr ermittelt. Häufig ist auch eine Bestimmung der chemischen Zusammensetzung der Korrosionsprodukte wünschenswert.

Mit Hilfe dieses Auswerteverfahrens können Art und Menge der in den Rohren befindlichen Korrosions- und Inkrustationsprodukte und die Erscheinungsform der Korrosion (ebenmäßig, örtlich) festgestellt werden. Es dient zu einer qualitativen Einschätzung des Korrosionsverhaltens von Werkstoffen und der Wirksamkeit von Korrosions- und Inkrustationsschutzmaßnahmen in wasserführenden Anlagen.

10.1.2. Metallographische Auswertung

Diese Auswertung zur **Ermittlung des Gefügezustandes** und der **Erscheinungsform** der Korrosion erfolgt an Querschliffen nach TGL 18752. Hierdurch ist eine Bestimmung der Korrosionsart (s. Abschnitt 2.6.) möglich. Sie dient hauptsächlich zur Aufklärung von Korrosionsschäden.

Resultate metallografischer Untersuchungen zeigen die Fotos 42 bis 46. Foto 42 zeigt die Spongiose an Gußeisen. Spannungsrißkorrosion ist auf den Fotos 43 und 44 dargestellt, wobei ersteres eine interkristalline Spannungsrißkorrosion an einem Kesselblech aus unlegiertem Stahl und letzteres eine transkristalline Spannungsrißkorrosion an dem hochlegierten Stahl X5CrNi 18.10 zeigt. Weiterhin sind eine Pfropfenentzinkung an einem Messingrohr (Foto 45) und interkristalline Korrosion an SoMs76 (Foto 46) dargestellt.

10.1.3 Bestimmung des Masseverlustes

Die Bestimmung des Masseverlustes erfolgt nach TGL 18752 vorzugsweise mittels Wägung. Hierzu werden die Proben zum Versuchsbeginn und nach Entfernung der Korrosionsprodukte (s. TGL 18752) gewogen. Die sich ergebende Differenz ist der Masseverlust. Daraus läßt sich bei Kenntnis der Oberfläche und der Versuchsdauer die **Korrosionsgeschwindigkeit** V_m berechnen.

$$V_m = \frac{\Delta m}{s \cdot \Delta t} \qquad (10/1)$$

Δm Masseverlust
s Oberfläche
Δt Versuchsdauer

Die Angabe der Korrosionsgeschwindigkeit erfolgt in g/m^2h, g/m^2d oder g/m^2a.

Vielfach ist es auch üblich, die Korrosionsgeschwindigkeit als **lineare Korrosionsgeschwindigkeit** V_L in mm oder μm pro Tag oder Jahr anzugeben. Es gilt

$$V_L = \frac{V_m}{\varrho} \qquad (10/2)$$

ϱ Dichte des Metalls

Nachteile dieses Verfahrens sind die relativ lange Versuchsdauer von Wochen bzw. Monaten und der Erhalt von Durchschnittswerten, wodurch keine plötzlichen Änderungen der korrosiven Bedingungen erfaßt werden.

10.1.4 Analytische Auswertung

Analytische Methoden spielen in der Korrosionsprüfung eine große Rolle, wobei sowohl die klassischen als auch moderne Verfahren eingesetzt werden. So ist durch eine analytische Bestimmung des **Sauerstoffgehalts** oder der in **Lösung gehenden Korrosionsprodukte** eine Korrosionsüberwachung wasserführender Anlagen möglich. Beispielsweise kann an Hand des Eisengehalts im Wasser die korrosionschützende Wirkung von Phosphatinhibitoren in einer Warmwasser-Versorgungsanlage nachgewiesen werden [10/1] (Bild 10/2). Aus dem nach dem Ansteigen der Eisenkonzentration infolge des Abbaus von Korrosionsprodukten erfolgenden Abfall kann auf eine Schutzschichtbildung geschlossen werden. Dies wurde durch die visuelle Auswertung von Rohrproben bestätigt.

Derartige Messungen zur Beurteilung von Deckschichten können präziser und schneller

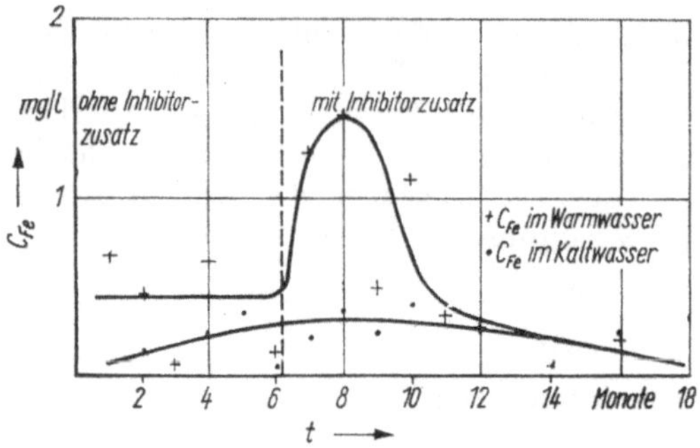

Bild 10/2
Eisenkonzentration des Warm- und Kaltwassers in Abhängigkeit von der Versuchsdauer

nach dem in [10/2] beschriebenen Verfahren durchgeführt werden. Hierzu wird das Testrohr aus dem System, in welchem die Deckschichtbildung erfolgte, entnommen und in eine Kreislaufapparatur eingebaut. Bei gleichen Strömungsbedingungen wird nun die Zunahme der Eisenkonzentration im Kreislaufwasser gemessen.

Bei Anwendung einer genügend empfindlichen Methode der Eisenbestimmung können bei einer Versuchsdauer bis zu einer Stunde ausreichend genaue Meßergebnisse erhalten werden, die eine direkte Beurteilung der schützenden Eigenschaften der Deckschichten gestatten.

Aus Sauerstoffdifferenzmessungen ist die Ermittlung der Korrosionsgeschwindigkeit ebenfalls möglich [10/3]. Bei einer Schutzschichtbildung darf im System praktisch keine Sauerstoffzehrung auftreten. Die analytische Überwachung des Sauerstoffgehalts ist insbesondere für Kessel- und Wärmeversorgungsanlagen wichtig.

Methoden für die Bestimmung der Zusammensetzung von Korrosionsproduktschichten sind die klassischen analytischen Verfahren und die modernen Untersuchungsverfahren. Als letztere seien hier nur genannt:

- Thermogravimetrie
- Elektronenstrahlmikroanalyse
- Ionensonde.

Hinsichtlich der Durchführung und des Anwendungsbereichs dieser Verfahren wird auf die entsprechende Fachliteratur verwiesen.

10.1.5. Elektrische und elektrochemische Auswertung

Bei der Korrosionsprüfung in Labor und Praxis ist es vielfach erforderlich, Korrosionsgeschwindigkeiten und zeitliche Änderungen von Korrosionsgeschwindigkeiten mit großer Genauigkeit zu bestimmen. Deshalb werden international im verstärkten Maße elektrische Widerstandsmessungen und elektrochemische Verfahren wie die Polarisationswiderstandsmessung und die Auswertung charakteristischer Bereiche der Stromdichte-Potential-Kurve zur Bestimmung der Korrosionsgeschwindigkeit herangezogen. Daneben spielen noch die Ermittlung der Kontaktkorrosionsgeschwindigkeit, die beim Zusammenbau unterschiedlicher Metalle von Bedeutung ist, und die Prüfverfahren beim kathodischen Schutz erdverlegter metallener Anlagen eine wichtige Rolle.

10.1.5.1. Elektrische Widerstandsmessung

Es wird davon ausgegangen, daß die relative Widerstandsänderung einer dem aggressiven Medium ausgesetzten Metallprobe proportional dem Dickenabtrag und damit dem Korrosionsverlust ist. Bei den verwendeten Metallproben muß die Länge sehr viel größer als der Querschnitt sein. Als Probenkörper werden eingesetzt:

- dünne Drähte
  (l etwa 200 mm; ∅ etwa 0,5 bis 2,0 mm)
- Folien
  (l etwa 200 mm; b etwa 3 mm, $d = 0{,}05$ bis $0{,}1$ mm).

Aus der Widerstandsänderung erhält man für die relative Änderung des Radius der Drähte

$$\frac{\Delta r}{r_0} = 1 - \sqrt{1 - \frac{\Delta R}{R_t}} \qquad (10/3)$$

$$\Delta r = r_0 - r_t$$

$$\Delta R = R_t - R_0$$

r_0 Ausgangsradius
r_t Radius zur Zeit t
R_0 Ausgangswiderstand
R_t Widerstand zur Zeit t

Analog erhält man für die relative Dickenänderung der Folien

$$\frac{\Delta d}{d_0} = \frac{\Delta R}{R_t} \qquad (10/4)$$

$$\Delta d = d_0 - d_t$$

d_0 Ausgangsdicke
d_t Dicke zur Teit t

Die gemessenen Änderungen des Radius oder der Dicke entsprechen der linearen Korrosionsgeschwindigkeit.
Im Foto 47 ist eine Meßsonde dargestellt. Durch das Anbringen von Flanschen und durch das Aufstecken einer durchbrochenen Schutzhülse auf die Folie kann diese auch bei strömenden Medien in wasserführenden Anlagen eingesetzt werden. Die Resultate einer elektrischen Widerstandsmessung werden im Bild 10/3 angeführt.
Die elektrische Widerstandsmessung wird in Geräten, die z. B. unter den Namen **Korrosimeter oder Korrometer** bekannt sind, industriell genutzt. Sie eignet sich besonders für vergleichende Untersuchungen, zur Überprüfung der Wirksamkeit von Inhibitoren und wegen ihrer großen Empfindlichkeit als **Indikatormethode**. Einzelheiten zu diesem Verfahren, Anwendungsmöglichkeiten, Beispiele für die Probenausführung und weitere Literatur sind in [10/4] enthalten.

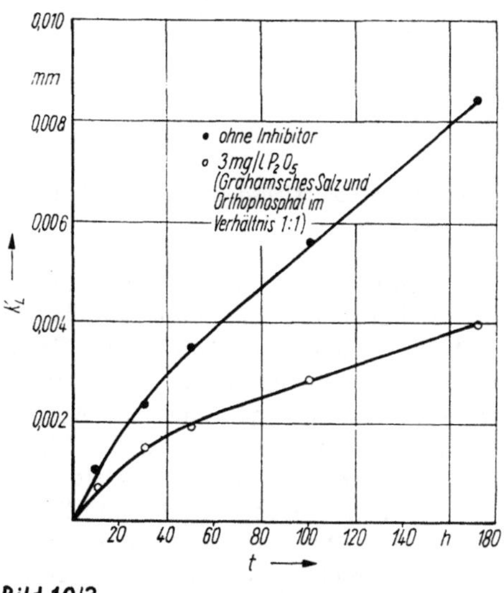

Bild 10/3
Inhibitionswirkung von Phosphaten an Stahl in Leitungswasser bei 50 °C

10.1.5.2. Polarisationswiderstandsmessung

Dieses Verfahren beruht auf der Ermittlung des Anstiegs der Stromdichte-Potential-Kurve in der Nähe des Korrosionspotentials. Der Polarisationswiderstand R_p ist folgendermaßen definiert:

$$R_p = \left(\frac{\Delta\varepsilon}{\Delta i}\right)_{\varepsilon \to \varepsilon_K} \qquad (10/5)$$

$\Delta\varepsilon$ Differenz zwischen Prüf- und Korrosionspotential
Δi Differenz der zugehörigen Stromdichten
ε Prüfpotential
ε_K Korrosionspotential

Seine Messung erfolgt durch geringfügige anodische oder kathodische Polarisation ($|\Delta\varepsilon| \leqq 10$ mV) einer Probe aus dem zu untersuchenden Metall. Hierzu kann Wechselstrom niederer Frequenz (0,25 bis 1 Hz) oder Gleichstrom verwendet werden.
Die **Gleichstrommessung** ist beim Vorhandensein von Korrosionsprodukten auf dem Metall vorzuziehen. Der Polarisationswiderstand ist zur Korrosionsgeschwindigkeit V_m umgekehrt proportional.

$$V_m = \frac{B}{R_p} \qquad (10/6)$$

B Konstante

Im Bild 10/4 sind die an unlegiertem Stahl in zirkulierendem weichen Trinkwasser von 30 °C gemessenen Polarisationswiderstände und die daraus berechneten Korrosionsgeschwindigkeiten dargestellt. Mit der gleichzeitig durchgeführten gravimetrischen Bestimmung der Korrosionsgeschwindigkeit bestand eine befriedigende Übereinstimmung.
Für die Korrosionsprüfung ist die Polarisationswiderstandsmessung ein sehr bedeutungsvolles Verfahren. Während es international bereits im großen Umfang eingesetzt wird, besteht in der DDR ebenso wie bei der elektrischen Widerstandsmessung, vor allem hinsichtlich der Bereitstellung von Geräten, ein Nachholebedarf.
Entsprechende Geräte sind z. B. unter der Bezeichnung **Corrater und Polarotron** bekannt. Es können Augenblickgeschwindigkeiten und der Zeitverlauf der Korrosion bequem und schnell bemessen werden. Dieses

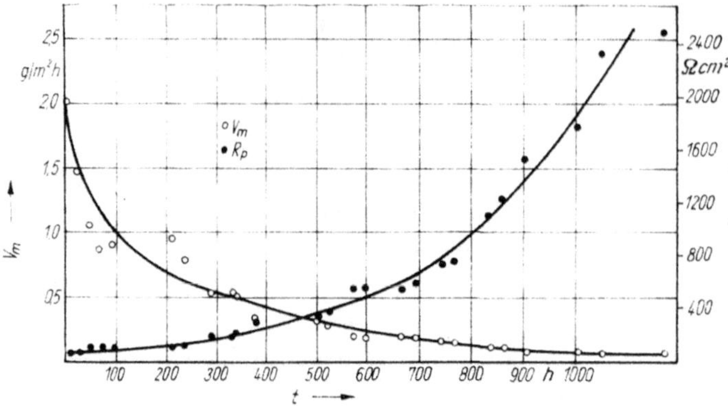

Bild 10/4
Polarisationswiderstand und Korrosionsgeschwindigkeit in Abhängigkeit von der Versuchsdauer

Verfahren ist z. B. für die Bewertung der Korrosionsinhibierung von großer Bedeutung, da Änderungen der korrosiven Bedingungen sofort angezeigt werden. Dadurch ist man in der Lage, das Inhibitorprogramm zu optimieren. Hinsichtlich Meßanordnung, Durchführung und Bestimmung der Konstanten wird a. [10/5], [10/6] verwiesen.

10.1.5.3. Auswertung charakteristischer Bereiche der Stromdichte-Potential-Kurve

Bei Korrosionsreaktionen, deren geschwindigkeitsbestimmender Schritt der Durchtritt von Teilchen durch die Phasengrenze ist, erhält man beim Auftragen von lg*i* über ε bei der kathodischen und anodischen Stromdichte-Potential-Kurve lineare Bereiche (**Tafel-Bereiche**). Werden diese extrapoliert, schneiden sie sich theoretisch beim Korrosionspotential, und die dazugehörige Stromdichte ist die Korrosionsstromdichte, d. h. die in elektrischen Maßeinheiten ausgedrückte Korrosionsgeschwindigkeit (Bild 10/5).

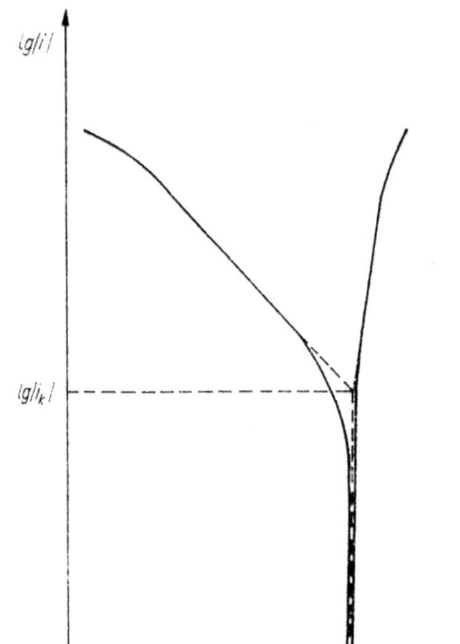

Bild 10/5
Bestimmung der Korrosionsgeschwindigkeit aus den Tafelgeraden

Diffusionskontrollierte Reaktionen enthalten in der Stromdichte-Potential-Kurve einen nahezu potentialunabhängigen **Grenzstrom**, z. B. den Diffusionsgrenzstrom der Sauerstoffreduktion. Liegt das Korrosionspotential im Bereich eines solchen Grenzstroms, kann der Korrosionsstrom wieder durch Extrapolation der entsprechenden Potentialfunktion der Grenzstromdichte auf das Korrosionspotential erhalten werden (Bild 10/6). Beim gleichzeitigen Auftreten von Tafelbereichen und Grenzströmen wird, wenn der Grenzstrom mehr als 120 mV vom Korrosionspotential entfernt beginnt, der Tafelbereich zur Bestimmung herangezogen, anderenfalls der Grenzstrombereich. Sind Tafel- und Grenzstrombereich nicht eindeutig trennbar, ist dieses Verfahren nicht geeignet. Die Auswertung charakteristischer Bereiche der Stromdichte-Potential-Kurve ist für Betriebskontrollen, insbesondere bei Metallen mit Korrosionsproduktschichten, wenig geeignet, so daß das Hauptanwendungsgebiet in der Laborprüfung liegt. Hinsichtlich der Durchführung derartiger Messungen sei auf [10/6] verwiesen.

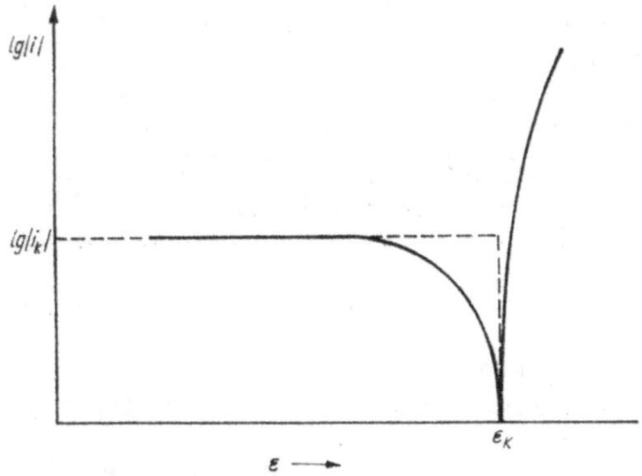

Bild 10/6
Bestimmung der Korrosionsgeschwindigkeit aus dem Diffusionsgrenzstrom der Sauerstoffreduktion

10.1.5.4. Kontaktkorrosionsstrommessungen

Die zu untersuchende Metallkombination, die in das wäßrige Medium eintaucht, wird außerhalb des Mediums über einen sehr kleinen Widerstand kurzgeschlossen (Bild 10/7). Der Kontaktkorrosionsstrom ist dem Spannungsabfall über diesem Widerstand proportional. Ein weiteres Meßverfahren besteht darin, daß mittels einer äußeren Spannungsquelle, z. B. eines Potentiostaten, zwischen den beiden Metallen die Potentialdifferenz Null eingestellt wird. Der Strom, der zur Einstellung der Potentialdifferenz Null erforderlich ist, entspricht dem Kontaktkorrosionsstrom. Zur Abschätzung der Gefährdung von Metallkombinationen durch Kontaktkorrosion ist es unerläßlich, neben der Kontaktkorrosionsmessung auch die Eigenkorrosion des unedleren Werkstoffs zu bestimmen.
Nur der Vergleich dieser beiden Werte führt zu praktisch brauchbaren Aussagen.

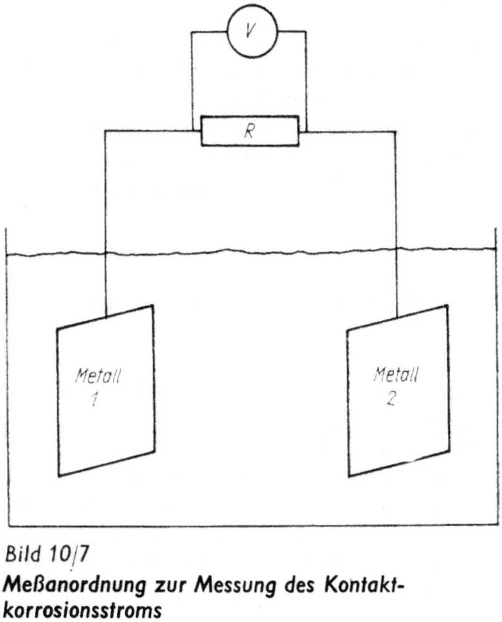

Bild 10/7
Meßanordnung zur Messung des Kontaktkorrosionsstroms

10.1.5.5. Meßverfahren beim kathodischen Schutz erdverlegter metallener Anlagen

An erdverlegten Anlagen werden Potential- und Strommessungen verwendet. Sie dienen

- zur Feststellung der Gefährdung ungeschützter Anlagen durch Streuströme
- zur Einstellung katodischer Schutzanlagen
- zur Kontrolle der Wirksamkeit kathodischer Schutzanlagen.

Hinsichtlich der Messung wird auf TGL 18790/03 verwiesen.

10.2. Prüfung von Anstrichen

Die Einhaltung der vorgeschriebenen Schichtdicke von Anstrichen und Schutzschichten ist ein wichtiges Qualitätskriterium, weshalb ihrer Messung eine große Bedeutung zukommt. Für das Grundmetall Stahl werden zur routinemäßigen Kontrolle in der Praxis vorwiegend zerstörungsfreie Verfahren, die auf **magnetischer oder elektromagnetischer Grundlage** arbeiten, angewendet. Hierfür stehen die Geräte Mumet, MSM 1 und Ultrameter zur Verfügung. Mumet und MSM 1 sind einfache magnetisch arbeitende Handgeräte mit einer Meßungenauigkeit von etwa 10 %. Das Ultrameter ist ein auf elektromagnetischer Grundlage (Netz- oder Batterieanschluß) arbeitendes Gerät mit einer Meßungenauigkeit von etwa 5 %. Die Verfahren sind in der TGL 18780/06 standardisiert.
Eine Einschätzung der Oberflächenqualität metallischer und nichtmetallischer anorganischer Schutzschichten erfolgt durch visuelle

Beurteilung nach TGL 18784; eine Bewertung von Anstrichzerstörungen nach TGL 27293/03 bis /05.
Zur **Bestimmung der Unterrostung** von Anstrichen kann die elektrische Widerstandsmessung eingesetzt werden. Damit können z. B. unter wasserbeanspruchten pigmentierten Anstrichschichten Korrosionserscheinungen, die einem gleichmäßigen Abtrag von $5 \cdot 10^{-2}\,\mu m$ entsprechen, sicher nachgewiesen werden [10/7]. Die Unterrostung ist damit u. U. wesentlich eher feststellbar, als visuell wahrnehmbare Veränderungen deutlich werden.

10.3. Prüfung von Beton

Die Korrosionsprüfung an Betonen entspricht im wesentlichen einer Qualitätsprüfung und wird entweder vor der Errichtung mit dem vorgesehenen Beton oder nach Vollendung des Bauwerks mit dem verwendeten Beton vorgenommen.
Die Korrosionsbeständigkeit eines erhärteten Betons gegenüber Wässern und Erdstoffen wird durch die Betonklasse, die Porosität und die Wasserdichtigkeit charakterisiert. Für die Korrosionsbeständigkeit des Bewehrungsstahls ist die Alkalität von entscheidender Bedeutung. Die Verwendung geeigneter Zemente gemäß den Beanspruchungsbedingungen wird dabei vorausgesetzt.

10.3.1. Bestimmung der Norm-Würfeldruckfestigkeit – Betonklassifizierung

Beton wird nach seiner Norm-Würfeldruckfestigkeit in N/mm² in **Betonklassen** (Bk) eingestuft. Unter der Würfeldruckfestigkeit versteht man nach TGL 33433/04 die mittlere Bruchspannung durch gleichmäßig verteilten Druck belasteter Prüfkörper von 150 mm Kantenlänge aus Beton. Die Normprüfung ist nach TGL 33433/01 und /04 an gesondert herzustellenden Prüfkörpern durchzuführen. Ziel ist der Nachweis, daß mit dem verwendeten Betongemenge bei sachgemäßer Verarbeitung die geforderten Festbetoneigenschaften erreicht werden können.

Die Prüfung der Druckfestigkeit erfolgt durch kontinuierliche Belastung des Prüfkörpers zwischen den beiden Druckplatten der Druckfestigkeitsprüfmaschine bis zum Bruch. Als Bruchkraft gilt die erreichte Höchstkraft in N. Aus der Bruchkraft ergibt sich die Würfeldruckfestigkeit R nach folgender Beziehung:

$$R = \alpha \frac{F}{A} \qquad (10/7)$$

F Bruchkraft in N
A Nennquerschnittsfläche des Prüfkörpers in mm²
α Umrechnungskoeffizient, wenn Kantenlänge des Prüfkörpers $a = 150$ mm

Die Auswertung der Prüfung erfolgt nach TGL 33411/02.

10.3.2. Prüfung der Wasserdichtigkeit

Unter Wasserdichtigkeit versteht man nach TGL 21094/05 den zeitabhängigen Durchlaßwiderstand des erhärteten Betons gegenüber drückendem Wasser. Die Prüfung erfolgt nach TGL 21094/05 an besonders hergestellten oder dem Untersuchungsobjekt entnommenen Prüfkörpern in einem speziellen Prüfgerät. Dabei wird der Prüfkörper auf einer Fläche stufenweise bis zu dem Wasserdruck belastet, der in den technischen Forderungen festgelegt ist.
Die Forderung nach Wasserdichtigkeit ist erfüllt, wenn beim maximalen Prüfdruck an der Beobachtungsfläche keine Tropfen abfallen. Bleibt die Beobachtungsfläche während der Prüfung trocken, kann die Wassereindringtiefe anschließend an der gespaltenen Probe gemessen werden.

10.3.3. Bestimmung der Porosität

Zur rechnerischen Ermittlung der Porosität müssen die Reindichte und die Rohdichte des Betons im trockenen Zustand nach TGL 21094/02 bestimmt werden.
Die **Reindichte** ϱ_1 ist definiert als der Quotient aus der Masse des bei 105 °C bis zur Massekonstanz getrockneten Betons und dem Volumen des porenfreien Stoffes. Dazu wird die aus dem Untersuchungsobjekt entnommene

Probe pulverisiert, in ein Pyknometer gefüllt und gewogen. Anschließend wird das Betonpulver mit Tetrachlorkohlenstoff gemischt und erneut gewogen. Die Reindichte in g/cm³ ergibt sich nach folgender Beziehung:

$$\varrho_1 = \frac{m_2 - m_1}{a\,(m_4 - m_1) - a\,(m_3 - m_2)}$$

m_1 Masse des leeren Pyknometers in g
m_2 Masse des Pyknometers mit Betonpulver in g
m_3 Masse des Pyknometers mit Betonpulver und Prüfflüssigkeit in g
m_4 Masse des Pyknometers mit destilliertem Wasser in g
a reziproker Wert der Reindichte von destilliertem Wasser bei 20°C (1,003 cm³/g)

Unter **Rohdichte im trockenen Zustand** ϱ_{2tr} versteht man den Quotienten aus der Masse des bis zur Massekonstanz getrockneten Betons und dem Volumen des Stoffes einschließlich Gesamtporenraum in kg/dm³.

$$\varrho_{2tr} = \frac{m_{tr}}{V} \qquad (10/9)$$

m_{tr} Masse der getrockneten Einzelprobe in kg
V Volumen der Einzelprobe in dm³

Das Volumen **unregelmäßiger Proben** ist aus der Wasserverdrängung zu bestimmen.
Aus ϱ_1 und ϱ_{2tr} ergibt sich der **Dichtigkeitsgrad** d nach

$$d = \frac{\varrho_{2tr}}{\varrho_1}, \qquad (10/10)$$

woraus die Porosität P_W in Vol-% nach folgender Gleichung zu berechnen ist:

$$P_w = (1 - d)\,100 \qquad (10/11)$$

10.3.4. Bestimmung der Alkalität

Als Alkalität wird nach TGL 21094/13 die Eigenschaft des Betons bezeichnet, den pH-Wert des Porenwassers durch Auflösung von Betoninhaltsstoffen zu verändern.
Die Probennahme aus dem Untersuchungsobjekt hat so zu erfolgen, daß an verschiedenen Stellen ausgehend von der Betonoberfläche senkrecht jeweils drei Proben in der Schichtfolge von je 10 mm Dicke entnommen werden. Die gewogenen und getrockneten Proben werden mit destilliertem Wasser extrahiert, das Eluat mit HCl versetzt und gegen Phenolphthalein mit NaOH zurücktitriert. Aus dem Verbrauch an NaOH bis zum Umschlag des Indikators läßt sich die Alkalität (pH-Wert) berechnen. Einzelheiten zur Versuchsdurchführung und Auswertung sind TGL 21094/13 zu entnehmen.
Ohne Probenahme aus dem Untersuchungsobjekt läßt sich ein Hinweis auf die Alkalität ermitteln, indem die gereinigte Betonoberfläche mit destilliertem Wasser angefeuchtet und mit einigen Tropfen Phenolphthalein versetzt wird. Färbt sich die Prüfstelle rot, so liegt ein pH-Wert >9 vor.

10.4. Prüfung von Plasten

Beim Einsatz von Plastwerkstoffen ist neben ihren chemischen Eigenschaften vor allem ihr mechanisches und thermisches Verhalten wichtig. Es existieren eine Vielzahl von Prüfvorschriften, die meist auf bestimmte Plastsorten und spezielle Einsatzzwecke bezogen sind. So kann an dieser Stelle nur eine Auswahl an Vorschriften genannt werden, die das Wesentliche der Prüfung von Plasten erkennen lassen. Außer den nachfolgend aufgeführten Auswerteverfahren können zur Plastprüfung auch Verfahren der Korrosionsprüfung für metallische Werkstoffe angewendet werden (z. B. die visuelle, die metallographische Auswertung und die elektrische Widerstandsmessung).

10.4.1. Prüfung der Chemikalienbeständigkeit

Ein Prüfkörper wird unter vorgeschriebenen Bedingungen der Einwirkung von chemischen Reagenzien ausgesetzt. Nach RS 483-66 erfolgt die Auswertung durch Ermittlung der Veränderung von Masse und Maßen des Prüfkörpers, nach TGL 34224 durch Ermittlung der Änderung der Masse und der linearen Abmessungen sowie der Ermittlung der Veränderung der Eigenschaftskennwerte, z. B. der mechanischen Eigenschaften (siehe später).

Die nur für Polyethylen geltende TGL 21446 ermittelt die Chemikalienbeständigkeit nach 30tägiger Lagerung. Dabei gilt

- eine Masseänderung unter 3% als beständig
- eine Masseänderung von 3% bis 8% als bedingt beständig
- eine Masseänderung über 8% als nicht beständig.

Für Plastschutzschichten und plastbeschichtete Metalloberflächen werden Prüfverfahren in der ZKS-Richtlinie R 20-80 „Gebrauchswertprüfung für den Schutz und die Veredlung von Metalloberflächen" angegeben. Diese Verfahren beinhalten:

- die Prüfung der Wasseraufnahme und Durchlässigkeit
- die Prüfung der Chemikalienbeständigkeit
- die Freibewitterung
- die Laborkorrosionsprüfung.

10.4.2. Prüfung der mechanischen und thermischen Beständigkeit

Die Prüfung der mechanischen und thermischen Beständigkeit ist hauptsächlich im Zusammenhang mit der Prüfung der Chemikalienbeständigkeit wichtig, da durch Korrosion die mechanischen und thermischen Eigenschaften von Plastwerkstoffen in starkem Maße beeinflußt werden.
Folgende Prüfverfahren kommen zur Anwendung:

- Druckversuch nach RS 400-65

  Hiermit können die Druckspannung an der Streckgrenze, die Druckspannung bei Verlagerung der Streckgrenze, die Druckfestigkeit an der Streckgrenze, die Verformung an der Streckgrenze, die Verformung bei Verlagerung der Streckgrenze und die Verformung bei Zerstörung bestimmt werden.

- Zugversuch nach RS 500-66

  Es erfolgt die Bestimmung vergleichbarer Kenndaten bei der Prüfung auf Zugfestigkeit unter Benutzung standardisierter Prüfkörper.

- Bestimmung der Härte durch Eindrücken einer Kugel nach RS 501-66

  Das Verfahren beruht auf dem Eindrücken einer Stahlkugel durch eine Kraft in den Prüfkörper.

- Bestimmung der Verschleißfestigkeit bei Abrieb nach RS 494-66

  Das Verfahren beruht auf der Bestimmung der Volumenänderung eines Prüfkörpers durch Abrieb.

- Bestimmung der Formbeständigkeit in der Wärme nach *Martens* (RS 497-66)

  Als Formbeständigkeit in der Wärme nach *Martens* gilt die Fähigkeit eines Prüfkörpers, unter einer vorgegebenen konstanten Biegekraft seine Form bei einer bestimmten Temperatur beizubehalten.

Für Plastschutzschichten und plastbeschichtete Metalloberflächen wurden Prüfverfahren in der ZKS-Richtlinie R 20-80 „Gebrauchswertprüfung von Plastschichten für den Schutz und die Veredlung von Metalloberflächen" angegeben.
Sie umfassen die Prüfung

- der Härte
- der Haftfestigkeit
- der Verformbarkeit
- der Schlagfestigkeit
- der Abriebbeständigkeit
- des Temperatureinflusses.

Für Rohre existieren noch einige spezielle Prüfstandards. So erfolgt die Bestimmung des Schlagverhaltens von Thermoplastrohren durch äußere Schlageinwirkung mit einem frei fallenden Gewicht nach TGL 32699.
Polyethylenrohre werden nach TGL 21581/01 geprüft. Dies umfaßt:

- Prüfung der allgemeinen Beschaffenheit
- Prüfung der Abmessungen
- Prüfung der physikalischen Anforderungen (Bestimmung des Zeitstandverhaltens bei konstantem Innendruck, Bestimmung des Verhaltens nach Warmlagerung).

Die Prüfung von nahtlosen Stahlrohren mit **Polyethylenummantelung** und von Formteilen aus nahtlosem Stahlrohr mit Polyethylenummantelung erfolgt durch

- den Abschälversuch nach TGL 31668
- die Bestimmung der Schlagbeanspruchbarkeit nach TGL 31669
- die Bestimmung des Eindringwiderstands nach TGL 31670.

10.4.3. Prüfung der Spannungsrißbeständigkeit

Die Bestimmung der Spannungsrißbeständigkeit von Polyethylen hoher Dichte erfolgt nach TGL 28041.
Darunter wird die Beständigkeit gegenüber Rißbildung bei Beanspruchung durch äußere und innere Spannungen und gleichzeitiger Einwirkung benetzender Medien im flüssigen oder gasförmigen Zustand verstanden. Die Bestimmung liefert brauchbare Informationen für die Typenauswahl von Polyethylen und deren praktischen Einsatz.

11. Literaturverzeichnis

[1/1] ...Technische Gemeinschaft, Milliarden stehen auf dem Spiel **8** (1979) S. 19—20.

[1/2] ...Mitteilungen des Ministerrates der DDR, Berlin (1971) 8.

[2/1] *Schwabe, K.*: Physikalische Chemie. Band 2: Elektrochemie, Berlin: Akademie-Verlag 1974.

[2/2] *Kaesche, H.*: Die Korrosion der Metalle. Berlin, Heidelberg, New York: Springer-Verlag 1966.

[2/3] *Bockris, J. O.; Drazic, D.; Despic, A. R.*: Elektro. chim. acta (1961) S. 325.

[2/4] *Schwabe, K.; Voigt, Ch.*: Korrosion, Korrosionsschutz – Grundlagen der Korrosion. 2. Lehrbrief, Berlin: Verlag Technik 1971.

[2/5] *Sussman, S.*: Cooling water problems in the New York metropolitan area (Kühlwasserprobleme im New Yorker Stadtgebiet). Industrial and Engineering chemistry **44** (1952), S. 1740—1744.

[2/6] *Delahay, P.; Pourbaix, M.; Rysselberghe, P.*: Potential-pH-Diagramm of zinc and its applications to the study of zinc corrosion (Potential-pH-Diagramm des Zinks und seine Anwendung auf die Untersuchung der Zinkkorrosion). J. Elektrochem. Soc. **98** (1951), S. 101—105.

[2/7] *Stefec, R.; Franz, F.*: A study of the pitting corrosion of cold worked stainless steel (Untersuchung der Lochfraßkorrosion an kaltverformtem nichtrostenden Stahl). Corrosion Science **18** (1978) 2, S. 161 bis 168.

[2/8] *Uhlig, H. A.*: Korrosion und Korrosionsschutz, Berlin: Akademie-Verlag 1970.

[2/9] *Kuron, D.; Horn, E. M.; Gräfen, H.*: Praktische elektrochemische Kontaktkorrosions-Tabellen von Konstruktionswerkstoffen des Chemie-Apparatebaus, Metalloberfläche Angew. Elektrochemie **26** (1972) 11, S. 413—420.

[2/10] *Mörbe, K.*: Kontaktkorrosion in zentralen Gebrauchswarmwasser-Versorgungsanlagen. Korrosion **7** (1976) 5, S. 21—27.

[2/11] *Kaesche, H.*: Untersuchungen über den Lochfraß verzinkter Stahlrohre und den Einfluß der Elementbildung durch Kupfer. Heizung – Lüftung – Haustechnik **13** (1962) 10, S. 332—339.

[2/12] *Stichel, W.*: Einfluß von Kupfer auf das Korrosionsverhalten verzinkter Rohre in warmen Brauchwässern. Werkstoffe und Korrosion **26** (1975) 4, S. 258—270.

[3/1] *Hase, P.*: Elektrochemische Schutzverfahren. Freiberger Forschungshefte **A**412 (1966) 12, S. 20.

[3/2] *Brodt, R.*: Elektrochemischer Korrosionsschutz, Grundlagen und praktische Anwendung. Heizung – Lüftung – Haustechnik **13** (1962) 10, S. 324—330.

[3/3] *Schwabe, K.; Hampel, H.; Schmidt, W.*: Korrosion Korrosionsschutz, 9. Lehrbrief. Berlin: VEB Verlag Technik 1972.

[3/4] *Neumann, G.*: Zur Problematik der Rauheit und ihrer Bedeutung für den Korrosionsschutz. Aus der Zentralstelle für Korrosionsschutz Heft 22, Dresden 1975.

[3/5] ZKS-Richtlinie R 07-75. Einsatz von Austauschstrahlmitteln für Quarzsand.

[3/6] Korrosion/Korrosionsschutz 11. Lehrbrief. Berlin: Verlag Technik 1972.

[3/7] Handbuch für den Korrosionsschutz in der Wasserwirtschaft, Erzeugnisgruppenleitbetrieb für ökonomischen Werkstoffeinsatz, Plastanwendung und Korrosionsschutz. VEB Wasserversorgung und Abwasserbehandlung, Karl-Marx-Stadt 1979.

[3/8] *Zorll, U.*: Lackiertechnik nach neuartigen Verfahren. Metalloberfläche, **28** (1974) 6, S. 237—243.

[3/9] *Schwabe, K.; Schulz, W.*: Korrosion, Korrosionsschutz. 15. Lehrbrief, Berlin: Verlag Technik 1971.

[3/10] *Gierek, A.; Bajka, L.; Machnicka, M.*: Badania nad technologia tworzenia difuzyjnych powlok ze stopow miedzi metoda ogniowozanurzeniowa na zelazie „Armco" (Untersuchungen zur Technologie der Bildung von Diffusionsschichten aus Kupferlegierungen auf Eisen durch das Schmelztauchverfahren). Ochrona przed Korozja **19** (1976) 4, S. 89 bis 93.

[3/11] *Gierek, A.; Bajka, C.*: Aluminowanie zeliwa ciagliwego z jednoczesna obrobka cieplna (Aluminierung von Temperguß mit gleichzeitiger Wärmebehandlung). Przeglad Mechaniczny (1975) 7, S. 221 bis 224.

[3/12] *Schulz, W.-D.*: Zur Entwicklung der Feuerverzinkung in den letzten 10 Jahren. Neue Hütte **27** (1982) 6, S. 202—205

[3/13] *Schulz, W.-D.*: Privatmitteilung 1983

[3/14] DIN 2444
Ausg. 7.78. Zinküberzüge auf Stahlrohren, Qualitätsnorm für die Feuerverzinkung von Stahlrohren für Installationszwecke

[3/15] Richtlinie 523 der schweißtechnischen Richtlinien Metall- und Keramikspritzen.

[4/1] *v. Oeteren, K. A.*: Betonkorrosion und ihre Verhütung durch Kunststoffbeschichtungen. Seifen–Fette–Öle–Wachse **97** (1971) 8, S. 261—264, **97** (1971) 9, S. 289—292.

[4/2] *Liesche, H.; Paschke, K.-H.*: Beton in aggressiven Wässern. Berlin: VEB Verlag für Bauwesen 1969.

[5/1] *Samoilov, O. J.*: Die Struktur wäßriger Elektrolytlösungen. Leipzig: B. G. Teubner-Verlagsgesellschaft 1961.

[5/2] *Luck, W.*: Über die Assoziation des flüssigen Wassers. Fortschr. Chem. Forschg. **4** (1964) S. 653—781.

[5/3] *Kabisch, G.; Bader, J.; u. a.*: A Raman spektroscopic investigation of the strukture of magnesium salt in methanol and methanol water mixtures (Ramanspektroskopische Untersuchung zur Struktur von Mg-Salzlösungen in Methanol und Methanol-Wasser-Mischungen). Journal of molecular liquids **26** (1983) S. 139—157

[5/4] ...Ausgewählte Methoden der Wasseruntersuchung. Bd. 1. Jena: VEB Fischer-Verlag 1970.

[5/5] ...Analysenverfahren für den Kraftwerksbetrieb. 1. Aufl. Essen: Vulkan-Verlag Dr. W. Classen 1962.

[5/6] ...VKW-Handbuch Wasser: Essen: Vulkan-Verlag 1974.

[5/7] *Uhlig, H. H.*: Korrosion und Korrosionsschutz. Berlin: Akademie-Verlag 1970.

[5/8] *Hussmann, W.*: Korrosionsschutz in Warmwasserleitungen. sbz **23** (1968) 8, S. 546—562.

[5/9] *Stichel, W.*: Innenkorrosion bei Warmwasseranlagen. Der Maschinenschaden **49** (1976) 6, S. 249—255.

[5/10] *Hirschfeld, D.*: Erfahrungen mit Warmwasserbereitern aus nichtrostendem Stahl. Z. f. Werkstofftechnik **6** (1975) 2, S. 45—52.

[5/11] *Piatti, L.*: Kühlflüssigkeiten und Kälteträger. Starau und Frankfurt a. M.: Verlag Sauerländer 1968.

[5/12] *Kittner, H.; Starke, W.; Wissel, D.*: Wasserversorgung. Berlin: VEB Verlag für Bauwesen 1977.

[5/13] *Tillmans, J.; Heublein, O.*: Kurve zur Ermittlung des für Kalk angriffsfähigen Kohlensäureüberschusses. Gesundheits-Ingenieur **34** (1912), S. 669.

[5/14] WAPRO 1.44/01-03
Ausg. 6.82 Wasseraufbereitung, Kalk-Kohlensäure-Gleichgewicht

[5/15] *Strohecker, R.; Schilling; Budenbender*: Über die Grundlagen der Bestimmung der Angriffslust (Aggressivität) von Wässern. Z. analyt. Chem. **107** (1936), S. 321.

[5/16] *Langelier, W. F.*: The analytic control of anti-corrosion water treatment (Analytische Kontrolle der Wasserbehandlung als Korrosionsschutz). J. A. W. W. A. **28** (1936), S. 1500.

[5/17] *Larson u. Buswell*: Calcium carbonate saturation index and alkalinity interpretations (Der Kalziumkarbonatsättigungsindex und die Interpretierung der Alkalität). J. A. W. W. A. **34** (1942), S. 1667.

[5/18] *Hässelbarth, U.*: Das Kalk-Kohlensäure-Gleichgewicht in natürlichen Wässern unter Berücksichtigung des Eigen- und Fremdelektrolyteinflusses. Gas- und Wasserfach **104** (1963), S. 89—93, 157—60.

[5/19] *Axt, G.*: Die Kohlensäure-Gleichgewichte in Theorie und Praxis. Vom Wasser **28** (1961), S. 208—226.

[5/20] *Grohmann, A.*: Die Kohlensäure in den Deutschen Einheitsverfahren; II. Die Kalkaggressivität von Wasser. Vom Wasser **39** (1972), S. 97—118.

[5/21] *Ryznar, J.*: A new index for determining amount of calcium carbonate scale formed by a water (Ein neuer Index zur Bestimmung des schutzschichtbildenden Kalziumkarbonatgehaltes im Wasser). J. A. W. W. A. **36** (1944), S. 472.

[5/22] *Axt, G.*: Über ein neues Verfahren und Gerät zur kontinuierlichen Messung der Kalkaggressivität. Vom Wasser **31** (1964) S. 311—327.

[5/23] *Herre, E.*: Beeinflussung und Verminderung der Korrosion von Eisen, Kupfer, Zink in industriellen Brauchwässern. Forschungsberichte des Landes Nordrhein-Westfalen Nr. 1510, 1965.

[5/24] *Lamb, S.*: Pollution, equipment and processwater (Verunreinigung, Behandlung und Prozeßwasser). Australasian corr. Eng. **17** (1973) 1—2, S. 19—32.

[5/25] *Brasher, D. M.; Reichenberg, D.; Mercer, A. D.*: Comparative study of factors influencing the action of corrosion inhibitors for mild steel in neutral solution (Vergleichende Untersuchung der Faktoren, die die Wirkung von Korrosionsinhibitoren für unlegierten Stahl in neutraler Lösung beeinflussen). Brit. Corr. J. **3** (1968) 3, S. 144—150.

[5/26] *Kolotyrkin, J. M.; Golovina, G. W.; Flovianovici, G. M.*: Depassivirusceje deistrije galoidnych ionov na splavi na osnovje selesa. (Die depassivierenden Eigenschaften der Halogenidionen auf Eisenlegierungen). Dokl. Akad. Nauk **148** (1963) 1106.

[5/27] *Haase, L. W.*: Werkstoffzerstörung und Schutzschichtbildung im Wasserfach. Weinheim/Bergstraße 1951.

[5/28] *Rude, R. K.*: Untersuchungen zum Einfluß von natürlichen organischen Wasserinhaltsstoffen auf die Vorgänge bei der Korrosion in Trinkwasserinstallationen Dissertation TH Karlsruhe 1979

[5/29] Ergebnisse des Forschungs- und Entwicklungsprogrammes „Korrosion und Korrosionsschutz" Werkstoffe und Korrosion **31** (1980) S. 871—873

[5/30] *Feitler, H.*: Cooling water scale control: the scale meter an the critical pH of scaling (Kontrolle der Kalziumkarbonatabscheidung im Kühlwasser: Das „Scale-Meter" und der kritische pH-Wert der Kalziumkarbonatabscheidung). Mater. Protect. Perform. **11** (1972) 6, S. 29—33.

[5/31] *Oehler, K. W.*: Die Verwendung von Mischwasser verschiedenen Ursprungs. Gas- und Wasserfach **110** (1969) H. 32, S. 860—885.

[5/32] *McCauley, R. F.; Abdullah, M. O.*: Carbonate deposit for pipe protection (Karbonatabscheidung für den Schutz von Rohrleitungen). J. A. W. W. A. **50** (1958), S. 1419.

[5/33] *Radzinl, J. V.; Campell, S. J.; Flentje, M. E.*: New developments in deposition of calcite linnings in small-diameter pipe (Neue Entwicklungen bei der Abscheidung von Kalzitschichten in Rohrleitungen mit geringem Durchmesser). J. A. W. W. A. **57** (1965), S. 1328—1332.

[5/34] *Friehe, W.; Schwenk, W.*: Vorgänge bei der Schutzschichtbildung in verzinkten Stahlrohren. Werkstoffe und Korrosion **26** (1975) 5, S. 342—349.

[5/35] *Wagner, G.*: Korrosionserscheinungen an feuerverzinkten Stahlrohren. Tagungsberichte „Korrosion in Kalt- und Warmwassersystemen der Hausinstallation", Bad Nauheim 1974, S. 246—270.

[5/36] *Sazonov, R.*: Powysenje korrozionoj stojkost truboprovodov gorjacego vodosnabzenija v zaknytych sistemach (Erhöhung der Korrosionsbeständigkeit von Rohrleitungen der Warmwasserversorgung in geschlossenen Systemen). Teploenergetika **14** (1972) 4, S. 23—27.

[5/37] *Oehler, K. E.*: Mischwässer und ihre Auswirkungen auf Leitungssysteme. Sonderdruck-Nr. 854 des Schweizerischen Vereins von Gas- und Wasserfachmännern, Zürich 1977.

[5/38] *Axt, G.*: Mischwasser und Kalkaggressivität. Vom Wasser **32** (1965), S. 423—439.

[5/39] *Kaesche, H.*: Ursachen und Erscheinungsformen der Korrosion in Installationssystemen. Werkstoffe und Korrosion **26** (1975) 3, S. 175—185.

[5/40] *Voigt, C.; Riedel, G und Werner, H.*: Methode zur Untersuchung der Lochfraßkorrosion an CrNi-Stählen in neutralen Wässern bei gleichzeitigem Wärmeübergang. Korrosion **11** (1980) 3 S. 116—125

[5/41] *Klas, H.; Steinrath, H.*: Die Korrosion des Eisens und ihre Verhütung. Düsseldorf: Verlag Stahleisen 1974.

[5/42] *Butler, G.; Stroud, E. G.*: The influence of movement and temperature on the corrosion of mild steel; III. Chloride solution (Der Einfluß von Bewegung und Temperatur auf die Korrosion von unlegiertem Stahl; III. Chloridlösung). Brit. Corr. J. **1** (1956) 6, S. 110—119.

[5/43] *Mahato, B. K.; Voora, S. K.; Shemilt, L. W.*: Steel pipe corrosion under flow conditions (Korrosion von Stahlrohren unter Fließbedingungen). Corrosion Science **8** (1968), S. 173—193.

[5/44] *Kruse, C.-L.*: Untersuchungen zur Beurteilung der Korrosionsschutzwirkung von Deckschichten auf feuerverzinkten Stahlrohren. Werkstoffe und Korrosion **26** (1975) 6, S. 454—460.

[5/45] *Herbsleb, G.; Schwenk, W.*: Korrosionsverhalten von Edelstahlrohren und Rohrverbindungen bei der Warmwasserverteilung in der Hausinstallation. Werkstoffe und Korrosion **26** (1975) 2, S. 93 bis 103

[5/46] ZKS-Richtlinie 33-83: Werkstoffeinsatz und Korrosionsschutz in Wärmepumpenanlagen, Dresden: Zentralstelle für Korrosionsschutz 1983

[6/1] *Varadi, Gy.*: Kathodischer Korrosionsschutz in der Wasserwirtschaft. Wissenschaftliches Kolloquium über Korrosion im Wasser. Sozlnok 1975.

[6/2] ... Vereinigte Kesselwerke AG, Düsseldorf: Profilbahnenbelüfter. Firmenschrift 1977.

[6/3] ... Das Gesicht der Korrosion. Technischer Überwachungsverein Bayern, 1974.

[6/4] *Krätzschmar, H.*: Erfahrungen beim Einsatz des Kathodenschutzes in Behältern der Wasseraufbereitung. ORGREB-Information 92/1976, S. 47—52.

[6/5] *Heilker, E.*: Verfahrens- und bautechnische Aspekte zur Planung einer neuen Flußwasseraufbereitungsanlage mit kombinierten chemischen und biologischen Oxidationsstufen im Werk Mühlheim-Styram. In: Neue Technologien in der Wasserversorgung. DVGW-Schriftenreihe Wasser Nr. 102. Aachen 1980.

[6/6] *Putzien, J.; Possekel, Ch.*: Untersuchungen zur Korrosion von Eisenwerkstoffen durch Aktivkohle bei der Wasseraufbereitung. Z. Wasser – Abwasser – Forsch. **14** (1981) 3, S. 87—98.

[6/7] *Michel, L.*: Korrosionsschutz an Freiluftbauten aus Stahl durch Anwendung von Epoxidharzfarben. Wasserwirtschaft-Wassertechnik **17** (1967) 2, S. 42—44.

[6/8] *Thikötter, H.*: Entfeuchtung als Maßnahme zum Korrosionsschutz in Wasserwerksanlagen. Neue Deliwa-Zeitschrift (1982) 1, S. 14—16.

[6/9] *Kumpera, F.*: Korrosionsschutz in Schieberkammern. Gas, Wasser, Wärme **34** (1980) 2, S. 46—51.

[6/10] *Wolff, L.; Heintz, A.*: Beobachtungen über Wassergüteveränderungen durch Kunstharzanstriche von Wasserbehältern. Städtehygiene (1966) 3, S. 58—59.

[6/11] Vorschrift 77/79, Blatt 1. Projektierung, Ausführung und Prüfung von Behältern aus Beton, Stahlbeton oder Spannbeton für Trink- und Brauchwasser. Staatl. Bauaufs. (1979) 10, S. 77—85.

[6/12] *Geißler, Ch.*: Sanierung von Behälterbauwerken mit Plastwerkstoffen. Wasserwirtschaft-Wassertechnik **30** (1980) 9, S. 308—310.

[6/13] *Keane, J. D.*: Evaluation of coatings in potable water tanks (Die Bewertung von Beschichtungen in Trinkwasserbehältern). Materials Protection **5** (1966) 4, S. 20—22.

[6/14] *Gelfer, D. H.*: Steel Tank Coatings (Anstriche für Stahlbehälter). Water and Sewage Works **109** (1962) 9, S. 329—330.

[6/15] *Christofferson, D. W.*: Coatings for water storage tanks (Anstriche für Wasserspeicherbehälter). J. Amer. Water Works Ass. **60** (1968) 4, S. 399—407.

[6/16] *Sille, G.; Damm, O.*: 2. Mitteilung über die Erprobung von Unterwasseranstrichen für Trinkwasserbehälter. Technik **21** (1966) 8, S. 523.

[6/17] *v. Oeteren, K. A.*: Bituminöse Schutzanstriche für Unterwasserbeanspruchung. Bitumen, Teere, Asphalte, Peche und verwandte Stoffe **13** (1962) 10, S. 473—475.

[6/18] *Hochweber, M.*: Korrosionsschutz bei unterwasser- und erdverlegten Stahlkonstruktionen. Oberfläche-Surface **11** (1970) 3, S. 97—103.

[6/19] *Röbke, H.*: Kathodischer Innenschutz von Stahlbehältern. Wasserwirtschaft-Wassertechnik **21** (1971) 11, S. 364—367.

[6/20] *Sahm, F.*: Kathodischer Innenschutz von Wasserbehältern. Neue Deliwa-Zeitschrift (1977) 6, S. 192—193.

[6/21] ... Kathodischer Innenschutz von Behältern und Anlagen Haus-der-Technik-Vortragsveröffentlichungen, Heft 402. Essen: Vulkan-Verlag 1978.

[6/22] *Thiele, C.: Nicolaus, W.*: Verfahren zum Herstellen von Behältern aus GFK. Maschinenmarkt **80** (1974) 102, S. 2103–2106.

[6/23] *Schmidt, E.; Landgraf, T.*: Erfahrungen bei der Anwendung von Trinkwasserbehältern aus GUP nach der Schlauchbandtechnik. Wasserwirtschaft – Wassertechnik **29** (1979) 6, S. 198—199.

[6/24] Korrosionsschutz im Rohrleitungsbau. Einsatzrichtlinien für Projektierung/Konstruktion. VEB Kombinat Rohrleitungen und Isolierungen 1982.

[6/25] Auftragen von Sonnenschutzschichten. KS-Information Nr. 1/80 vom 30. 1. 1980. VEB Rohrleitungen und Isolierungen.

[6/26] ... Mannesmann-Röhrenwerke, Düsseldorf: Mannesmann-Großrohre. Technische Informationsschrift, Ausgabe 1978.

[6/27] *Günther, E.*: Umhüllung von Leitungsrohren (passiver Korrosionsschutz). Haus-der-Technik-Vortragsveröffentlichungen. Heft 303. Symposium Rohrleitungstechnik, S. 96—106. Essen: Vulkan-Verlag 1972.

[6/28] *Nowak, K.-E.*: Technischer Stand und Erfahrungen beim aktiven Korrosionsschutz an vermaschten Leitungsnetzen in der DDR. Korrosion **12** (1981) 5, S. 227—232.

[6/29] *v. Baeckmann, W.: Schwenk, W.*: Handbuch des kathodischen Korrosionsschutzes. Weinheim: Verlag Chemie 1971.

[6/30] *Elsner, H.*: Ermittlung der Rekonstruktionsrate für Wasserversorgungsleitungen. Wasserwirtschaft-Wassertechnik **29** (1979) 4, S. 131—133.

[6/31] *Lange, H.; Colditz, M.*: Möglichkeiten des inneren Korrosionsschutzes an den Rohrverbindungen nicht zugänglicher Stahlrohrleitungen. Bauplanung-Bautechnik **28** (1974) 7, S. 246—251.

[6/32] *Böhnke, K.-H.*: Einsatz von Spachtelmassen im Rohrleitungsbau. Stadt- und Gebäudetechnik **33** (1979) 10, S. 294—295.

[6/33] Vorschrift 102/81. Katodischer Korrosionsschutz der Montageschweißnähte in innenbituminierten Stahlrohrleitungen mittels Aktivanoden. Staatliche Bauaufs. **5** (1981) 3, S. 19—20.

[6/34] ... VEB Rohrwerke Bitterfeld Einsatzrichtlinie „Korrosionsschutz von schmelzgeschweißten Stahlrohren – kathodischer Innenschutz durch Ringaktivanoden, 1979.

[6/35] ... ATO-Chimie, Paris: Rilsan-Beschichtungen in der Wasseraufbereitung. Firmenschrift 1978.

[6/36] *Kühn v. Burgsdorf, I. W.*: Kathodischer Korrosions-Innenschutz salzwasserführender Rohrleitungen mittels platinierter Titananoden. Werkstoffe und Korrosion **19** (1968) 6, S. 473—478.

[6/37] *Martin, F.*: Aktiver und passiver Korrosionsschutz von Wasserrohrnetzen. Haus-der-Technik-Vortragsveröffentlichungen. Heft 193. Betrieb und Unterhaltung von Wasserrohrnetzen. Essen: Vulkan-Verlag 1968.

[6/38] *Gras, W.-D.*: Korrosionsschutzmaßnahmen bei erdverlegten gußeisernen Rohrleitungen. Haus-der-Technik-Vortragsveröffentlichungen. Heft 99 K. Essen: Vulkan-Verlag 1966.

[6/39] *Kawan, H.*: Der Rohrinnenschutz von erdverlegten Wasserrohrleitungen. Neue Deliwa-Zeitschrift (1972) 6, S. 244—246.

[6/40] Rekonstruktion von Wasserversorgungsleitungen. Sanierungsverfahren; Auspressen mit Zementmörtel. Technische Richtlinie des Forschungszentrums Wassertechnik, Außenstelle Leipzig. Ausg. August 1981.

[6/41] *Müller, W.; Fleischhauer, J.*: Rekonstruktion von Wasserleitungen beim innerstädtischen Bauen. Bauzeitung **37** (1983) 12, S. 601—603.

[6/42] Komplexrichtlinie Sammelkanäle-Korrosionsschutz –. Bauforschung-Baupraxis Heft 25 (1978).

[6/43] Rohrleitungen aus Gußeisen mit Kugelgraphit in Wasserleitungsnetzen. Richtlinie für den Einsatz in Leitungskanälen und Leitungsgängen von Gebäuden. Bauakademie der DDR, Inst. f. Ing.- u. Tiefbau Leipzig. September 1983.

[6/44] ...Montagerichtlinien des VEB Kombinat Technische Gebäudeausrüstung Leipzig, 1. Auflage, 1976.

[6/45] *Kaesche, H.*: Die Korrosion der Metalle. Berlin, Heidelberg, New York: Springer-Verlag 1966.

[6/46] *Wiederholt, W.*: Korrosionsverhalten von Zink – Verhalten von Zink in Wässern, Berlin: Metallverlag 1965.

[6/47] *Grauer, R.; Feitknecht, W.*: Thermodynamische Grundlagen der Zinkkorrosion in karbonathaltigen Lösungen. Corr. Sci. **7** (1967) 7, S. 629/644.

[6/48] *Werner, G.*: Untersuchungen zum Korrosionsverhalten feuerverzinkter Installationsrohre in kalten Trinkwässern. Dissertation an der TH Karlsruhe, 7. 2. 1976

[6/49] DIN 50930/03
Ausg. 12. 80. Korrosion der Metalle; Korrosionsverhalten von metallischen Werkstoffen gegenüber Wasser; Beurteilungsmaßstäbe für feuerverzinkte Eisenwerkstoffe

[6/50] *Mörbe, K.; Lingelbach, H.*: Materialbedingte Schwermetallkontamination im Trinkwasser. Korrosion **14** (1983) 5, S. 224—237

[6/51] *Friehen, W.; Schwenk, W.*: Verhalten von Rohren aus unlegiertem, hochlegiertem und feuerverzinktem Stahl bei innerer Korrosionsbeanspruchung. Heizung-Lüftung-Haustechnik (1973) 1.

[6/52] DIN 50930/05
Ausg. 12. 80 Korrosion der Metalle, Korrosionsverhalten von metallischen Werkstoffen gegenüber Wasser, Beurteilungsmaßstäbe für Kupfer und Kupferlegierungen

[7/1] *Schmidt, W.; Hampel, H.*: Über den kathodischen Korrosionsschutz an Kohlebadeöfen. Korrosion (1972) 3, S. 3—10.

[7/2] WP 96578: Kathodischer Schutz für Warmwasserbehälter für Kohlebadeöfen und Verfahren zur Herstellung derselben.

[7/3] *Haase, L.-W.*: Werkstoffzerstörung und Schutzschichtbildung im Wasserfach. Weinheim: Verlag Chemie, 1951.

[7/4] ... Projektierungsrichtlinie TGA, Teil B. VEB Kombinat Technische Gebäudeausrüstung, Leipzig, Institut TGA, 2. unveränd. Auflage 1974.

[7/5] *Sander, H.*: Warmwasserbereitungsanlagen für Wohn- und Zweckbauten, Gewerbe und Industrie, 2. Auflage. Berlin: Verlag Haenchen und Jäh, 1963.

[7/6] *Munser, H.; Gläser, G.*: Untersuchungen zur Einführung eines neuen kombinierten Systems der Fernheizung und Gebrauchswarmwasserbereitung. Stadt-

und Gebäudetechnik (1976) 3, S. 84—87, 4, S. 102—104.
[7/7] *Andrzejaczek, B.*: Korrosion in Wassererhitzern. Korrosion **7** (1976), S. 6, S. 20 bis 29.
[7/8] ... KDT-Empfehlung Rohrbündelwärmeübertrager zur zentralen Gebrauchswarmwasserbereitung in Gebäuden. Dresden, 1979.
[7/9] *Lison, E.; Berlt, O.*: Hausanschlußstation- eine funktionssichere Baueinheit für die Fernwärmeversorgung des Wohnungsbaus. Stadt- und Gebäudetechnik **38** (1984) 3, S. 37—38
[7/10] *Morenz, W.*: Korrosionsschutzgerechte Projekte zentraler Anlagen für Gebrauchswasser-Erwärmung. Stadt- und Gebäudetechnik (1976) 12, S. 359—362.
[7/11] ... Werknorm des VEB Kombinat Chemieanlagenbau, Betrieb MAG Grimma, Nr. 187.
[7/12] *Scheel, H.; Eichhorn, T.*: Innenliegende Zirkulationsleitung- eine neue Lösung bei der zentralen Warmwasserversorgung im Wohnungsbau. Stadt- und Gebäudetechnik **38** (1984) 3, S. 44—45
[7/13] *Kruse, C. L.*: Einige Probleme der Korrosion verzinkter Stahlrohre durch Leitungswasser. Heiz-, Luft-Haustechnik **19** (1968), S. 77—82.
[7/14] *Werner, G.; Wurster, E.; Sontheimer, H.*: Korrosionsversuche des Zweckverbandes Landeswasserversorgung mit feuerverzinkten Stahlrohren. gwf – Wasser – Abwasser **114** (1973) 3, S. 105—117.
[7/15] *Kaesche, H.*: Ursachen und Erscheinungsformen der Korrosion in Installationssystemen. Werkstoffe und Korrosion **26** (1975) 3, S. 175—185.
[7/16] *Nielsen, K.; Yding, F.*: Influence of pipe quality on corrosion of galvanized steelpipes for domestic water supply (Einfluß der Rohrqualität auf die Korrosion feuerverzinkter Hauswasserleitungen). Werkstoffe und Korrosion **34** (1983) 11, S. 547 bis 556
[7/17] *Kruse, C.-L.; Schmidt-Thomas, Kh. G.; Gräfen, H.*: Korrosionsverhalten von feuerverzinktem Stahl in erwärmtem Wasser. Werkstoffe und Korrosion **34** (1983) 11, S. 539—546
[7/18] *Künzler, R.; Schwenk, W.*: Einflußgrößen der Nitratreduktion durch feuerverzinkten und unverzinkten unlegierten Stahl. Gas- und Wasserfach, Wasser – Abwasser **124** (1983) 8, S. 378—382
[7/19] *Kruse, C.-L.*: Korrosionsverhalten von Zink und feuerverzinktem Stahl in kaltem und erwärmtem Trinkwasser unter besonderer Berücksichtigung des Transportes in Rohrleitungen Dissertation an der TH München, 22. 7. 83
[7/20] *Mörbe, K.*: Kontaktkorrosion in zentralen Gebrauchswarmwasser - Versorgungsanlagen. Korrosion **7** (1976) 5, S. 21 bis 27.
[7/21] *v. Franque, O.*: Ergebnisse von Untersuchungen an Deckschichten in Kupferrohren. Werkstoffe und Korrosion **26** (1975) 4, S. 256—270.
[7/22] *van Loyen, D.*: Untersuchungen zum Einfluß von Polyphosphat auf das Korrosionsverhalten von Kupfer in Kühlwasser. Korrosion **15** (1984) 4, S. 205 bis 211.
[7/23] *Lunn, B.*: Entzinkung in Systemen der Hausinstallation. Tagungsberichte „Korrosion in Kalt- und Warmwassersystemen der Hausinstallation" Bad Nauheim 1974, S. 271—281.
[7/24] *Wuich, W.*: Löten von Kupferrohren für die Installation im Sanitär- und Heizungsfach. Sanitär- und Heizungstechnik Düsseldorf **8** (1971), S. 601—606.
[7/25] *Erber, M.*: Weiterentwicklung der Warmwasserinstallation im VEB Kombinat TGA. Stadt- und Gebäudetechnik **37** (1983) 9, S. 280—284.
[7/26] Technologische Richtlinie zur Verarbeitung PE-innenbeschichteter Stahlrohre VEB Rohrkombinat Riesa.
[7/27] *Bassewitz, A.*: Zeitraffende Prüfmethoden und Extrapolationsverfahren zur Dimensionierung von Kunststoffen. Plastverarbeiter **32** (1981) 4, S. 442—446.
[7/28] Wirtschaftspatentanmeldung WP F 24 D-220 981 „Warmwasserverteilungsleitung aus modifiziertem Plast mit flexibler Leitungsführung"
[7/29] *Werner, H.*: Elektrochemische Bestimmung der Schutzwerte von Phosphat- und Silikatinhibitoren in Wässern unterschiedlicher Zusammensetzung. Korrosion **6** (1973), S. 31—38.
[7/30] *Akolzin, P. A.; Apchazava, M. V.; Ivanov, E. N.*: Issledovanie svojstv silikata natrija kak ingibitora stojanocnoj Korrozü (Untersuchung der Eigenschaften von Natriumsilikat als Inhibitor der Stillstandskorrosion). Teploenergetika **17** (1970) 11, S. 72—76.
[7/31] *Sklarska, Smialowska, Z.; Mankowski, J.*: Cathodic inhibition of the corrosion of mild steel in phosphate, tungstate, arsenate and silicate solutions containing Cations (Die kathodische Inhibition der Korrosion von unlegiertem Stahl in Phosphat-, Wolframat-, Arsenat- und Silikatlösungen, die Kalziumionen enthalten). Brit. corr. J. **4** (1969) 5, S. 271—275.

[7/32] *Kurzmann, G. E.*: Der Schutz von Warmwasserversorgungsanlagen. Wasser-Luft-Betrieb (1965) 3, S. 163—167.

[7/33] *Vermeiren, Th.*: Über die Magnetisierung von Wasser. Physikalische Blätter **22** (1966), S. 45.

[7/34] *Heinzelmann, U.*: Elektrolyse – Schutzverfahren. Tagungsberichte Bad-Nauheim 1974. Korrosion in Kalt- und Warmwassersystemen der Hausinstallation, Seite 46—55.

[8/1] *Mamet, A. P.*: Korrosionsschutz in Dampferzeugungsanlagen. Berlin: VEB Verlag Technik 1955.

[8/2] *Splittgerber, A.*; *Ulrich, E. A.*: Wasseraufbereitung im Dampfkesselbetrieb. Berlin, Göttingen, Heidelberg: Springer-Verlag 1963.

[8/3] *Salinger, Chr.-M.*: Kraftwerkschemie, Leipzig: VEB Deutscher Verlag für Grundstoffindustrie 1971.

[8/4] *Mörbe, K.*: Qualitätsanforderungen an Heizwassermögliche Korrosionsreaktionen in Wasserheizungen. Stadt- und Gebäudetechnik **37** (1983) 8, S. 237—240.

[8/5] ...Projektierungsrichtlinie des VEB Kombinat Technische Gebäudeausrüstung, Teil B 2. Unveränd. Auflage 1974.

[8/6] ... VDI-Richtlinie 2035 Korrosionsschutz in Wasserheizungsanlagen. Düsseldorf: VDI-Verlag GmbH; 1970.

[8/7] *Voigt, H.*; *Langner, A.*: Chemisch-technologische Probleme bei der Projektierung und beim Betrieb von Wärmeerzeugungs- und Wärmeversorgungsanlagen. Energieanwendung **26** (1977) 4, S. 102 bis 108.

[8/8] R 33-83 „Werkstoffeinsatz und Korrosionsschutz in Wärmepumpenanlagen", Richtlinie der Zentralstelle für Korrosionsschutz, Dresden 1983

[8/9] *Glück, B.*; *Gläser, C.*: Ein Vorschlag zum gasdichten Abdecken von Wasseroberflächen in Behältern. Stadt- und Gebäudetechnik (1978) 11, S. 334—335.

[8/10] *Hardtke, B.*; *Müller, K.*: Korrosionsverhalten von Kurzschlußstrecken bei Zugabe von Natriumnitrit zum Druckprüfwasser. Stadt- und Gebäudetechnik (1979) 2, S. 53—55.

[8/11] ... Erzeugniskatalog Gliederheizkessel aus Gußeisen. VEB Harzer Werke, Blankenburg 1973.

[8/12] ...Montagerichtlinien des VEB Kombinat Technische Gebäudeausrüstung. 1. Auflage 1976.

[8/13] *Held, H. D.*: Kühlwasser. Vulkan-Verlag Essen: Dr. W. Classen. 1970

[8/14] *Gräfen, H. u. a.*: Die Praxis des Korrosionsschutzes (Reihe: Kontakt Studien, Band 64). Grafenau: expert-Verlag 1981.

[8/15] *Weber, J.*: Die Inhibition von Kühlkreisläufen. Werkstoffe und Korrosion **26** (1975) 3, S. 192—199.

[8/16] Konditionierung von Kühlwasserkreisläufen. Richtlinie der Zentralstelle für Korrosionsschutz Dresden R 36—84

[8/17] *Piatti, L.*: Kühlflüssigkeiten und Kälteträger. Frankfurt a. M. 1968.

[8/18] *Harris, A.*: *Marshall, A.*: The control of corrosion in industrial cooling water systems (2) (Die Kontrolle der Korrosion in industriellen Kühlwassersystemen (2). Corr. Prev.-Control **27** (1980) 4. S. 17—21

[8/19] *Joseph, G. u. a.*: Contribution to the study of natriumnitrit iron corrosion inhibition (Beitrag zur Untersuchung von Natriumnitrit als Inhibitor der Eisenkorrosion). European Symposium on Corrosion Inhibition Ferrara 1970, S. 791—804.

[8/20] *Slaiman, Q. J. M.*; *Davies, D. E.*: The inhibitive characteristics and mechanism of sodium benzoate (Die inhibierenden Eigenschaften und der Inhibitionsmechanismus von Natriumbenzoat). European Symposium on Corrosion Inhibition Ferrara 1970, S. 739—751.

[8/21] *Davis, D. E.*; *Slaiman, Q. J. M.*: Mechanism of the corrosion inhibition of Fe be sodium benzoate I. The influence of concentration and *p*H in airsaturated solutions (Der Mechanismus der Korrosionsinhibition von Fe durch Natriumbenzoat I. Der Einfluß der Konzentration und des *p*H-Wertes in luftgesättigten Lösungen). Corrosion Science **11** (1971) 10, S. 671 bis 682.

[8/22] *Lizlor, E. A.*: Molybdate als Korrosionsinhibitoren in Gegenwart von Chloriden. Corrosion **32** (1976) 7, S. 263—266.

[8/23] *Weisstuch, A.*; *Schell, C. E.*: An electrochemical study of heteropolymolybdates as cooling water corrosion inhibitor (Eine elektrochemische Untersuchung von Heteropolymolybdaten als Korrosionsinhibitor für Kühlwasser). Corrosion **28** (1972) 8, S. 299—306.

[8/24] *v. Koeppen, A.* u. a.: Pollution control technology applied to colling water treatment (Technologie zur Kontrolle von Verunreinigungen bei der Kühlwasserbehandlung). Mater. Protect. Perform. **12** (1973) 7, S. 23—28.

[8/25] *Cardledger, G. H.*: Twenty-year inhibition of corrosion by the pertechnate ion (Zwanzig Jahre Korrosionsinhibition durch Pertechnat). Corrosion **29** (1973) 9, S. 361—362.

[8/26] *Pini, G.; Weber, J.*: Einfluß von Schutzfremdströmen auf die Wirkung von Kühlwasserinhibitoren. Werkstoffe und Korrosion **25** (1974) 10, S. 734—739.

[8/27] ... Industrielle Kühlkreisläufe. Technische Mitteilungen **62** (1969) 10, S. 456 bis 460.

[8/28] *Verma, K. M.; Gupta, M. P.; Roy, A. K.*: Some laboratory tests to evaluate the effeciency of combination of orthophosphate, chromate and polyphosphate as corrosion inhibitor in cooling tower water (Einige Labortests zur Abschätzung der Wirksamkeit einer Mischung von Orthophosphat, Chromat und Polyphosphat als Korrosionsinhibitor in Kühlturmwasser). Technology **5** (1968) 2, S. 98—102.

[8/29] *Andrzejaczek, B.*: Der Korrosionsschutz von Gasvorkühlern durch Inhibitoren. Korrosion **3** (1972) 3, S. 19—29

[8/30] ... Cooling water treatment manual (Handbuch der Kühlwasserbehandlung). NACE-TPC Publication, Houston 1971.

[8/31] *Held, D.*: Die Probleme der Kühlwasserbehandlung aus der Sicht des Betreibers. Technische Mitteilungen **62** (1969) 10, S. 466—470.

[8/32] *Heinecke, J.*: Korrosionsverhütung im Rückkühlkreislauf einer Kokerei. Gas- und Wasserfach **106** (1965) 11, S. 293 bis 298.

[8/33] *van Loyen, D.*: Untersuchungen zum Einfluß von Polyphosphat auf das Korrosionsverhalten von Kupfer in Kühlwasser. Korrosion **15** (1984) 4, S. 205 bis 211.

[8/34] *Reinhold, G.; Wünscher, H. J.; Jennert, K.*: Probleme der Kühlwasserwirtschaft eines chemischen Großbetriebes. Wasserwirtschaft, Wassertechnik **25** (1975) 5, S. 166 bis 170.

[8/35] *Weisstuch, A.; Carter, D. A.; Nathan, C. C.*: Chelation compounds as cooling water corrosion inhibition (Chelatbildende Verbindungen zur Kühlwasserinhibition). Mater. Protect. Perform. **10** (1971) 4, S. 11—15.

[8/36] *Hatch, G. B.; Ralston, P. H.*: Aminomethylenephosphonate – zinc mixtures control oxygen corrosion (Aminomethylenphosphonat-Zinkmischungen kontrollieren die Sauerstoffkorrosion.) Mater. Protect. Perform. **11** (1972) 1, S. 39—42.

[8/37] *Feitler, H.*: Critical pH scaling index (Kritischer Sättigungs-pH-Wert). Mater. Perform **14** (1975) 8, S. 33—35.

[8/38] ... Handbuch Wasser. Essen: Vulkan-Verlag 1974.

[8/39] *Ralston, P. H.*: Inhibiting water formed deposits with Threshold composition (Hemmung der Bildung von Ablagerungen im Wasser durch Threshold-Verbindungen). Mater. Protect. Perform **11** (1972) 6, S. 39—44.

[8/40] *Derrick, A. P.*: Waterside fouling – – major problem in corrosion control (Wasserseitiger Bewuchs – ein Hauptproblem bei der Korrosionskontrolle). Austral. Corr. Engng. **14** (1970) 1, S. 15 bis 26.

[8/41] *Sexsmith, D. R.; Petrey, E. Q.*: Laboratory evaluation and application of on stream cleaning in open recirculating water cooling systems (Labormäßige Auswahl und Anwendung eines Strömungsreinigers in offenen Rückkühlwassersystemen). Mater. Protect. Perform **10** (1971) 6, S. 13—18.

[8/42] *Hempel, E.*: Mikrobiologische Probleme in Kühlwasserkreisläufen und deren Beseitigung. Wasser, Luft und Betrieb **17** (1973) 4, S. 111—114.

[8/43] *Weber, J.*: Korrosion und Ablagerungen in Kühlsystemen – Ursachen und Bekämpfung. Techn. Rundschau Sulzer **54** (1972) 3, S. 219—232.

[8/44] *Silverstein, R. M.; Curtis, S. D.*: Cooling water (Kühlwasser). Chemical Engineering **78** (1971) 8, S. 84—94.

[8/45] *Fink, H.*: Metallkorrosion durch Mikroorganismen. Korrosion **11** (1980) 4, S. 165 bis 170

[8/46] *Tantnall, R. E.*: Fundamentals of bacteria induced corrosion (Grundlagen über die von Bakterien induzierte Korrosion). Materials Performance **20** (1981) 9, S. 32 bis 38

[8/47] *Nietz, S.*: Wasseraufbereitung. Galvanotechnik **72** (1981) 3, S. 260—262

[8/48] *Wissel, D.*: Theoretische und praktische Erörterungen der Schutzverfahren gegen Brunnenverockerungen. Dissertation TU Dresden, 1972

[9/1] ...Anordnung über die allgemeinen Bedingungen für den Anschluß von Grundstücken an und für die Einleitung von Abwässern in die öffentlichen Abwasseranlagen – Abwassereinleitungsbedingungen – vom 20. Juli 1978. GBl. I Nr. 29.

[9/2] *Newrzella, W.*: Uwagi o zabezoieczaniu przed korozja oczyszezalni sciekow przemyslowych. (Korrosionsschutz von Industrieklärananlagen). Ochrona przed korozja **16** (1973) 10, S. 310—314.

[9/3] *Specht, W.*: Kunstharzbeton, die sinnvolle Ergänzung. Baupraxis (1978) 5

[9/4] Rüss und Co. – Kunststoffwerk Lützelflüh: Rotaver-GFK-Behälter. Firmenschrift 1977.

[9/5] *Hitzmann, G.*: Apparate und Materialien in der Abwassertechnik. Galvanotechnik **63** (1972) 7, S. 631–635.

[9/6] *Falcke, F. K.*: Kleines Handbuch des Säureschutzbaues. Weinheim: Verlag Chemie 1966.

[9/7] *Reuß, S.*: Ratgeber für den Säurebau. Berlin: VEB Verlag für Bauwesen 1962.

[9/8] *Selle, O.; Müller, W.; Reinhardt, K.*: Erhöhung der Gebrauchswerteigenschaften des Betonglockenmuffenrohrsortimentes. Bauzeitung **32** (1978) 11, S. 608–610.

[9/9] *Harnisch, A.* u. a.: Erste Erfahrungen bei der Anwendung von wäßrigen Epoxidharz- und Teerepoxidharzdispersionen. Bauzeitung **36** (1982) 12, S. 665–667.

[9/10] ... Concrete sewers should last 100 years (Betonabwasserrohre sollten 100 Jahre beständig sein). Mat. Protection (1966) 11, S. 13–14.

[9/11] Relinig mit PE-HD-Rohren. Richtlinie der Bauakadenie der DDR, Institut für Ing.- und Tiefbau.

[9/12] *Colditz, W.* u. a.: Sanierung von Abwasserschächten. ZIS-Mitt. **25** (1983) 7, S. 684 bis 694.

[9/13] ... Eternit-AG, Berlin: Eternit-Rohrsysteme für den Tiefbau. Firmenschrift 1978.

[9/14] *Haage, R.; Tatschink, P.*: Steinzeugrohre in der Abwasserkanalisation. Bauzeitung **37** (1983) 6, S. 324–327.

[9/15] *Albert, J.; Pfaff, D.*: Systemlösung PVC-H für Abwassernetze – Anwendungsstand und Erfahrungen. Wasserwirtschaft-Wassertechnik **29** (1979) 10, S. 332–333.

[9/16] *Kansy, J.; Matschulat, G.; Piontek, G.*: Abwasserleitung aus glasfaserverstärkten Polyesterrohren. Bauzeitung **37** (1983) 11, S. 565.

[9/17] *Paulekat, F.; Schapp, H.*: Kathodischer Außen- und Innenschutz für einen Abwasserdüker. 3R international **14** (1975) 3, S. 161–166.

[9/18] *Siefert, F.*: Bemessung und Gestaltung von Kleinabwasserpumpwerken. Haus-der-Technik-Vortragsveröffentlichungen Heft 353. Planung, Bau und Betrieb von abwasser- und abfalltechnischen Anlagen. Essen: Vulkan-Verlag 1975.

[9/19] ... Zukunftssicherer Korrosionsschutz im Klärwerk Bonn-Bad Godesberg. Metalloberfläche **30** (1976) 9, S. 433–434.

[9/20] *Köhler, D.*: Erarbeitung einer Instandsetzungstechnologie für durch Korrosion verschlissene Abwasserpumpenlaufräder der VEB Wasserversorgung und Abwasserbehandlung Magdeburg 1976

[9/21] *Manz, A.*: Vergleich von lösemittelfreien Beschichtungssystemen auf Basis von Epoxidharzen, Polyurethanharzen und ungesättigten Polyestern. Kunstharznachrichten **31** (1972) August, 1, S. 26–31.

[9/22] ... Epoxy resin protects sewage tanks (Epoxidharzüberzug schützt Abwasserbehälter). Corr. Prev. Control **19** (1972) 4, S. 12–13.

[9/23] ... Werkstoffeinsatz und Korrosionsschutz für das Teilvorhaben – Biologische Kläranlage Buna – Stand 1. 10. 1975.

[9/24] *Slawik, H.*: Neue Dickschichtensysteme für den Stahlwasserbau. Vortrag auf dem II. Wissenschaftlichen Kolloquium über Korrosion im Wasser. Pecs 1978.

[9/25] *Albrecht, D.*: Aspekte der Oberflächenbehandlung von Stahlteilen beim Bau und Betrieb von Abwasserreinigungsanlagen. Verzinken **3** (1974) 1, S. 12–14 und 19.

[9/26] *Gitter, R.; Weber, H.*: Aluminium im Klärwerksbau. Wasserwirtschaft **69** (1979) 6, S. 184–190.

[9/27] ... Uhde GmbH, Dortmund: Kunststoff-Tropfkörper System Hydropak. Firmenschrift 1978.

[9/28] ... Ferrum GmbH, Dinkelscherben: Ewall-Porit Tropfkörperfüllungen aus Kunststoffelementen zur biologischen Abwasserreinigung. Firmenschrift 1977.

[9/29] Richtlinie KR-2/01. Behälter, Apparate und Rohrleitungen; Elektrochemischer Korrosionsschutz; Richtlinie für den kathodischen Innenschutz. VEB Komplette Chemieanlagen Dresden.

[9/30] Weltstandsanalyse der bautechnischen Lösung für geschlossene Bioreaktoren. VEB Projektierung Wasserwirtschaft Erfurt 1982.

[9/31] *Kalisch, K. D.; Pett, W.*: Gutachten über die Zerstörung der Faulwasserkammern der Faulbehälter der KA Berlin-Falkenberg. Deutsche Bauakademie zu Berlin. Zentralinstitut Einheitssystem Bau. Zentrallaboratorium für Korrosionsschutz 1972.

[9/32] *Pynn, T. E.*: Corrosion control in sewage plants (Korrosionsüberwachung in Abwasseranlagen). Water and Sewage Works (1968) 4, S. 167–169.

[9/33] *Müller, S.; Lackorn, H.-J.*: Einsatz von glasfaserverstärktem Polyester für ein Erdfaulbecken in der Kläranlage Hildburghausen. Bauzeitung **32** (1978) 11, S. 598 bis 599.

[9/34] *Gruhler, J.*: Kleine Kläranlagen. Berlin: VEB Verlag für Bauwesen 1977.

[10/1] *Werner, H.; Mörbe, K.*: Ergebnisse der Erprobung einer durchflußmengenabhängig gesteuerten Dosieranlage für die Zugabe von Inhibitoren in Warmwasser-Versorgungsanlagen. Stadt- und Gebäudetechnik **26** (1972) 6, S. 152—153.

[10/2] *Kuch, A.; Sontheimer, H. u. Wagner, I.*: Die Messung der Aufeisenung in Trinkwasser – Ein neues Verfahren in schwarzen Stahlrohren. Werkstoffe und Korrosion **34** (1983) 3, S. 107—111.

[10/3] *Werner, G.*: Untersuchungen zum Korrosionsverhalten feuerverzinkter Installationsrohre in kalten Trinkwässern. Universität Karlsruhe, Dissertation 1976.

[10/4] *Mörbe, K.; Dörfel, C.*: Elektrische Widerstandsmessungen zur betrieblichen Korrosionsüberwachung. Chemische Technik **25** (1973) 2, S. 92—94.

[10/5] *Prazak, M.*: The polarisation resistance method for corrosion testing (Die Polarisationswiderstandsmethode für Korrosionsuntersuchungen). Werkstoffe und Korrosion **25** (1974) 2, S. 104—112.

[10/6] ... Elektrochemische Korrosionsprüfung – Allgemeines, Meßtechniken, ebenmäßige Korrosion –. KDT-Empfehlung, August 1976.

[10/7] *Woelker, G.*: Untersuchung des Korrosionsverlaufes unter Anstrichen bei Wasserbeanspruchung mittels Widerstandsmethode. Korrosion **11** (1980) 1, S. 3—14.

12. Vorschriftenverzeichnis

In Abschnitt 12 sind die sachbezogenen Standards, Normen und Richtlinien der DDR, der BRD und der Republik Österreich kapitelweise zusammengestellt.
Die Standards der DDR sind gekennzeichnet durch „TGL" und die nachfolgende 4- bzw. 5stellige Kombination arabischer Ziffern. Analog werden die Normen der BRD durch „DIN" und eine nachfolgende 4- bis 5stellige Zahlenkombination bezeichnet.
Die Normen der Republik Österreich (ÖNormen) sind gekennzeichnet durch verschiedene Großbuchstaben des Alphabetes und nachfolgende 4stellige arabische Zahlen.
Herausgeber der TGL ist das Amt für Standardisierung, Meßwesen und Warenprüfung (ASMW) der DDR, Berlin.
Herausgeber der DIN ist das Deutsche Institut für Normung e. V. (DIN) der BRD, Berlin-West.
Herausgeber der ÖNorm ist das Österreichische Normungsinstitut, Wien.
Werden bei den angeführten TGL, DIN und ÖNormen Ober- und Haupttitel wiederholt, so wird dies durch –; –; angezeigt.

Weitere, in Abschnitt 12 angeführte Normen und Richtlinien:

GOST:
Normen der UdSSR
Herausgeber:
Staatliches Komitee der UdSSR für Standards
RS-RGW:
Empfehlungen zur Standardisierung im RGW
Herausgeber:
RGW, Ständige Kommission für Standardisierung, Moskau
ISO-Empfehlungen
Herausgeber:
International Organisation for Standardization, Zürich
DVGW-Arbeitsblätter:
Herausgeber:
Deutscher Verein des Gas- und Wasserfaches e. V., Eschborn, BRD
VDI-Richtlinien:
Herausgeber:
Verein Deutscher Ingenieure, VDI-Verlag Düsseldorf, BRD
VGB-Richtlinien:
Herausgeber:
Vereinigung der Großkraftwerksbetreiber, Heymanns-Verlag Köln, BRD
VdTÜV-Merkblätter:
Herausgeber:
Vereinigung der Technischen Überwachungsvereine, Maximilian Verlag Herford, BRD

Technische Regeln für Dampfkessel
Herausgeber:
Deutscher Dampfkesselausschuß Beuth-Verlag, Berlin-West
FIGAWA-Mitteilungen:
Herausgeber:
Bundesvereinigung der Firmen im Gas- und Wasserfach e. V. Köln, BRD
ATV-Richtlinien:
Regelwerk der abwassertechnischen Vereinigung Sankt Augustin, BRD
AB-Werkstandard
des VEB Rohrwerke Bitterfeld, DDR
WM-Werkstandard
des VEB Wasseraufbereitungsanlagen Markkleeberg, DDR
BAS-Werkstandard
des VEB Asbestzementwerke „Otto Grotewohl" Magdeburg, DDR
WAPRO-Werkstandard
des VEB Projektierung Wasserwirtschaft Halle, DDR
Zeitschrift Beton
Düsseldorf, BRD

zu Abschnitt 1: Volkswirtschaftliche Aspekte zum Korrosionsschutz an wasserführenden Anlagen

TGL 18720
Ausg. 3. 77. Korrosionsschutz; Grundsätze für die Sicherung der Qualität des Korrosionsschutzes

DIN 1961
Ausg. 10. 79. VOB Verdingungsordnung für Bauleistungen; Teil B: Allgemeine Vertragsbedingungen für die Ausführung von Bauleistungen

zu Abschnitt 2: Korrosion der Metalle

TGL 18701
Ausg. 12. 72. Korrosion der Metalle; Begriffe

DIN 50900 T. 1
Ausg. 4. 82. Korrosion der Metalle; Begriffe; Allgemeine Begriffe
DIN 50900 T. 2
Ausg. 4. 82. –; –; Elektrochemische Begriffe

zu Abschnitt 3: Korrosionsschutz der Metalle

TGL 14400/01
Ausg. 5. 77. Gußstücke aus unlegiertem Gußeisen mit Lamellengraphit; Technische Lieferbedingungen
TGL 14400/02
Ausg. 5. 77. –; Anwendungsrichtlinien
TGL 14507
Ausg. 12. 77. Stahlblech für den Kesselbau; Technische Lieferbedingungen
TGL 18700/01
Ausg. 10. 71. Korrosionsschutz; Begriffe; Allgemeine Begriffe und Einteilung
TGL 18703/01
Ausg. 9. 77. Korrosionsschutz; Korrosionsschutzgerechte Gestaltung; Allgemeine Forderungen
TGL 18703/03
Ausg. 6. 74. –; –; Forderungen an die beschichtungsgerechte Gestaltung
TGL 18730/02
Ausg. 4. 77. Korrosionsschutz; Oberflächenvorbehandlung; Ausgangszustände; Säuberungsgrade; Beurteilung
TGL 18733/01
Ausg. 7. 72. Korrosionsschutz; Feuermetall-Schutzschichten; Zinkschutzschichten; Technische Forderungen; Prüfung
TGL 18734
Ausg. 9. 85. Korrosionsschutz; Spritzmetallschutzschichten aus Zink und Aluminium auf Eisenwerkstoffen; Technische Forderungen; Prüfung
TGL 37065/01
Ausg. E. 5. 86. Korrosionsschutz in der Wasserwirtschaft; Wasserwirtschaftliche Ausrüstungen; Atmosphärische Beanspruchung
TGL 37065/02
Ausg. E. 5. 86. –; –; Beanspruchung durch Wässer
TGL 37456/04
Ausg. 6. 81. Korrosionsschutz in der Wasserwirtschaft; Allgemeine Grundsätze; Konstruktionsgrundsätze

DIN 4768 T. 1
Ausg. 8. 74. Ermittlung der Rauheitsmeßgrößen R_a, R_z, R_{max} mit elektrischen Tastschnittgeräten; Grundlagen
DIN 4769 T. 1
Ausg. 5. 72. Oberflächenvergleichsmuster; Technische Lieferbedingungen, Anwendung
DIN 4769 T. 4
Ausg. 7. 74. Oberflächenvergleichsmuster; Gedrallte Metalloberflächen
DIN 8200
Ausg. 10. 82. Strahlverfahrenstechnik; Begriffe, Einordnung der Strahlverfahren
DIN 8201 T. 1 bis T. 10
Strahlmittel
DIN 8565
Ausg. 3. 77. Thermisches Spritzen von Zink und Aluminium; Allgemeine Grundsätze
DIN 30676
Ausg. E. 2. 84. Planung und Anwendung des kathodischen Korrosionsschutzes für den Außenschutz
DIN 50902
Ausg. 7. 75. Behandlung von Metalloberflächen für den Korrosionsschutz durch anorganische Schutzschichten; Begriffe
DIN 50942
Ausg. 11. 73. Phosphatieren von Metallen; Verfahrensgrundsätze, Kurzzeichen und Prüfverfahren
DIN 50976
Ausg. 3. 80. Durch Feuerverzinken auf Einzelteile aufgebrachte Überzüge; Anforderungen und Prüfung
DIN 55928 T. 1
Ausg. 11. 76. Korrosionsschutz von Stahlbauten durch Beschichtungen und Überzüge; Allgemeines
DIN 55928 T. 2
Ausg. 10. 79. Korrosionsschutz von Stahlbauten durch Beschichtungen und Überzüge; Korrosionsschutzgerechte Gestaltung
DIN 55928 T. 3

Ausg. 11. 78. Korrosionsschutz von Stahlbauten durch Beschichtungen und Überzüge; Planung der Korrosionsschutzarbeiten
DIN 55928 T. 4
Ausg. 1. 77. Korrosionsschutz von Stahlbauten durch Beschichtungen und Überzüge; Vorbereitung und Prüfung der Oberflächen
DIN 55928 T. 4 Beiblatt 1
Ausg. 8. 78. Korrosionsschutz von Stahlbauten durch Beschichtungen und Überzüge; Vorbereitung und Prüfung der Oberflächen, Photographische Vergleichsmuster
DIN 55928 T. 4, A 1
Ausg. 7. 84. –; –; Änderung 1
DIN 55928 T. 5
Ausg. 3. 80. Korrosionsschutz von Stahlbauten durch Beschichtungen und Überzüge; Beschichtungsstoffe und Schutzsysteme
DIN 55928 T. 6
Ausg. 11. 78. Korrosionsschutz von Stahlbauten durch Beschichtungen und Überzüge; Ausführung und Überwachung der Korrosionsschutzarbeiten

C 2540
Ausg. 12. 81. Korrosionsschutz von Eisenwerkstoffen durch thermisches Spritzen von Zink und Aluminium
E 4015
Ausg. 10. 82. Feuerverzinkung von Bauteilen aus Stahl und sonstigen Eisenwerkstoffen

zu Abschnitt 4: Korrosion und Schutz nichtmetallischer Werkstoffe

TGL 22896/08
Ausg. 12. 84. Asbestzementerzeugnisse; Anwendung der Druckrohre
TGL 31157
Ausg. 6. 76. Hydrotechnischer Beton
TGL 33408/01
Ausg. 11. 80. Betonbau; Korrosion und Korrosionsschutz; Beanspruchungsgrade
TGL 33408/02
Ausg. 11. 80. –; –; Aktive Schutzmaßnahmen für Beton und Leichtbeton
TGL 33408/03
Ausg. 11. 80. –; –; Passive Schutzmaßnahmen für Beton und Leichtbeton

DIN 1045
Ausg. 2. 72. Beton- und Stahlbetonbau – Bemessung und Ausführung
DIN 4030
Ausg. 11. 69. Beurteilung betonangreifender Wässer, Böden und Gase
DIN 4122
Ausg. 3. 78. Abdichtung von Bauwerken gegen nichtdrückendes Oberflächenwasser und Sickerwasser mit bituminösen Stoffen, Metallbändern und Kunststoff-Folien; Richtlinien
DIN 4227 T. 1
Ausg. 12. 79. Spannbeton; Bauteile aus Normalbeton mit beschränkter oder voller Vorspannung
DIN 4227 T. 3
Ausg. 12. 83. –; Bauteile in Segmentbauart; Bemessung und Ausführung der Fugen
V DIN 4227 T. 6
Ausg. 5. 82. –; Bauteile mit Vorspannung ohne Verbund
DIN 4281
Ausg. 3. 85. Beton für Entwässerungsgegenstände; Herstellung, Anforderung und Prüfung
DIN 18195 T. 2
Ausg. 8. 83. Bauwerksabdichtungen; Stoffe
DIN 18551
Ausg. 7. 79. Spritzbeton; Herstellung und Prüfung

Merkblatt Betondeckung
beton 32 (1982) Heft 11
Merkblatt für Schutzüberzüge auf Beton bei sehr starken Angriffen nach DIN 4030
beton 23 (1973) Heft 9
Vorläufiges Merkblatt für Anstriche auf Beton von Wasser- und Sammelanlagen
beton 30 (1980) Heft 6

B 4200 T. 10
Ausg. 1. 83. Beton; Herstellung und Überwachung

zu Abschnitt 5: Wasser als aggressives Medium

TGL 22433
Ausg. 4. 71. Trinkwasser; Gütebedingungen
TGL 190-255/01
Ausg. 3. 78. Wasserversorgungsanlagen; Wärmeträger; Qualitätsanforderungen
TGL 190-255/02
Ausg. 7. 78. –; –; Qualitätsüberwachung

DIN 19260
Ausg. 3. 71. pH-Messung; Allgemeine Begriffe
DIN 19261
Ausg. 3. 71. –; Begriffe für Meßverfahren mit Verwendung galvanischer Zellen
DIN 19263
Ausg. 2. 61. –; Meßfertige Glaselektroden
DIN 19266
Ausg. 8. 79. –; Standardpufferlösungen
DIN 38402
Ausg. E. 12. 84. Deutsche Einheitsverfahren zur Wasser-, Abwasser- und Schlammuntersuchung; Allgemeine Angaben; Angabe von Analysenergebnissen

DIN 38402 T. 14
Ausg. E. 12. 84. –; –; Probenahme von Grundwasser
DIN 38404 T. 1
Ausg. 12. 76. –; Physikalische und physikalisch-chemische Kenngrößen; Bestimmung der Färbung
DIN 38404 T. 2
Ausg. 12. 76. –; –; Bestimmung der Trübung
DIN 38404 T. 4
Ausg. 12. 76. –; –; Bestimmung der Temperatur
DIN 38404 T. 5
Ausg. 1. 84. –; –; Bestimmung des *p*H-Wertes
DIN 38404 T. 6
Ausg. 5. 84. –; –; Bestimmung der Redoxspannung
DIN 38404 T. 8
Ausg. 9. 82. –; –; Bestimmung der elektrischen Leitfähigkeit
DIN 38404 T. 10
Ausg. 5. 79. –; –; Calziumcarbonatsättigung eines Wassers
DIN 38405 T. 1
Ausg. 11. 84. –; Anionen, Bestimmung des Chloridions
DIN 38405 T. 4
Ausg. 4. 84. –; –; Bestimmung von Fluor
DIN 38405 T. 5
Ausg. 1. 82. –; –; Bestimmung des Sulfations
DIN 38405 T. 9
Ausg. 5. 79. –; –; Bestimmung des Nitrations
DIN 38405 T. 10
Ausg. 2. 81. –; –; Bestimmung des Nitritions
DIN 38405 T. 11
Ausg. 10. 83. –; –; Bestimmung von Phosphorverbindungen
DIN 38406 T. 1
Ausg. 5. 83. –; Kationen; Bestimmung von Eisen
DIN 38406 T. 2
Ausg. 5. 83. –; –; Bestimmung von Mangan
DIN 38406 T. 3
Ausg. 9. 82. –; –; Bestimmung von Calzium und Magnesium
DIN 38406 T. 5
Ausg. 10. 83. –; –; Bestimmung des Ammonium-Stickstoffs
DIN 38406 T. 6
Ausg. 5. 81. –; –; Bestimmung von Blei
DIN 38406 T. 8
Ausg. 10. 80. –; –; Bestimmung von Zink
DIN 38408 T. 4
Ausg. 6. 84. –; Gasförmige Bestandteile; Bestimmung von freiem Chlor und Gesamtchlor
DIN 38408 T. 21
Ausg. 5. 84. –; –; Bestimmung des in Wasser gelösten Sauerstoffes, jodometrisches Verfahren nach Winkler
DIN 38408 T. 22
Ausg. 11. 84. –; –; Bestimmung des in Wasser gelösten Sauerstoffes mittels membranbedeckter Sauerstoffsonde
DIN 38409 T. 6
Ausg. E. 6. 84. –; Summarische Wirkungs- und Stoffkenngrößen; Härte eines Wassers
DIN 38409 T. 7
Ausg. 5. 79. –; –; Bestimmung der Säure und Basenkapazität
DIN 50930 T. 1
Ausg. 12. 80. Korrosion der Metalle; Korrosionsverhalten von metallischen Werkstoffen gegenüber Wasser; Allgemeines
DIN 50930 T. 2
Ausg. 12. 80. –; –; Beurteilungsmaßstäbe für unlegierte und niedriglegierte Eisenwerkstoffe
DIN 50930 T. 3
Ausg. 12. 80. –; –; Beurteilungsmaßstäbe für feuerverzinkte Eisenwerkstoffe
DIN 50930 T. 4
Ausg. 12. 80. –; –; Beurteilungsmaßstäbe für hochlegierte und chemisch beständige Stähle
DIN 50930 T. 5
Ausg. 12. 80. –; –; Beurteilungsmaßstäbe für Kupfer und Kupferlegierungen

DVGW w 216
Ausg. 6. 83. Versorgung mit unterschiedlichen Wässern
VGB-M 410 N
Ausg. 5. 80. Qualitätsanforderungen an Fernheizwasser
VGB (R-KKW)
Ausg. 10. 80. Richtlinie für Kesselspeisewasser, Kesselwasser und Dampf von Wasserrohrkesseln der Druckstufe ab 64 bar
VdTÜV MB 1452
Ausg. 3. 73. Richtlinien für die Speise- und Kesselwasserbeschaffenheit bei Schnelldampferzeugern
VdTÜV MB 1453
Ausg. 4. 83. Richtlinien für Speisewasser, Kesselwasser und Dampf von Dampferzeugern bis 64 bar zulässigem Betriebsüberdruck
VdTÜV MB (WHH)
Ausg. 3. 73. Richtlinien für die Wasserbeschaffenheit bei Heißwassererzeugern in Heizungsanlagen

M 5871
Ausg. 7. 74. Ausstattung von Trinkwasseraufbereitungsanlagen mit Meßgeräten
M 5873
Ausg. 11. 83. Anforderungen an Anlagen zur Desinfektion von Wasser mittels Ultraviolett-Strahlen
M 5876
Ausg. 12. 76. Messung des Sauerstoffgehaltes von Wasser und Abwasser nach elektrochemischen Meßmethoden

M 5878
Ausg. 8. 84. Anforderungen an Ozonungsanlagen zur Wasseraufbereitung
M 58 79 T. 1
Ausg. 2. 81. Anforderungen an Chlorungsanlagen zur Wasserbehandlung; Chlorgasanlagen
M 5879 T. 2
Ausg. 5. 82. –; Anlagen zur Desinfektion und Oxidation durch Chlorverbindungen und deren Lösungen
M 5883
Ausg. 7. 78. Messung der elektrischen Leitfähigkeit von Wasser und Abwasser
M 5885
Ausg. 9. 76. pH-Messung; Anforderungen an den pH-Meßzusatz
M 6250
Ausg. 7. 80. Öffentliche Trinkwasserversorgung; Anforderung an die Beschaffenheit des Trinkwassers
M 6251
Ausg. 7. 80. –; Überwachung der Beschaffenheit des Wassers
M 6256
Ausg. 11. 85. Wasseruntersuchung; Bestimmung von freiem Chlor und Gesamtchlor; colorimetrische Methode mit N,N-diethyl-1,4-phenylendiamin für die Routineüberwachung
M 6259
Ausg. 3. 83. –; Konservierung und Behandlung von Wasserproben
M 6260
Ausg. 10. 82. –; Bestimmung von Eisen, 1,10-Phenanthrolin-Methode
M 6261
Ausg. 11. 81. –; Bestimmung von Calzium, Titrimetrisches Verfahren
M 6266
Ausg. 9. 84. –; Bestimmung von gelöstem Sauerstoff, elektrochemische Methode
M 6267
Ausg. 9. 84. –; –; jodometrische Methode
M 6268
Ausg. 11. 84. –; Bestimmung der Summe von Calzium und Magnesium in Wasser, Titrimetrische Methode
ISO 6107 T. 1
Ausg. 4. 83. Wasserbeschaffenheit, Benennungen und Definitionen

zu Abschnitt 6: Trinkwasserführende Anlagen

TGL 7534
Ausg. 10. 83. Rohrleitungen aus Stahl; Bitumenschutzschichten; Außenschutz DN 50 bis DN 3000 Innenschutz DN 300 bis DN 3000
TGL 10697/01
Ausg. 10. 81. Gebäudeausrüstung zur Wasserversorgung; Begriffe; Allgemeine Forderungen
TGL 10697/02
Ausg. 12. 80. –; Bemessung der Rohrleitungen
TGL 10697/03
Ausg. 12. 80. –; Technische Forderungen
TGL 10697/04
Ausg. 10. 81. –; Prüfung und Betrieb der Anlagen
TGL 11465
Ausg. 4. 70. Stahl in Wässern und Erdstoffen; Prüfung und Beurteilung der Wässer und der Erdstoffe; Korrosionsschutzmaßnahmen
TGL 11689/03
Ausg. 5. 74. Plaste; Polyvinylchlorid (PVC); PVC-H-Rohre; Typ 100; Technische Lieferbedingungen
TGL 14708
Ausg. 8. 76. Kupfer; Marken
TGL 18730/01
Ausg. 12. 81. Korrosionsschutz; Oberflächenvorbehandlung; Mechanische Verfahren
TGL 18730/02
Ausg. 4. 77. –; –; Ausgangszustände, Säuberungsgrade, Beurteilung
TGL 18733/01
Ausg. 7. 72. –; Feuermetall-Schutzschichten; Zinkschutzschichten; Technische Forderungen; Prüfung
TGL 18734
Ausg. 9. 85. Spritzmetallschutzschichten aus Zink und Aluminium auf Eisenwerkstoffen; Technische Forderungen; Prüfung
TGL 18738
Ausg. 12. 78. –; Allgemeine Vorschriften für die Herstellung von Anstrichen auf unlegierten und niedriglegierten Eisenwerkstoffen
TGL 18790
Ausg. 4. 79. Korrosionsschutz; Schutz metallener Objekte vor Streustromkorrosion durch Gleichspannungsanlagen
TGL 18791/01
Ausg. 6. 82. –; Verbundkorrosionsschutz; Allgemeine Festlegungen
TGL 18791/02
Ausg. 7. 83. –; –; Technische Forderungen an Projektierung, Inbetriebnahme und Betrieb
TGL 18791/03
Ausg. 7. 77. –; –; Muster einer Vereinbarung über Betrieb und Wartung von Anlagen
TGL 20353
Ausg. 10. 83. Rohrleitungen aus Stahl; Rohrleitungssteile mit Bitumenschutzschicht; Transport und Lagerung
TGL 21430
Ausg. 12. 79. Bitumen; Bituminöse Straßenbaubindemittel und Bautenschutzstoffe, Geblasene Bitumen

TGL 21428/02
Ausg. 12. 70. Plaste; Polyethylen (PE); PE-Tafeln; Technische Lieferbedingungen
TGL 21581/01
Ausg. 12. 84. Plaste; Polyethylen (PE)-Rohre, Prüfung
TGL 21581/02
Ausg. 12. 84. –; –; PE-weich-Rohre; Technische Lieferbedingungen
TGL 21581/03
Ausg. 12. 84. –; –; PE-hart-Rohre; Technische Bedingungen
TGL 22433
Ausg. 4. 71. Trinkwasser; Gütebedingungen
TGL 22769/03
Ausg. 12. 82. Druckrohrleitungen der Wasserversorgung; Grundsätze für Projektierung, Bau und Betrieb; Rohrwerkstoffe; Hydraulische Berechnungen
TGL 22769/04
Ausg. 9. 80. –; –; Konstruktion
TGL 22896/08
Ausg. 12. 84. Asbestzementerzeugnisse; Anwendung der Druckrohre
TGL 23941/06
Ausg. 9. 82. Kreiselradpumpen; Unterwassermotor-Kreiselpumpen; mehrstufig für Brunnen ab NW 150
TGL 23941/07
Ausg. 3. 80. –; –; mehrstufig für Brunnen ab NW 200
TGL 23941/08
Ausg. 3. 83. –; –; mehrstufig für Brunnen ab NW 250
TGL 25304/01
Ausg. 9. 84. Nahtlose Stahlrohre mit Polyethylenummantelung; Sortiment
TGL 25304/02
Ausg. 6. 76. –; Technische Lieferbedingungen
TGL 26740/05
Ausg. 7. 82. Glasfaser; Vliesstoff
TGL 26825
Ausg. 10. 74. Muffen an schmelzgeschweißten Stahlrohren
TGL 27865/01
Ausg. 11. 74. Formteile aus nahtlosem Stahlrohr mit Polyethylenummantelung; Technische Lieferbedingungen
TGL 28101/01
Ausg. 6. 80. Zemente; Portlandzemente
TGL 28905/02
Ausg. 9. 83. Plaste; Polyvinylchlorid (PVC)-weich(W)-Bahnen und -Tafeln; Bahnen
TGL 31157
Ausg. 6. 76. Hydrotechnischer Beton
TGL 31850
Ausg. 10. 75. Rohre aus Blei mit innerem Zinnmantel, gepreßt; Abmessungen, Werkstoffe
TGL 31983/04
Ausg. 12. 75. Versorgungs- und Informationsleitungen; Kreuzung und Näherung mit Bahnanlagen; Korrosionsschutz
TGL 33408/01
Ausg. 11. 80. Betonbau; Korrosion und Korrosionsschutz; Beanspruchungsgrade
TGL 33453
Ausg. 1. 82. Instandsetzung, Verstärkung und Auswechslung von Betonbauteilen; Ausführung
TGL 33510/01
Ausg. 3. 83. Spannbetonrohre; Nennweite 1000 m und 1200 mm; Nennlänge 7000 mm
TGL 34011/01
Ausg. 6. 83. Wasserversorgung; Rekonstruktion von Rohrleitungen; Zementmörtel-Auspreß-Verfahren (ZMA-Verfahren)
TGL 34872/02
Ausg. 2. 83. Hydrogeologie; Brunnenausbau; Technische Lieferbedingungen für Filter- und Vollwandrohre aus Stahl
TGL 35761/12
Ausg. 12. 82. Bauwerksabdichtung; Wasserundurchlässige Mörtelschichten
TGL 36011
Ausg. 8.79. Stahlrohre und Formstücke, ausgekleidet mit PVC-H; Technische Bedingungen
TGL 37065/01
Ausg. E. 5. 86. Korrosionsschutz in der Wasserwirtschaft; Wasserwirtschaftliche Ausrüstungen; Atmosphärische Beanspruchung
TGL 37065/02
Ausg. E. 5. 86. –; –; Beanspruchung durch Wässer
TGL 37339
Ausg. 9. 80. Druckwasser-Rohrleitungen; Gußeiserne Rohre; Einschiebmuffen-Druckrohre aus Gußeisen mit Kugelgraphit
TGL 37340
Ausg. 9. 80. –; –; Aufschraubflansch-Druckrohre aus Gußeisen mit Kugelgraphit
TGL 38037
Ausg. 5. 82. Wasserversorgung und Abwasserbehandlung; Wasserbeanspruchte Betonbauwerke; Instandsetzungsverfahren mit Plasten
TGL 38642
Ausg. 12. 81. Chemische Wasseraufbereitungsanlagen; Speicher drucklos; Technische Lieferbedingungen
TGL 38646
Ausg. 12. 81. Wasseraufbereitungsanlagen; Ansetzgefäße; Technische Lieferbedingungen

WM 12-12
Ausg. 5. 74. Schwefelsäuremischer; Abmessungen, Kennwerte, Massen
AB 22.03
Ausg. 11. 78. Ringaktivanoden in schmelzge-

schweißten Stahlrohren; Technische Lieferbedingungen
AB 22.04
Ausg. 10. 79. Schmelzgeschweißte Stahlrohre mit Zementmörtelinnenschutz
WAPRO 1.11
Ausg. 3. 83. Wasserverteilung – Wasserleitungen; Derzeitiges Sortiment der Rohre für die Wasserversorgung und Abwasserbehandlung
DIN 1239 T. 1 bis T. 5
Ausg. 6. 63. Schachtabdeckungen für Brunnenschächte und Quellfassungen
DIN 1262
Ausg. 3. 77. Druckrohre aus Blei; für Nichttrinkwasserleitungen
DIN 1707
Ausg. 2. 81. Weichlote; Zusammensetzung, Verwendung, Technische Lieferbedingungen
DIN 1786
Ausg. 5. 80. Installationsrohre aus Kupfer; nahtlos gezogen
DIN 1988
Ausg. 1. 62. Trinkwasserleitungsanlagen in Grundstücken; Technische Bestimmungen für Bau und Betrieb
DIN 2000
Ausg. 11. 73. Zentrale Trinkwasserversorgung; Leitsätze für Anforderungen an Trinkwasser; Planung, Bau und Betrieb der Anlagen
DIN 2001
Ausg. 2. 83. Eigen- und Einzeltrinkwasserversorgung; Leitsätze für Anforderungen an Trinkwasser; Planung, Bau und Betrieb der Anlagen; Technische Regel des DVGW
DIN 2444
Ausg. 1. 84. Zinküberzüge auf Stahlrohren; Qualitätsnorm für die Feuerverzinkung von Stahlrohren für Installationszwecke
DIN 3389
Ausg. 5. 78. Isolierstücke für Hausanschlußleitungen in der Gas- und Wasserversorgung; Einbaufertige Isolierstücke, Anforderungen und Prüfungen
DIN 3547 T. 1
Ausg. E. 2. 83. Armaturen für Trinkwasser-Anlagen; Anforderungen und Anerkennungsprüfungen
DIN 4034
Ausg. 10. 73. Schachtringe, Brunnenringe, Schachthülse, Übergangsringe, Auflageringe aus Beton; Maße, Technische Lieferbedingungen
DIN 4035
Ausg. 9. 76. Stahlbetonrohre; Stahlbetondruckrohre und zugehörige Formstücke aus Stahlbeton; Maße, Technische Lieferbedingungen
DIN 4122
Ausg. 3. 78. Abdichtung von Bauwerken gegen nichtdrückendes Oberflächenwasser und Sickerwasser mit bituminösen Stoffen, Metallbändern und Kunststoff-Folien; Richtlinien
DIN 4810 T. 1
Ausg. 8. 77. Druckbehälter aus Stahl, für Wasserversorgungsanlagen
DIN 4920
Ausg. 7. 83. Stahlfilterrohre für Bohr- und Rammbrunnen mit Langlochung und Gewindeverbindung DN 32 bis DN 100
DIN 4922 T. 1
Ausg. 2. 78. Stahlfilterrohre für Bohrbrunnen mit Schlitzbrückenlochung und Laschenverbindung
DIN 4922 T. 2
Ausg. 4.81. Stahlfilterrohre für Bohrbrunnen mit Gewindeverbindung DN 100 bis 500
DIN 4923
Ausg. 7. 72. Drahtgewebe im Brunnenbau
DIN 8511 T. 1
Ausg. E. 5. 84. Flußmittel zum Löten metallischer Werkstoffe; Flußmittel zum Hartlöten
DIN 8511 T. 2
Ausg. 8. 67. –; Flußmittel zum Weichlöten von Schwermetallen
DIN 8513 T. 1
Ausg. 10. 79. Hartlote; Kupferbasislote; Zusammensetzung, Verwendung, Technische Lieferbedingungen
DIN 19532
Ausg. 7. 79. Rohrleitungen aus weichmacherfreiem Polyvinylchlorid (PVC-hart, PVC-U) für die Trinkwasserversorgung; Rohre, Rohrverbindungen, Rohrleitungsteile, Technische Regel des DVGW
DIN 19533
Ausg. 3. 76. Rohrleitungen aus PE-hart (Polyethylen-hart) und PE-weich (Polyethylen-weich) für die Trinkwasserversorgung; Rohre, Rohrverbindungen, Rohrleitungsteile
DIN 19605
Ausg. 9. 75. Filter zur Wasseraufbereitung
DIN 19606
Ausg. 2. 83. Chlordosieranlagen zur Wasseraufbereitung
DIN 19630
Ausg. 8. 82. Richtlinien für den Bau von Wasserrohrleitungen
DIN 19635
Ausg. 3. 84. Dosiergeräte zur Behandlung von Trinkwasser; Anforderungen, Prüfung, Betrieb; Technische Regeln des DVGW
DIN 19661 T. 1
Ausg. 10. 72. Richtlinien für Wasserbauwerke; Kreuzungsbauwerke; Brücken, Überleitungen, Durchlässe, Düker, Verrohrungen
DIN 19800 T. 1
Ausg. 1. 73. Asbestzementrohre und -formstücke für Druckrohrleitungen; Rohre, Maße

DIN 19800 T. 2
Ausg. 1. 73. –; Rohre, Rohrverbindungen und Formstücke; Technische Lieferbedingungen
DIN 28600
Ausg. 1. 83. Druckrohre und Formstücke aus duktilem Gußeisen für Gas- und Wasserleitungen; Technische Lieferbedingungen
DIN 30670
Ausg. 7. 80. Polyethylen-Umhüllung von Stahlrohren und Formstücken
V DIN 30671
Ausg. 10. 80. Umhüllung (Beschichtung) von Stahlrohren und -formstücken mit Duroplasten; Beschichtung mit Epoxidharzpulver oder Polyurethan-Teer
DIN 30672
Ausg. 8. 79. Korrosionsschutzbinden und Schrumpfschläuche; Umhüllungen aus Korrosionsschutzbinden und Schrumpfschläuchen für erdverlegte Rohrleitungen
DIN 30673
Ausg. 3. 79. Bituminöse Korrosionsschutzumhüllungen und -auskleidungen von Stahlrohren, Formstücken und Armaturen
DIN 30674 T. 1
Ausg. 9. 82. Umhüllung von Rohren aus duktilem Gußeisen; Polyethylen-Umhüllung
DIN 30674 T. 2
Ausg. E. 11. 82. –; Zementmörtel (ZM)-Umhüllung
DIN 30674 T. 3
Ausg. 9. 82. –; Zink-Überzug mit Deckbeschichtung
DIN 30674 T. 4
Ausg. 5. 83. –; Beschichtung mit Bitumen
DIN 30674 T. 5
Ausg. 6. 83. –; Polyethylen-Folienumhüllung
DIN 30675 T. 1
Ausg. E. 4. 85. Äußerer Korrosionsschutz von erdverlegten Rohrleitungen; Einsatzbereiche bei Rohrleitungen aus Stahl
DIN 30675 T. 2
Ausg. E. 4. 85. Äußerer Korrosionsschutz von erdverlegten Rohrleitungen; Einsatzbereiche bei Rohrleitungen aus duktilem Gußeisen
DIN 30676
Ausg. E. 2. 84. Planung und Anwendung des kathodischen Korrosionsschutzes für den Außenschutz
DIN 50927
Ausg. E. 6. 84. Korrosion der Metalle; Planung und Anwendung des elektrochemischen Korrosionsschutzes für die Innenflächen von Apparaten, Behältern und Rohren (Innenschutz)
DIN 57150/VDE 0150
Ausg. 4. 83. Schutz gegen Korrosion durch Streuströme aus Gleichstromanlagen (VDE-Bestimmung)
DVGW GW 2
Ausg. 7. 83. Verbinden von Kupferrohren für die Gas- und Wasserinstallation innerhalb von Grundstücken und Gebäuden
DVGW GW 7
Ausg. E. 12. 84. Flußmittel zum Löten von Kupferrohren für die Gas- und Wasserinstallation – Anforderungen und Prüfbestimmungen –
DVGW GW 10
Ausg. 4. 84. Inbetriebnahme und Überwachung des kathodischen Korrosionsschutzes erdverlegter Lagerbehälter und Stahlrohrleitungen
DVGW GW 12
Ausg. 4. 84. Planung und Errichtung kathodischer Korrosionsschutzanlagen für erdverlegte Lagerbehälter und Stahlrohrleitungen
DVGW W 211 Teil 2
Ausg. E. 8. 85. Filtration in der Wasseraufbereitung; Planung und Betrieb von Filteranlagen
DVGW GW 306
Ausg. 8. 82. Verbinden von Blitzschutzanlagen mit metallenen Gas- und Wasserleitungen in Verbrauchsanlagen
DVGW W 311
Ausg. 9. 76. Bau von Wasserbehältern; Grundlagen und Ausführungsbeispiele
DVGW W 312
Ausg. 8. 80. Wasserbehälter; Feststellung und Behebung von Schäden
DVGW W 314
Ausg. 3. 74. Druckerhöhungsanlagen in Grundstücken; Technische Bestimmungen für Auslegung, Ausführung und Betrieb
DVGW W 315
Ausg. 2. 83. Wasserbehälter; Kontrolle und Reinigung
DVGW W 320
Ausg. 9. 81. Herstellung, Gütesicherung und Prüfung von Rohren aus PVC-hart (Polyvinylchlorid-hart), HDPE (Polyethylen-hart) und LDPE (Polyethylen-weich) für die Wasserversorgung und Anforderungen an Rohrverbindungen und Rohrleitungsteile
DVGW W 332
Ausg. 2. 68. Hinweise und Richtlinien für Absperr- und Regelarmaturen in der Wasserversorgung
DVGW W 342
Ausg. 12. 78. Werkseitig hergestellte Zementmörtelauskleidungen für Guß- und Stahlrohre; Anforderungen und Prüfungen, Einsatzbereiche
DVGW W 343
Ausg. 12. 81. Zementmörtelauskleidung von erdverlegten Guß- und Stahlrohrleitungen; Einsatzbereiche, Anforderungen und Prüfungen
DVGW W 377
Ausg. 7. 67. Richtlinien für Bau, Betrieb und Prüfung von Rohrbelüftern

DVGW GW 392
Ausg. 5. 81. Nahtlos gezogene Rohre aus Kupfer für Gas- und Wasserinstallationen; Anforderungen und Prüfbestimmungen
DVGW W 504
Ausg. E. 4. 82. Bau, Prüfung und Betrieb von Dosiergeräten zur Behandlung von Trinkwasser
DVGW W 505
Ausg. E. 6. 83. Mechanisch wirkende Filter in Trinkwasser – Hausinstallationen; Anforderungen, Prüfungen, Einbau und Betrieb
DVGW W 506
Ausg. E. 1. 84. Enthärtungsanlagen; Anforderungen, Prüfung und Betrieb von Kationen-Austauschern in Trinkwasser-Installationen
DVGW W 531
Ausg. 3. 84. Herstellung, Gütesicherung und Prüfung von Rohren aus VPE (vernetztem HD-PE) für Trinkwasser-Installationen
DVGW W 541
Ausg. E. 7. 84. Rohre aus nichtrostenden Stählen für die Trinkwasser-Installation; Anforderungen und Prüfbestimmungen
DVGW W 620
Ausg. 5. 81. Offene und geschlossene Behälter in Wasser-Aufbereitungsanlagen
DVGW W 621
Ausg. 7. 81. Heizung, Lüftung, Entfeuchtung in Wasserwerken

Technische Mitteilungen Nr. 10 der FIGAWA: Korrosion und Korrosionsschutz in Wasseraufbereitungsanlagen; Metallische Werkstoffe und zementgebundene Werkstoffe

B 2532
Ausg. 2. 75. Anschlußleitungen für Wasserleitungsanlagen; Richtlinien für Bau und Betrieb
B 2538 T. 2
Ausg. 12. 84. Transport- und Versorgungsleitungen von Wasserversorgungsanlagen; Bau und Prüfung
B 2555
Ausg. 7. 83. Umhüllung von Rohren aus Gußeisen; Zink-Überzüge mit Deckbeschichtung
B 2556
Ausg. 6. 84. Umhüllung von Rohren aus Gußeisen; Polyethylen-Umhüllungen
B 2557
Ausg. 9. 84. Umhüllung von Rohren aus Gußeisen; Beschichtungen mit Bitumenlösungen
M 3411 T. 2
Ausg. 12. 76. Rohre aus Kupfer und Kupferknetlegierungen; Technische Lieferbedingungen
M 3461
Ausg. 3. 84. Weichlote; Zusammensetzung, Verwendung; Technische Lieferbedingunge
B 5060
Ausg. 6. 65. Asbestzement-Druckrohre
B 5170
Ausg. 1. 77. Rohre aus Polyethylen niedriger Dichte (PE-weich) für Wasserleitungen; Maße und technische Lieferbedingungen
B 5172
Ausg. 6. 80. Rohre aus Polyethylen hoher Dichte (PE-hart) für Wasserleitungen; Abmessungen, technische Lieferbedingungen und Prüfungen
B 5174
Ausg. 8. 84. Rohre aus Polypropylen für Wasserleitungen; Abmessungen, Anforderungen, Prüfungen und Normkennzeichnung
B 5182
Ausg. 11. 67. Rohre aus PVC-hart (Polyvinylchlorid-hart) für Wasserversorgungsanlagen
M 5614
Ausg. 10. 81. Zinküberzüge auf Stahlrohren; Feuerverzinkung auf Stahlrohren für Installationszwecke
M 5763
Ausg. 4. 65. Bleirohre für Installationen

zu Abschnitt 7: Warmwasseranlagen

TGL 7143
Ausg. 10. 81. Korrosionsbeständige Stähle; Technische Lieferbedingungen
TGL 7209
Ausg. 12. 83. Werkstoff Glas; Geräteglas; Bezeichnung der Glastypen
TGL 7253/02
Ausg. 12. 72. Schweißzusatzwerkstoffe für Eisen und Stahl; Schweißdrähte und Rundstahl für Schweißdrähte; Technische Lieferbedingungen
AEBL. 1. 78.
TGL 8110/02
Ausg. 4. 82. Kupfer-Gußlegierungen; Marken, chemische Zusammensetzung und Eigenschaften von Gußstücken
TGL 9013
Ausg. 8. 81. Nahtlose Präzisionsstahlrohre mit normaler Maßgenauigkeit; Sortiment
TGL 9413/01
Ausg. 8. 80. Nahtlose Stahlrohre für allgemeine Verwendung; Technische Bedingungen
TGL 10759
Ausg. 11. 82. Rohre aus Kupfer bis 3 mm Wanddicke; Nahtlos gezogen; Abmessungen
TGL 13419
Ausg. 12. 82. Tempergußfittings; Übersicht
TGL 14091/01
Ausg. 8. 81. Einheitliches System der Konstruktionsdokumentation; Symbole der MSR-Technik; Darstellung von MSR-Stellen
TGL 14514
Ausg. 10. 77. Geschweißte Stahlrohre für Wasser und Gasleitungen; mittelschwere Ausführung

TGL 14702
Ausg. 8. 76. Kupfer; Marken
TGL 14907
Ausg. 10. 68. Flußmittel zum Löten und Gasschweißen metallischer Werkstoffe
TGL 14908/02
Ausg. 5. 83. Weich- und Hartlot; Schweißzusatzwerkstoffe für NE-Metalle; Weichlote ohne Flußmittelfüllung für Schwermetalle
TGL 14908/03
Ausg. 4. 78. Lote und Schweißzusatzwerkstoffe aus NE-Metallen; Lote und Schweißzusatzwerkstoffe auf Kupferbasis
TGL 14908/04
Ausg. 5. 79. –; Hartlote auf Silberbasis
TGL 18730/02
Ausg. 4. 77. Korrosionsschutz; Oberflächenvorbehandlung; Ausgangszustände; Sicherungsgrade; Beurteilung
TGL 18733/01
Ausg. 7. 72. –; Feuermetallschutzschichten; Zinkschutzschichten; Technische Forderungen; Prüfung
TGL 18770/01
Ausg. 6. 79. Korrosionsschutz; Zentrale Warmwasserversorgungsanlage, Inhibition durch Phosphate
TGL 21581/02
Ausg. 9. 74. Plaste; Polyethylen (PE); PE-Rohre weich; Technische Lieferbedingungen
TGL 21581/03
Ausg. 9. 74. –; Polyethylen; PE-Rohre hart-; Technische Lieferbedingungen
TGL 21581/04
Ausg. 12. 80. –; Polyethylen; PE-Rohre, Allgemeine Einsatz- und Verarbeitungsrichtlinien
TGL 22433
Ausg. 4. 71. Trinkwasser; Gütebedingungen
TGL 23044/01
Ausg. 12. 74. Rohrbündel und Rahmenelemente für Küche/Bad; Begriffe; Arten
TGL 23044/02
Ausg. 12. 74. –; Anschlußmaße
TGL 23044/03
Ausg. 2. 78. –; Technische Lieferbedingungen
TGL 26565/02
Ausg. 12. 74. Wirtschaftliche Wassernutzung, Normen für Wasserentnahme und -bedarf, Bestimmung des Trinkwasserbedarfes der Bevölkerung und gesellschaftlicher Einrichtungen
TGL 29979/02
Ausg. 12. 74. Plaste; Polyethylen (PE); Prüfung; Allgemein
TGL 31805/01
Ausg. 5. 78. Warmwasserbereiter, 200 bis 5000 l; Baugrößen, Hauptmaße, Baugruppen; Technische Forderungen
TGL 31958/01
Ausg. 9. 78. Anstrichstoffe; Duroplastische Beschichtungsstoffe; Duroplastischer Beschichtungsstoff chemikalienbeständig, thermisch härtend Y 60 YE
TGL 31958/03
Ausg. 10. 77. –; –; –; kalthärtend YhYE/C14E
TGL 36010
Ausg. 8. 79. Stahlrohre und Formstücke, ausgekleidet mit PVC-H
TGL 36011
Ausg. 8. 79. Stahlrohre und Formstücke, ausgekleidet mit PVC-H; Technische Bedingungen
TGL 36650
Ausg. 10. 83. Nahtlose Rohre aus rost- und säurebeständigen und hitze- und zunderbeständigen Stählen
TGL 36652
Ausg. 8. 79. Biegbare Rohrheizkörper, Hauptkennwerte
TGL 42103
Entw. 9. 83. Nahtlose Stahlrohre mit PE-Innenbeschichtung und Außendünnbeschichtung
TGL 42104
Entw. 9. 83. Tempergußfittings mit duroplastischer Beschichtung
TGL 190-264/04
Ausg. 2. 80. Wärmeanlagen; Abnehmerstationen und Anschlußanlagen; Allgemeine technische Forderungen; Schaltungen
GOST 3262-75
Stahlrohre für Gas- und Wasserinstallation

DIN EN 26 A3
Ausg. E. 4. 82. Durchlaufwasserheizer für sanitäre Brauchwasserbereiter mit gasförmigen Brennstoffen; Änderung 3
DIN EN 26 A4
Ausg. E. 7. 83. –; Änderung 4
DIN 1705
Ausg. 11. 81. Kupfer-Zinn- und Kupfer-Zink-Gußlegierungen; Gußstücke
DIN 1706
Ausg. 3. 74. Zink
DIN 1707
Ausg. 2. 81. Weichlote; Zusammensetzung, Verwendung, Technische Lieferbedingungen
DIN 1709
Ausg. 11. 81. Kupfer-Zink-Gußlegierungen; Gußstücke
DIN 1786
Ausg. 5. 80. Installationsrohre aus Kupfer; nahtlos gezogen
DIN 1787
Ausg. 1. 73. Kupfer; Halbzeuge
DIN 1795 T. 3
Ausg. 8. 69. Rohre aus Aluminium, nahtlos gezogen; Vorzugsmaße für Rohrleitungen
DIN 1889
Ausg. 11. 56. Speicher-Kohle-Wasserheizer, drucklos für 1 atü Prüfdruck; Begriffe, Bau,

Güte, Leistung, Prüfung
DIN 1988
Ausg. 1. 62. Trinkwasser-Leitungsanlagen in Grundstücken; Technische Bestimmungen für Bau und Betrieb
DIN 2440
Ausg. 6. 78. Stahlrohre, mittelschwere Gewinderohre
DIN 2441
Ausg. 6. 78. Stahlrohre, schwere Gewinderohre
DIN 2444
Ausg. 1. 84. Zinküberzüge auf Stahlrohren; Qualitätsnorm für die Feuerverzinkung von Stahlrohren für Installationszwecke
DIN 4708 T. 1
Ausg. 10. 79. Zentrale Wassererwärmungsanlagen; Begriffe und Berechnungsgrundlagen
DIN 4708 T. 2
Ausg. 10. 79. Zentrale Wassererwärmungsanlagen; Regeln zur Ermittlung des Wärmebedarfes zur Erwärmung von Trinkwasser in Wohnbauten
DIN 4708 T. 3
Ausg. 10. 79. Zentrale Wassererwärmungsanlagen; Regeln zur Leistungsprüfung von Wassererwärmern für Wohnbauten
DIN 4753 T. 1
Ausg. 10. 80. Wassererwärmungsanlagen für Trink- und Betriebswasser; Ausführung, Ausrüstung und Prüfung
DIN 4753 T. 2
Ausg. 11. 84. –; Verfahrensgang zur Registrierung von Wassererwärmern bzw. Wassererwärmungsanlagen
DIN 4753 T. 3
Ausg. 12. 84. –; wasserseitiger Korrosionsschutz durch Emaillierung; Anforderungen und Prüfung
DIN 4753 T. 4
Ausg. 7. 82. –; wasserseitiger Korrosionsschutz durch warmhärtende kunstharzgebundene Beschichtungsstoffe; Anforderungen und Prüfung
DIN 4753 T. 5
Ausg. 7. 82. –; wasserseitiger Korrosionsschutz durch Auskleidung mit Folien aus natürlichem oder synthetischem Kautschuk; Anforderungen und Prüfung
DIN 4753 T. 6
Ausg. E. 11. 84. –; kathodischer Korrosionsschutz für emaillierte Stahlbehälter; Anforderungen und Betrieb
DIN 4800
Ausg. 10. 80. Doppelwandige Wassererwärmer aus Stahl mit zwei festen Böden für stehende und liegende Verwendung
DIN 4801
Ausg. 10. 80. Einwandige Wassererwärmer mit abschraubbarem Deckel, aus Stahl
DIN 4802
Ausg. 10. 80. Einwandige Wassererwärmer mit Halsstutzen, aus Stahl
DIN 4803
Ausg. 10. 80. Doppelwandige Wassererwärmer mit abschraubbarem Deckel, aus Stahl
DIN 4804
Ausg. 10. 80. Doppelwandige Wassererwärmer mit Halsstutzen, aus Stahl
DIN 4805 T. 1
Ausg. 10. 80. Anschlüsse für Heizeinsätze für Wasserwärmer in zentralen Heizungsanlagen; Elektrische Heizeinsätze
DIN 4805 T. 2
Ausg. 10. 80. Anschlüsse für Heizeinsätze für Wassererwärmer in zentralen Heizungsanlagen; Rohrheizeinsätze
DIN 8080
Ausg. 4. 84. Rohre aus chloriertem Polyvinylchlorid (PVC-C); Allgemeine Güteanforderungen, Prüfung
DIN 8511 T. 1
Ausg. 8. 67. Flußmittel zum Löten metallischer Werkstoffe; Flußmittel zum Hartlöten von Schwermetallen
DIN 8511 T. 1
Ausg. E. 5. 84. –; Flußmittel zum Hartlöten
DIN 8511 T. 2
Ausg. 8. 67. –; Flußmittel zum Weichlöten von Schwermetallen
DIN 8511 T. 3
Ausg. 8. 67. –; Flußmittel zum Hart- und Weichlöten von Leichtmetallen
DIN 8513 T. 1
Ausg. 10. 79; Hartlote. Kupferbasislote; Zusammensetzung, Verwendung, Technische Lieferbedingungen
DIN 8513 T. 2
Ausg. 10. 79. Hartlote; Silberhaltige Lote mit weniger als 20 Gew.-% Silber; Zusammensetzung, Verwendung, Technische Lieferbedingungen
DIN 8513 T. 3
Ausg. 10. 79. Hartlote; Silberhaltige Lote mit mindestens 20 Gew.-% Silber; Zusammensetzung, Verwendung, Technische Lieferbedingungen
DIN 8556 T. 1
Ausg. 3. 76. Schweißzusatzwerkstoffe für das Schweißen nichtrostender und hitzebeständiger Stähle; Bezeichnung, Technische Lieferbedingungen
DIN 8556 T. 1
Ausg. E. 9. 84. –; –;
DIN 16892
Ausg. E. 9. 82. Rohre aus vernetztem Polyethylen (VPE); Allgemeine Güteanforderungen, Prüfung
DIN 16968
Ausg. E. 11. 82. Rohre aus Polybutan (PB); All-

gemeine Güteanforderungen, Prüfung
DIN 17440
Ausg. 12. 72. Nichtrostende Stähle; Gütevorschriften
DIN 17660
Ausg. 12. 83. Kupfer-Knetlegierungen; Kupfer-Zink-Legierungen; Zusammensetzung
DIN 18380
Ausg. 10. 79. VOB Verdingungsordnung für Bauleistungen Teil C: Allgemeine Technische Vorschriften für Bauleistungen; Heizungs- und zentrale Brauchwassererwärmungsanlagen
DIN 19538
Ausg. 6. 80. Rohre und Formstücke aus chloriertem Polyvinylchlorid (PVCC) mit Steckmuffe für heißwasserbeständige Abwasserleitungen innerhalb von Gebäuden; Maße, technische Lieferbedingungen
DIN 44532 T. 1
Ausg. 3. 77. Elektrische Heißwasserbereiter; Heißwasserspeicher, Gebrauchseigenschaften, Begriffe
DIN 44532 T. 2
Ausg. 3. 77. –; –; Gebrauchseigenschaften, Prüfungen
DIN 44532 T. 3
Ausg. 3. 77. –; Heißwasserspeicher mit Nenninhalt unter 200 l, Gebrauchseigenschaften, Anforderungen

DVGW-Arbeitsblatt GW 2
Ausg. 7. 83. Verbinden von Kupferrohren für die Gas- und Wasserinstallation innerhalb von Grundstücken und Gebäuden
DVGW-Arbeitsblatt GW 7
Ausg. E. 12. 84. Flußmittel zum Löten von Kupferrohren für die Gas- und Wasserinstallation – Anforderungen und Prüfbestimmungen –
DVGW-Arbeitsblatt GW 306
Ausg. 8. 82 Verbinden von Blitzschutzanlagen mit metallenen Gas- und Wasserleitungen in Verbrauchsanlagen
DVGW-Arbeitsblatt GW 392
Ausg. 5. 81. Nahtlos gezogene Rohre aus Kupfer für Gas- und Wasserinstallationen – Anforderungen und Prüfbestimmungen –
DVGW-Arbeitsblatt W 504
Ausg. E. 4. 82. Bau, Prüfung und Betrieb von Dosiergeräten zur Behandlung von Trinkwasser
DVGW-Arbeitsblatt W 505
Ausg. E. 6. 83. Mechanisch wirkende Filter in Trinkwasser-Hausinstallationen; Anforderungen, Prüfungen, Einbau und Betrieb
DVGW-Arbeitsblatt W 506
Ausg. 1. 84. Enthärtungsanlagen; Anforderungen, Prüfungen und Betrieb von Kationenaustauschern in Trinkwasserinstallationen
DVGW-Arbeitsblatt W 511
Ausg. 7. 75. Güte- und Prüfbestimmungen für den trinkwasserseitigen Korrosionsschutz von Warmwasserbereitern aus Stahl durch Emaillierung
DVGW-Arbeitsblatt W 531
Ausg. 3. 84. Herstellung, Gütesicherung und Prüfung von Rohren aus VPE (vernetztem HDPE) für die Trinkwasserhausinstallationen
DVGW-Arbeitsblatt W 541
Ausg. E. 7. 84. Rohre aus nichtrostenden Stählen für die Trinkwasserinstallation – Anforderungen und Prüfbestimmungen –
B 2235 T. 1
Ausg. 11. 79. Zentralheizungs- und zentrale Warmwasserbereitungsanlagen; Vertragsbestimmungen für die Ausführung technischer Leistungen

B 2235 T. 2
Ausg. 12. 69. Ausschreibung von Zentralheizungs- und zentralen Warmwasserbereitungsanlagen; Verfahrensnorm
M 3411 T. 2
Ausg. 12. 76. Rohre aus Kupfer und Kupferknetlegierungen; Technische Lieferbedingungen
M 3461
Ausg. 3. 84. Weichlote; Zusammensetzung, Verwendung, technische Lieferbedingungen
M 3548
Ausg. 10. 83. Kupferrohre für Installationen, nahtlos gezogen; Abmessungen
M 3550
Ausg. 1. 82. Rohre aus Kupfer und Kupferknetlegierungen, nahtlos gezogen; Abmessungen
M 5614
Ausg. 10. 81. Zinküberzüge auf Stahlrohren; Feuerverzinkung von Stahlrohren für Installationszwecke
M 6250
Ausg. 7. 80. Öffentliche Trinkwasserversorgung; Überwachung der Beschaffenheit des Wassers
M 7826
Ausg. 4. 83. Löten von Kupferleitungen für Installationszwecke
B 8133
Ausg. 11. 74. Warmwasserbereitungsanlagen; Sicherheitstechnische Anforderungen

zu Abschnitt 8: Betriebswasserführende Anlagen

TGL 22433
Ausg. 4. 71. Trinkwasser; Gütebedingungen
TGL 26750/01
Ausg. 1. 76. Raumheizkörper; Flachheizkörper für Wasser- und Dampfheizungen
TGL 26751/01
Ausg. 11. 82. –; Plattenheizkörper ohne Sekundärheizflächen

TGL 26755/01
Ausg. 10. 83. –; Konvektortruhen für Wasser- und Dampfheizungen, Konvektortruhen mit Wickelbandkonvektor
TGL 190-74
Ausg. 5. 83. Elektroenergie-Erzeugungsanlagen, Kühlwasser; Beschaffenheit
TGL 190-99
Ausg. 9. 75. Stationäre Dampferzeuger; Speisewasser, Inhaltswasser, Dampfqualität
TGL 190-255/01
Ausg. 3. 78. Wärmeversorgungsanlagen; Wärmeträger; Qualitätsanforderungen
TGL 190-255/02
Ausg. 7. 78. Wärmeversorgungsanlagen; Wärmeträger; Qualitätsüberwachung

DIN 1629 T. 1
Ausg. 1. 61. Nahtlose Rohre aus unlegierten Stählen für Leitungen, Apparate und Behälter; Übersicht, Technische Lieferbedingungen, Allgemeine Angaben
DIN 2440
Ausg. 6. 78. Stahlrohre; mittelschwere Gewinderohre
DIN 2441
Stahlrohre; schwere Gewinderohre
DIN 3368 T. 3
Ausg. 4. 79. Gasverbrauchseinrichtungen, Umlauf-Wasserheizer mit offener und geschlossener Verbrennungskammer
DIN 3680
Ausg. 4. 76. Kondensatableiter; Systeme, Begriffe
DIN 3841 T. 1
Ausg. 7. 78. Heizkörperventil PN 10; Maße, Werkstoffe, Ausführung
DIN 3844
Ausg. 12. 81. Heizungsarmaturen; Durchgangsventile PN 16 aus Kupferlegierungen mit Muffenanschluß; Maße, Werkstoffe
DIN 4702 T. 1 (E)
Ausg. 4. 85. Heizkessel; Begriffe, Heiztechnische Anforderungen, Prüfung, Kennzeichnung
DIN 4702 T. 3
Ausg. 8. 80. Heizkessel; Gasspezialheizkessel mit Brenner ohne Gebläse
DIN 4703 T. 1
Ausg. 4. 77. Wärmeleistung von Raumheizkörpern; Gliederheizkörper
DIN 4703 T. 2
Ausg. 4. 77. Wärmeleistung von Raumheizkörpern; Plattenheizkörper aus Stahl
DIN 4720
Ausg. 6. 79. Gußradiatoren; Gliederbauart; Maße und Einbaumaße
DIN 4722
Ausg. 7. 78. Stahlradiatoren; Gliederbauart; Maße und Einbaumaße
DIN 4750
Ausg. 8. 65. Sicherheitstechnische Anforderungen an Niederdruckdampferzeuger
DIN 4751 T. 1
Ausg. 11. 62. Heizungsanlagen; Sicherheitstechnische Ausrüstung von Warmwasserheizungen mit Vorlauftemperaturen bis 110 °C
DIN 4751 T. 2
Ausg. 9. 68. –; –; Offene und geschlossene Wasserheizungsanlagen bis 300000 kcal/h mit thermostatischer Absicherung
DIN 4751 T. 3
Ausg. 3. 76. –; –; Offene und geschlossene Wasserheizungsanlagen mit Zwanglauf-Wärmeerzeugern bis 10 Liter Inhalt und einer Nennwärmeleitsung bis 150 kW mit thermostatischer Absicherung
DIN 4751 T. 4
Ausg. 9. 80. –; Sicherheitstechnische Ausrüstung von Wärmeerzeugungsanlagen mit Vorlauftemperaturen bei 120 °C; Geschlossene, thermostatisch abgesicherte Wasserheizungsanlagen mit statischen Höhen über 15 m oder Nennwärmeleistungen über 350 kW
DIN 4752
Ausg. 1. 67. Heißwasserheizungsanlagen mit Vorlauftemperaturen von mehr als 110 °C (Absicherung auf Drücke über 0,5 atü) Ausrüstung und Aufstellung
DIN 4754
Ausg. 1. 80. Wärmeübertragungsanlagen mit organischen Flüssigkeiten; Sicherheitstechnische Anforderungen, Prüfung
DIN 4755 T. 1
Ausg. 9. 81. Ölfeuerungsanlagen; Ölfeuerungen in Heizungsanlagen; Sicherheitstechnische Anforderungen
DIN 4755 T. 2
Ausg. 2. 84. –; Heizölversorgung, Heizölversorgungsanlagen; Sicherheitstechnische Anforderungen, Prüfung
DIN 4756
Ausg. 6. 77. Gasfeuerungen in Heizungsanlagen; Bau, Ausführung, Sicherheitstechnische Grundsätze
DIN 4757 T. 1
Ausg. 11. 80. Sonnenheizungsanlagen mit Wasser oder Wassergemischen als Wärmeträger; Anforderungen an die sicherheitstechnische Ausführung
DIN 4757 T. 3
Ausg. 11. 80. Sonnenheizungsanlagen; Sonnenkollektoren; Begriffe, Sicherheitstechnische Anforderungen, Prüfung der Stillstandstemperatur
DIN 8901
Ausg. 1. 83. Wärmepumpen; Wärmepumpe mit halogenierten Kohlenwasserstoffen, Schutz vor Erdreich, Grund- und Oberflächenwasser; Anforderungen und Prüfung

DIN 17100
Ausg. 1. 80. Allgemeine Baustähle; Gütenorm
DIN 18380
Ausg. 10. 79. VOB Verdingungsordnung für Bauleistungen; Heizungs- und zentrale Brauchwassererwärmungsanlagen
DIN 32729
Ausg. 9. 82. Regel- und Steuereinrichtungen für Heizungsanlagen; Witterungsgeführte Regler der Vorlauftemperatur
DIN 55900 T. 1
Ausg. 2. 80. Beschichtungen für Raumheizkörper; Begriffe, Anforderungen, Prüfung, Grundbeschichtungsstoffe, Industriell hergestellte Grundbeschichtungen
DIN 55900 T. 2
Ausg. 2. 80. –; –; –; –; Deckbeschichtungsstoffe, Industriell hergestellte Fertiglackierungen

VDI 2035
Ausg. 7. 79. Verhütung von Schäden durch Korrosion und Steinbildung in Wasserheizungsanlagen
VDI 2050
Ausg. 10. 63. Heizzentralen; Technische Grundsätze für Planung und Ausführung
VDI 2055
Ausg. 3. 82. Wärme- und Kälteschutz für betriebs- und haustechnische Anlagen; Berechnungen, Gewährleistungen, Meß- und Prüfverfahren Gütesicherung, Lieferbedingungen
VDI 3033
Ausg. 8. 81. Wärmeübertragungsanlagen mit anderen Wärmeträgern als Wasser; Aufbau, Betrieb und Instandhaltung
TRD 611
Ausg. 6. 81. Speisewasser und Kesselwasser von Dampferzeugern der Gruppe IV
VGB-M 18
Ausg. 7. 71. Aufgaben und Methoden der Kondensataufbereitung
VGB-M 401
Ausg. 11. 68. Korrosionsschutz für Speise- und Kühlwasseranlagen in Wärmekraftwerken
VGB-M 410N
Ausg. 5. 80. Qualitätsanforderungen an Fernheizwasser
VGB (R-KKW)
Ausg. 10. 80. Richtlinien für Kesselspeisewasser; Kesselwasser und Dampf von Wasserrohr-Kesseln der Druckstufe ab 64 bar
VdTÜV MB 1452
Ausg. 3. 73. Richtlinien für die Speise- und Kesselwasserbeschaffenheit bei Schnelldampferzeugern
VdTÜV MB 1453
Ausg. 4. 83. Richtlinien für Speisewasser, Kesselwasser und Dampf von Dampferzeugern bis 68 bar zulässigem Betriebsdruck
VdTÜV MB (WHH)
Ausg. 3. 73. Richtlinien für die Wasserbeschaffenheit bei Heißwassererzeugern in Heizungsanlagen
DVGW-Arbeitsblatt W 506
Enthärtungsanlagen; Anforderungen, Prüfung und Betrieb von Kationenaustauschern in Trinkwasserinstallationen

B 2235 T. 1
Ausg. 11. 79. Zentralheizungs- und zentrale Warmwasserbereitungsanlagen; Vertragsbestimmungen für die Ausführung technischer Leistungen
B 2235 T. 2
Ausg. 12. 69. Ausschreibung von Zentralheizungs- und zentralen Warmwasserbereitungsanlagen; Verfahrensnorm
M 5620
Ausg. 9. 71. Geschweißte Rohre aus unlegierten Stählen für Leitungen, Apparate und Behälter; Übersichtsblatt
M 7755
Ausg. 10. 82. Elektrisch angetriebene Wärmepumpe; Anforderungen bei Planung und Errichtung von Wärmepumpen-Heizungsanlage
M 7756
Ausg. 9. 83. Vornorm; Besondere Anforderungen an Wärmepumpen bei Nutzung von Grundwasser, Oberflächenwasser oder Erdreich
M 6209
Ausg. 9. 84. Anforderungen an die Beschaffenheit abzuleitender Abwässer aus Kühlsystemen

zu Abschnitt 9: Abwasserführende Anlagen

TGL 4325
Ausg. 10. 85. Feuerfeste Baustoffe; Säurebeständige Steine
TGL 7762
Ausg. 7. 79. Kleinkläranlagen; Anwendung, Bemessung, Anlage und Betrieb
TGL 7838/02
Ausg. 3. 77. Bauteile aus keramischen Werkstoffen; Gruppe 100; Technische Forderungen
TGL 8108
Ausg. 8. 78. Bleche aus Blei und Bleilegierungen; Sortiment
TGL 9386
Ausg. 12. 69. Betonfertigteile für runde Schächte
TGL 11079/01
Ausg. 7. 83. Fettabscheider; Anwendung, Bemessung, Konstruktion, Bedienung und Instandhaltung
TGL 11399/01
Ausg. 5. 82. Leichtflüssigkeitsabscheider; Einbau, Bemessung, Konstruktion und Betrieb

TGL 14726/02
Ausg. 9. 78. Halbzeug aus Blei und Bleilegierungen; Walzerzeugnisse; Technische Bedingungen
TGL 14728
Ausg. 3. 80. Blei-Antimon-Legierungen; Barren, Blöcke
TGL 22767
Ausg. 11. 84. Kleinbelebungsanlagen; Abwasserbehandlung; Anwendung, Bemessung, Verfahrensführung
TGL 22821/01 bis /04, /06 bis /09
Kleinformatige Wandbausteine; Mauerziegel
TGL 22831/03
Ausg. 12. 77. Grobkeramische Platten und Gestaltungsbaustoffe; Steinzeugplatten
TGL 22835/01
Ausg. 10. 83. Drucklose Rohre und Formstücke für die Abwasserableitung; Kanalisationssteinzeug; Technische Lieferbedingungen
TGL 24892/09
Ausg. E. 6. 84. Abwasserableitung; Grundsätze für Planung, Projektierung, Bau und Betrieb; Herstellung erdverlegter Rohrleitungen
TGL 26721/01
Ausg. 12. 75. Rohre und Formstücke für Freispiegelleitungen; Rohre und Formstücke aus unbewehrtem Beton; Sortiment Rohre, Bezeichnung
TGL 26721/03
Ausg. 12. 78. –; –; Technische Lieferbedingungen
WAPRO 1. 11.
Ausg. 3. 83. Wasserverteilung – Wasserleitungen; Derzeitiges Sortiment der Rohre für die Wasserversorgung und Abwasserbehandlung
TGL 28101/01
Ausg. 6. 80. Zemente; Portlandzement
TGL 28904/01, /03 bis /11
Ausg. 12. 80. Plaste; Polyvinylchlorid (PVC); PVC-H-Kanalrohre und -Formstücke
TGL 28905/02
Ausg. 9. 83. –; Polyvinylchlorid (PVC)-weich(W)-Tafeln; Bahnen
TGL 32324/02
Ausg. 12. 82. Säureschutzbau; Technische Grundsätze für den Untergrund des Säureschutzes
TGL 32324/05
Ausg. 12. 82. –; Säureschutzverkleidung
TGL 32324/06
Ausg. 7. 84. –; Epoxidharzbeschichtung
TGL 32324/07
Ausg. 7. 84. –; Glasfaserverstärkte Polyesterharzbeschichtung
TGL 33402/01
Ausg. 11. 80. Betonbau; Korrosion und Korrosionsschutz; Beanspruchungsgrade
TGL 33507/01
Ausg. 6. 82. Schachtelemente aus Beton und Stahlbeton; Elemente für wasserdichte Freispiegelleitungen
TGL 36425
Ausg. 12. 79. Reaktionsharze; Verarbeitung von Epoxidharzen (EP); Gesundheits- und Arbeitsschutz- sowie Brandschutzforderungen
TGL 39503
Ausg. 1. 83. Wasseraufbereitungsanlagen; Schwebefestbettaustauscher; Technische Lieferbedingungen
TGL 31-5001/01
Ausg. 4. 81. Filterhohlkörper aus keramischen Werkstoffen für Flüssigkeiten und Gase; Technische Lieferbedingungen
TGL 132-001
Ausg. 7. 64. Erzeugnisse aus technischer Kohle; Kohlenstoffplatten für chemisch beanspruchte Auskleidungen
BAS 31-3/02
Ausg. 1. 83. Asbestzementerzeugnisse; Rohre, Rohrverbindungen

DIN 1230 T. 1
Ausg. 1. 86. Steinzeug für die Kanalisation; Rohre und Formstücke mit Steckmuffe; Maße
DIN 1264
Ausg. 6. 83. Steigeisen für zweiläufige Steigeisengänge; Anforderungen, Prüfungen, Überwachung
DIN 1986 T. 1
Ausg. 9. 78. Entwässerungsanlagen für Gebäude und Grundstücke; Technische Bestimmungen für den Bau
DIN 1986 T. 3
Ausg. 7. 82. –; Regeln für Betrieb und Wartung
DIN 1986 T. 4
Ausg. 5. 84. –; Verwendungsbereiche von Abwasserrohren und -formstücken verschiedener Werkstoffe
DIN 1997 T. 1
Ausg. 5. 84. Absperrarmaturen für Grundstücksentwässerungsanlagen; Rückstauverschlüsse für fäkalienfreies Abwasser; Anforderungen, Baugrundsätze, Werkstoffe
DIN 1999 T. 1
Ausg. 8. 76. Abscheider für Leichtflüssigkeiten; Benzinabscheider, Heizölabscheider; Baugrundsätze
DIN 1999 T. 2
Ausg. 8. 76. –; Bemessung, Einbau und Betrieb
DIN 4032
Ausg. 1. 81. Betonrohre und -formstücke, Maße, Technische Lieferbedingungen
DIN 4034
Ausg. 10. 73. Schachtringe, Brunnenringe, Schachthälse, Übergangsringe, Auflageringe aus Beton; Maße, Technische Lieferbedingungen
DIN 4040
Ausg. 1. 57. Fettabscheider; Baugrundsätze
DIN 4051
Ausg. 8. 76. Kanalklinker; Anforderungen, Prü-

fung, Überwachung
DIN 4062
Ausg. 9. 78. Kalt verarbeitbare plastische Dichtstoffe für Abwasserkanäle und -leitungen; Dichtstoffe für Bauteile aus Beton; Anforderungen, Prüfung und Verarbeitung
DIN 4122
Ausg. 3. 78. Abdichtung von Bauwerken gegen nichtdrückendes Oberflächenwasser und Sickerwasser mit bituminösen Stoffen, Metallbändern und Kunststoff-Folien; Richtlinien
DIN 4261 T. 1
Ausg. 10. 83. Kleinkläranlagen; Anlagen ohne Abwasserbelüftung; Anwendung, Bemessung und Ausführung
DIN 4261 T. 2
Ausg. 6. 84. –; Anlagen mit Abwasserbelüftung; Anwendung, Bemessung, Ausführung und Prüfung
DIN 4261 T. 3
Ausg. 10. 83. –; Anlagen ohne Abwasserbelüftung; Betrieb und Wartung
DIN 4261 T. 4
Ausg. 6. 84. –; Anlagen mit Abwasserbelüftung; Betrieb und Wartung
DIN 19530 T. 2
Ausg. 2. 83. Rohre und Formstücke aus Stahl mit Steckmuffe für Abwasserleitungen
DIN 19531
Ausg. 3. 80. Rohre und Formstücke aus weichmacherfreiem Polyvinylchlorid (PVC-hart) mit Steckmuffe für Abwasserleitungen innerhalb von Gebäuden; Maße, Technische Lieferbedingungen
V DIN 19535
Ausg. 3. 77. Rohre und Formstücke aus PE-hart für heißwasserbeständige Abwasserleitungen innerhalb von Gebäuden; Maße, Technische Lieferbedingungen
V DIN 19543
Ausg. 12. 73. Allgemeine Anforderungen an Rohrverbindungen für Entwässerungskanäle und -leitungen
DIN 19557 T. 1
Ausg. 5. 84. Kläranlagen; Mineralische Füllstoffe für Tropfkörper; Anforderungen, Prüfung, Lieferung, Einbringen
DIN 19560
Ausg. 3. 80. Rohre und Formstücke aus Polypropylen mit Steckmuffe für heißwasserbeständige Abwasserleitungen innerhalb von Gebäuden; Maße, Technische Lieferbedingungen
DIN 19850 T. 1
Ausg. 9. 78. Asbestzementrohre und -formstücke für Abwasserkanäle; Rohre, Abzweige, Bogen; Maße, Technische Lieferbedingungen
DIN 50927
Ausg. E. 6. 84. Korrosion der Metalle; Planung und Anwendung des elektrochemischen Korrosionsschutzes für die Innenflächen von Apparaten, Behältern und Rohren (Innenschutz)

ATV – Richtlinien für Schutzanstriche von Eisenteilen in Kanalisations- und Kläranlagen

Richtlinien für Auswahl und Anwendung von Innenauskleidungen mit Kunststoffbauteilen für Misch- und Schmutzwasserkanäle. Anforderungen und Prüfungen.
Institut für Bautechnik Berlin

B 2501
Ausg. 12. 80. Entwässerungsanlagen für Gebäude und Grundstücke; Bestimmungen für Planung und Ausführung
B 2502
Ausg. 4. 81. Kleinkläranlagen (Hauskläranlagen); Richtlinien für Anwendung, Bemessung, Bau und Betrieb
B 2504
Ausg. 5. 78. Schächte für Entwässerungsanlagen
B 5037
Ausg. 12. 65. Rohre, Formstücke, Sohlschalen, Platten und sonstige Bauteile aus Steinzeug; Abmessungen und Gütebestimmungen
B 5062
Ausg. 11. 83. AZ-Kanalrohre; Rohre und Formstücke aus Asbestzement und deren Verbindungen; Anforderungen, Prüfungen und Gütesicherung
B 5070
Ausg. 8. 80. Kanalrohre aus Beton; Formen und Abmessungen, Herstellungs- und Gütebestimmungen, Prüfungen
B 5072
Ausg. 5. 78. Schachtringe, Brunnenringe und Schachtkonusse aus Beton
B 5101
Ausg. 4. 76. Mineralölabscheider
B 5103
Ausg. 9. 82. Fettabscheider
B 5110
Ausg. 12. 81. Schachtabdeckungen für Entwässerungsanlagen
B 5178
Ausg. 2. 82. Abflußrohre und Formstücke aus Polypropylen mit Steckmuffen für heißwasserbeständige Abwasserleitungen (HT) innerhalb von Gebäuden; Abmessungen, Technische Lieferbedingungen und Prüfungen
B 5179
Ausg. 6. 84. Abflußrohre und Formstücke aus Acrylnitril-Butadien-Styrol (ABS) oder Acrylester-Styrol-Acrylnitril (ASA) mit Steckmuffen für heißwasserbeständige Abwasserleitungen (HT) innerhalb von Gebäuden; Abmessungen, Technische Lieferbedingungen, Prüfungen und Normkennzeichnung

B 5180
Ausg. 6. 84. Abflußrohre und Formstücke aus Polyvinylchlorid-hart (PVC-hart) mit Steckmuffe für Abwasserleitungen innerhalb von Gebäuden; Abmessungen, Technische Lieferbedingungen, Prüfungen und Normkennzeichnung
B 5184
Ausg. 8. 80. Kanalrohre und Formstücke aus PVC-hart (Polyvinylchlorid-hart); Maße und technische Lieferbedingungen

zu Abschnitt 10: Korrosionsprüfung

TGL 18752
Ausg. 8. 74. Korrosion und Korrosionsschutz; Korrosionsprüfung, Auswertung von Korrosionsversuchen
TGL 18780/06
Ausg. 11. 73. Korrosionsschutz; Bestimmung der Dicke von Schichten, magnetische und magnetinduktive Verfahren
TGL 18784
Ausg. 2. 81. Korrosionsschutz; Metallische und nichtmetallische anorganische Schutzschichten; Sichtprüfung
TGL 18790
Ausg. 4. 79. Korrosionsschutz; Schutz metallener Objekte vor Streustromkorrosion durch Gleichspannungsanlagen
TGL 21094/02
Ausg. 12. 69. Prüfung des erhärteten Betons; Reindichte, Rohdichte, Porosität
TGL 21446
Ausg. 9. 71. Plaste; Polyethylen (PE), Rohre und Tafeln aus PE, Chemische Beständigkeit
TGL 21581/01
Ausg. 9. 74. Plaste: Polyethylen (PE), PE-Rohre, Prüfung
TGL 27293/03
Ausg. 2. 82. Prüfung von Anstrichen; Bewertung von Anstrichzerstörungen; Bewertung des Reißens
TGL 27293/04
Ausg. 2. 82. –; –; Bewertung des Abblätterns
TGL 27293/05
Ausg. 2. 82. –; –; Bewertung der Blasen
TGL 28041
Ausg. 12. 73. Prüfung von Plasten; Bestimmung der Spannungsrißbeständigkeit von Polyethylen hoher Dichte (0,940 bis 0,965) unter konstanter Zugbelastung
TGL 31668
Ausg. 6. 75. Prüfung von nahtlosen Stahlrohren mit Polyethylenummantelung und Formteilen aus nahtlosem Stahlrohr mit Polyethylenummantelung; Abschälversuch
TGL 31669
Ausg. 6. 75. Prüfung von nahtlosen Stahlrohren mit Polyethylenummantelung und Formteilen aus nahtlosem Stahlrohr mit Polyethylenummantelung; Bestimmung der Schlagbeanspruchbarkeit
TGL 31670
Ausg. 6. 75. Prüfung von nahtlosen Stahlrohren mit Polyethylenummantelung und Formteilen aus nahtlosem Stahlrohr mit Polyethylenummantelung; Bestimmung des Eindringwiderstandes
TGL 32699
Ausg. 10. 76. Prüfung von Plasten; Bestimmung des Schlagverhaltens von Rohren durch äußeren Schlag
TGL 33411/02
Ausg. 6. 79. Beton und Leichtbeton; Nachweis der Normwerte der Festigkeiten und der Rohdichteklasse
TGL 33433/01
Ausg. 6. 79. Prüfung des erhärteten Betons; Allgemeine Forderungen
TGL 33433/04
Ausg. 6. 79. –; Bestimmung der Druckfestigkeit
TGL 34224
Ausg. 11. 78. Plaste; Bestimmung der chemischen Beständigkeit

RS 440-65
Ausg. 12. 65. Plaste; Prüfverfahren, Druckversuch
RS 483-66
Ausg. 5. 66. Plaste; Prüfverfahren; Ermittlung der Veränderung von Masse und Maßen des Prüfkörpers nach Einwirken chemischer Reagenzien
RS 494-66
Ausg. 5. 66. Plaste; Prüfverfahren; Verschleißfestigkeit bei Abrieb
RS 497-66
Ausg. 5. 66. Plaste; Prüfverfahren; Bestimmung der Formbeständigkeit in der Wärme nach Martens
RS 500-66
Ausg. 5. 66. Plaste; Prüfverfahren; Zugversuch
RS 501-66
Ausg. 5. 66. Plaste; Prüfverfahren; Bestimmung der Härte durch Eindrücken einer Kugel

DIN 1048 T. 1
Ausg. 1. 72. Prüfverfahren für Beton; Frischbeton, Festbeton; gesondert hergestellte Probekörper
DIN 1048 T. 2
Ausg. 2. 76. –; Bestimmung der Druckfestigkeit von Festbeton im Bauwesen und Beurteilung; Allgemeine Verfahren
DIN 1084 T. 1
Ausg. 12. 78. Überwachung (Güteüberwachung) im Beton- und Stahlbetonbau, Beton B II auf Baustellen
DIN 1084 T. 2
Ausg. 12. 78. –; Fertigteile

DIN 1084 T. 3
Ausg. 12. 78. ; Transportbeton
DIN 50900 T. 1
Ausg. 4. 82. Korrosion der Metalle; Begriffe; Allgemeine Begriffe
DIN 50900 T. 2
Ausg. 4. 82. –; –; Elektrochemische Begriffe
DIN 50900 T. 3
Ausg. 11. 83. –; –; Begriffe der Korrosionsuntersuchung
DIN 50905 T. 1
Ausg. 1. 75. –; Chemische Korrosionsuntersuchungen; Allgemeines
DIN 50905 T. 2
Ausg. 1. 75. –; –; Korrosionsgrößen bei gleichmäßiger Flächenkorrosion
DIN 50905 T. 3
Ausg. 1. 75. –; –; Korrosionsgrößen bei ungleichmäßiger Korrosion ohne zusätzliche mechanische Beanspruchung
DIN 50905 T. 4
Ausg. 11. 79. –; –; Durchführung von Laborversuchen in Flüssigkeiten ohne zusätzliche mechanische Beanspruchung
DIN 50918
Ausg. 6. 78. –; Elektrochemische Korrosionsuntersuchungen
DIN 50919
Ausg. 2. 84. –; Korrosionsuntersuchungen der Kontaktkorrosion in Elektrolytlösungen
DIN 50920 T. 1
Ausg. E. 1. 83. –; Korrosionsprüfung in strömenden Medien; Allgemeines
DIN 50928
Ausg. E. 7. 84. –; Prüfung und Beurteilung des Korrosionsschutzes beschichteter metallischer Werkstoffe bei einer Korrosionsbelastung durch mäßige Korrosionsmedien
DIN 50980
Ausg. 1. 75. Prüfung metallischer Überzüge; Auswertung von Korrosionsprüfungen
DIN 50981
Ausg. 5. 79. Messung von Schichtdicken; Magnetische Verfahren zur Messung der Dicken von nichtferromagnetischen Schichten auf ferromagnetischen Werkstoffen
DIN 50982 T. 1
Ausg. 5. 78. –; Allgemeine Arbeitsgrundlagen, Begriffe über Schichtdicke und Oberflächenmeßbereiche
DIN 50982 T. 2
Ausg. 5. 78. –; –; Übersicht und Zusammenstellung der gebräuchlichen Meßverfahren
DIN 50982 T. 3
Ausg. 5. 78. –; –; Auswahl der Verfahren und Durchführung der Messungen
DIN 50984
Ausg. 3. 79. –; Keilschnittverfahren zur Messung der Dicke von Anstrichen und ähnlichen Schichten
DIN 53209
Ausg. 11. 70. Bezeichnung des Blasengrades von Anstrichen
DIN 53210
Ausg. 1. 75. Bezeichnung des Rostgrades von Anstrichen und ähnlichen Beschichtungen
DIN 53446
Ausg. E. 10. 82. Prüfung von Kunststoffen; Bestimmung von Temperatur-Zeit-Grenzen
DIN 53454
Ausg. 4. 71. –; Druckversuch
DIN 53455
Ausg. 8. 81. –; Zugversuch
DIN 53456
Ausg. 1. 73. –; Härteprüfung durch Eindrückversuch
DIN 53457
Ausg. E. 5. 84. –; Bestimmung des Elastizitätsmoduls im Zug-, Druck- und Biegeversuch
DIN 53458
Ausg. E. 11. 82. –; Bestimmung der Formbeständigkeit in der Wärme nach Martens
DIN 53754
Ausg. 8. 77. –; Bestimmung des Abriebs nach dem Reibradverfahren

DVGW GW 10
Ausg. 4. 84. Inbetriebnahme und Überwachung des kathodischen Korrosionsschutzes erdverlegter Lagerbehälter und Stahlrohrleitungen
VDI 2021
Ausg. 1. 70. Temperatur-Zeit-Verhalten von Kunststoffen; Grundlagen
VDI 2535
Ausg. 8. 67. Oberflächenschutz mit organischen Werkstoffen; Prüfung von Oberflächenschutzschichten aus organischen Werkstoffen
VDI 3822 Bl. 3
Ausg. 2. 84. Schadensanalyse; Schäden durch Korrosion in wäßrigen Medien

B 3303
Ausg. 3. 83. Betonprüfung
B 4200 T. 10
Ausg. 1. 83. Beton; Herstellung und Überwachung
C 9711
Ausg. 12. 67. Prüfung von Kunststoffen

13. Anhang

Die Berechnung des Korrekturfaktors $\lg f_L$ der korrigierten *Strohecker-Langelier*schen Gleichung erfolgt aus dem Salzgehalt über die Ionenstärke μ.

$$\mu = 0{,}5 \cdot C_m \cdot Z_i^2 \qquad (15/1)$$

Dadurch sind die Konzentration C_m und die Wertigkeit Z_i der einzelnen Ionen berücksichtigt. Nach dem Werksrandard des VEB Projektierung Wasserwirtschaft WAPRO 1.44. 02 ist die Berechnung der Ionenstärke ausreichend, wenn folgende Wasserinhaltsstoffe berücksichtigt werden:

- in Wässern, welche im Verhältnis zur Gesamthärte einen geringen Anteil an Chlorid und Hydrogenkarbonat enthalten:
  die Karbonathärte
  die Nichtkarbonathärte
- in Wässern mit einem Gehalt an Chlorid und Hydrogenkarbonat, der größer ist als der äquivalente Gehalt der Gesamthärte:
  die Gesamthärte
  der Chloridgehalt
  der Hydrogenkarbonatgehalt

Im ersten Fall berechnet sich die Ionenstärke nach

$$\mu = 10^{-3}\,(0{,}0536 \cdot \mathrm{KH} + 0{,}0714\,\mathrm{NKH})$$

und im zweiten nach

$$\mu = 10^{-3}\,(0{,}0536\,\mathrm{GH} + 0{,}014\,C_{Cl^-} + 0{,}0178\,C_{HCO_3^-}$$

GH	Gesamthärte in mg/l CaO
KH	Karbonathärte in mg/l CaO
NKH	GH – KH in mg/l CaO
$C_{HCO_3^-}$	Hydrogenkarbonatkonzentration in mg/l CaO
C_{Cl^-}	Chloridkonzentration in mg/l

Mit der nach diesen Gleichungen ermittelten Ionenstärken kann aus Tabelle 1 der Korrekturfaktor $\lg f_L$ abgelesen werden. Die zur Berechnung des Gleichgewichts–pH-Wertes erforderliche Konstante pK ist für Temperaturen von 0 bis 50 °C in Tabelle 2 enthalten.

Rechenbeispiele:

A) gegeben:

$\mathrm{GH} = 183$ mg/l CaO
$C_{HCO^-_3} = \mathrm{KH} = 255$ mg/l $\triangleq 117$ mg/l CaO
$C_{Ca^{2+}} = 107$ mg/l $\triangleq 150$ mg/l CaO
$C_{Cl^-} = 37$ mg/l
$T = 12\,°C$
$p\mathrm{H} = 7{,}65$

$\mu = 10^{-3}\,[0{,}0536 \cdot \mathrm{KH} + 0{,}0714\,\mathrm{NKH}]$
$\mu = 10^{-3}\,[0{,}0536 \cdot 117 + 0{,}0714\,(183 - 117)]$
$\mu = 10{,}98 \cdot 10^{-3} \rightarrow \lg f_L = 0{,}16$
$p\mathrm{H}_{Gl.} = pK_{12\,°C} - \lg C_{HCO_3^-} - \lg C_{Ca^{2+}} + \lg f_L$
$p\mathrm{H}_{Gl.} = 11{,}49 - \lg 117 - \lg 150 + 0{,}16$
$p\mathrm{H}_{Gl.} = 7{,}41 \approx 7{,}40$
$I_s = p\mathrm{H}_{gemessen} - p\mathrm{H}_{Gl.} = 7{,}65 - 7{,}40$
$I_s = +0{,}25$

B) gegeben:

$\mathrm{GH} = 31$ mg/l CaO
$C_{CHO_3^-} = 161$ mg/l $\triangleq 74$ mg/l CaO
$C_{Ca^{2+}} = 12{,}1$ mg/l $= 17$ mg/l CaO
$C_{Cl^-} = 150$ mg/l
$T = 18\,°C$
$p\mathrm{H} = 6{,}40$

$\mu = 10^{-3} \times [0{,}0536\,\mathrm{GH} + 0{,}014\,C_{Cl^-} + 0{,}0178\,C_{HCO_3^-}]$
$\mu = 10^{-3} \times [0{,}0536 \cdot 31 + 0{,}014 \cdot 150 + 0{,}0178 \cdot 74]$
$\mu = 5{,}08 \cdot 10^{-3} \rightarrow \lg f_L = 0{,}13$
$p\mathrm{H}_{Gl.} = pK_{18\,°C} - \lg C_{HCO_3^-} - \lg C_{Ca^{2+}} + \lg f_L$
$p\mathrm{H}_{Gl.} = 11{,}35 - \lg 74 - \lg 17 + 0{,}13$
$p\mathrm{H}_{Gl.} = 8{,}38 \approx 8{,}40$
$I_s = p\mathrm{H}_{gemessen} - p\mathrm{H}_{Gl.} = 6{,}40 - 8{,}40$
$I_s = -2{,}00$

μ	$\lg f_L$	μ	$\lg f_L$	μ	$\lg f_L$
$0{,}1 \cdot 10^{-3}$	0,02	$4{,}0 \cdot 10^{-3}$	0,12	$20 \cdot 10^{-3}$	0,19
$0{,}5 \cdot 10^{-3}$	0,05	$5{,}0 \cdot 10^{-3}$	0,13	$30 \cdot 10^{-3}$	0,21
$1{,}0 \cdot 10^{-3}$	0,07	$6{,}0 \cdot 10^{-3}$	0,13	$40 \cdot 10^{-3}$	0,22
$1{,}5 \cdot 10^{-3}$	0,08	$8{,}0 \cdot 10^{-3}$	0,15	$60 \cdot 10^{-3}$	0,23
$2{,}0 \cdot 10^{-3}$	0,09	$10{,}0 \cdot 10^{-3}$	0,16	$80 \cdot 10^{-3}$	0,24
$3{,}0 \cdot 10^{-3}$	0,10	$15{,}0 \cdot 10^{-3}$	0,18	$100 \cdot 10^{-3}$	0,24

Tabelle A 1
Ermittlung von $\lg f_L$ aus der Ionenstärke

T in °C	pK	T in °C	pK
0	11,77	16	11,37
1	11,75	17	11,35
2	11,72	18	11,32
3	11,70	19	11,30
4	11,67	20	11,28
5	11,65	21	11,26
6	11,61	22	11,23
7	11,60	23	11,21
8	11,56	24	11,19
9	11,54	25	11,17
10	11,51	30	11,08
11	11,48	35	10,98
12	11,46	40	10,88
13	11,43	45	10,80
14	11,41	50	10,72
15	11,38		

Tabelle A2
Ermittlung der Konstanten pK
Konzentration: $C_{HCO_3^-}$ in mg/l CaO
$C_{Ca^{2+}}$ in mg/l CaO

14. Fotoquellennachweis

Foto-Ulbrich (ZKS): F1; F2; F3; F14; F18; F19; F20; F23; F24; F25; F26; F27; F28; F29; F30; F31; F32; F33; F34; F35; F36; F37; F38; F40; F47
Foto-Zwintzscher (ZKS): F42; F43; F44; F45; F46
Foto-IfL: F6
Foto-Geißler: F7
Foto-Bachmann: F9
Foto-Klufe: F10
Foto-Bauakademie der DDR, ZLK Berlin: F11
Foto-Gabrys: F12
Foto-Landgraf: F13
Foto-Köhler: F41

15. Sachwörterverzeichnis

GPSR Compliance

The European Union's (EU) General Product Safety Regulation (GPSR) is a set of rules that requires consumer products to be safe and our obligations to ensure this.

If you have any concerns about our products, you can contact us on ProductSafety@springernature.com

In case Publisher is established outside the EU, the EU authorized representative is:

Springer Nature Customer Service Center GmbH
Europaplatz 3
69115 Heidelberg, Germany

Batch number: 10584556

Printed by Printforce, the Netherlands